ティモシー・フェリス

スターゲイザー

アマチュア天体観測家が拓く宇宙

桃井緑美子訳
渡部潤一監修

みすず書房

SEEING IN THE DARK

How Amateur Astronomers Are Discovering the Wonders of the Universe

by

Timothy Ferris

First published by Simon & Schuster Inc., 2002

調和する太陽と月と地球とすべての星座たちよ
遥か遠くの星から、おまえたちはわれわれに何を伝えようとしているのか。
——ウォルト・ホイットマン

どこであろうと、そこが世界の中心だ。
——ブラック・エルク

スターゲイザー　目次

第Ⅱ部　青海原

世界中のスターゲイザーに贈る

はじめに

わたしたちは暗闇に慣れるのです――
お日さまの光が消えるころ――
隣人がランプをかざし
ではさようならと挨拶するのが見えるころ――
……
暗闇が変化するのか――
それとも眼の何かが
真夜中になじむのか――
こうして日々の生活は、おおよそまっすぐに進むのです。

――エミリ・ディキンスン

見つめることは考えることだ。

――サルバドール・ダリ

これは天体観測の本だ。天体観測は人間の携わる活動のなかでもごく古く高尚なものであると同時に、時代の最先端にあって達成の困難なものでもある。私はこの本を三本の糸で織り上げた。もっとも力およばずに、糸が絡まっているかもしれないが。

一本の糸は長く星を見てきた私自身の体験談である。太古の星の光が私の目に入って心を揺さぶった瞬間がどんなものかをお話ししたい。信じられないほど遠くから深い親しみを込めて光を投げかけてくる星との出会いは、私にとってたとえようもなく深い意味をもつので、他人の目だけを通して語るのでは満足できそうになかったのである。

もう一本の糸は現在アマチュア天文界で起こっている大変革の話だ。これまでプロの天文家しか、あるいは誰も目にすることのできなかった深宇宙が、好奇心さえあれば誰にでも観測できるようになった。いまでは多くのアマチュア天文家が壮大な宇宙の美を堪能している。科学者のように給料がもらえるわけでもないのに観測に精を出すアマチュア天文家もいて、アマチュアとはいったいなんだろうと思えてくる。アマチュアからプロの天文家に転向したジョージ・エラリー・ヘールが「観測しないではいられない人」と言ったが、[1]アマチュア天文家とはまさにそういうものかもしれない。

そして最後の三本目の糸として、天体そのものに触れないわけにはいかない。土星やリング状星雲、ちょうこくしつ座の系外銀河、それにかんむり座超銀河団とはどんなものなのか。この本で宇宙への旅の第一歩を踏み出したいま、人類が知っているかぎりのことをお話ししよう。わかっていないことはまだたくさんあるが、星を観察するときは関心のある天体や好きな天体についてほんの少し知識があるだけで違うものだ。音楽会へ行く、野球の試合を見にいく、あるいは旧友と話をするときもそうではないか。

私は天文学の初歩を手ほどきするつもりでこの本を書いたのではない。読者がこれを読んだことで夜空の輝きを生活の一部にするようになってくれたらうれしい。宇宙は誰の手にもとどく。そして音楽や絵画や詩と同じように、美のよろこびと理性と畏敬の念を心に満ちあふれさせる。天文学に詳しくなくてもこの本を読み進めていくことはできるだろう。

恒星や惑星をのんびり眺めるだけなら、気軽なバードウォッチングのようなもので、さほどの苦労はないが、アマチュア天文家でも寝る間も惜しんで相当な時間と労力をつぎ込む熱心な人がいる。なぜそこまでするのかと聞きたくなるのも当然だろう。私は幾度となく彼らにたずねてみたが、要するに私と同じで、あるときふと天体観測に心を誘われ、のめり込んでしまったというだけのことのようだ。理由を問われても、夫や妻となぜ結婚したのかを説明するくらい、答えるのは難しい。惑星や恒星、星雲や銀河が美しいからと言う人、宇宙の雄大さに心打たれ、自分もその一部だと感じるからだと言う人もいるし、人間はみなこの同じ小さい惑星に乗って旅をする仲間なのだと思えて、人への親近感が深まるからだと言う人もいる。中国は大連のアマチュア天文家、解仁江は先日手紙にこんなことを書いてきた。「私たちを結びつけている最も強い絆は天文です。肌の色も住んでいる国も違いますが、みなこの星に住む家族です。これ以上尊い理由は私には見つけられません」(2)

ここに書かれているのは学術的な考察ではなく物語に近いので、本書で紹介できなかったすぐれた天文学者や望遠鏡製作者がたくさんいる。彼らに不足があったわけではなく、たまたま話の流れに合わなかっただけである。物語というものは太陽に似ていて、見せるものと同じだけ隠してしまうものがあると言い訳してお詫びするしかない。

情報集めに協力してくれたり私を快く迎えてくれたりした多くのスターゲイザーにくわえ、次の方々に深く感謝する。私の妻と家族、ウィリアム・アレグザンダー、アンドルー・フラノイ、エドウィン・C・クラップ、オーエン・ラスター、サラ・リッピンコット、アリス・メイヒュー、レイフ・ロビンソン、ドナ・エイプリル・チュア・サイ、テラ・ワイケル。

本書は、カリフォルニア州サンフランシスコ、イタリアのフィレンツェとカスティリオーネ・デッラ・ペスカイア、カリフォルニア州ソノマ山のロッキーヒル観測所で一九九一年から二〇〇一年にかけて執筆された。一部はニューヨーカー誌に違うかたちで発表されたものである。

――T・F

第Ⅰ部　海辺

天文日誌より
夕暮れどきの霊長類

晩秋のある日の夕暮れに、澄んだ空の下を家から二百歩ほど丘を登って観測所へむかう。二日続いた嵐で空の靄《もや》はきれいに吹き飛ばされ、果樹園の樹木も裸になっている。物売りが品物を並べたように路上に落ち葉が広がり、根元の水たまりを赤や黄色に染めている。道沿いの葡萄畑は水浸しで、雨に打たれて濡れた葉がまるで金箔のようだ。泥道を上がりきるあたりに、錆色の羽目板の壁と波型のトタン屋根の農作業小屋が三棟並んでいる。手前は納屋、その隣がトラクター置き場、その次の、丘の斜面からずり落ちそうな小屋が観測所だ。屋根はスライディングルーフ式になっている。

なかに入り、階上の望遠鏡を支えている円筒形のコンクリートピアのまわりをまわってみる。深く埋められた太さ六十センチのピアは天文台の中央に据えられ、振動が伝わらないようにどこにも触れずに独立させてある。階段を上がって、ほっとする。コンクリートの台座に鎮座して低い屋根に守られた望遠鏡は、嵐の日にも少しも濡れていなかった。赤い大きな安全ラッチをはずし、すぐわきのアルミニウム製のスタッドに体重をかける。十二個のスチールの車輪がごろごろと音を上げてまわりだし、屋根がすっかり開く。不意に私はまた野天にいた。頭上には一点の曇りもない、ときめくような濃紺の空が広がっている。

望遠鏡を空に向け、スケルトンの鏡筒の支材に手を突っ込んで凹面主鏡のカバーをはずすと、遊園地のミラーハウスに入ったみたいに、ゆがんだ自分の顔が映る。額が狭く、あごが突き出たその顔を見て、霊長類ごときが宇宙のことを知りたいとは生意気だとたしなめられた気分になる。大皿ほどの大きさで電話帳ほどの厚さのパラボラ型の主鏡はナトリウム光の波長の八分の一以下の精度があるが、周囲の気温になじむまではひずんでいる。主鏡が冷えるのを待って椅子にかけ、小さい赤色灯を点けて（波長が長くてエネルギーの低い赤い光は、暗さに慣れた目にもあまり眩しく感じない）机の上に開いた罫線入りの天文日誌に記入しはじめる。**快晴。南西の微風。湿度六十七パーセント、下降中。**

大切に使ってきた星図を見る。シンプルな方眼紙に恒星と星雲がトレリスに絡まる葡萄のようにぶら下がり、長年の観測結果がここにあそこにインクで書き込まれている。彗星の経路、数十億光年彼方のクエーサー〔三八四ページ参照〕を示す鉛筆の点。数千光年しか離れていない近傍の天体の位置が立体的にわかるように、恒星と星雲の距離を書き入れる作業は一生続けていこうと思っている。それでも書き込みのほとんどは銀河のことだ。星図にはただの楕円で示してあるけれども、銀河は一つ一つが一千億個の星を宿している。闇が深くなってきた。まもなく彼らが現われる。

第一章　幕開け

賤の子や稲すりかけて月をみる

――芭蕉

一滴の水から宇宙のすべての水の性質がわかる。

――黄檗希運

一九五四年、人気のないフロリダの海岸の夜明け。朝一番の太陽の光がでこぼこの砂の上に落とした父の長い影と私の短い影が、凧の尻尾のようにゆらゆら波打っていた。父と私は夜のあいだに浜に打ち上げられたものを見に、朝早く出かけてきた。これまでに見つけたのは、秘密でも打ち明けるかのようにかすかな波の音を聞かせてくれるぴかぴかのほら貝、石工の使う槌みたいにどっしりと重い、古びて黒ずんだワインのボトル、百六十キロ離れたバハマ諸島でクルーズ船の船尾の甲板からイギリスの女子学生が放り投げた手紙の入ったガラス瓶。前の年の冬には、火災で沈没した貨物船の積荷がメキシコ湾流に乗って数週間後に流れ着き、新品の白い木製のガーデンテーブルと椅子のセットを手に入れた。

朝日が海岸を金色に染め、絡みあう海藻のなかで房になった洋梨色のガラスの浮き玉や、打ち上げられたカツオノエボシの青い浮き袋や、海岸線を南へずっと伸びるシマナンヨウスギの並木を照らしていた。色褪せた海水パンツ姿の父も金色に染まっている。昔はボクサーにしてプロのテニスプレーヤーでもあった父はすっかり太ってしまい、戦前のサンファンやマイアミビーチの一流ナイトクラブでは名の知れた男だったのに、やがて破産してトラック運転手になった。いまはまたスポーツ選手のように日焼けして引き締まり、浜に線を引いて立ち幅跳びや百メートル走をするようになった。平日は二十キロのセメント袋をトラックに積んで建設現場に運び、週末は清涼飲料の木箱をエバグレーズ湿地のガソリンスタンドや釣り餌屋にとどける。夜と早朝は狭い居間の籐のテーブルにタイプライターを立てかけて短編小説を書き、それを雑誌社に売って家計の「足し」にしていた。酒は家族で町を出たころにやめ、ゴシップ記事に名前が出て以来つきまとうようになった所在なさも昔話にしてしまった、才覚のあるたくましい父だった。

「見てごらん」。カツオノエボシの紫色の触手が打ち寄せられている三角州にそっと近づこうとしていた私は、左腕を父に突かれて立ちどまった。そのむこうに何かありそうだ。砂の上で何かがもがくような動きをゆっくりと規則的に繰り返している。父と私はそろそろと前進し、目を凝らした。砂が飛んでいくつも山をつくり、長い影を落としていた。

「ウミガメだ」と父が小声で言った。「アカウミガメだろう。産卵してるんだ」

姿が見えた——砂まみれの大きな甲羅が埋もれかけ、がっしりしたヒレ足がうしろの穴に砂をかけていた。一メートル半か二メートルくらいも深く掘って卵を百個ほど産み落とし、外敵に食われてしまわないように隠しているのだと父は説明した。少し下がって見守っているうちに、やがて産卵が終わった。ウミガメは巨体を波打ち際まで引きずっていき、砂浜に奇妙な形の深いヒレ跡を残して波の間に沈んだ。

父は椰子の枝を二本拾って一本を私によこした。子ガメが卵から孵ったときに地上に出てこられないといけないので、私たちは巣を踏み固めてしまわないように気をつけながら枝で砂をなでてヒレ跡を消した。「法律で禁止されているのに、ウミガメの卵を掘り返すやつがたくさんいるんだ」と父は掃きながら言った。「巣が無事だったら、一、二カ月でチビガメが砂のなかから這い出てきて、一目散に海へもどっていくぞ。どうして海の方向がわかるのか、どうやって海のなかで一匹だけで生きていくのか知らないけれど、ウミガメってもんがいるんだから、どうにか生き延びるやつが少なくとも何匹かはいるってことだな。昨日は満月だったか？」

「わかんない」

「きっとそうだ。いまは六月だろ。アカウミガメは六月の最初の満月の日に卵を産むっていわれている。潮が高いから、波がヒレ跡を消してくれるんだよ。カメは月がないときのほうを好むんじゃないかって思うかもしれないけどね。普通は夜が明ける前に産卵をすませるのに、こいつはちょっと遅かったな」

「どうやって満月の日がわかるんだろ？　今日がちょうど満月だって」

「さあね。雌のアカウミガメはここととアゾレス諸島のあいだを行ったりきたりしていて、産卵期になると生まれ故郷の海岸を見つけてもどってくるんだ。地磁気を感じて泳いでくるのかもしれないな」

・・・

鄙びた海岸地区での私たち一家の暮らしは経済難民の生活のようで、貧しい家庭につきもののちょっとした不便がいろいろとあった。私は毎朝、家の古い車がうまく動くようにタンクからガソリンを抜いてキャブレターに注入してから、口のなかにガソリンの味を感じながら小さな黄色いバスに乗ってみすぼらしい学校へ行った。靴を履いてシャツを着ているというだけで、学校のみんなに裕福だと思われていた（クラスの友だちに「ゲイブ、どうして学校に靴を履いてこないの？」とたずねてしまった自分の無神経さを思い出すと、いまも恥ずかしくてたまらない。ゲイブは弛んだ電線みたいに間延びしたアパラチア訛りで「もってりゃ、履いてくるさあ」と答えた）。母は食料品店のレジで金が足りないのに気づくと商品をもどしにいった。家賃をいつ払えるかで家主と揉める母のピリピリした声が寝室の薄っぺらいドアのむこうから聞こえたものだった。

それでも私たちはこの地球の美しい場所に住んでいた。小さい家からハマベブドウの生える吹きさらしの空き地のむこうに青緑の海が広がるのが見えた。夜は星がまるでぱちぱちと音を立てるかのように瞬き、私たちは赤いオレンジのような月が昇って白貂《しろてん》と銀の衣装に着替えるのを身じろぎもせずに見つめた。弟のブルースと私は寄せては返す波の轟き――どれも似ているが一つとして同じでない――を聴きながら眠りに落ち、朝も同じく変化に富んだ絶え間ない波の音で目を覚ました。家庭が貧しいことなどわからず、自分は恵まれていると思っていた。

そのころの家族の楽しみは、月に二度、金曜日にドライブインシアターで映画を見ることくらいだったが、両親は私たち兄弟に本にだけは不自由させなかった。弟と私は図書館カードをつくり、抱えられるだけ本をもって帰っていいと図書館員に言われて大よろこびした。九歳の誕生日には『世界の歴史』という子供向けの緑色の表紙の分厚い本をもらった。著者はV・M・ヒルヤーというニューイングランドの教師で、前書きに本のねらいについてこう書いていた。「子供たちに自分の生まれる前の世界の様子を知ってもらうこと」、そして「目の前にあるために大きく見えている自分中心の閉じられた小さい世界を飛び出してもらうこと。つまり視野を広げ、世界を広げて、過去を見てもらうこと」(1)

ヒルヤーのねらいはあたった。「ずっと、ずっと」昔、「まだ世界がまったくなかったころに」太陽とその惑星が形成されたところから本ははじまっていた(2)。私はびっくりし、その驚きはいまもって変わらない。私たちの住む世界がすべてなのではない。地球はほんの一部、一つの惑星にすぎず、ここにあるものは何もかも、うねる波も、鷗《かもめ》も、ブルースと一緒にインターコースタル・ウォーターウェイの土手でオカガニをそっと追いかけるときに足の指のあいだから押し出されてくる泥も、最初からあったのではなく、遠く彼方の宇宙にあった材料でできている。地球も泥も、天文作用でここにやってきたことをヒルヤーは教えてくれた。その作用が、たとえばウミガメがよく知っているらしい潮の干満と月の満ち欠けなのだ。この世界を理解したいと思うなら、私はヒルヤーの願いどおりに空間と時間の概念を広げなければならないだろう。天文学を勉強しなければならない。

さいわい、天文学はおもしろかった。私は図書館の天文の本をすぐに読みつくしてしまい、SF小説も読みあさった。頭のなかは火星植民地やガニメデとタイタンのあいだを往復する貨物輸送船のことでいっぱいになった。

二年も新しい服を買わずにいた母はブルースと私に、月に一度、車で最寄りの書店へ連れていってあげるから好きな本を一冊ずつ買いなさいと言った。私の一つきりの本棚には、大好きなパトリック・ムーアやディンズモーア・オルタやバートランド・ピークなどの一般向け天文書がたちまち並んだ。父はオカガニが好きで、私たちがもっと小さかったころ、カニ男サムという魔物を考え出して、給料日のたびに冷蔵庫にアイスクリームが入っているのはサムの仕業だということにしたものだったが、今度は放射性降下物で突然変異した巨大ガニが無人島に独りで暮らしていた人間を襲うという短編小説「五度目の攻撃」を書き、文芸誌のブルーブック誌に売った（モンスター映画の先駆けになった『放射能X』は襲来するのが巨大アリだったので、父はがっかりしていた）。暮らしむきがほんの少しよくなってきた。父は事務の仕事に就き、家族はココナツのプランテーションがあったマイアミ沖のキービスケインという島の小さい一軒家に引っ越し、車を買い替え、カラーテレビも買った。

当時のキービスケインの夜空は真っ暗で、それを揺るがすものは何もなかった。手を伸ばせばとどきそうな星は、遊牧民の豪華なテントの内側にちりばめられたスパンコールのようだった。私は絵本の『ひとまねこざる』で有名なハンス・アウグスト・レイの書いた『君も星を見てみよう』で星座を覚えた。食堂の椅子を前庭の芝生に運び出し、母のマニキュアでレンズを赤く塗った小さい懐中電灯で本を照らして見ながら星座の輪郭をたどった。大きいオリオン座、天の川を南へ飛ぶはくちょう座、南の水平線の上で海の湿気を含んで膨れ上がった不気味なさそり座。空の蠍《さそり》は椰子の葉の上で星の毒針をひそませていた。

東の空にアラビアの石榴石《ざくろいし》のように火星が赤く光り、夜ごと明るくなっていった。私は火星がもうすぐ衝《しょう》になることを何かで読んで知っていた。このとき地球は火星と太陽を結ぶ直線上にきて、火星に最接近する。その年、一九五六年の衝はとくにすばらしいとのことだった。火星は地球から五千八百万キロメートルのところまで近づくので、極冠と大陸らしき模様がよく見え、乾燥に苦しめられた火星の古代文明人が極から町に水を引くために建設したのだと天文家のパーシヴァル・ローエルが信じていた有名な運河が本当にあるのかどうか、話題が沸騰するにちがいなかった。しかし、このすばらしいチャンスに火星を見るには、望遠鏡が必要だった。私はポピュラー・メカニクス誌の裏表紙に載っていた小さい広告で手ごろな値段の望遠鏡を見つけ、その秋に早めのクリスマスプレゼントとして両親に買ってもらった。

音楽を志す人もそうだが、星を観測する人《スターゲイザー》は初めからよい道具を使わない。私の最初の望遠鏡も、ビギナーにふさわしくちゃちなものだった。華奢な三脚は木材が充分に乾燥していなかったせいでわずかな自重で内側にたわみ、その上にベークライトの細い鏡筒が危なっかしく載っていた。ベークライトというのは、割れやすく、ヨーグルトのようにベタベタする素材だが、どうこういうよりも見ればすぐにあれかとわかる。鏡筒の一方の端には軍の放出品の口径四センチの対物鏡が接着剤で付けてあり、これが普通の老眼鏡よりも集光力がなかった。もう一方の端は厚紙の接眼部で、黄ばんだレンズをまごつくほどたくさんある組み合わせではめれば倍率が変えられた。

この望遠鏡では誰が使ってもたいしたものは見えず、まして初心者の私がしょっぱなから大成果を上げられるはずもなかった。しかも、さあ使ってみようと四倍率のファインダーをのぞいたら、鏡筒にとまっていたゴキブリが慌てて目の前を飛んでいき、その姿が拡大されて目に飛び込んできたのには少々冷や汗をかかされた。それでも火星は見えた。少なくとも極冠は確認できたし、大シルティスと呼ばれる北半球の短剣の形をした暗い部分など、特徴的な地形もいくつか見え、火星の印象は変わっていった。火星は一つの惑星世界で、その世界はいまよりもずっと謎に包まれていた。気温の低い晴れた夜、私は遅くまで庭で火星を見て過ごし、惑星を観測する方法を身につけていった。大気は目の角膜に似て、中央、すなわち天頂が薄く、周辺にいくほど厚くなるカーブした膜のようなものなのだと気づいた。だから晴れた日の空は頭のてっぺんは濃い青で、地平線に近づくほど色が薄くなる。言い換えれば、惑星は空の一番高いところにあるときが一番はっきり見えるのだ[3]。望遠鏡は倍率を上げればそれだけよく見えるというわけではないことも知った。どんな望遠鏡も、ある時間に、ある場所で、ある目標に照準をさだめたときの理想的な倍率がある。このスイートスポットを見つけたら、あとはコツといってもひたすら見続けるだけだ。乱気流がおさまり、待ちに待ったクリアな光景が目に飛び込んでくる瞬間。斬新なアイデアがひらめいたときのように、一瞬だけれども何かすごいことが起こりそうな瞬間。それを待ち続ける。

新しいテレビからコマーシャルソングが流れていた。「夢のくるま〜、五十七年型マ〜キュリ〜」。水星《マーキュリー》の名がつけられた宇宙船のような形の車だ。未来は発見に満ちているように思えた。私の目には宇宙しか見えていなかった。しかし、もっと詳しく見るには、もっと性能のよい望遠鏡が必要だった。

私は仲のよい友だち二人と、毎週日曜日にショッピングセンターで店の前の歩道と駐車場を掃除するアルバイトをはじめた。きつくて疲れたが給料のよい仕事だったので、上等な望遠鏡の手付金がまもなく払えた。架台は頑丈で、鏡筒は白いエナメル引き、六センチの対物鏡のコンポーネントが空気の薄い層を挟んでアルミニウムのセルのなかに収まっている。全部一緒に貼りつけてあったそれまでの四センチ望遠鏡とは大違いだった（レンズが古かったので糊が剝がれて曇りはじめていた）。新しい望遠鏡がとどくのを待つあいだは永遠かと思うほど長く感じられ、ようやく手にしたその包みを開けたときの興奮はいまも忘れない。木のケースのツンとするニスの匂い、接眼部のきらきらするクロムめっきと黒いエナメル塗料、ばね仕掛けでゆっくり動く油じみたコントローラーのどっしり重いウォームギア。私はこの望遠鏡を脱出の道具、古代から続く広大な天の王国へ到達する手段として大切にした。土星の砂色の環も、オリオン座の青白い星も、オメガ星団の金色の輝きも、そのほかたくさんのものをこの望遠鏡で見た。それらは大きく、威厳に満ち、熱く、あるいは冷たく、あたりまえのこととして感じる範囲が桁違いに大きくなった。

父は驚いた。息子はどうして歩道の掃除なんかして働いているんだ？　学校でがんばっているじゃないか、勉強が子供の仕事じゃないか。大人になればどうせ死ぬまで働かなければならないのだ。せめて少年時代は夢を見て過ごしてほしい。ある暑い日曜日の昼近く、私が目に入った汗をぬぐっていると、父がオープンカーを借りて乗りつけてきた。幌を開き、うしろの座席に浜辺で遊ぶ新品のおもちゃを詰め込んでいた。フットボールが一つ、ビーチボールが二つ、浮き輪が二つ、ゴムボールが一つ。最後のゴムボールは数年前に父が考案したゲームで使うもので、砂に埋めた棒にむかってそのボールを投げる（父はどんなものでもそれを使うゲームを考え出した）。父は今月の残りの給料を払ってやるからアルバイトを辞めて日曜日は遊べと言った。望遠鏡の支払いも援助してやると約束してくれた。友人と私は顔を見合わせた。そして箒を返しにいき、大きいオープンカーに飛び乗って浜辺へむかった。

友人のなかには自分の望遠鏡をもっている者もいた。一番よく使いこなしていたのはチャールズ・レイ・グッドウィン三世で、ソルジェニーツィンを原書で読みたくてロシア語を自分で勉強している真面目な少年だった。チャックと私は月と惑星を木炭と色鉛筆で描く方法を本で覚えた。次に古いカメラを二台手に入れ、燃えるようなオレンジ色の月食の月とオリオン座を包むもやもやしたガス雲の写真を長時間露光で撮った。数人の仲間でチャックを会長とする同好会を結成し――キービスケイン天文協会、略称ＫＢＡＡ――英国天文協会の偉い会員の著書で見たのをまねて、スケッチやデータを書き入れていっぱしに天文日誌をつけはじめた。

ＫＢＡＡ天文日誌より

一九五八年六月十四日　二十一時から二十三時まで観測。スケッチなし。シーイング*良好。はくちょう座、さそり座、おおぐま座、こと座の深宇宙天体のみ観測。成果あり。

一九五八年七月六日　シーイングはまずまず。木星のスケッチを三枚作成、うち一枚はカラー。

一九五八年七月十一日　シーイング良好。さそり座、はくちょう座デルタ星、オメガ星団の深宇宙天体を観測。イリノイ州エバンストンからジョン・マーシャルがくる。ＫＢＡＡ会員およびイリノイ支部の支部長になる。

一九五八年八月一日　フェリスが木星のスケッチ例を二枚作成し、いつもの深宇宙天体を観測。満月が昇って観測できなくなる。

一九五八年八月二十四日、夜明け前　グッドウィンとフェリスが三時三十分から五時三十分まで、ペルセウス座のＭ34と二重星団、おうし座のヒアデス星団、火星を観測。

夜にずっと野外にいればあることだが、私たちは思わぬ光景に遭遇した。ある晩、巨大な火球を見た。せいぜいゴルフボールほどの大きさの石だが、地球の大気に突入するときに空気との摩擦で燃え上がってすばらしい光景を見せてくれる流星だ。そのとき私は芝生の上の星図を取ろうとしてかがんだところで、いきなり星図の色が目に飛び込んできて、白いページに描かれた青い天の川と赤い楕円銀河があざやかな緑の芝生の上にくっきり見えた。顔を上げると、あたり一面が太陽光のように明るい光に照らされ、緑のココヤシが青い空を背景に揺れていた。あらゆるものに黒と赤の二つの影ができ、それが北か

＊訳註　気流の状態による天体の見え方。大気の流れが安定して天体の像がぼやけたりちらついたりしないとき、シーイングがよいという。

ら南へすばやく動いた。空に火球が見えた。赤いハロのかかった銀と黄の火球は月よりも明るく、ところどころに金色の混じった白い尾を引いて北西に流れていった。

火球が消えていくのを見ながら、母が地元の小さい食料品店で買い物をしているあいだ踏切のそばで遊んでいた数年前のことを思い出した。あたりはしんとしていた。夕空がラベンダー色にこっくりと染まって金星が姿を現わし、研ぎ上げた鎌のような三日月が浮かんだ。踏切の警報器が鳴りだした。赤い大きいランプが点滅し、白と黒の縞模様の遮断機が下りて泥道を分断した。列車は見えなかったが、レールが低い音を響かせはじめた。私はポケットから一セント玉を取り出してレールの上に置き、急いでそこを離れた。猛スピードで走る列車に近づくと車輪の下に吸い込まれると聞かされていたからだ。遠くに黄色いヘッドライトが見えたかと思うと、あっという間に迫ってきた。列車は一瞬のうちに通り過ぎ――さすが急行！――轟音をあげて疾走していった。私のまぶたには数枚のぶれたスナップショットが残っただけだった。車両は淡褐色で、ディーゼルエンジンの弾丸のような鼻先から真っ赤な線が窓の下を通って車体に伸びていた。窓からもれる温かな黄色い光のなかに、白いリネンのかかったダイニングテーブルが見えた気がした。列車は行ってしまい、一瞬の強い引き風にあおられた新聞紙が暖かく湿った空気のなかをくるくると舞った。

私は口をぽかんとあけて立ちつくし、列車を見送った。被っていたはずの黒い厚紙のカウボーイハットを、気がつくと胸の前で押さえていた。数年後に古いレコードで聴いたデルタブルースのブッカ・ホワイトの歌はあのときと同じ感覚を歌っていた。

スペシャル・ストリームラインに乗り

メンフィスを、テネシーを出て
ニューオーリンズへむかうのさ
あんまり速いもんだから、渡り労働者たちもただ乗りできず
線路のそばに突っ立っているだけ
帽子を手に持って……
さあ一匹狼を気どろう。俺だって渡り労働者みたいなもんだから(4)

このような光景を目にして胸に湧き上がる気持ちをどう言い表わせばよいのか、私にはわからなかったが、のちにアインシュタインが幾何学と出合って感じたことを語っているのを読んで、これだと思った。「夢や希望や単純な感情といった〝個人的なものにすぎないこと〟に縛られていた私は［幾何学によって］解放された。むこうにはこんなに大きい世界があったのだ。それは人間と関わりなく存在し、永遠の大きな謎のごとくわれわれの前に広がっているが、調べ、考えれば、少しは触れられる。その世界のことを静かに考えていると、なにか自由になれる気がした」(5)

数十年して、私は講演のためにキービスケインに帰郷したが、あの真っ暗だった夜空は町明かりで鈍い灰色に変わっていた。光害削減の努力が進められ、広告塔の大きさが規制されたり、空まで照らしてエネルギーを浪費しないように地上だけを照らすフード付きの照明が推奨されたりしていた。光害の問題に取り組むスターゲイザーたちは、ウミガメの産卵を心配する海洋生物学者に協力していた。ウミガメは夜の浜辺が暗いのを好むらしい。

第二章　宇宙旅行

宇宙を飛ぶ船があって、正しく航行できさえすれば、この途轍もない距離をおそれない人間も現われるでしょう。

——ガリレオに宛てたケプラーの手紙

われわれには隠すことなどない。隠すほどのことが何もないことを隠さねばならないのだ。

——一九六一年、ソヴィエトの宇宙開発について息子にたずねられたニキータ・フルシチョフの答え

一九五七年十月五日土曜日、キービスケインの朝。父は私を起こし、目をしばたたいている私にマイアミ・ヘラルド紙の一面を突きつけた。ソ連が人類初の人工衛星スプートニクを軌道に乗せたのだ。ショックだった。最初に宇宙へ行くのはアメリカ人だと誰もが信じて疑っていなかった。そうならなかったいま、宇宙開発競争はいよいよ本格化し、アメリカは巻き返しを図らなければならなくなった。月曜日の朝に学校へ行くと、校長先生が校内放送で、ソ連に勝ちたいなら理科と算数を一所懸命に勉強しなければなりませんと話した。

スプートニクの衝撃は私や天文同好会の仲間には悪くないニュースだった。私たちはずっと前から宇宙とロケットに夢中だったのに、誰ひとり興味を示してくれなかった。それが、一時のことだったとは

いえ、かわいい女の子たちが人工衛星のことを質問してきて、ロケットエンジンの仕組みを説明する私たちの目をじっと見つめるようになった。「あなたも宇宙へ行くつもり？」。大切に心にしまっていた憧れに不意に触れられ、私たちはむきになってジェット機操縦士のように冷静に答えようとした。

・・・

一九五〇年代のフロリダは総じて未来志向のアメリカ社会のなかでもとくに先進的だった。奇妙な形の次期戦闘機がホームステッドやケープカナベラルの基地から飛び立ってコダックブルーの空高くに飛行機雲の長い尾を残し、子供たちのあいだで航空機カードの交換が流行った。新聞はＵＦＯの記事であふれ、ドライブインシアターは異星人の襲来や月へ飛んでいく男たちの映画を上映した。日曜の朝のテレビはとんとん拍子で話が進むプロパガンダドラマ「ザ・ビッグ・ピクチャー――陸軍の戦い」が放送された。スチュアート・Ａ・クイーン曹長によるナレーションが感動的で、ねらいは国民を鼓舞するためとわかりきっていたが、オープニングには曲射砲から核弾頭が発射され、しばらく静まり返ったあとに遠くで爆発して例の特徴的なキノコ雲が湧き上がる不穏な場面が流れた。『宇宙の辺境を越えて』といったわかりやすい図解入りの本は、ロケット科学者のヴェルナー・フォン・ブラウンや科学ライターのウィリー・レイが地球周回軌道をまわる巨大な車輪のような宇宙ステーションや月面基地の建設計画とか、火星を植民地にする目的で宇宙飛行士を送る計画を紹介した。私はそんな宇宙飛行士の乗るロケットのばかでかいプラモデルをつくり、正確にカウントダウンしてあざやかな緑の芝生の敷石から発射させた。

宇宙開発競争が激化したのは私たちがキービスケインに引っ越してきてまもなくのことだった。ケープカナベラルから発射されたロケットが沿岸を避けて頭のほぼ真上をしょっちゅう飛んでいった（ある晩のラジオのインタビュー番組で、ケープカナベラルから打ち上げられたロケットがマイアミ上空を飛ばないのはなぜかという質問に、空軍大将はこう答えた。「その軌道ならミサイルがマイアミの中心部に墜落してビルを破壊し、町を火の海にすることはまずありませんから。兵士が士気をくじかれることもないでしょう」）。ロケットは心配になるくらいたびたび爆発した。よく知られているのは国際地球観測年の一環として平和的に宇宙への道を開くための非軍事ミサイル、バンガードの失敗だが、ほかにもジュピター、ソアー、アトラスなどのミサイルが炎上した。また、成功してもたいてい数時間か数日遅れた。劇的な光景がこうした失態で必要以上に劇的になっては困るので、発射予定時刻は公表されないのが普通だったが、発射の様子がテレビ中継されるときもあって、私たちにとってはロケットが空を飛んでいくのを見るよいチャンスになった。

ＫＢＡＡ天文日誌より

一九五八年十二月五日金曜日の夜から六日土曜日の朝　十二時四十五分、ＮＢＣテレビで月ロケットの発射を見た。そのあとで屋根に上ると、第一段ロケットの燃料がつきるのが見えた。煙の尾はない。ミッションはパイオニア3号探査機を月の近くまで飛ばすことだが、報道記者は発射時にエラーがあったために今夜約十万キロメートルの高さに達したところで落ちるだろうと言う。午前九時四十五分、太陽光フィルターと二十五ミリアイピースで太陽の写真を撮影。

もっとすごい打ち上げもあった。

一九五九年一月三十日から三十一日　チャックと僕で火星を観測したが、スケッチはなし。観測中、ソアーミサイルがロケットの百万燭光のランプに照らされて煙の尾を引きながら弧を描いて飛んでいくのが見えた。そのあと屋根に上がって午後十一時に発射予定のアトラスミサイルを見ようとしたが、発射されなかったので十二時に屋根を下りた。オリオン星雲を観測。月が昇ってきたので写真を撮影する。午前五時就寝。全体としては成果の多い日だった。

ロケットが轟音を上げて飛んでいくのを何度か見るうちに、私たちはすっかり虜になった。父がＡＰ通信でケープカナベラル担当記者をしている友人のベン・ファンクに電話してくれれば発射予定時間を内緒で教えてもらえたので、私とチャックは屋根に上り、借り物のカメラをセッティングして待つのだった。発射時刻が迫るとロケットが強力なサーチライトで照らされるのを知っていたから、北の地平線が「ほんのり明るく」なるのが発射の合図だと思って地平線をじっと見つめた。発射は大幅に遅れたり中止になったりすることがよくあったので、本当に目撃するには何時間も屋根の上で時間つぶしをしなくてはならず、そんなときにはもちろん星を観測して過ごした。コールタール塗りの傾斜した瓦屋根は都合のよい場所とはいえなかったが、苦労してそこまで望遠鏡を引き上げ、母のアイロン台を置いて星図を載せた。ある日の真夜中過ぎのこと、道具一式をそろえて屋根の上にいる私たちの影をパトロール中の警官が見つけ、玄関のベルを鳴らして母を起こした。

「奥さん、ライフルのようなものをもった男が二人、お宅の屋根の上にいるのをご存じですか」と警官はあらたまった口ぶりで言った。

母はバスローブの腰ひもを結びながら、あくびして答えた。「ええ、おまわりさん。心配ご無用ですわ」

一九六〇年八月十二日、私の十六歳の誕生日まであと数週間というこの日、NASAはエコー1号という直径三十メートルの銀色に輝くポリエステルフィルム製の気球衛星を打ち上げ、軌道に乗せた。衛星は無線電波を跳ね返し、大陸の端から端へメッセージが伝送された。アイゼンハワー大統領は受動型通信衛星の実用化が見えてきたと述べたが、私にはエコーが肉眼で見えるかどうか、水平線の彼方に浮かぶ大型帆船のように、明るく光る空のビーコンになるかどうかのほうが大事だった。この年の色褪せた天文日誌の八月十四日から十七日までのページを読むと、私はエコーが夜空を横切っていくのを確認したあと、夜明け前にもう一度起きて見て、四日間で都合七回見ている。川のなかから陸地をじっと見ている生きた化石の肺魚のような気分だった。いつかあそこに上がってやるぞ、と。

十六歳になった日に私は運転免許をとり、ベン・ファンクが私と友だちのために予約してくれたケープカナベラルのモーテルまで母の車を借りて走らせた。AP通信の部屋から先へ行ったところのその部屋は、バルコニーから発射台がすばらしくよく見えた。ロバート・ハインラインなどのSF小説で架空の宇宙船基地の話を読んでいた私は、本物を見て目を見張った。圧倒されそうなほどのスケールの大きさは、そのまま目的の大きさを表わしていた。きらりと光っているロケットは航空機カードの写真そのままで、原色の青の空とうねる白い雲を背にそびえ立ち、そこから何キロも離れたところに管制塔が、さらにそのむこうにセキュリティゲートがある。ずっと夢に見てきたものが現実としてフロリダの大地に広がっていた。

学校の教師と進路指導員に作家で食べていくのは難しいと（もっともながら）忠告され、科学者になりたいなら（いまどき）ラテン語を勉強しなければならないと助言されたので、私は弁護士になるつもりでノースウェスタン大学で英語とコミュニケーションを勉強した。小学校四年生の途中から学校にあまり行かなくなっていたが、怠け癖は大学に入っても相変わらずだった。教科書を開くことなどめったになく、夜は詩集や哲学の本を読んだり、古びたスチール弦ギターを弾いて曲をつくったりした。理系の科目は天文学しかとらず、ひげ面の担当教授は新入生の目には年寄りに見えた。その教授は授業で「ここにいる誰かがいつか宇宙へ行くことだってあるかもしれないよ」と言った。広い教室にまさかというどよめきが起こった。そんな夢を抱くには早く生まれすぎたと学生たちは思ったのだろう。ところが、あの部屋にいた者のうち一人だけ本当に宇宙へ行ったのは、年寄りに見えたわが敬愛する教授その人だった。教授はカール・ヘナイズといい、私が卒業した翌年に教職を退いて宇宙飛行士団に入り、一九八五年にスペースシャトルのチャレンジャー号で宇宙へ飛んだのだ。その数年後、私はあるパーティーで偶然にカールに会ったので、ポルシェで真夜中のドライブに連れ出した。スピードを上げると、カールは大声で笑いながら「これこそ私たち宇宙飛行士のための車だな」と叫んだ。カールは七十歳を目前にした一九九四年に、エベレストに挑戦して低酸素症で命を落とした。遺体は標高六千七百メートルのその場所に埋葬された。

恥ずかしい話だが、私はカールが教えていた科目をほとんど勉強しなかった。頭のなかは女子学生や車のことでいっぱいで、実習にろくすっぽ参加せずにいたから落第ぎりぎりのところにいたのだが、ミシガン湖畔の星空の下で行なわれた最後の実習には参加して、東へ飛んでいく人工衛星を見つけた。「ちょっといいですか」。私は話をやめようとしない大学院生にむかって言った。「邪魔してすみませんが、人工衛星が飛んでいるのをみなさん見たいんじゃないかと思って。一段落するのを待っていたんですが、僕の計算が正しければそろそろ地球の陰に隠れてしまうんです」

全員が空を見上げ、人工衛星が永遠不変のニュートンの法則にしたがって落下していくのを見つめた。一瞬のうちにその姿は消えた。大学院生は暗闇でにやりと笑い、私はその科目を落第しなかった。

第三章　オゾン

雀子と声鳴きかはす鼠の巣
　　　　　　　　　　――芭蕉

ものすごい出来事でも、それに見合う理由があるとはかぎらない。
　　　　　　　　　　――サミュエル・ジョンソン

一九五九年、キービスケインの夕暮れ。星が出はじめ、私が望遠鏡の先で明るく輝く三日月形の金星にうっとりしているあいだ、チャックは小型ラジオを短波帯と民間放送のAM帯のあいだでチューニングし、杖のようなロッドアンテナを動かして遠くから飛んでくる音を探した。立派なラジオには見えなかったが、モスクワと中国の公式放送やビッグベンの鐘の音が時を告げるBBCなどはもちろん、北極圏の氷に閉ざされた小屋やミャンマーの草ぶき屋根のバラックからではないかと想像させるようなアマチュア無線家の声まで、当時の私たちの言い方をすれば「拾えた」。木星の衛星の食など、計時が重要な現象を観測するときは、原子時計による標準時報局WWVにラジオを合わせて時報音を流しながら、キーキーときしるような音をたてるオープンリールのテープレコーダーで私たちの同じくキーキーと甲高い声を録音した。一秒刻みの時報に先導されるように星が空を移動し、私たちはもうすぐ大人になるというぼんやりとしか実感できない現実にむかっていた。

＊＊＊

ラジオを聴くには夜がいい。夜は上空の電離層が安定し、無線電波を大陸から大陸へよく跳ね返してくれる。無線放送の開発者はこの反射層を、嵐のあとの空気中や電気モーターの周囲で匂う酸素の同素体（O_2とO_3）にちなんで「オゾン」と呼んでいた（電離層にもオゾンが含まれているが、「オゾン層」はこれとは別のもので、地上からの高さが電離層の三分の一以下のわずか約三十キロメートルである）。夜はホンダワラの気嚢のようにムラのある電離層が太陽光線でかきまわされずに安定し、無線信号が遠くへ飛ぶ。遠方からの信号が雑音のなかで大きく聴こえはじめ、またしぼんでは大きくなって私たちをドキドキさせた。

星を観測しながら長い夜を過ごすときによく聴いたラジオ局は、テネシー州ナッシュビルのＷＬＡＣだった。この局の番組で、私たちは初めてブルースを知った。

五〇年代のフロリダは人種隔離が慣習になっていて、政策として確立されていた。ラジオも二つに分かれ、大きいラジオ局は白人音楽しか流さなかった。南部ではあたりまえだったこの状況に注目したのがのちにエルヴィス・プレスリーのマネージャーになるトム・パーカー大佐で、大佐は黒人のように歌える白人の若者を見つければひと山あてられると考えた。フロリダのわずかな数の黒人向けラジオ局はどこも送信出力が弱く、文字どおりダイヤルの端ぎりぎりのところにあったうえ、ブルースをほとんど流さなかった。そのため私たちはブルースをまったく聴いたことがなく、チャック・ベリー、リトル・リチャード、ファッツ・ドミノなどの黒人ミュージシャンがブルースからロックンロールを誕生させていく過程の新しい刺激的な音楽もほとんど知らなかった——星空の下でチャックのラジオを聴きながら

WLACを見つけたその夜までは。[1]

ナッシュビルのWLACは「クリアチャンネル」の指定を受けた、送信出力五十キロワットのAMラジオ局だった。オーナーはライフ・アンド・カジュアルティ保険会社で、この名がラジオから流れるのを何度も聴かされたせいで、思いがけないことが起こったときに「人生と災難《ライフ・アンド・カジュアルティ》」と言うのが私の少年時代の口癖になってしまった。WLACは黒人音楽をまるで月の光や安い酒のように日常的な楽しみとして普通に取り上げていた。「健康と豊かさ、娯楽と教育」をキャッチフレーズとし、コマーシャルが音楽に負けないくらい楽しかった。「ヒヨコをお宅までおとどけします！　見てびっくりの元気なヒヨコが百十羽で、なんとたったの二ドル九十五セント！」「ロイヤルクラウンの整髪料とポマードで、あなたの髪は軽やか、つややか、おしゃれに決まります」「アーニーのレコードマート！　あそこへ行けばレコードがどっさりだぜ！」

二、三人でラジオをかこんだ私たち白人少年は、こうしてブラックアメリカン・ミュージックのルーツにのめりこんでいった。やすやすと手に入らないものは、かえって心をそそるものだ。ラジオの音は「オゾン」の変動で大きくなったり小さくなったりし、呻くような雑音がB・B・キングのギターソロやサニー・ボーイ・ウィリアムソンの歌をかき消した。私はチャックのラジオから気まぐれに流れてくるWLACを夜通し聴きながら星を観察し、天文と音楽は切っても切れないと思うようになった。そのころはまだ、ケプラーが音楽家の息子であるガリレオに惑星の音楽のことを手紙に書いたという古い話は知らなかったけれども。

土砂降りの蒸し暑い日に、私はパームビーチ・レースウェイのコースわきで公道を走れる未整備のレーシングカーを買い、そのころ大勢いたスピード狂でラジオ狂たちの仲間入りをした。真夜中に二車線のアスファルト道路を猛スピードで走って南部を抜け、ミシシッピ川を越えて西部へむかう。革とオイルと焦げた塗料の混ざった臭いのする飾り気のない運転席に、デュアル排気管の爆音よりも大きい音でＷＬＡＣやニューオーリンズのＷＷＬが流れている。黒人ＤＪのアーリー・ライトが聴かせる貴重なブルースもミシシッピ州クラークスデイルから途切れ途切れに聴こえてくる（「あなたの耳にすてきな曲をおとどけしました」がアーリー・ライトの決め台詞だったが、リスナーはデルタブルースに詳しいはずと、曲名が紹介されないことが多かった）。西へひた走っていると、続いてシカゴからクリアチャンネルの大きいＲ＆Ｂ専門ラジオ局の放送が聴こえてくる。遠くカリフォルニアまでとどく電波は、極から極へ弧を描く磁力線上で地球と太陽がささやき合って発生する空電に弱められ、伝道集会での牧師の寒々しい説教をメキシコ国境のむこうから流す海賊放送局にさえぎられる。「妊娠中のご婦人方、『母親になる女性のための祈禱書』を買い求めましょう。わずか五セントです。買わなかったある女性は、額の真ん中に大きい目が一つしかない子が生まれたのです！」

星の降るある夜、テキサス州アバリーンの西を走っていたときに、二気筒蒸気機関車から煙を上げながら道路と並行して走る長い貨物列車を追い越してまもなく、オゾンのどこかから飛んできた古いブルースが聴こえてきた。それは思わず涙が浮かぶほど心を揺るがし、私は車を寄せて停めずにいられなかった。

ミッドナイト・スペシャル
どうか俺を照らしておくれ
ミッドナイト・スペシャル

すてきな光で俺を照らしておくれ

ミッドナイト・スペシャルは、脱獄囚がそれに乗って外の世界へ走り出したいと願う列車だった。歌っているのはハディ・レッドベター。レッドベリーの名のほうで通っている。殺人罪で服役し、赦しを乞う歌を書いて二度釈放された。私はこの「ミッドナイト・スペシャル」やブラインド・ウィリー・ジョンソンの名曲「ダーク・ワズ・ザ・ナイト」などを聴いてブルースから離れられなくなり、そんなたくさんの白人の若者と同じように、よその惑星の話かと思うほど自分とはかけ離れた境遇で書かれた曲を爪弾いてギターを覚えた。アメリカ南部のブルースシンガーが広大な闇に点々と光る孤独な星のように思えてきた。

若くて、自分がどこへむかっているのかわからないときは、ハイウェイを走ってみるといい。途中で会った警官に「何をそんな急いでるんだ?」と聞かれることがあったが、急いでなどいなかった。ひたすら車を疾駆させる者は、どこかへ行こうとしているわけではない。目的地にはもう到着している。スピードを上げれば、車はオートバイくらいに、オートバイなら手にのるくらいに小さくなったように感じ、目の前の道も脈動する血管ほど細く見えるが、かならずぎりぎりで通り抜けることができて、耳にも心にもエンジンの金属音と「オゾン」に跳ね返されてくる骨太な音楽だけが響く。夜更けの二車線のアスファルト道路はなぜか上り斜面に見え、楕円形の黄色いヘッドライトを見つめながら時間をなくしたようにその道をどこまでも走る私は、タイタンを通過して高真空空間を漂う未来の宇宙飛行士のように独りきりだった。だが、孤独ではなかった。私はいるべき場所にいた。

あのころのハイウェイは真っ暗で、星が旅の道連れだった。星はニューヨークでもシカゴでも、セントルイスでさえもダウンタウンから消えてしまっていたが、ひとたびオープンロードに出れば、スプレーで空に散らした春の花束のように視界のまわりを飾った。足を伸ばすためかバーボンを引っかけるために車を停めれば、ヘッドライトを消すと同時に星が窓を埋めつくした。擦り切れた革のシートにもたれて強化ガラスのむこうの星を眺めながら、ダッシュボードの真ん中のスピーカーからパリパリという雑音とともに流れてくる渋いロックやブルースに耳を傾け、それに呼応するようにエンジンヘッダーと排気管の冷える音がパリパリと鳴れば、わが家のようにくつろげた。そんなときには荘子の言葉がよくわかる。死んだらどんな弔いを出してほしいかと弟子にたずねられて、荘子は答えた。「天と地のあいだを棺としよう。翡翠《ひすい》の代わりに太陽と月が、真珠や宝石の代わりに星と星座がある。万物が野辺の送りをしてくれる。弔いの用意はすっかりできているではないか」(2)

電離層は穴だらけなので、大きいラジオ局の流す音楽をすべて地球に跳ね返すわけではない。突き抜けて宇宙に放たれ、星にむかって飛んでいくものもある。私たちが五〇年代に聴いたブルースの一節がいまも光の速さで宇宙を飛んでいるのだ。ファッツ・ドミノの「ブルーベリー・ヒル」やサニー・ボーイ・ウィリアムソンの「ナイン・ビロウ・ゼロ」がいまごろ幾百万の恒星にとどいている。惑星をもつ恒星もあるから、ラジオをつくって受信する者がそこにいれば、理論上は地球外のリスナーの耳にとどく。私たちも意図的に送られたもっと強い信号だけでなく彼らの放送も聴くことができるはずだ。現在の電波望遠鏡で、数千光年離れた恒星系からの信号を検出できるかもしれない。

このことは最近わかったわけではなく――無線工学の先駆者マルコーニとテスラは宇宙空間でも信号が伝わることを理解して火星からの信号を受信しようとした――現在ではこのような夢が夢でなくなるかもしれないところまで技術が進歩している。一九五〇年代に、天文学者はレーダー施設用として第二次大戦中に開発されたマイクロ波受信機を手に入れ、パラボラアンテナに取り付けて電波望遠鏡を製作した。彼らのような「電波天文学者」は銀河や星雲から放射される電磁エネルギーを調査し、レーダー電波を金星や月に反射させた。私たちアマチュア天文家が夢中で読んだ専門雑誌には、銀河の写真だけでなく銀河の電波地図も掲載されるようになり、恒星の巨大な密集領域の真っ暗にしか見えない周縁部がフライパンのなかの卵のまわりで溶けるバターのように、可視範囲をはるかに越えて写っていた。一九六〇年に、フランク・ドレイクという若手の天文学者が太陽とよく似た近傍の二つの恒星に電波望遠鏡を向け、生命体が発信した信号をキャッチしようと試みた。ＳＥＴＩ、すなわち地球外知的生命体探査と呼ばれるプロジェクトのはじまりである。

二十世紀末には、民間企業の出資で六つのＳＥＴＩプロジェクトが進められるまでになり、ＳＥＴＩのデータから信号を見つけるためにおよそ二百カ国の百万人以上の人が自宅のコンピューターを未使用時に提供した。おもにプエルトリコのアレシボ天文台の巨大望遠鏡が受信したデータがドイツ、スウェーデン、オランダ、モンゴル、コンゴなどの個人のコンピューターにメールで送られ、分析結果が同じくメールで自動的に送り返された。ハイテク企業は一番乗りで信号を検出しようとチームをつくって競い、最も多くのＳＥＴＩデータを最も速く分析するために一晩中ワークステーションのブーンという音を響かせた。市民ボランティアに支えられた「ＳＥＴＩアットホーム」と呼ばれるこの新しい試みは開始から数カ月でそれ自体が世界最大のスーパーコンピューターになり、地球最大のプロジェクトとして進められた(3)。

一九九九年のある晩、私はＳＥＴＩ研究所のセス・ショスタックに電話して計画は順調かとたずねた。アレシボ天文台で観測中だったショスタックは、数週間前に受信したデータをＳＥＴＩアットホームが詳しく分析してくれたおかげで、彼のチームが望遠鏡でしている大まかなリアルタイム解析が補えたと答えた。探査の基本的な説明を聞いた私は、星空の下で私とチャックが小さいラジオでやっていたこととよく似ていると思った。

「データはおおよそのところリアルタイムで処理しているんだ。現在、二千万のチャンネルをモニターしている。地球外生命体のものかもしれない信号は常時一分間に数回くらい拾えていて、これはと思うようなものがそのうち一つくらいあるから、すぐにもう一台の望遠鏡に送ってチェックする。この作業が重要なんだ。一キロパーセク〔三千二百六十光年〕よりも遠くからくる信号は、星間の高温のガス雲を原因とする星間シンチレーションのために強さが変わってしまうからね。AMラジオを聴くのといろいろなところで似ているよ。カリフォルニアでシカゴのWLS放送が聴けたかと思うと、電離層が変化してすぐに聴こえなくなる。銀河の遥か彼方でも似たようなことがあるんだ。何かが聴こえても、確かめようとするともう聴こえない。星間シンチレーションで振幅が小さくなるんだ」(4)

異星人からの無線信号が検出されたら、科学史上最大の発見ということになるだろうが、それがなんの役に立つのかを明確に答えられる人はいない。がんの治療法や戦争を終わらせる方法を教えてもらえるかもしれないなどという話もあるが、私には異星人の考えていることがそういうレベルのものとも思えないし、彼らからのメッセージがはたして解読できるのか、できたとしても彼らと私たちの世界観が共通していて理解しあえるのか、そもそもコミュニケーションできるのかどうかもわからない。思うに、メッセージはたとえ解読がさほど難しくなくても、非常に長くて複雑で、充分に理解するにはヨーロッパの大学がアリストテレスの著作を解釈するために設立されたように、大規模な研究機関を設立する必要があるのではないだろうか。

だが、それはSETIが正真正銘の探究だからだ。探究とはそういうもので、コロンブスも自分が何を発見することになるかなどわかっていなかった。一八三〇年代に発電機の実験をしていたマイケル・ファラデーは、イギリスの大蔵大臣ウィリアム・グラッドストンになんの役に立つのかとたずねられて、「わかりませんが、あなたがた政府がそれに課税するのはまちがいないでしょう」と答えたという(5)。結果を予測できるようなものは本当の探究ではない。

こうしてみると、遥か彼方の恒星のまわりをまわっている惑星で、私たちの未熟な文明(電波を飛ばせるようになってたかだか百年にしかならない)など足元にもおよばない膨大な知識と高度な技術をもつ文明が私たちに検出できるような信号をわざわざ送ってきたり、昔のラジオ放送を聴こうとしたりするだろうか。異星人の文明が完全に統制されていると想像するなら、地球の生態系や社会制度の研究を深めるためでもないかぎり――まるで顕微鏡を分解するように淡々と地球を観察するのだろう――そんな試みに実用的な価値はほとんどなさそうだ。それでもこの地球を見てもわかるように、知的社会だからといって統制されているとはかぎらない。多様性を重視して繁栄し、おのおのにやりたいようにやらせている社会かもしれない。そうだとしたら、最初に受信するメッセージは銀河同盟の総指揮官ではなくアマチュア無線部の高校生宇宙人が送ったものかもしれないし、「ジャック・ベニー・ショー」とか「アイ・ラブ・ルーシー」などのコメディ番組を最初に受信する異星人がアンドロメダ座ウプシロン星の三番目の惑星で巨大電波望遠鏡のダイヤルを触手で調整している科学者である必要もない。何か新しいものをキャッチしたくて「オゾン」を探っているチャックや私のような少年でもいいのだ。

ラジオドラマの「エイモスとアンディ」やビル・「ホス」・アレンが毎晩DJをつとめるWLACの音楽番組を聴かせて、異星人に地球人とはこういうものと思われてしまうのは恥だという意見は多い。しかしコメディや音楽も、政治家が重々しい口調で述べる公式声明と正反対のものとして悪くはない。考えようによっては、昔のラジオ番組のほうが何事もおそれないたくましさがあって、真の探検者の冒険心に近いと私は思う。

一九七〇年代に、私はボイジャー探査機1号と2号に乗せて宇宙に飛ばされたレコードの制作に関わった。星のあいだを縫って十億年の旅を続けるこの探査機を見つけるかもしれない誰かのために、地球のさまざまな文化を集めてレコードに収めた。ボイジャーレコードには、バッハ、ベートーヴェンからジャワのガムラン、古代中国の秦の音楽、ブラインド・ウィリー・ジョンソンの「ダーク・ワズ・ザ・ナイト」まで二十七の楽曲が収録されているが、そのなかにロックンロールも一曲、チャック・ベリーの「ジョニー・B・グッド」がある。ギターを弾いて大都会で有名になるのを夢見る田舎の少年の歌だ。

少年はギターをズック袋に入れてもってきて
線路わきの木の下に座ったものさ
車輪のリズムに合わせて木陰でギターをかきならす少年を
機関士はいつも見ていた
通りがかりの人は足を止めて言った
おやまあ、こんな田舎の子がやるもんだねえ(6)

ボイジャーのレコードはコメディ番組「サタデーナイト・ライブ」でネタにされた。ボイジャー探査機をつかまえてレコードを聴いた異星人からの無線信号を地球の科学者が受信してみると、こんなメッセージだった。「チャック・ベリーをもっと送れ!」

じっとしていられない若さのただ中にあった私は夜中に車を走らせ、オゾンの変化をキャッチしながら大陸を何度か往復したが、やがて世の中は変わってしまった。あのころハイウェイは自由の象徴で、人が「オープンロードの歌」のことを話すのがまだ聞けた。いまはもう、本当のオープンロードなどほとんどない。二車線のアスファルト道路は迂回路で分断され、僻地を走るインターステートでさえ真夜中に渋滞することがある。テールランプをフロントガラスに、ヘッドライトをバックミラーに映しながら、まるで長い列車の車両に乗って運転している気分になる。いま、ひたすらまっすぐに伸びる本当のオープンロードは一本しかない——電離層とオゾンを越えて、惑星と恒星にむかう道だけしか。

見守り続けて
ミスター・ホワイトマンとの出会い

一九九〇年代初めのある土曜日の夕方、私はカリフォルニア州オークランドのシャボット天文台で一般向けの科学の講演を終え、ジョン・A・ブラッシャー社製の五十センチ屈折望遠鏡が設置されたドームに立ち寄った。一九一四年に建設され、いまなお立派に惑星観測ができるクリーム色の巨大なドームのなかに係員の案内で入っていくと、百人もの小学生が列をつくり、踏み段を上ってアイピースをのぞく順番を待っていた。初老の解説員がそばに立ち、子供たちが焦点を合わせるのに一人ずつ手を貸してやり、土星の大きさや距離や構造、そばに見える光の点が恒星ではなく衛星のタイタンであることを耳元で説明していた。

「あの方は?」と私はたずねた。

「ワイトマンさんですよ」と係員は答えたが、「ホワイトマン」としか聞こえなかった。まったくのところ、私はキングズリー・ワイトマン氏ほど白い人を見たことがなかった。白髪で、肌が上質紙のように白く、着ているものも上から下まで白い。その望遠鏡とともに生まれてきて、前世紀の天文学をいまに伝える精霊のようだった(実際は望遠鏡よりも三十三歳若かったが)。シャボット天文台は財政難のオークランドの公立校制度によって運営され、予算に余裕がないためにワイトマン氏は何年も無報酬で働いているのだと係員が教えてくれた。それでも一般開放期間になるとかならずここを訪れ、子供たちに惑星や恒星を見せていた。私は休憩時間を待って挨拶した。

「何かご質問でも?」とワイトマン氏は軽く頭を下げながら言った。

「シャボットは運営が苦しいと聞いています。どんな具合ですか」

彼は笑った。「シャボット天文台はずっとそんな状態ですよ。開放期間のたびに、どうしたらもう一期だけ続けられるだろうか、あと一期でも運営できれば採算がとれるのではないか、と考えています。シャボットのすばらしさ、一般開放することの意義を毎年あちこちに伝えてまわっているんですよ。すると『でもキングズリー、読み書きと計算を教える金だって足りないっていうのに、天文学なんて教えなくちゃいけないのか?』と。そう言いながらも、この望遠鏡をのぞいて納得してくれて……」。ワイトマン氏は頭を振り、そのまま黙ってしまった。

その後も私はときどきミスター・ホワイトマンを思い出し、開放日の夜に近くへ行ったときはかならず立ち寄って彼に会った。この天文台はオークランドの教育委員長だったジェイムズ・C・ギルソンの働きかけで建設され、町に最初の水道管を敷設した水力工学の専門家で慈善家のアンソニー・シャボットの名がつけられたのだと知った。ワイトマン氏はカリフォルニア大学バークリー校で教育学の学位をとったあと、オークランドの公立校で教えるために大学にもどって天文学を学んだのだという。「シャボット天文台で教えられるなんて、うれしくてね」と彼は当時を振り返った。「初めて望遠鏡をのぞいたときから夢中になりました。みんな同じだったようですよ」

土星を見たときは本当に涙が出たという。「私には土星がとても美しく思えるんです。全体のバランス、まとまり、色。初めて目にしたとき、どんなに興奮したことか！　いまだって同じです」
ワイトマン氏と同僚がシャボット存続のために何年もがんばっている一方で、市民団体のリーダーらが望遠鏡と新しいプラネタリウムと教育施設を備えたシャボット科学館設立の資金集めを目的として財団をつくった。ある日、千七百万ドルの補助金が受けられるとの知らせがあり、建設総額七千四百五十万ドルの施設が二〇〇〇年に開設されることが決まった。

補助金支給の知らせがあったあとのある土曜日の夜、私は古い天文台に立ち寄り、飾り気のないドームの下で一列に並んだ小学生に木星を教えているワイトマン氏を見てうれしくなった。仕事が一段落したのを見計らって、私は補助金決定のお祝いを言った。

「やりましたよ！」とワイトマン氏は上機嫌で笑った。「何年ものあいだ、あと一期だけ、どうにか続けられないだろうかってことだけでしたからね。それがようやくどかんとお金が入ってくるんです！『もう少しいるかい、キングズリー？　百万ドルで足りるか？　二百万ドルかい？』ってね」

「これだけは確かです」。ワイトマン氏は体を寄せて小声で言った。「千七百万もの大金をくれるっていうんですから、閉鎖なんて話はもう出るはずない！」。次の小学生のグループがドームに入ってきたので、ミスター・ホワイトマンは失礼しますと丁寧に言った。卒中で麻痺した左腕をかすかに震わせながら車輪付きの踏み段にむかう姿を私は見ていた。彼は一番目の小学生の手をとって望遠鏡へ導いた。

第四章　アマチュア

アマチュア。
フランス語の amateur，ラテン語の amator より……愛すること。
——オックスフォード英語辞書

これを知る者はこれを好む者に如かず。これを好む者はこれを楽しむ者に如かず。
——孔子

テキサス州ペコス郡西のフォートデイビスに近い高地の夕暮れ。乾燥した大地はスターパーティーに集まった望遠鏡でいっぱいになった。暮れていく西の空を背景に、ほほえましくもテキサスアルプスと呼ばれている起伏の緩やかな丘陵地帯が見えていた。私たちの東にはその昔恐竜の国だった油田地帯が広がっている。

星が息の詰まりそうなほどくっきり見えはじめた。西の地平線へむかって去っていくオリオン座、そのあとを追って白く輝くシリウス、南東には四角いからす座、天頂近くにしし座の「ししの大鎌」。木星がほぼ天頂にあり、勢ぞろいした望遠鏡が太陽を追いかける向日性植物のようにそれを仰いでいる。濃くなってきた闇が谷間をのみ込み、観測する人々の姿をかき消したあとに、望遠鏡の計器のＬＥＤが織りなす真紅の光の星座が地上に現われ、赤い懐中電灯がちらつくなかに声が響く。悔しそうに呻く声、ため息、低くつぶやく悪態、そしてときおり流星があざやかに空を駆け抜けたときの歓声。やがて闇がいっそう深まると、黄道光（メインベルト〔小惑星帯。詳しくは一九六ページ〕のむこうにまで広がる惑星間塵に反射した太陽光）が見え、遠くに光るサーチライトのように西の空を突き刺した。エドワード・フィッツジェラルドがオマル・ハイヤームの詩を訳して「暁の左手」と表現したのはこれのことだろうか。天の川が東に連なる丘陵の上に現われたが、最初は雲の帯だと思ってしまったほど明るい。この澄んだ空の下、地球はそこから宇宙を見わたせる止まり木になった。大きいニュートン式望遠鏡のアイピースをのぞくために、ぐらぐらの脚立の上でつかんだ足場だ。

• • •

私は暗くて遠い天体を見逃さないことで知られているバーバラ・ウィルソンと一緒に観測するためにここへきていた。バーバラの姿を見つけたとき、彼女は小さい梯子の上で口径五十センチのニュートン式望遠鏡をのぞいていた。望遠鏡は限界まで光軸が調整され、観測会のたびに石鹸とイソプロピルアルコールと蒸留水の溶液を含ませた綿棒でよく磨いたアイピースが装着されている。観測用テーブルに『ハッブル銀河アトラス』と『ウラノメトリア２０００』のほか、赤い電球のライトボックスで裏から照らして見る夜間用の星図、別の星図を見るために起動させたノートパソコン、それに見たい天体のリストが置いてある。このリストにあるもののほとんどを私は見たことはおろか、聞いたことすらなかった。たとえば、コワルの天体（バーバラによると、いて座の矮小銀河だそうだ）、モロングロ－３銀河、宇宙が現在の半分の年齢だったころに出現した光、ミンコフスキーの足跡とかいう名前の暗い星雲、赤い長方形星雲、ゴメズのハンバーガー星雲などだ。

「M87のジェットを探しているのよ」。バーバラは梯子の上から私に声をかけた。M87は地球から六千万光年ほどのところにあるおとめ座銀河団の中心近くの銀河だ。その核の部分から白いジェットが出ている。この巨大楕円銀河の中心にある大質量ブラックホールの両極付近から、プラズマ（大きな衝撃によって原子がばらばらになり、原子核と電子が自由に飛びまわっている状態）がほぼ光速で噴出しているのである（いかなるものもブラックホールから出てくることはできないが、周囲の重力場は高速で物質を飛ばす）。雲と衝突した箇所にジェットがたまるので雲の位置と密度が推測できることから、天文学者はジェットの構造を調べてM87のなかの暗雲の地図をつくり、その様子によって最近ブラックホール近辺から放出された物質量の違いを再現しようとしている。この研究には、ハッブル宇宙望遠鏡、ハワイのケック天文台にある二基の口径十メートルの反射望遠鏡、ニューメキシコ州の砂漠にパラボラアンテナ二十七基をY字形に敷設した超大型干渉電波望遠鏡群など、最新鋭の機器が用いられている。アマチュアでこのジェットを見た人がいるという話は聞いたことがなかった。

長い沈黙のあと、バーバラが叫んだ。「あった！　ほら、あったでしょ！」

梯子を下りてくるバーバラの笑顔が暗闇のなかで上下に揺れる。「コロンバスでも一度見たことがあるけれど、誰にも確認してもらえなかったの。見えるまで待てないのよ。でも、見えてくればこんなにはっきりしているんだから、わあって叫んじゃうわよ。さあ、どうぞ」

私は梯子に上り、アイピースのピントを合わせて目を凝らした。ほんのり輝くまん丸いM87は七百七十倍の倍率で河豚《ふぐ》のように膨らんでいる。ジェットが見えてこないので、暗いものを見るときのいつものやり方をしてみた。スポーツをするときのように、肩の力を抜く。深呼吸して脳に酸素をたっぷり行きわたらせ、使っている右目の筋肉が緊張しないように両目を開ける。左目は手で覆うか、何も見ないようにして――これが意外と簡単にできるものだ――望遠鏡のむこうに見えているものに意識を集中させる。視野のどこに目的物があるかを星図で確認し、そこから少しずれたところを見る。目は中心をはずしたところのほうが暗い光に敏感なのである。あとはバーバラの言うとおり、辛抱だ。以前、インドで深い草むらからスポッティング望遠鏡をのぞいていたとき、自分の見ているものが寝ているベンガルトラのオレンジと黒の大きい頭だと気づいたのは一分以上たってからだった。星の観測もそういうもの、慌ててはいけない。

突然、それが現われた。血の気のない曲がった細い指のようで、銀河の白鉛色の光よりももっと冷たく白々とした色だった。ずっと写真で眺めて憧れていた光景を実際に目にするのは本当にすばらしい。私もまた、満面の笑みで梯子を下りた。休憩しましょうと言うバーバラの呼びかけに、仲間たちは牧場のカフェテリアへむかったが、バーバラはM87のジェットを見たい人がくるかもしれないので望遠鏡から離れなかった。

アマチュア天文学は、私が天体観測をはじめた一九五〇年代以降大きく様変わりした。当時のアマチュア天文家は、たいてい私の六センチ屈折望遠鏡のようなひょろ長い望遠鏡を使っていた。三十センチ反射望遠鏡などは怪物のように大きく、幸運にものぞくチャンスがあろうものなら自慢話になった。手もちの望遠鏡の集光力に限界があるため、アマチュア天文家は月のクレーターや木星の衛星、土星の環、そしてわずかしかない目立つ星雲や星団など、明るい天体ばかりを観測していた。近傍の銀河探しに挑戦しようと天の川のむこうを探っても、ぼんやりした灰色の斑点程度にしか見えなかった。

一方、プロの天文家は南カリフォルニアのパロマー山にある有名な五メートル（二百インチ）望遠鏡に代表される西海岸の巨大望遠鏡を使うことができた。(1) 彼らは当時の最新技術と磨かれたスキルで成果を上げていた。パサデナに近いウィルソン山天文台では、太陽が私たちの住む銀河の端に位置していることを一九一八年から一九一九年にハーロー・シャプリーが証明し、一九二九年にはエドウィン・ハッブルが銀河は宇宙が膨張しているためにたがいに遠ざかっていることを確認した。また、パロマー山天文台ではアラン・サンデージが恒星の年齢を決定し、ホルトン・アープが「特異」銀河の構造を探り、一九六四年にはマルテン・シュミットとジェシー・グリーンスタインがクエーサーは非常に遠いところにあることを発見した。若い銀河の活発な中心核が発するこの光は数十億年かけて私たちのもとにとどくのである。こうしたプロの天文家は名を上げ、深宇宙の神秘を探る鋭い目のもち主としてさかんにメディアに取り上げられた。

実際、彼らは鋭い目のもち主だった。あのころは天文学の黄金時代だった。彼らの活躍で人類は長い眠りから目覚め、初めて目を開いて故郷である天の川銀河の彼方の世界を見たのである。しかし、職業としての天体観測は楽しいだけではすまなかった。観測ケージに入って宙に浮き、暗くて寒い場所で大きいガラス乾板に長時間露光で慎重に写真を焼きつける。頭上ではドームのスリットのむこうに星が冷たく輝き、眼下では鱒の養殖池ほどの大きい鏡に映った星明かりが乱れている。ロマンはまちがいなくあるが、神経をすり減らす作業だった。巨大望遠鏡を使うのは美人の誉れ高い映画女優とつきあうのに似ていた。願ってもない幸運が続くように絶えず気を配っても、うっかりへまをしようものなら、待ち構えている大勢の恋人志願者にその座を奪われる。また、縄張り争いや論文審査員の妬み、望遠鏡使用時間の絶えない奪い合いも仕事をつらいものにした。私は才能ある若い宇宙論研究者が「天文学を職業にすると、楽しい趣味がめちゃめちゃになってしまう」とこぼすのを聞いたことがある。

こうして数十年が過ぎた。プロの天文家は有名な遠い天体を観測し、アストロフィジカル・ジャーナル誌に成果を発表した。この権威ある専門誌はまるであてこするように研究対象の距離によって論文の扱いに差をつけ、銀河なら毎号巻頭ページに、恒星は真ん中に掲載し、惑星はまれに載せてもうしろのほうへ追いやった。一方、アマチュア天文家は地域のフェスティバルで三脚に載せた七十六倍の小型望遠鏡を小学生にのぞかせて土星の環を見せたり、スカイ・アンド・テレスコープ誌に自分のスナップ写真（庭に置いた手づくりの反射望遠鏡の隣で笑っている）を送ったりした。この雑誌は質のよい専門誌だが、アストロフィジカル・ジャーナル誌の権威にははるかにおよばない。いわでものことながら、アマチュアを見下すプロもわずかにいた。クライド・トンボーが冥王星を発見したとき、普段は心の広いジョエル・ステビンズが「アマチュアレベルの助手」と嘲り、冥王星の存在は「アマチュアの［パーシヴァル・］ローエルが予測し」、「これまたアマチュアのジョエル・H・メトカーフ牧師が大部分を製作した」望遠鏡で確認されたから、もし冥王星が惑星だったら、この発見はプロの天文家に対する最大のあてつけだと言った。(2) もちろん、アマチュア天文家と良好な関係を保っているプロもいたし、自分の立場を不満に思わずに充実した研究を続けるアマチュアもいた。そうだとしても、大方のところアマチュア天文家は山頂の陰の谷間にいた。

これはある意味でおかしなことだった。天文学の長い歴史を振り返ってみれば、活躍してきたのはおもにアマチュア天文家なのである。

近代天文学の基礎を築いたのは、ほとんどがアマチュア天文家だった。一五四三年に宇宙の中心から地球を退けてそこに太陽を据えたのはニコラウス・コペルニクスだが（これにより袋小路に入っていた誤りは解決の光の見える誤りになり、また新しい問題が提起されるきっかけにもなった）、彼はルネサンス期の知識人らしく多才で、天文学は研究分野のほんの一部だった。惑星の軌道が真円ではなく楕円であることを発見したヨハネス・ケプラーはおもに占星術師や教師をしたり、著書出版のために王室から金をもらったりして生計を立てていた。彗星にその名がつけられたエドモンド・ハレーも天文学を職業としていたわけではない。それでも、百四十年後にナポレオン・ボナパルトがふたたび流刑されて没した南大西洋の孤島セントヘレナ島で一年にわたって天体を観測するなど、数々の功績を認められ、最後にはグリニッジ天文台長になった。一七三七年五月二十八日の金星による水星の掩蔽《えんぺい》（金星が水星の前を通過するめずらしい現象で、次に見られるのは二一三三年十二月三日）を観測した唯一の人物はアマチュア天文家のジョン・ベヴィスである。一七一〇年生まれのスコットランド人のジェイムズ・ファーガソンは無学の羊飼いの少年だったころに星について学び、のちに一般向けの科学書を執筆した。[3]王立協会会員になり、国王ジョージ三世から個人的に奨励金をもらったが、国王自身がまたアマチュア天文家で、一七六九年六月三日の金星の太陽面通過を見るために天文台を建設している。ファーガソンの一七六九年の著作『アイザック・ニュートンの原理にもとづく天文学』は好評を博し、作曲家でオルガン奏者だったウィリアム・ハーシェルの関心を引いた。そのハーシェルは望遠鏡を製作し、それを操って数々の発見をなした史上屈指の天文家になった。しかし彼も、一七八一年に天王星を発見するまで天文研究で報酬を得たことがなかった（ジョージ三世はハーシェルにも俸給をあたえたが、その金で製作した巨大望遠鏡はうまく動かず、ハーシェルはアマチュア時代につくったもっと小さい望遠鏡をまた使うようになった）。一七五八年にハレー彗星が天王星軌道のむこうからこちらへ輝きを増しながらもどってくる「回帰」を見つけたのは、ヨハン・ゲオルク・パリッチュである。ニュートンの運動の法則の効果を見事に証明した偉業だったが、これに対してパリ王立科学アカデミーはパリッチュを「自らの発見の重要性に気づかなかったただの農夫」と嘲弄した。[4]実際には、パリッチュはハーシェルとたびたび手紙を交わしてアルゴルが食連星（たがいの前を周期的に通過する二つの恒星）であることを理論的に説明したすぐれたアマチュア科学者だった。

十九世紀の天文学もアマチュア天文家が支えていた。大半は天文台を私有する裕福な貴族か、そうでなければ国王や商人に能力を買われて後ろ盾を得た平民が多かった。高校を中退してブレーメンの貿易会社の事務員になったフリードリヒ・ヴィルヘルム・ベッセルは彗星軌道に関する有益な研究をし、一八一三年にプロイセンに完成したケーニヒスベルク天文台の台長に就任した。ベッセルの能力に最初に注目した当時の彗星観測の第一人者ハインリヒ・オルバースは医師でもあった。また、プレアデス星団を取り巻く反射星雲と八個の彗星を発見したエルンスト・テンペルは学校教育をほとんど受けていない版画家だったが、亡くなるまでにマルセイユとミラノとフィレンツェの天文台で働いた。ドイツのデッサウの薬剤師だったハインリヒ・シュワーベは十七年にわたって晴れた日に欠かさず太陽の黒点を観測し、その数が十一年周期で増減することを発見した。太陽周期が進行するにしたがって黒点が赤道に近づき、その推移をグラフにすると「蝶形図」になることを証明したのもイギリスのアマチュア天文家リチャード・キャリントンである。サリー州レッドヒルの広大な屋敷で太陽を観測していたキャリントンは、太陽フレアを最初に発見した人物でもあった。太陽に関するこれらの発見に刺激を受けた一人が、カレドニア鉄道で駅名を呼び上げる仕事をしていたジョン・ロバートソンだ。ロバートソンは労働者の集まる地域図書館で天文書を読みあさり、お金を貯めて望遠鏡を買った。そして、彗星と流星および太陽黒点とオーロラと方位磁針の異常との関係についての観測結果をまとめ、出版した。天文台から誘いがあっても、「［鉄道］会社がとてもよくしてくれるので力をつくしたい」と辞退した。(5)

一八〇〇年代半ばのアイルランドでは、第三代ロス伯爵ウィリアム・パーソンズが一・八メートル

（七十二インチ）の反射望遠鏡を建設し、銀河の渦巻模様を観測した。「パーソンズタウンの怪物」と呼ばれたその望遠鏡は世界最大の規模を誇っていたが、その座はアマチュアからプロに転じたジョージ・エラリー・ヘールの働きかけで一九一七年にウィルソン山天文台に完成した二・五メートル（百インチ）反射望遠鏡に奪われた。ヘンリー・ドレイパーは未成年ながら医学を修めたのち、開業できる年齢になるのを待つあいだにイギリスを旅行し、ロス卿の望遠鏡を見て天文学に引き込まれた。ニューヨークにもどってから一連の望遠鏡を製作し、分光器（光を分解して得たスペクトル線からその光源に含まれる元素を明らかにする機器）とカメラを組み合わせて信頼性の高い分光写真機《スペクトログラフ》を初めて完成させ、近代天体物理学の創成と恒星の分類に貢献した。イギリス陸軍省の役人で天文学を独学したジョゼフ・ノーマン・ロッキャーは、太陽スペクトルを分析してヘリウム元素を発見した（ヘリウムが地球に存在することはまだ知られておらず、ロッキャーは「太陽の」という意味のギリシア語からその名をとった）。やはりアマチュア天文家のピエール゠ジュール゠セザール・ジャンサンは、一八六八年八月十八日のインドの皆既日食で確認した太陽プロミネンス（太陽表面から長く飛び出した赤いプラズマ）を翌日も観測することに成功した。太陽光の大部分が月にさえぎられる日食を利用せずに観測された初めてのプロミネンスだった（ロッキャーもその数日後に同じプロミネンスを観測している。二人ともその後プロの天文家になった）。ロッキャーはのちの一八六九年に科学誌ネイチャーを創刊し、イギリスのストーンヘンジとエジプトの大ピラミッドが太陽と恒星のほうを向いていることを解明し、この発見から天文考古学が誕生した。一方、印刷業に携わっていたウォーレン・デ・ラ・ルーは一八六〇年に、四百キロ離れた場所で撮影された皆既日食の写真を用いて、プロミネンスが当時一部で考えられていたように月から放出されているのではなく、太陽から出ていることを証明した。

ハーバード大学天文台を創設したのは、息子のジョージ・フィリップスとともに土星の八番目に大きい衛星ヒペリオンを発見したアマチュア天文家のウィリアム・クランチ・ボンドである。また、鋭い観察眼で連星を調査し、「鷲の目のドーズ」として知られたウィリアム・ラター・ドーズは医者で牧師だった。「ドーズの限界」は現在も望遠鏡の分解能の計算に用いられている。絹商人のウィリアム・ハギンズは惑星状星雲（不安定な状態になった恒星が放出するガスの塊）のスペクトルを観測し、恒星の視線速度を測定した。仲間が開いたスターパーティーで知り合ったマリア・キングという女性と結婚したウィリアム・ラッセルはリバプールで醸造業を営む大富豪で、六十センチ反射望遠鏡を建設し、海王星の衛星トリトンと天王星の衛星アリエルおよびウンブリエルを発見した。

二十世紀になってプロの天文家が急増しても、アマチュア天文家はその陰に隠れながら価値ある貢献を続けた。イギリスの作家でアマチュア天文家のパトリック・ムーアは第二次世界大戦以前を振り返り、「木星の大赤斑の経度や金星のアシェン光〔金星の大気中の発光現象〕の状態や火星で砂塵嵐が生じているかどうかを知りたいときは、アマチュア天文家の大きい団体にたずねたものだ」と述べている。[6] 弁護士のアーサー・スタンリー・ウィリアムズは木星の雲の緯度に応じた自転速度の差を図で示し、木星研究で現在も使われている用語の体系を確立した。スイカを栽培していたミルトン・ヒューメイソンはウィルソン山でラバ追いの仕事をしたのち、エドウィン・ハッブルに協力して宇宙の大きさと膨張速度を図に表わした。グロート・リーバーは最初の本格的な電波望遠鏡をイリノイ州ホイートンの自宅の裏庭で製作し、全天の電波分布図を作成した。しばらくはリーバーが世界でただ一人の電波天文学者だった。エンジニアのロバート・マクマスはデトロイトの自宅の裏庭に観測所を建てて太陽を観察し、その成果によって全米科学アカデミーの会員に選ばれ、またプロの団体である全米天文学会の会長に就任し、アリゾナ州のキットピーク国立天文台の建設計画に携わった。この天文台の世界最大の太陽望遠鏡には、マクマスの功績を称えてその名がつけられている。

十九世紀末から二十世紀初めはプロの天文学界が発展と停滞を繰り返していたことから、川の流れの真ん中で舟から舟へ飛び移るかのようにプロの世界とアマチュアの世界をまたいで活躍するシャーバーン・ウェスリー・バーナムのような人々が現われた。独学して速記者として裁判所に勤務するかたわら、連星を観測してカタログを出版したバーナムは、北カリフォルニアのハミルトン山が天文台の建設に適した場所かどうかの調査を依頼され、現地に二カ月間滞在して自分の十五センチ屈折望遠鏡で調べた。そこにリック天文台が開設されたときには、給料が減るのを承知で天文台の上級職員になった。ユーモアがあって物事に偏見がなく、人づきあいのよいバーナムは、天文台に郵便物を取りにやってくるベネットという世捨て人とも最高裁長官とも分け隔てなく気軽に言葉を交わした。やがて天文台を退職してシカゴにもどり、天文台時代の二倍の給料で巡回裁判所の職員になった。それでも天文観測をやめることはなく、週末にウィスコンシン州ウィリアムズベイのヤーキス天文台まで列車で出かけて二重星の研究を続けた。

これほど重要な貢献をしながら、なぜアマチュア天文家はプロの陰に隠れていたのだろうか。その理由は、ほかの学問分野と同様に近代的な天文学の歴史は案外短く――順調に発展しはじめて四百年にも満たない――誰かが先頭に立って牽引していかなくてはならなかったことにある。牽引役になっても、分野として確立していない学問は学位の取りようがない。そこで、たとえば数学などの関連分野の専門家になるか、そうでなければアマチュアの天文愛好家でいるしかなかった。大切なのは能力であって資格ではなかったのだ。もし荒野で丸太小屋を建てるために屋根の梁を持ち上げようとしているときに近所の人が手伝いにきてくれたら、その人に建築業の免許を求めはしないだろう。資格が問われるのはのちのこと、荒野だった土地が整地され、宅地になってからの話なのである。

科学の世界で比較的最近までアマチュアとプロのあいだに明確な線引きがなかったわけは、その言葉の歴史を考えればわかる。英語には一七八四年ごろまで「アマチュア」という言葉がなく、また「科学者」という言葉が生まれたのも一八四〇年にイギリスの哲学者で数学者のウィリアム・ヒューエルが「科学を発展させる人を指す一般的な呼び名がほしいものだ。科学者と呼んではどうだろう」と思いついたときだった。[7]だが、いったんプロとアマチュアの区別ができると、オックスフォード大学の歴史学者アラン・チャップマンが述べているように、「学術機関から研究費をもらえるような専門性が基準になってしまい、〝アマチュア〟は指をくわえてそれを見ているだけという不幸な分裂」が生じてしまった。[8]

この分裂の断崖を身をもって体験した有能なアマチュア天文家がジョン・エドワード・メリッシュだった。一九一五年の夏、ヤーキス天文台で無報酬で観測の仕事をしていたメリッシュは、夜が明ける間際に彗星と思われるものを見つけた。すぐにハーバード大学天文台に電報が送られ、発見が伝えられた。当時はそれが新しい天体の発見を各地に知らせるための一般的な方法だった。ところがメリッシュの見つけた「彗星」がじつは散光星雲NGC2261だったことがまもなくわかると、ヤーキス天文台長のエドウィン・ブラント・フロストは面目をつぶされたと感じた。[9]メリッシュは明るさの変わる星雲の発見者とされるべきだったが、アマチュア天文家をそこまで信頼しようとしなかったフロストはメリッシュをプロジェクトからはずし、かわりに天文台の若い職員エドウィン・ハッブルを参加させた。以降、ハッブルの変光星雲と呼ばれるようになったNGC2261はハッブルの最初の論文のテーマになり、ここから彼の輝かしい経歴がスタートした[10]。

このように辛酸を嘗めさせられたにもかかわらず、一九八〇年ごろになると、アマチュア天文家は活躍の現場にふたたび帰ってきた。一世紀間のプロによる研究のおかげで天文学は観測する領域が大きく広がり、プロだけでは間に合わなくなっていたのである。それと同時に、プロのプロジェクトに参加したり画期的な研究をしたりする優秀なアマチュアが能力を磨き、アマチュア天文家の層も厚くなった。科学史研究家のジョン・ランクフォードは一九八八年に、「プロとアマチュアの分業は今後も続くだろう」としながらも、「将来的には両者の区別はいまよりもつけにくくなるかもしれない」と述べている[11]。同じ年、スカイ・アンド・テレスコープ誌の編集者レイフ・J・ロビンソンは、「アマチュアとプロが真剣に議論するようになっているが、これはここ数十年では見られなかった光景だ。新しい風が吹いている」と書いた[12]。

プロの世界と同様に、アマチュア天文学界でも三つの技術革新によって革命的な変化が起こった。ドブソニアン望遠鏡、ＣＣＤ光検出器、そしてインターネットである[13]。

ドブソニアン望遠鏡は安価な材料でつくられた反射望遠鏡だ。考案者のジョン・ドブソンは、望遠鏡はそれをのぞいた人の数で価値が決まるという考えのもとに普通の人が使える望遠鏡を製作した。一九八七年七月二十五日、バーモント州スプリングフィールドに近い丘の頂上で開催されたステラフェイン（まさに「星の聖地」という意味）の観測会場で自らの信念を述べたとき、ドブソンは望遠鏡を自作するアマチュア天文家の喝采を浴びた。「私にとっては望遠鏡がどんなに大きいか、レンズの精度がどんなに高いか、写真がどんなに美しいかなどはどうでもよい。重要なのは、この広い世界に自分の望遠鏡で宇宙を知る機会に恵まれない人がどれだけいるかです。そのために私はがんばっているのです！」

快活で痩身のドブソンはサンフランシスコでは有名人だった。使い込んだ望遠鏡を歩道に設置して、通りがかりの人々に「さあ、土星を見てみませんか！」「月を見ましょう！」と大きい声で呼びかけ、レンズをのぞく人の耳元で星の説明をした。たまたま通りかかって彼の無料奉仕を受けた人にしてみれば、まるでトラックで引きずってきたのかと思うようなボコボコにへこんだ派手な色の望遠鏡の横に立ち、こちらに話す隙さえあたえずに熱弁を振るうポニーテールの男はどう見ても老いたヒッピーだった。しかし、天文に詳しい人々はドブソンの望遠鏡が科学革命の引き金になることに気づいた。ドブソニアン望遠鏡はアイザック・ニュートンが一六八〇年の大彗星を観測しようとして考案した望遠鏡と同じく、鏡筒の底の凹面鏡で集めた光を鏡筒上部の小さい平面鏡で側面のアイピースに反射させる簡単な仕組みのものだが、安価な材料を使っているので、従来の小型の反射望遠鏡と同じ費用で大型のものをつくったり買ったりできた。ただし、ジョン・ドブソン自身から買うことはできなかった。彼は発明で儲けようという気がなかったのだ。貧乏はドブソンの習いになっていたし、また発明の母でもあった。

母方の祖父が中国の著名な大学の創立に関わった人物で、父親は動物学者だったというドブソンは、中国に生まれ、カリフォルニア大学バークリー校で化学を専攻した。一九四四年にラーマクリシュナ僧団の一組織であるベーダーンタ協会の僧になり、サンフランシスコとサクラメントの僧院で暮らした。

少年のころから天文が好きだったドブソンは自分で望遠鏡をつくりはじめたが、清貧の誓いを立てていたので、それまでよりもずっと金のかからない方法を考えなければならなかった。望遠鏡を自作する場合に最大の出費を強いられるのは「ミラーブランク」という研磨された精度の高い光学ガラスだった。ドブソンは精密なブランクを買えず、拾ってきた舷窓とジョッキの底を研磨した。鏡筒には建設現場でコンクリートを流し込むのに使う厚紙の筒をもらってきた。

望遠鏡の架台は上等なものだと高価なので、合板の切れ端で箱をつくり、内側にポリ塩化ビニールのパイプやいらなくなったフッ素樹脂やレコード盤などのなめらかな材料を貼ってからそのなかに鏡筒を取り付け、押すだけで空のどの方向にも向くようにした。

こうして道具をそろえたドブソンは、修道僧に言わせれば夜ごと「脱走」しては望遠鏡で人々に星を見せるようになった。とくに熱心だと思う子供がいれば自分の望遠鏡をやってしまい、また新しくつくり直した。ところが、度重なる脱走は僧にあるまじき夜遊びにうつつを抜かしているからだと思われ、とうとう僧院を追放されてしまった（スミソニアン博物館に飾られたかもしれなかったドブソンの最初の望遠鏡は、僧院幹部の命令でサンフランシスコ湾に投げ捨てられたという）。その後は望遠鏡を詰め込んだ錆だらけのバンにトレーラーハウスをつないでもっぱら西部を旅してまわった。ドブソンが街角や国立公園に望遠鏡を設置すると、天文初心者たちの長い列ができた。パークレンジャーが「空は公園の一部ではないから」と言ってやめさせようとすれば、「そりゃそうだが、公園は空の一部だ」とやり返した。(14)ジョン・ドブソンほど、独力で天体観測を多くの人に広めようとした人物はいないだろう。

アマチュア天文家に人気の火星と木星が鮮明に見える望遠鏡は昔からほとんどなく、ドブソニアン望遠鏡もその不足を解消しなかったが、ドブソニアンのおかげで金持ちでなくても大口径の望遠鏡をもてるようになった。大きいドブソニアンがあれば、惑星や近傍の星雲のみの観測で我慢している必要はない。以前はプロの天文家の領域だった深宇宙にまで進出し、何千という銀河を観測できるのである。やがてアマチュア天文家の集まるスターパーティーで、高さ六メートル以上もあるドブソニアンが闇のなかにぽつんぽつんとそびえるようになった。イギリスのアマチュア天文家パトリック・ムーアはロス卿の「パーソンズタウンの怪物」について、「あの巨大な反射望遠鏡を使おうとすれば、天文家であるほかに熟練の登山家でもなければならないと言われてきた」と書いている。[15] ドブソンの発明でロス卿の時代が再来し、巨大なドブソニアンをのぞいている最中に暗がりに立てたぐらぐらの高い梯子から落ちないようにするのがアマチュア天文家の最大の注意事項になった。背の高いドブソニアンのアイピースをのぞくために五メートル近い梯子の上に乗り、双眼鏡でノートパソコンを参照しながら望遠鏡の向きを確認していた人に話を聞いてみたところ、明るい昼間だったらこんなに高い梯子に上るのは怖いが、夜の観測ではそんなことなど忘れてしまうという。「観測した銀河の三分の一くらいはまだカタログにないものなんですよ」とその人は感慨深げに言った。

その間にCCD（電荷結合素子）が登場した。CCDはかすかな星の光を感光乳剤よりもずっと短時間で記録できるため、まもなく感光乳剤に代わって使われるようになった。[16] 当初は高価だったがどんどん値段が下がり、数年前にはミンクのコートよりも高価だった古いCCDチップがいまは天文台でマグカップのコースターに使われている。アマチュア天文家も大型のドブソニアンにCCDをつければ、CCD時代がくる前のパロマー山天文台の五メートルヘール望遠鏡に匹敵する集光力が思いのままになる。

プロもCCDを使っていたから、CCDの感度のよさそのものがプロとアマチュアのギャップを縮めたわけではもちろんないが、CCDを使うアマチュアが増えたことで地上から深宇宙を探査できる望遠鏡の数が大幅に増加した。まるで地球がいきなり数千もの新しい目をもったかのようだった。これにより、プロだけでは手に負えない数の天文現象が観測できるようになった。さらに、CCDチップは受光素子（画素）の一つ一つが画像表示用のコンピューターに電荷の情報を転送するため、変光星の明るさの変化などを測定したいときに定量的なデジタル情報を記録できる。

ここでインターネットの出番だ。以前はアマチュア天文家が恒星の爆発や彗星を発見した場合、ハーバード大学天文台に電報で知らせ、プロが確認したのちに世界各地の天文台の有料会員に葉書が送られたものだった。インターネットはそれに代わる新しい道を開いた。何かを発見したら、あるいは発見したと思ったら、そのＣＣＤ画像をわずか数分で世界中の観測家に送れるようになったのである。裏庭で星を見ているアマチュアだろうと、山頂の天体ドームで観測しているプロだろうと、関心のある誰もが見られる。これによって、閃光星でも彗星でも小惑星でも、興味の対象の同じアマチュアとプロをつなぐ世界規模の研究ネットワークがいくつも生まれた。宇宙で新しい現象が発生したとき、プロは公式ルートからの知らせを待っていたときよりも早くアマチュアから情報をもらえる場合もあって、おかげでより迅速に研究にとりかかることができた。望遠鏡の数が増大して地球に新しい目が増えたのだとすれば、インターネットは目につながる視神経になった。そして、土星に吹き荒れる嵐や遠くの銀河で爆発した恒星の情報と画像が（無数の金融情報や大量のゴシップやあふれんばかりのポルノサイトと一緒に）伝えられた。

プロの天文家は長年コンピューターのデータベースを利用していた。ある夜にある天文台の天頂の十度以内を通過する特定の明るさの正面向きの渦巻銀河を知りたいといったときに、該当するもののリストが瞬時に作成できたからである。必要なソフトウェアと処理能力と記憶容量をそろえようとするとかなり高額になってしまうが、プロがデータベース化した情報をインターネットにのせるようになって、アマチュアもそれを自由に使えるようになった。また、このころにはプロの使用する望遠鏡のほとんどがコンピューター制御になったので、アマチュアもプロも望遠鏡をのぞきに現地へ出向かなくても、インターネットで自動観測ランの結果を入手できるようになった。

技術も器材も備え、有名な宇宙論研究者のアラン・サンデージが「非常に重要な天文研究[17]」と呼んだようなテーマに取り組むアマチュア天文家のスーパースターが現われるようになった。ある者は木星と火星の気象変化を記録し、質の点で専門家に引けをとらず、惑星現象の長期記録としては専門家をしのぐ画像を撮影する。ある者は星団や銀河の距離の測定に必要な変光星の動きを追う。また、彗星や小惑星を見つけて、将来地球に衝突するおそれがあるが、早期に発見すれば進路を変えさせて惨事を回避できるかもしれない天体を特定する作業にも貢献した。電波望遠鏡を使う者は衝突する銀河の叫び声を記録したり、日中に落下する流星のプラズマ化した飛跡を数えたり、異星人からの信号を探したりした。

とはいってもアマチュアの研究には限界があった。科学文献について中途半端にしか教わっていなければ、正確なデータを入手しても読み方がわからなかった。専門知識の不足を補おうとして名の知られたプロと組んだ者が、作業の大半をやったのに手柄をさらわれたと不平を言うこともあった。趣味に没頭しすぎて時間も金も失った挙句に燃えつき、手を引いてしまう者もいた。

それでも多くのアマチュアが共同作業に進んで貢献し、星により近づいたのは本当である。のめり込みすぎだと思っても、好きこその暴走だと思えば気が晴れるものだ。紀元前二世紀のローマの劇作家テレンティウスのように、何事もほどほどをよしとするのも結構だが、画家で詩人のウィリアム・ブレイクはこう言っている。「これで充分だとわかるのは、それ以上を知ったときだ」(18)

いったいどこまで見えるんだい？
スティーヴン・ジェイムズ・オメーラとの出会い

スティーヴン・ジェイムズ・オメーラに会ったのは、フロリダのウエスト・サマーランド・キーの砂浜で毎年開催されるウィンタースターパーティーだった。暗くなってから到着した私を、発起人のティピー・ダウリアが入り口で迎えてくれた。ティピーは自由に生きてきた男だ。十三歳で学校を中退し、家を出てターポンで夜釣りツアーのチャーター船の船長になったあと、海軍に入隊して攻撃型潜水艦に乗り、カーレーサーになり、最後に電子工学技師になってマイアミに落ち着いた。妻のパトリシアと一緒に天体観測をはじめたのは、多くの人と同じように土星の環を見たのがきっかけだった。夫妻はさっそくその日の晩に小さい望遠鏡を買い、そのあともっと大きいものを手に入れて、以来ずっと観測を続けている。ティピーは私を案内して、星空の下に林立する望遠鏡のあいだを縫って歩いていった。おかしな格好をした自作の望遠鏡は厚紙や合板、アルミニウム、スチール、丹念にニスを塗った桜の木の板など、てんでに選んだ材料でつくられていて、架台に載せた二台のニュートン式反射望遠鏡の並んだアイピースが双眼鏡のように見えるものや、普通のカメラやＣＣＤカメラを取り付けたつやつやの屈折望遠鏡などがある。私たちは白い砂浜にぼうっと浮かんだ遊牧民のテントのような移動式天文台のそばを通り過ぎ、ティピーが他部族の長老とアルミのローンチェアを丸く並べて歓談していた場所にやってきた。ティピーは私の椅子を一つ決めてくれ、その夜は私がどんなに長くそこを離れていても、どんなに大勢の人がまわりに立っていても、そこはいつも空っぽで私を待っていた。

「スティーヴはあそこで僕の望遠鏡を使って木星をスケッチしてるよ」。ティピーがあごで示したほうを見ると、巨大なニュートン式望遠鏡を南西の空に向け、段梯子に座ってアイピースをのぞき込んでいる青年のシルエットがあった。私はローンチェアにかけてくつろぎながら、天文用語とほどよい機知を交えて深く静かな声で話す長老たちの会話に耳を傾け、オメーラがスケッチを続けるのを眺めた。オメーラは長いことアイピースをのぞき、それからスケッチブックに目を落として一、二本の線を引き、またレンズをのぞく。一晩かけて一つの惑星を一枚の絵にするのが観測というものだった何十年も前の天文家の作業だった。

オメーラはよく自分のことを「二十一世紀に生きる十九世紀の観測家」だと言う。私は彼に会うのが楽しみだった。彼に会えば、カメラやCCDではなく、望遠鏡をのぞく自分の目を頼りにする古いやり方で観測している人がこの時代にすばらしい成果の数々を上げられたのはどうしてなのかがもっとよくわかるだろう。オメーラはまだ十代のころに、プロの天文家が錯覚だと思って無視していた土星の環の放射状の「スポーク」を見つけ、位置を特定した。それが錯覚ではないとわかったのは、ボイジャーが土星に到達したときだ。また、天王星の自転周期を測定し、天文学者が大口径の望遠鏡と最新の検出器を使って算出したものとまったく違う数値を出して、そのほうが正しいことを証明し、一九八五年のハレー彗星の回帰を誰よりも早く見つけた。そのときには標高四千メートルの場所で、ボンベの酸素を吸いながら六十センチ望遠鏡で観測するという芸当をやってのけた。

時が過ぎていく。オメーラはスケッチを続けていた。上空をハッブル宇宙望遠鏡が飛んでいくのが見えると誰かが叫び、何百という黒い人影が、天の川を横切って地球の裏側に消えていく一点の光の道筋を目で追って向きを変えた。すぐそこにあるいくつもの小さい望遠鏡の上を、一基の遠い巨大な望遠鏡が泳いでいく。「クレイジー・ボブ」・サマーフィールドが口径九十センチの大きいドブソニアン望遠鏡でオリオン大星雲を見せようとして、十人ほどの人たちに並んでくれと叫んでいるのが聞こえた。「これは教育普及のために公開されている世界最大の移動式天文台だよ。僕らはこの望遠鏡と一緒に十万マイルも旅してきて、二十五万人ほどの人がこれを見てきたんだ。梯子に上ったら、もうこれはあんたのもんだ。好きなだけ見てってよ。待ってる人が文句を言っても、早く見たいってだけで、自分の番がきたらやっぱりいつまでも離れないだろうよ」。まるで見世物小屋の客引きのような口調だが、スターパーティーでは望遠鏡をのぞいても金は取られない。

一時間ほどでオメーラが梯子から下りてきてスケッチをティピーにプレゼントし、ティピーが彼を私に引き合わせてくれた。黒い髪ときれいに切りそろえたひげが印象的な、澄んだ目をした健康そうなハンサムがにっこり笑っていた。たっぷりした白いシャツと先のすぼまった黒いズボンといういでたちは、イギリス軍艦の甲板に立っていてもおかしくないだろう。私たちは赤い色の明かりの灯る売店に行ってコーヒーを飲みながら話すことにした。

オメーラは、マサチューセッツ州ケンブリッジでロブスター漁師の家に生まれ育ったとのことだった。子供のころの最初の記憶は一九六〇年に母親の膝の上で見た真っ赤な月食だという。「物心がついたころから空が好きで。星の輝きが好きだったんです」。六歳くらいのころ、コーンフレークスの箱を切り開いて裏面で平面天体図——平面で楕円形の空の地図——をつくり、星座を覚えた。「近所の悪ガキだって、僕に宇宙のことを聞いてきましたよ。街でこっそり煙草を吸っているやつらがいて、僕を呼ぶんです。殴られるのかと思ったら、『おい、あの星はなんだ？』なんて。あいつらも宇宙のことが知りたかったんだ。スラムの子供だって本物の夜空を見ることがあったら、自分よりもずっと大きいものが存在すると思うようになるはずです。触れることも、動かすことも、壊すこともできないものがあるんだと」

十四歳のとき、一般公開日にハーバード大学天文台へ連れていってもらい、口径二十三センチの古めかしいクラーク屈折望遠鏡を見ようとして列に並んだ。「いつまでたっても何もはじまらないんです。列がちっとも進まないものだから、みんな退屈して並ぶのをやめてしまった。おかげで僕はいつのまにかドームのなかに入っていました。ブーンという音が聞こえて、星空に向けた望遠鏡が目に入りました。アイピースをのぞいている男の人がいて、一所懸命に何かを探していました。汗をかいていましたよ。きっとアンドロメダ銀河を探しているんだなと思って、『何を探してるの？』って聞きました。

『遠くの銀河だよ』

少し待ってから『アンドロメダ？』と聞いてみました。その人は黙っていましたが、しばらくして『そうだよ、でも見つけにくいんだ。簡単にはいかないんだよ』と答えました。

『僕にやらせてくれない？』

『だめだ、これは精密器械なんだ』

『でも、もう誰も並んでいないし、僕が二秒で探してあげる』。僕がアンドロメダを視野にとらえると、彼は『よし、みんなを呼びもどしてこよう。ここにいてくれよ』と言うんです。みんな望遠鏡でアンドロメダ銀河を見ることができました。みんなが帰ったあと、彼は僕に『あとは何を探せるの？』と聞きました。その人は大学院生で、天文学専攻の大学院生はたいていそうですけれど、宇宙のことを本当に知ってるわけではなかった。僕はいろいろな星を見せて、メシエ天体なんかも教えてあげた。明け方までそうやっていたんですよ。次の朝、彼は僕を事務室に連れていった。そこで鍵をもらいました。一般公開日に手伝ってくれたら、お礼にいつでも好きなときに望遠鏡を使っていいって。僕はたった十四歳でハーバード大学天文台の鍵を手に入れたんです！」

それからの数年は、ハーバード大学天文台がオメーラの第二の家になった。学校が終わったあと、夕方はケンブリッジの薬局でアルバイトをし、夜は望遠鏡をのぞいて彗星や惑星を根気よくスケッチした。「どうして望遠鏡でスケッチするかって？　フィルムやCCDでは目で見たものの肝心なところがわからないんですよ。ものの見え方は人によって違います。僕は僕に見えたものを記録する。だからほかの人にもそう勧めています。見て、知って、少しずつ理解して、どんどん宇宙を好きになる。本物の観測家になりたいなら、惑星からはじめるといい。忍耐が学べます。見てわかることはたくさんありますよ、時間さえかければ。観測で一番大事なのはそこです。時間、時間、時間。数式を見ていたって、そんなことはわからないでしょう」

一九七〇年代半ば、オメーラはハーバード大学の惑星学者フレッド・フランクリンに頼まれて土星の環を観察した。環の一つに車輪のスポークに似た放射状の模様が見えてきた。そこでスケッチにスポークも描き込み、翌朝それをフランクリンの研究室のドアの下にすべりこませた。フランクリンはオメーラに天文台の図書館でアーサー・アレグザンダーの『土星』を見てくるように言い、オメーラはその本で十九世紀にユジェーヌ・アントニアディが別の環に似たような放射状の模様を見つけていたことを知った。しかし天文学者のあいだでは、スポークは目の錯覚だとされていた。土星の環は一つ一つがごく小さい衛星である氷と石の粒子でできていて、内側の粒子は外側の粒子よりも速くまわっている。回転速度が異なれば、環に模様があっても壊れてしまうはずだというわけだった。オメーラはスポークについての論文を月惑星観測者協会（ＡＬＰＯ、アマチュアの団体）に投稿したが、採用されなかった。それでもあきらめずに四年間スポークの観察を続け、十時間周期で回転していることを突き止めた。これは環ではなく土星そのものの自転周期である。だが、ＡＬＰＯはこの観測結果も採用しようとしなかった。「まったく誰一人、僕の研究を支持してくれなかったのです」

ところが一九七九年、ボイジャー１号探査機が土星に接近してとらえた画像にスポークが写っていた。「ついに証明されて感無量でした。ウィリアム・ハーシェルの気分でしたよ。ハーシェルも、ずっと見続けて気になっていたものが本物だとようやくわかったのですから」。現在、スポークは静電気によって土星の磁気圏内にとどまった塵の粒子でできていると考えられている。物理的にありえないと学者に退けられたオメーラの観測結果のとおり、これで環の粒子でなく土星と同じ周期でスポークが回転している理由が説明できるのだ。

私は天王星の自転周期を測定したときのことをたずねた。天王星は最接近時でも地球から二十五億キロメートルと遠く、しかもほとんど特徴のない雲に覆われているため、自転についてはは長いあいだ知られていなかった。オメーラの話はこうだった。ボイジャーの画像チームのリーダーだった天文学者のブラッド・スミスが「あるとき電話してきて言ったんです。『いいかい、目視の天才くん、ボイジャーはあと数年で天王星に到達するから、最初に自転周期を確定したいと思っているんだ。目視でそれができるかい？』と。僕は『ええ、やってみましょう』と答えました」。オメーラはまず過去の観測結果を調べ、一九八〇年六月から何度も天王星を観察した。ようやく手がかりが見つかったのは一九八一年のある晩のことだった。「奇妙な明るい雲が二つ現われたんです。ゆっくりと踊るように動くその雲を追いかけました。多少手助けしてもらって、その観測結果から極の位置を特定し、天王星のモデルをつくり、雲の回転周期を算出してみると、平均でおよそ十六・四時間でした」。この数字はおかしかった。チリのセロ・トロロ天文台の巨大望遠鏡で観測していたブラッド・スミスは自転周期を二十四時間としていたし、CCD画像を用いたテキサス大学のグループも二十四時間とはじき出していた。

ハーバード大学の天文学者たちはオメーラの視力を検査するためにキャンパスの向かいの建物の上に絵を貼り、彼が十代のころに使っていた二十三センチ望遠鏡で見てみるように言った。ほかの者にはほとんど見えないその絵を、オメーラは正確に模写した。感心した天文学者たちが彼の天王星研究に太鼓判を押し、観測結果がプロの集団の国際天文学連合を通して発表された。ボイジャーが天王星に到達し、オメーラが観測した雲のあった緯度での自転周期は、彼の出した数値と一時間の十分の一以内の差しかないことがわかった。(1)

前回のハレー彗星の回帰を目視で確認したのも、初めは無理だと思われていたことだった。ある日、オメーラはケンブリッジ大学で二人の天文学者と一緒に昼食をとりながら、今回回帰するハレー彗星はまだ暗いながらもアマチュア天文家の関心を引くにちがいないと話していた。パロマー山天文台から長時間露光でCCD撮像されていたが、まだ暗すぎて目視では世界最大の望遠鏡を使っても見えなかった。ハレー彗星が目視観測できるぎりぎりの明るさにまでなったとき、第一発見者だと名乗りを上げたアマチュアの報告をどのように判断すればよいだろう？　その当時、望遠鏡を通して目視された最も暗い彗星はおよそ十一等級だった（天体が暗いほど等級の数字が大きい。十一等級は肉眼で見える最も暗い恒星の百分の一の明るさ）。オメーラは、よく晴れた暗い夜空で大きい望遠鏡を使えば、目のよい自分には十七等級まで見えるのが経験からわかっていた。太陽に近づくにつれて温度の上がるハレー彗星は、一月に十七等級になると予測されていた。オメーラはハワイの自宅に近いマウナ・ケア山で、口径六十センチの惑星観測用望遠鏡を使えば見えるだろうと考えた。もしそれで見えなければ、もっと低い場所で口径の小さい望遠鏡を使って観測した天文家がいち早くハレーを発見したと言ってきても、迷わず退けられる。

当初、ハワイ大学の天文学者はそんなことができるはずはないと考えてオメーラの提案を認めなかったが、しばらくして歩み寄り、デイル・クルークシャンク、ジェイ・パサコフ、クラーク・チャップマンの三人の天文学者がマウナ・ケアの山頂に設置した二・二メートル望遠鏡でハレー彗星の電子画像を撮るから、そのときにその望遠鏡で挑戦してよいことになった。それなら彗星を目視で確認したというオメーラの言い分が正しいかどうかを、二・二メートル望遠鏡のＣＣＤカメラで撮影した彗星の位置と照合して確認できる。

標高四千二百メートルのマウナ・ケア山は酸素が薄いために頭がぼんやりし、視力も低下するので暗い天体は識別しにくく、本気で目視観測しようとした天文家はアマチュアにもプロにもいないといってよい。よく晴れた寒い一月の夜、オメーラは望遠鏡を前にボンベの酸素を吸ってからアイピースをのぞいたが、酸素マスクをはずしたとたんにぼうっとしてしまい、星図を正しい現地時間に設定しそこねた。「世界時からハワイでなくボストン時間に合わせてしまったんです。六時間のずれです。六時間違ったら、彗星の位置はかなり違う。その日はすばらしい夜で、星図を見ながら視野のなかの星に次々と目を移していきました。ところが二時間がんばっても彗星は見つからない。星図になくて見えた星の位置にバツ印をつけ続け、どれかが動くのを待っていましたが、どれも動かないのです。しかたがないので二・

二メートル望遠鏡のドームへ行き、デイル・クルークシャンクに星図を見せたら、『君にはパロマーの望遠鏡くらいよく見えてるんだろうが、方角が違うよ。もう一度やりなおしてみるんだね』と言われてしまいました」

オメーラは星図の時刻を修正してハレー彗星を発見した。「これまでで一番暗いというほどではありませんでしたよ。CCD画像にはない周囲のコマまでわかりました。でも、そう言ってても信じてもらえませんでした。本当にきつかった。精神的にも肉体的にもまいりました」

やがて風が強くなってきたので山頂のドーム閉鎖の指示があったが、オメーラにはドームを開けて観測を続けてよいとの特別な許可が下りた。「行かせていいだろう。歴史的なことだから」と天文学者の一人は言った。オメーラは再度彗星を見つけ、チャップマンとパサコフに見せようとしたが、二人には見えなかった。そこで彼らはオメーラが本当に彗星を見つけたかどうかを確かめるために、その夜と翌日の夜、彼にブラインドテストをした。星の位置を書かせ、彼には見せていないパロマー望遠鏡の画像と比較するのである。オメーラはすべて正解し、彼が暗い天体を誰よりも目視で正確に観測できることが証明された。「ところで」とオメーラは私に言った。「CCDの画像がきれいに処理されると、何が写っていたと思います？　コマがあったんですよ」

私たちはコーヒーを飲み終え、暗闇のなかにもどることにした。オメーラは言った。「僕はあくまでも目視で観測したいんです。この目で空を見て新しいものを探すのです。十九世紀の人も、好奇心いっぱいで望遠鏡をのぞいていたと思う。おもしろそうなものがある、観察してみたほうがいい、だからそうするんだ。慣習とか定説とかを鵜呑みにしない。真実だと思われていたことのほとんどが真実ではなかった。科学とは真実を見出すことです。

星屑からできているという意味で、人間はみんな星の子です。だから私たちが星を好きなのは、いってみれば遺伝子に組み込まれていることなんだ。星はものすごいパワーの源です。この手でつかむことのできない力がある。いったいなぜ?と思うとき、地面を見つめる人はいない。誰でも空を見上げるでしょう」

第五章　プロフェッショナル

初心者の心には可能性がいくつもあるが、熟練者の心にはごく少ない。
——鈴木俊隆

知る手だてはほとんどなく、情報量も少なく、宇宙はじつに不可解だ。
——天文家ジェシー・グリーンスタイン

一九八〇年、チリのラスカンパナス天文台。夜明けが近づいている。私は口径二・五メートルのデュポン望遠鏡のコントロール室で、ひげ面をしかめた天文学者と一緒に一夜を明かした。彼は私たちを取り巻く環境のことを宇宙の一億光年先まで理解していた。無数の銀河群、銀河団、超銀河団のなかで、私たちの属する天の川銀河（銀河系）と近傍銀河がどのあたりにあるのか、宇宙が膨張し、数兆個もの恒星が相互に引きつけ合うのに反して空間が広がるときに銀河はどのような運動をするのかを、あなたや私が夜中でもトイレの明かりのスイッチがどこにあるかがわかるくらいよくわかっている。周辺の山々は金属を多く含むために石が落ちれば鐘のような音が鳴り、地震があれば揺れを感じる前に音が聴こえる。やわらかな星明かりがその山脈を包んでいるが、屋内の私たちにはまったく見えない。煌煌と照明の輝く暖かいコントロール室にこもって、モニター上の十字からガイド星がずれないようにボタンをクリックし、望遠鏡に取り付けられた大きな四角いガラスの写真乾板に銀河の像を焼きつける作業をしている。その望遠鏡も、一晩中目にすることはない。

待っていた瞬間がきた。天文薄明がはじまる。空が白んできて、長時間露光の写真は撮り終える前に乾板が真っ黒になってしまうのでもう使えないが、目視観測ならできるくらいの暗さが残っている。私は引き出しからずっしりと重い真鍮のアイピースを取り出した。缶ビールほどの大きさの、埃にまみれた年代物だ。それを持って真っ暗いドームに入っていく。ドームスリットのむこうの無数の星を背に、巨大望遠鏡の影が浮かび上がる。暗闇のなかで手探りしていると、望遠鏡がくるりとまわって天の川銀河の隣の銀河、大マゼラン雲のほうを向き、その運行を追ってドームが回転した。傾いたヘリコプターのドアから川を見下ろしたように、スリットを天の川が横切っていく。やがて歯車の低い音が消え、すべてが停止した。私はアイピースを取り付け、現代のプロの天文家は一人もやっていないはずのことをする準備をした。巨大望遠鏡をのぞこうとしていたのだ。

星の密集する領域に焦点を合わせると、かすかな灰色の煙のようなものが視野の左側に入っていた。大マゼラン雲のなかの星を生む巨大な領域、タランチュラ星雲の縁の部分だ。続いてスチール製のコントロールボックスのボタンを押す。望遠鏡が星雲の中心にむかってすべるように動いていく。そこに現われた光景に、私は息をのんだ。煉瓦色とパールグレーのガス雲がまるで夢の宮殿の優美な長いカーテンのように幾重にも層をなして広がっている。星雲はしだいに明るくなり、視線を核の部分に移していくと、ガスの緞帳がかじき座30星雲の星にまといついていた。銀河のあいだを抜けて到達したその光は十八万年かけてやってくるあいだに拡散して弱まっていたが、それでも思わず目を細めるほど眩しい。私は後ずさりし、アイピースからあふれ出る懐中電灯の光線のような光のすじを見つめた。見上げると、ドームの内側に星雲のぼんやりした丸い形が映っていた。

当直の助手の呼びかける声がインターホンからざらざらと聞こえた。「ティム、大丈夫?」。私は答えようとしたが、言葉が見つからなかった。

●
●
●

プロの天文学は大型望遠鏡の登場で百年あまり前から急速に発展しているが、大望遠鏡にもそれなりの限界がある。通常は一度に宇宙のごく一部の像しか見られない。その他の条件が同じなら、望遠鏡は口径が大きいほど焦点距離が長くなり、視野が小さくなるためだ。また、時間も食う。大型望遠鏡は宇宙のできるだけ「深い」ところまで達して、認識できる最も暗い天体や現象を長時間露光で写真に記録するのに使われるため、一晩に片手で数えられるほどしか画像が撮れないのである。現在、かつてないほど数多くの大口径望遠鏡が各地の山頂に設置されているが、アマチュア天文家がもっている小さい望遠鏡の数とは比較にならない。だからプロの天文家は、彼らの責任ではないながら、宇宙の現象をたくさん見逃している。月に衝突する流星体を記録するために五メートルの望遠鏡を一年間も月面の影の部分に向けておくわけにはいかないし、明るさの時間的変化を示す「光度曲線」を記録するために二個か三個の変光星を数カ月にわたって観測し続けるなどということもできない。その点、アマチュアはなんでも好きなものを好きなだけ観測できる。その大半は宝石箱と呼ばれる星団をうっとり眺めたり、三裂星雲の写真を美しく撮ろうとしたりする程度のことかもしれないが、なかには科学の発展に役立ち、プロに注目される観測もある。逆にアマチュアにしてみれば、プロの専門知識に助けられるのがありがたい。それがなければそもそも有用な観測ができないし、できたとしてもデータをまとめたり発表したりといったことは難しいだろう。アマチュアとプロの協力がさかんなのはそんなわけだ。

ニューヨーク州ロチェスターで開かれた全米天文学会の会議に出席したとき、私はこうした共同研究の成果を報告する貼り紙が広大なコンベンションセンターのワンフロアを埋めつくしているのを目にした。いくつかの貼り紙の前には、アマチュア天文家が来訪者の質問にその場で答えられるよう、ダンスパーティーの壁の花さながらにつくねんと立っていた（若いポスドクなら話は別だが、世の中を知ったアマチュア天文家は「本物の」科学者に知識不足を暴かれかねないのを痛いほどわかっている）。私はそのなかから航空宇宙エンジニアのダグ・ウェストに話を聞いた。「晩期型星に関する調査」（「晩期型」星とは太陽よりも温度の低い恒星のこと）と題された彼の発表は、ウィチタ州立大学の天文学者デヴィッド・アレグザンダーとの共同プロジェクトについて報告するもので、ウェストは晩期型星の化学組成と変光時の大気の変化をさらに深く知るためにプロの天文家や大学院生と共同で調査を続けていた。自宅の裏庭に市販の二十センチ望遠鏡を立て、毎晩観測しているという。

「フラックスキャリブレーションをした晩期型星のスペクトルなんて何千とあるだろうとお考えかもしれませんが、そんなことはないんです」とウェストは言った（私はまるでサクラのように真剣な顔でうなずいた。本当はそんなふうには考えたこともなかったし、フラックスキャリブレーションをしたスペクトル（地球大気に吸収される分を補正した恒星の化学的特性）を得るのは、私にとってはグランドピアノの調律くらい難しいのだが）。ウェストは続けた。「論文にしていないものでキャリブレーションの終わっているスペクトルもあります。私は朝には出勤してちゃんと仕事しなくちゃなりませんから、夜通し起きているわけにはね。だからまるで名人芸ですよ。望遠鏡を庭まで引きずっていって、極に照準を合わせてデータを取りはじめるまで、たった二十分ですからね。

天体観測は時間のブラックホールです。一生をそこに放り込んでしまうこともある。なぜそうまでするのか。どうしてでしょうね。将来は天文学者になりたいって父親に言ったのは小学校二年生のときでした。ただ楽しいんです。おかげで飲み屋にも行かないな」

また別の貼り紙は、コロンビア大学で激変変光星を研究する天文学者のジョゼフ・パターソンが主宰するセンター・フォー・バックヤード・アストロフィジックスによる発見に関するものだった。この研究についてはパターソンがスカイ・アンド・テレスコープ誌で次のように解説している。

近接連星系では、ごく平均的な低質量星が白色矮星にガスを静かに流し込む。流れてきたガスは白色矮星の周回軌道に乗って降着円盤を形成し、それが白色矮星の表面に螺旋を描きながら少しずつ落ちていくときに重力エネルギーが放出される。意外かもしれないが、通常われわれが見ているのは白色矮星もしくはその伴星ではない。この連星系の光源は高温で明るく輝く降着円盤だけなのである……ガスの移動する速度、円盤の構造、降着パターンのわずかな変化は、連星系の明るさの細かい揺らぎとして現われる。(1)

光が最も大きく揺らぐのは、矮星の表面に落ちたガスの濃度が高くなって熱核爆発を起こし、連星系が急に燃え上がったときだ。プロにはこうした予測不可能な急激な変化を望遠鏡をのぞいて待っている時間がない。そこでパターソンはこの星の動きを追ってくれるアマチュア天文家を集めた。

ただ繰り返すだけの観測を引き受けてくれるアマチュアを集めるのは容易ではなかった。「同じ星を五千回も続けて測定するのを楽しめるのは、よほど変わった人だ。天体観測と科学への深い愛情がなければそうはできない」とパターソンは本当のところを明かしている。(2) それでも苦心のすえに、モスクワからマンハッタン、オーストラリアのアデレード、南アフリカのブルームフォンテーン、デンマークのスンノバイ、イタリアのチェッカーノまで、四十カ所近くの世界のアマチュア観測家をつなぐネットワークができ上がった。

　このようなネットワークで夜空を連続して観測できる。大英帝国は太陽の沈まない国と呼ばれたが、世界規模の観測チームには逆に太陽が昇ることがない。パターソンとアマチュアの協力者らは重要な発見の一つとして、激変変光星ケンタウルス座Ｖ８０３の基本的な変光周期が二十三時間であることを確認した。ケンタウルス座Ｖ８０３は数十年にわたって研究が続けられてきたが、基本的な変光周期は発見されていなかった。南半球に住む観測家が一人でこの星の沈む前か太陽の昇る前に二十三時間通して動きを追うことはできないからだ。一方、ネットワークならケンタウルス座Ｖ８０３を途絶えることなく観測できるので、周期がわかったのである。また、パターソンのチームは彼が「奇妙だが美しいヘリウム星」と呼んだ、りょうけん座ＡＭ型星の軌道周期も発見し、この特殊タイプの連星系の構造に関する一九九三年の理論が証明されることになった。

　会議はそのほかのアマチュアによる最近の手柄も報告され、おおいに盛り上がった。夏期研修でアリゾナ州トゥーソンを訪れた中学生と高校生のグループは、キットピーク国立天文台の望遠鏡で近傍銀河のＭ31（アンドロメダ銀河）に七十三個の新星を確認した（新星とは、星の明るさが急激に数百倍から数百万倍になる現象）。また、ニューメキシコ州クラウドクロフトのアマチュア天文家ウォーレン・オファットは矮新星のへびつかい座Ｖ２０５１を二千五百回観測し、ケープタウン大学のゾニャ・フリエールマンがそのデータを用いてへびつかい座Ｖ２０５１までの距離と、矮新星に引き寄せられながら周囲を回転する高密度物質である降着円盤の傾斜角とスピンの特性を測定した。

ニューヨーク州バッファローのバッファロー天文協会では、人工衛星がガンマ線バーストを検出したわずか三十四時間後に四人の会員がバースターの光学閃光を撮影した。ガンマ線バースターは宇宙のいたるところでまったく予測できないうちに発生し、すぐに消滅してしまう不思議な天体である。あっという間に消えてしまうバーストの光学像をたまたまとらえられる確率は一パーセント以下だった。バッファローのアマチュアたちはその画像を三十センチ望遠鏡で記録した。これに成功したプロの天文家も何人かいるが、彼らの用いた望遠鏡はハッブル宇宙望遠鏡やハワイのケック天文台の望遠鏡だ。アマチュアたちはその天体が観測可能な宇宙の五分の四の距離に位置することを確認し、アマチュアの撮影した最も遠いバースターとなった。

階下の窓のない薄暗い会議室では、アリゾナ州フェニックスのアマチュア天文家ジーン・ハンソンが激変変光星のふたご座U星の目視観測について発表していた。U Gemとも呼ばれるこの天体は食連星系である。赤色矮星と白色矮星が共通の重心のまわりを接近してまわり、その軌道面が地球からの視線方向にほぼ一致している。白色矮星が赤色矮星表面のガスを引き込んで青白い降着円盤を形成し、この降着円盤が周期的に赤色星を隠したりその陰に隠れたりする。こうしたことから光度曲線は、周期的な食と白色矮星の奪ったガスが臨界質量に達して爆発したときの予測不可能なアウトバーストとで複雑な形になる。ハンソンは晴れた夜にこのような星の勝手放題なふるまいを熟練者の目で百個以上観測してきた。

一九九七年十一月のある夜、ハンソンは普段は食のときで十五等級、そうでないときは十四等級で輝くU Gemが突然それよりもずっと明るくなったのに気づいた。そこでU Gemがまもなく増光するかもしれないと世界中のアマチュア天文家にメールで知らせ、同時に天文学者のジャネット・マッテイにも連絡した。マッテイは、接触連星が増光したら運用コストの高いEUVE（極紫外線衛星）とRXTE（ロッシX線計時衛星）による観測計画を変更して接触連星に注目するようNASAに伝えることになっている。そうこうするうちにフェニックスでは太陽が昇ってしまい、地球の暗くなった地域の観測家からなんの連絡もないまま時間が過ぎていった。マッテイにとっては緊張の高まる数時間だった。たった一人のアマチュア天文家を信じても、彼は目視で観測しているから「まもなく増光する」という主張を裏づけるCCD画像はなく、NASAへの情報はでたらめだったということになってしまうおそれがある。かといって、連絡せずにいてハンソンが正しいとわかったら、研究者がふたご座U型星の活動をとらえるチャンスを逃してしまう。マッテイはハンソンの目視を信じることにしてNASAに連絡し、多額の運用コストのかかる衛星にU Gemを観測させた。

フェニックスでやきもきしながら夕暮れを迎えたハンソンは、望遠鏡を木立の隙間からU Gemに向け、やはり九・七等級にまで増光しているのが確認できて胸をなで下ろした。NASAは彼の努力のおかげで貴重なデータを入手した。ハンソンは、各地の観測家が連絡してこなかったのはその夜はどこも曇っていたからだったことをあとで知った。「なんと、視界良好の場所にいたのは世界中で僕だけだったんです」と彼は感慨深げに言った。

アメリカ変光星観測者協会、略称AAVSOの会長であるジャネット・マッテイは、大半がアマチュア天文家の集めた三十万以上もの変光星の観測データを毎年まとめたり、プロとアマチュアの共同研究を含む数多くの観測計画を段取りしたりしていた。こうして得たデータは一千件近い調査プロジェクトの材料になり、二十三の人工衛星計画にも利用された。その一例が欧州宇宙機関の打ち上げたヒッパルコス衛星だ。ヒッパルコスは一年の異なる時期に恒星の位置を高精度で測定し、視差法で距離を算出した。視差法とは、地球が公転運動することで生じる視差によって、遠い恒星に対する近い恒星の位置の変化を見る方法である。アマチュア天文家の観測した何千もの変光星のデータがヒッパルコス衛星のコンピューターに取り込まれ、衛星の検出器がとらえた変光星が既知のものか新しいものかが判別された。マッテイはこの会議で、ＡＡＶＳＯのデータとハッブル宇宙望遠鏡を用いたミラの観測結果について講演した。ミラは脈動変光星の赤色巨星で、まわりを白色矮星が最短変光周期約三百二十二日でまわっている。今回、赤色巨星から白色矮星の方向へ伸びる尾のような構造が発見され、接触連星系のなかで物質が交換される様子の初めてと思われる画像がとらえられた。また、アマチュア天文家が矮新星のはくちょう座ＳＳ星の増光を観測したため、ＮＡＳＡはめずらしい状態にあるこの星に二つの衛星の照準を合わせ、その結果から複雑な構造の理解が進んだという。ＮＡＳＡはアマチュアに謝意を表するために、ＥＵＶＥ衛星の観測時間を三日間近く自由に使ってもらうことにした。

このお礼はもちろんありがたいことだったが、最高性能の望遠鏡と衛星で観測してよいと言われても、アマチュアにとっては日曜ドライバーがいきなりＦ１カーのハンドルを握らされるのと同じで、冷や汗ものだろう。石油化学者で天文学の非常勤教師をしているウィリアム・アレグザンダーは、アマチュア向けプロジェクトでハッブル宇宙望遠鏡を使わせてもらったことがある。(3) 短命に終わったプログラムだが、プロも研究結果を利用できるような観測計画をアマチュアが提案し、審査で認められれば実行できるというものだった。「私はものぐさなので、望遠鏡をいちいち庭に引っ張り出すのが面倒なんです。それで一九九三年のアマチュア観測家向けハッブルプログラムが発表されたとき、何かうまい計画を考えようと思いました。星間媒質の重水素と水素の比率の研究にしました。ハッブル宇宙望遠鏡が使えるなら、宇宙でしか観測できない紫外線の波長を調べられますから」

計画は承認され、アレグザンダーはメリーランド州ボルティモアの宇宙望遠鏡科学研究所に招かれた。そしてすぐに、そこがプロの必要を満たすための施設であって、アマチュアが勉強するための施設ではないのを感じた。「どのように観測を進めればよいか懸命に考えた」とのことだが、「ＰＩ［研究責任者］と呼ばれても、そもそもＰＩが何をするものかわかっていなかった」という。結局、近隣の二つの恒星のスペクトルを測定して、それらの恒星で少なくともある程度の重水素が生成されているという結果を得た。もしそれが正しければ、宇宙に存在する重水素の大半はビッグバンのときにできたという宇宙論の一般的な説を修正しなければならなくなる。アレグザンダーはコロラド大学のジェフ・リンスキーおよびブライアン・ウッドとの共同執筆でアストロフィジカル・ジャーナル誌にデータを公表し、この論文が少なくとも十回以上科学文献に引用されたことに誇りを感じた。それでも彼の観測は不充分で、事実、恒星スペクトル中のマグネシウムⅡのスペクトル線も測定するべきだったとあとで宇宙物理学者に指摘され、したがって論文はさほど重要なものにはならなかった。

ガンマ線バースターを研究するアマチュア天文家のビル・アキノは会議の席上で、ハッブルアマチュアプロジェクトは「目的が達せられない」まま打ち切られたと話した。理由はこういうことだったという。「アマチュアとプロは違うのです。私たちのようなアマチュアは日中仕事があります。学ぼうとする気持ちはありますが、それには助けが必要です。プロは共同研究に積極的に取り組んでアマチュアを教育しなくてはなりませんし、アマチュアもプロの要求に応えられるようにならなくてはいけない。どうしたらプロと同じレベルで研究できるかを学ばなくてはなりません」

ところが、それにはそれなりの時間と努力が必要で、アマチュアがそこまでするのはなかなか難しい。プロとの共同研究の機会が多いカナダのコンピューターシステム・アナリストのポール・ボルトウッドは、次のように書いている。「研究できる時間はプロよりも少なく（生活費を稼がなければならない）、しかも観測所を建てて維持することから床掃除まで、何もかも自分でやらなければならない。助手もなく、〝最新情報を得る〟時間もなく、観測するので精いっぱいだ。だからおのおのが得意なことをすればよいと思う。たとえば私なら質の高いデータが取れる。それなのに、プロのなかには私が宇宙物理学の博士レベルの論文を書かないことや、共同論文の内容を完全に理解していないことにがっかりする人たちがいた」。手柄を独占したいとか、それ以上によくあるのは「アマチュアの十八センチ望遠鏡」によるデータであることを同業者に知られて、データの信憑性を疑われるばかりかそれを利用した自分も信用を失うのが怖いために、出典を明らかにせずに彼のデータを使うプロもいて、一度ならず「ひどく腹が立った」との不満も述べている。[4] そんな目に遭いながら、それでもボルトウッドが夜空に背を向けることはなかった。活動銀河核の一つであるブレーザーの明るさを測定し（ブレーザーはブラックホール付近から噴き出しているジェットだと考えられている）、いて座28番星が土星の環に掩蔽される様子をビデオに収め［「掩蔽」については二〇四ページ］、二十四等級までの銀河を撮影し、アマチュアによる「最深」宇宙のCCD画像コンテストで優勝した。この最後の名誉は、オタワ郊外の自宅で四十センチ望遠鏡を使い、合計露光時間二十時間あまりをかけて撮った六百一枚の写真を「積み重ねて」獲得したものだ。地球年齢の二倍の距離にある恒星の光が記録されている。

本格的な科学研究のために、アマチュアが提供できるものには人手と時間も挙げられるだろう。[5] アマチュアのベテラン観測家はたぶんプロの十倍の数がいる。アキノが述べているとおり、「数日、数週間、数十年といった長期のプロジェクトを進めるには、アマチュアの力を使うのが最善」だ。たとえば新星を発見するには観測に平均で五百から六百時間が必要で、だから明るい新星のほとんどを発見したのはアマチュアなのである。

望遠鏡をもっていないアマチュアでも、コンピューターとインターネットへのアクセスがあれば自動サーベイ・プログラムのデータでつくる「仮想宇宙」で本格的な研究ができる。そのようなプロジェクトの一つを、プリンストン大学のボーダン・パチンスキーがロチェスターの会議で発表していた。天文学者グジェゴシュ・ポイマンスキーが責任者を務めた全天自動サーベイ（ASAS）である。二年プロジェクトのASASは、市販のCCDチップを取り付けて小さい駆動装置に組み込んだ百三十五ミリのカメラレンズのみを使い、チリのラスカンパナス天文台にあるスライディングルーフの建物の一角に設置して観測するものだった。「プロジェクトの目的は、確認できる最大等級の恒星すべての明るさの変化を追うことです」とパチンスキーは説明した。データは無人で自動的に取られてテープに記録され、ラスカンパナス天文台の技術員が月に一度ほどテープを取り替えてアメリカに郵送する。ポイマンスキーのグループはこの単純なシステムでたった二年のうちに約三千九百個の変光星を確認した。そのうち一般的な天体カタログに変光星として登録されていたのは百五十五個、宇宙衛星として最高性能の変光星検出機能を備えたヒッパルコスが観測したものはわずか四十六個にとどまった。(6)

パチンスキーは、簡単な設備でも「これから百万個くらいの変光星が発見できる」と予測した。「こんなに小さい装置でも、発見数に限界があるとは思いません」と述べ、ASASが観測しているのはまだ宇宙の一パーセント程度でしかないと説明した。「宝くじを買うようなものです。新星を発見するかもしれないし、光学閃光を発見するかもしれない。誰にもわかりません。宇宙に何が見つかるかなど、わからないのです」

このようなサーベイで確認される何千個もの変光星の生データからどんなものが発見されるかは正確

に予測できないため、将来はインターネットを通じて仮想宇宙を探査すればよいのではないかとパチンスキーは語った。「私が提案しているのは掃除機式です。データをすべて吸い上げ、データベースに入れ、それを見てじっくり考える。私は以前、アマチュア天文家として変光星を観測していました。思い出すといまも胸が温かくなります。引退したら、コーヒーカップを片手にインターネットでのんびり変光星を眺めるのが夢ですね。暗闇で寒い思いをしながら観測するロマンは捨てがたいと思う人もいるでしょう。でも私は、暗くて寒いところには望遠鏡だけを置いて、自分は暖かい部屋でコーヒーを飲みながらゆっくり観測するのがいいですね」

宇宙を写そう
ジャック・ニュートンとの出会い

ジャック・ニュートンはカナダで育った子供のころに天文に興味をもったが、自分で観測する気にはならなかった。彼はそのことをこう振り返る。「雑誌や本で見る写真はどれもパロマー山天文台の五メートル望遠鏡で撮られたものでした。がっかりでしたよ。パロマー山にあるような巨大望遠鏡でしかこんな写真は撮れないなら、私のちっぽけな望遠鏡で何が見えるっていうんでしょう」

ある晩、ジャックは空を眺めていてたまたま土星を見つけ、ほかにもすばらしい光景が自分の目で見られるのではないかと思うようになった。学校で友だちに裏庭から月のクレーターが見えると話すと笑われたので、嘘ではないのを証明するために新聞配達で稼いだお金でカメラを買って望遠鏡に取り付けた。こうして生涯にわたる天体写真の趣味に足を踏み入れ、この分野の新しい必要条件になった技術と忍耐力と高性能の器材を生かして暗い夜空を観察することになった。

デパート勤務を引退したあと、ジャックは妻のアリスと山の上に天体ドームつきの家を建て、六十三センチ望遠鏡を設置した。彼がＣＣＤ撮像の新しいテクニックを考案し、プロの天文家が世界最大の望遠鏡を使って撮った画像に引けをとらない銀河の写真を撮影したのはこの私設の観測所からだった。

「私にはごく単純な思いがありました。まだ誰も行ったことのない領域に到達し、次の人々のために道をひらきたかったのです」

この思いをさらに別のかたちで実現するために、ニュートン夫妻はいったんは夢をかなえた家を売り払い、六十三センチ望遠鏡をピアソンカレッジに寄付して、ブリティッシュコロンビア州のオッソヨスとフロリダ州の田舎町チーフランドの近くに天文ファンのための宿を開業した。チーフランドから南へ十キロのその町は、暗い夜空を守ろうとするアマチュア天文家がアマチュア天文家のために建設したコミュニティで、設立者はセントピーターズバーグのアマチュア天体写真家ビリー・ドッドである。ドッドは一九八五年に車でフロリダ中をまわり、未露光フィルムを何メートル分も引き出して星空にかざし、巻きもどしたそのフィルムで星の写真を撮って夜空の暗さを確かめた。チーフランド郊外の空はフィルムに光が入らないほど真っ暗だった。そこでドッドは八十エーカーの土地を区分けしてアマチュア天文家に提供した。家を建てる者もいれば、トレーラーハウスでやってきて何日か観測し、電気代と屋外温水シャワーの使用料を募金箱に入れて帰る者もいた。ジャック・ニュートン・ベッド・アンド・ブレックファスト観測所は折からの天文ブームも手伝って、CCD撮像を習いにくる大勢の宿泊客で賑わった。

私がニュートン夫妻をチーフランドに訪ねたのは、松林の上に青い空が大きく広がる一月のすがすがしい午後だった。家から迎えに出てきたニュートンは頭の薄くなりかけた愛敬のあるほっそりした男で、明るい目に相手へのやさしい心遣いが表われていた。彼は私を観測室に案内し、ロープを引いて屋根を開いた。「自分でつくらなくてはならなかったんですよ」と、スチール製のホイールの轟音に負けないように声を張り上げる。「ハリケーンの多い地域ですからね、引き受けてくれる業者が見つからなかったんです。屋根が落ちないようにするのに手いっぱいだよと言われてしまってね」

屋根が開き、ジャックの天体望遠鏡がきれいに並んでいるのがよく見えた。十八センチのマクストフ、四十センチのドブソニアン、四十センチのシュミットカセグレンがコンクリートピアの上に載っていた。「アマチュアもたいしたものでしょう」。ジャックはそう言いながら大きなシュミットカセグレンの電源スイッチと、望遠鏡本体と十三センチガイドスコープに取り付けられたCCDカメラの電源スイッチを入れた。「ハッブル深宇宙の画像を撮ってみて、ハッブル望遠鏡が観測する七十五パーセントくらいの画像がほんの数分で撮れることがわかったんです。三十億光年先の銀河団の写真も撮りましたし、あの巨大望遠鏡がとらえる銀河の八割は撮影しました。それまで誰も見たことのなかった銀河も見ています。昼間でも六百もの恒星が観測できますよ。おおぐま座とこぐま座の恒星は全部です。こと座のダブル・ダブル・スターのような二重星はコントラストがくっきりしなくて輝きが少ないので、昼間のほうがはっきり分かれて見える。二つのあいだに空間があるのがわかるんです。以前とは大違いですよ」

望遠鏡が冷えて星が現われるのを待つあいだ、私たちは砂利道を散歩してチーフランドの夜空観測コミュニティの家々の前を歩いた。窓には遮光カーテンが下がり、玄関の照明は赤い暗視ライトだ。「まるで売春宿みたいでしょう」とジャックは言った。「でも当然ですが、ここの家のほとんどに望遠鏡がありますから。この家の人などはクリスマスのときによその迷惑にならないように、ライティングせずに調光器を使っていましたよ」

私たちはトム・クラークの家に立ち寄り、彼が最近までドブソニアンを製作していた作業場を見せてもらった。つくっていたのは分解してステーションワゴンのうしろに積んで運べる大型のドブソニアンである。よく売れたのだが、トムは少し前に引退して商売を縮小していた。「二百台はつくったね」と言いながら、トムは巨大な九十センチ「ヤードスコープ」の保護カバーをはずした。ヨーロッパの貨物列車の半分ほどの長さがある望遠鏡は、黒い支柱に連結した主鏡とアイピースが二つの美しい硬材の箱に別々に収められていた。トムとジャックは主鏡を保護するのに一番よい方法は何かでふざけ半分にやり合った。望遠鏡製作者のつきない議論の種だ。トムは金具で「浮かせる」従来の吊り下げ型がよいと言い張り、ジャックはどこでも入手できる気泡緩衝材が安くて確実だと言い返した。

引退したといっても、トムはいまも観測している。作業場のガレージのドアからヤードスコープを転がして外に出し、コンクリートの台に据えるのである。また、衒学的な権威主義とは無縁の初心者向けの天文誌アマチュア・アストロノミーの編集長も続けていた。最新号では一部の記事への批判に対し、「毎号全六十八ページに、投稿いただいた記事のほぼすべてを掲載しています。アマチュア・アストロノミーは読者の投稿でつくられています。編集部が内容に口出しすることはありません」と答えていた。①

自宅の観測室にもどったジャックは、暖かい部屋でコンピューターを起動させ、屋外の四十センチシュミット望遠鏡で写真を撮りはじめた。露光テストをして、「三千から四千分の一インチずらしてみよう」と外の望遠鏡まで走っていってピントを補正し、渦巻銀河M77の写真をフィルターを替えて四枚、一分露光で撮った。その日は電動フィルターホイールが壊れていたので、フィルター交換のためにいちいち暖かい部屋を出て望遠鏡をいじってこなくてはならない。コンピューターの前にもどってくると、画家が新しいカンバスにむかうときのようにじっくり慎重に作業を進める。モニターに現われた画像を一枚ずつすみずみまで確認して加工し、それを鳥のように右に左に首をかしげながら見つめていたと思うと、また手をくわえた。

「次にこれを合成します」とジャックは言った。デジタル処理で四枚の画像を重ね合わせると、すばらしい銀河のカラー画像ができ上がった。私はこの銀河をよく知っていたが、画像には銀河の外側に私の知らないハロが写っていた。ジャックが色を調整しているあいだに『カーネギー銀河アトラス』で調べてみたところ、ウィルソン山天文台の二・五メートルフッカー望遠鏡で撮影されたものにはハロなどなかった。カーネギーの写真は半世紀以上も前に撮られたものだから、くらべるのは妥当ではないとしても、当時の世界最大の望遠鏡が生んだ成果をしのぐ写真をジャックがたった数分で撮ったのはまちがいなかった。

ジャックはさらに数枚の深宇宙天体の写真を処理したあと、望遠鏡にバーローレンズを装着した。有効焦点距離が伸びるので、より拡大された画像がCCDチップに結像する。そして木星にとりかかり、この巨大惑星をフィルターを替えて短時間露出で四枚撮影すると、また首をかしげながらよく調べ、基準に満たないものをあっさり捨てていった。「シーイングのよい瞬間をとらえたいんですよ。よし、これのほうがいい」

四枚の画像がデジタル処理を経て合成され、さっき見たのと同じような鮮明で色あざやかな木星の画像ができ上がった。「よし、いいぞ」。ジャックはうれしそうに言った。「じつに美しい！　でも、銀河ほどは楽しくないと思いませんか」

西へ二十キロもないメキシコ湾から霧が流れてきた。ジャックの自作の結露防止ヒーターは電熱パッドから引き抜いた電線を発泡断熱材でくるみ、シュミット望遠鏡の空に向ける側の対物鏡と補正板に巻きつけてある。このヒーターのおかげでレンズはクリアだったが、真夜中になるころには空が天頂まで白っぽくなってきたので、私たちは望遠鏡の電源を落とし、屋根を閉めた。

その夜、私は四室あるB&Bの一室に泊めてもらった。壁にジャックの撮った大きいカラーの天体写真が飾られ、ベッドわきのテーブルにアマチュア・アストロノミー誌が積まれていた。翌朝、私たちは太陽が霧を晴らしてくれるのを待ちながら食堂でゆっくり朝食をとり、カップにコーヒーのお代わりを注いでいる私の前で、アリスがアマチュア天文学のすばらしさを褒めそやした（「ろくな資金援助もないのに重要な発見をしている科学分野がどれだけあるかしら」とアリスは言った）。

空が晴れたのを見て、ジャックは観測室へ行って十三センチ屈折望遠鏡の前方にＨαフィルターを付け、太陽の写真を撮った。このようなフィルターで、一本の水素原子の深紅の線だけを透過させそれ以外の太陽スペクトルをブロックできる。私はアイピースをのぞいて壮観な光景を拝ませてもらった。暗闇にくっきり浮かぶ真っ赤な太陽面の上で、黒点からループ状に伸びた磁力線に沿って巨大なプロミネンスが宙に踊っている。ジャックは小さい鏡を動かして光をアイピースからＣＣＤカメラに向けた。それから暗いコントロール室で写真を撮りはじめ、昨晩と同じように念入りにチェックし、大気が一番安定した瞬間の細部まで写った画像を選んだ。ものの数分で、荒れ狂う金色の太陽の周縁から真っ赤なプロミネンスが逆巻いている迫力ある合成写真ができ上がっていた。私たちは南カリフォルニアのビッグベア太陽天文台で最近撮影された太陽の写真とくらべてみた。ビッグベアはプロの天文家のための最先端の施設で、白の高いドームがビッグベア湖にせり出すように建てられているため、湖水が周囲の温度を下げて大気乱流を最小限に抑えてくれる。ここでは六十五センチ反射望遠鏡を最大として、三基の調査用の高性能望遠鏡が太陽の動きを追っている。ジャックがたったいま撮った太陽写真は惜しくも鮮明さでビッグベアの写真におよばなかったが、肉薄していた。

二カ月後、ジャックの太陽の写真がニューズウィーク誌のページを見開きで飾った。ジャックはこう言っていた。「運がよくて、ピントがピタッと合い、シーイングに恵まれ、太陽光フィルターの傾きもぴったりだったら……魔法が起こせるんですよ！」

第六章　ロッキーヒル

四百五十年のあいだ
私は空を星でぶら下げてきた。
いま、私はそれを飛び越える──
なんと、大変なことか！

──道元

こんなに小さい面積に宇宙の像がすべて含まれるとは、
誰が信じられよう。

──レオナルド・ダ・ヴィンチ、眼について

ロッキーヒル観測所の空が暗くなっていくあいだ、私は霧の出る気配がないかどうか、西の地平線を確認した。ここは海岸線から六十キロ以上離れたカリフォルニアのワイン地帯だが、このくらいの距離なら霧は気づかぬ間に広がってくる。不意に訪れる霧は灰色の壁になって、目を閉じたかのように星をすっかり見えなくし、あるいはシーツのように白く平たい指をじわじわと伸ばしてきて眼下の谷に広げ、丘の斜面を這い登る。ついには天頂にまで達し、そのあたりを一心に見ている私はアイピースのむこうの景色が灰色に褪せるまで何が起こったのか気づかない。顔を上げたときには、星図とデスクトップコンピューターが露に光り、湿度計が九十九パーセントを示し、観測所は文字どおりびしょ濡れだ。さい

わいこの夜は霧がまったく見えなかったから、私は心置きなく眺めを楽しめた。小さい谷にさらさらと小川が流れ、山肌に沿って葡萄畑がゆるやかに曲線を描いている。そのむこうで、ソノマ山の北側の斜面が紫色に染まっていた。

海岸沿いにサンアンドレアス断層が走るこの一帯は地震の多発地帯で、私の眺めている丘も積雲のようにむくむくと休みなく動いている。丘を組成する玄武岩のほとんどはいまから一千万年前以内に活火山から吐き出されたものだが、海岸には一億年前に中央太平洋の海底に堆積しはじめた放散虫チャートの層と、中央アメリカの海岸にあった砂岩が広がっている。人間からすれば気の遠くなるほど長い時間も、地質学では何ほどでもない。そして天文学でも。ロッキーヒルでは一千万年前に光を放った銀河の景色が自分の目と四十五センチ望遠鏡だけで堪能でき、一億光年彼方の遠い銀河もたくさん見られる。

明るい星がいくつか空に光っていた。調整のために望遠鏡をそれらに向け、いつものことながらその色の美しさに驚いた。アルデバランのオレンジ、カペラの黄、ベガの青。空がすっかり暗くなったので、さんかく座銀河を見た。地球から三百万光年も離れていないこの銀河は、銀河のなかでは近傍の天体である。輝くガス雲に絡まったひょろ長い渦状腕は、望遠鏡の視野の外にはみ出ている。想像できないほど大きかったり小さかったり、高温だったり低温だったりするらしいこれらの天体が本当にそこにあることに、私はこの日も感じ入った。巨大イカやフランスパンと同じように、また逆に、たとえばポストモダニズムや世論の動向などとは違って、物理的に実在するものとして目の前にあるのだ。

銀河の写真をいっぱい綴じたルーズリーフのバインダーを開き、いま見えているものと写真とを照らし合わせた。もし恒星が爆発しているのなら、望遠鏡で見えていても以前の写真には写っていないから、新星ということになるだろう。このような恒星は二つに分類される。ときおり増光してそれを繰り返す新星と、最後の大爆発で一生を終えようとしている超新星である。超新星は数日のうちに明るさが増し、同じ銀河内のおよそ一千億個の恒星を全部合わせたよりも明るく輝いたのち、数カ月から数年かけてゆっくり消えていく。私はこの日、超新星を探していた。超新星を調べるには増光中がまたとないチャンスなので、明るさを増しているものを見つけるのが大切だ。ある晩に、ある銀河で超新星が起こる確率は一万分の一以下だから、超新星を探そうとするのは普通の釣り人が一度も鱒の釣れたことのない渓流で鱒を釣ろうとするようなものなのである。しかし、たとえ見つからなくても、超新星探しは銀河に見惚れているときの立派な口実になる。

威風あたりを払うかのような漆黒の銀河は、星とガス雲が入り混じって銀と炭と墨の色合いを帯び、その茫洋とした姿はどこの誰も知りえないほどのたくさんの物語を知っているように思えてならない。この夜はその銀河に超新星が起こる気配はなかったが、私はもうしばらく名残りを惜しんでから腰を上げた。たまらなくしあわせな気分だった。昔、気球で空に上ったまま下りてこようとしなかったというフランス人のように。

・・・

英語の「テレスコープ（望遠鏡）」の語源は、ギリシア語で「遠くを見ること」という意味の言葉である。普通、遠くの天体は近くの天体よりもぼやけて見えるので、遠くを見るには光をたくさん集めて焦点に導かなければならない。小型望遠鏡に代表される屈折望遠鏡は、大きい「対物」レンズが光を集める。反射望遠鏡でその役割をするのは、大きい「主」鏡だ。望遠鏡は小型よりも大型のほうがよいにちがいないだろうが、値段が高く、持ち運びも不便だし、乱気流の影響を受けて「シーイングが悪く」

なりやすい。いずれにしても、望遠鏡で最も重要なのは有効径（集光レンズまたは集光鏡の大きさ）と口径比で、焦点距離（集められた光が焦点にとどくまでの距離）を有効径で割った値である。口径比が大きければ一般にシャープな像が得られるが、視野が狭くなる。口径比F12の屈折望遠鏡は惑星の観測には最適だが、星雲や近傍銀河のように大きく広がった天体を見るにはあまり向かない。アイピース（接眼レンズ）は像を拡大するもので、倍率は対物レンズの焦点距離を接眼鏡の焦点距離で割った値である。見る対象が違えば適したアイピースも違うので、写真家が一台のカメラにいくつものレンズを使うように、天体観測家もたいていアイピースを一式そろえている。低倍率、広視野のアイピースは銀河や星雲などの広がった天体を、中倍率と高倍率のアイピースは惑星や遠くの銀河を見るのに適している。

どんな望遠鏡にもひずみが生じる。信号でいうノイズのようなものだ。原因の第一は精度である。レンズや鏡の曲面が広範囲の光を一点の焦点に集めるのに必要な理想のカーブ（通常はパラボラ状）にどれだけ近いかという問題である。誤差の許容範囲は極端に狭い。物理学者でアマチュア天文家のハロルド・リチャード・スーターによれば、高い技術をもったアマチュア天文家が製作する高品質な二十センチ望遠鏡の主鏡のカーブは、直径を一・五キロメートルに拡大しても四分の一ミリメートル以下しか誤差が生じず、「直径一・五キロメートル、高さ二百七十メートルの円盤に対し、トランプ一枚の厚さ」[1]だという。たとえばジェットエンジンに使われるベアリングのような超精密金属部品でも、これだけ拡大すればソフトボールよりも大きい起伏ができるだろう。スーターの述べているとおり、よい望遠鏡の主鏡は「人間のつくった、肉眼で見える固体表面のなかで最も精度が高い」のである。[2]

反射望遠鏡は光を入射したのと同じ方向に跳ね返す仕組みになっているため、観測者の頭が邪魔にならないように、光線を望遠鏡の側面にそらしてやらなくてはならない（パロマー山天文台のヘール望遠鏡をはじめ、山頂にある巨大望遠鏡には観測者が主焦点の位置のケージに乗れるほど大きいものがある。現在ではこのような望遠鏡はたいてい電子撮像に使われるので、主焦点の位置にもってこなければならないのはカメラとカメラ用冷却装置である）。そこで最も一般的な反射望遠鏡のニュートン式望遠鏡は、鏡筒口付近に平面の副鏡が吊り下げてある。吊り下げ用の支柱はスパイダーと呼ばれ、多くは金属製で、星からの入光をできるだけ妨げないように薄くしてある。副鏡が光を鏡筒側面に跳ね返し、ピントの合った像がカメラに直接あたるかアイピースで拡大される。天頂近くを向いたニュートン式望遠鏡のアイピースにたどりつくには、まさに天国への階段を上っていくように梯子を上らなければならない。

銀河系間空間はすばらしく澄み、走行距離一億光年の太古の星明かりは星間や銀河間の雲のせいで多少のちらつきがあるものの、それさえなければつねに生まれたてのように申し分のない状態で太陽系にとどく。星の光をゆがめたり弱めたりする最大の要因は、旅の最後に一万分の一秒で通過する地球の大気だ。大気の乱れのために星は瞬き、望遠鏡はその瞬きの一つ一つを増幅する。それを最小限に抑えるために、天文台は大気圏のなるべく高いところ、空気が安定しているところを選んで、たいてい標高の高い場所にある。

ロッキーヒル観測所は山頂ではなく標高わずか百二十メートルの丘の上にあるが、それでも夢をかなえてくれる。私は観測に適した敷地を探すために携帯望遠鏡を携えてあちこちの土地を調べてまわり、格好の平坦な土地を見つけた。西からくる太平洋の澄んだ空気の流れが非常に穏やかで、いわゆる局地的なシーイングがよい。一つだけ頭が痛かったのは、二本の大きい樫の古木が東の空のほとんどを覆っていることだった。どうしたものかと考えているときに、ジョン・ミラーという建築家から電話をもらい、アメリカ建築家協会での講演を依頼された。「謝礼はお出ししませんが、上等なワインを一ケースさしあげます」とミラーは言った。

「いえ、ワインはけっこうです」と私は葡萄畑を見わたしながら答えた。

ところが、私が観測所を建てたいと思っていることに話がおよぶと、ミラーは講演のお礼に建築の相談に乗りましょうと申し出てくれた。そこで私はケンウッドでミラーに会い、一緒に昼食をとってから現場へ行ってみた。ミラーはさっそく仕事にとりかかったが、一見して意味のなさそうなことをしている。さいわい、私は物理学者のリチャード・ファインマンや室内装飾家のドナルド・カウフマンのようなその分野の数少ない泰斗が同じようにするのを見たことがあったおかげで、それが彼の創造力の証だとわかった。ミラーはぶらぶら歩きまわり、こちらで葉をちぎり、あちらで樹皮を剝いたり小枝を嚙んでみたりしていた。そうして、例の木は切り倒すしかないと言った。

「聞いたところでは、あの木は樹齢百年以上なんだそうです。切りたくないな」。私はしぶった。

ミラーはにやりとして、またあたりをしばらくうろついていたが、落ちていた厚紙の切れ端を拾って鉛筆を取り出し、絵を描いた。そしてそれを見せながら、観測所は平地ではなく隣の傾斜地にこんなふうに建てたほうがいいと言い出した。

その絵を見て、私は驚いた。簡素な平屋建築にするつもりだったのに、西側部分が三階建てになっているではないか。しかし、果樹用の梯子を望遠鏡のピアがくる位置に置き、その上から眺めてみて合点がいった。完璧だったのだ。

「これだと予定よりもお金がかかるだろうな」と私はぶつぶつ言いながら梯子を下りた。ミラーはまたにやりと笑った。「そりゃそうですよ。建築家はなんのために働いてると思っているんです?」

敷地が決まり、私は具体的な設計について観測所を建築した経験のある数人に相談してみた。アドバイスのほとんどが環境に配慮しろというものだった。よい敷地が見つかったら、周囲への影響が最小限になるように設計しなくてはいけないということだ。

屋根はドームでなくスライディングルーフにする。ドームはコストがかかるうえ、暖かい空気がたまりやすい。屋根にタール紙を使うのと、床をコンクリートの打ち放しにするのはやめる。日中に太陽の熱を吸収しやすく、夜になってもなかなか逃がさないので、シーイングを乱すのである。コンクリートを使わざるをえないときは、コーティングする。そうでないとコンクリートに含まれる石灰から水蒸気が出て、望遠鏡の光学系をだめにしてしまうことがある。

最も具体的なアドバイスをくれたのはクライド・トンボーだった。冥王星の発見者の、あのトンボーだ。私は一九九一年にニューメキシコ州メシラに彼を訪ねた。トンボーはトレーラーハウスパークに隣接した自宅の裏へ私を案内し、二基の自作の望遠鏡を見せてくれた。

どちらにもいっさい囲いがなかった。望遠鏡は昼も夜も砂漠の空気にさらされて何年も立っていた。ドームなどいらないのだ。トンボーは二十三センチ望遠鏡をぽんぽんと叩きながら言った。「こいつの極軸は、父親の一九一〇年のビュイックからはずしてきたものだよ。主鏡は一九二八年の春に完成した。スミソニアン協会がこの望遠鏡をほしがったけれども、無理です、まだ使っていますから、と断わったよ」

トンボーは、墨を流したような闇にそびえ立つスチールとガラスの四十センチ望遠鏡の足場を上った。腰の曲がった八十代半ばの老人なのに、梯子から架台、架台から踏み段へと蜘蛛のようにすばやくよじ登り、重力駆動の駆動装置のぜんまいを巻いて鏡筒を所定の位置に上げた。私は必死で追いかけながら夢中でメモをとった。

「地面から少なくとも二・五メートルは離れてなくてはいけないね」。トンボーはこちらに向かって大声で言った。「ここなら天頂を観測しているときに地面から足が五メートル離れている。望遠鏡まわりのものは木製がいい。コンクリートは困りものだ。鏡筒はスケルトンにしてなかに空気がこもらないようにすること。スケルトンでなければ裏にコルクを貼りなさい。このボルトは全部手で締めてあって、溶接はしてないんだよ。土台は六トン、スチールは一トンだ。ねじをタップでつくった。穴をちょっと小さめにしたから、きっちり締まって緩まない。費用は締めて五百ドルってところだな」

「すごい望遠鏡だよ」。トンボーは声を張り上げた。「最高だ。これでガニメデの模様だって見たことがある」。木星の衛星ガニメデは月ほどの大きさだが、地球からの距離は月の二千倍もある。「それにはシーイングがとびきりよくて、レンズもとびきりよくなくてはならないが」

私がやっと追いついたのを見て、トンボーは声を落としてしみじみと言った。「私がこの望遠鏡で見てきたほど惑星現象をいろいろ見た者は本当に少ないだろう」

私はトンボーの助言に従って観測所のほとんどを木で造り、望遠鏡の周辺に使うコンクリートもできるだけ少なくした。それが功を奏した。断熱効果が高く、いちばん暑い時季だけは換気扇をまわして地下の冷たい空気を入れなくてはならなかったが、それ以外のときは望遠鏡はいつも冷えていて、屋根を開けるとすぐに外気温と同じになった。観測デッキは二階の高さなので地熱による空気の乱れの影響がなく、壁を低くしたおかげでジッグラトの上から星を見つめた古代メソポタミア人のように広範囲の見晴らしが楽しめた。

完成からまもないある日、私は母がキービスケインの家から送ってくれた古い天文書を観測デッキの階下の棚に並べていた。そのなかに色褪せた青いルーズリーフバインダーがあり、子供のころにつけた月と火星と木星の観測メモとスケッチが出てきた。表紙は一九六五年のハリケーン・ベッツィーのときの洪水で染みだらけになっていたが、なかはきれいなままだった。懐かしくてついページをめくっていると、うしろのほうのページが一枚はずれて床に落ちた。十三歳くらいのころに鉛筆で描いた観測所の設計図だった。一階建てで、ジョン・ミラーが思いついたように傾斜地に建っているのではないが、それ以外は私がいまいる建物とほぼ同じだった。どんな夢も子供のころから見ているとは、よく言ったものだ。

遠くを見つめて

バーバラ・ウィルソンとの出会い

天文台のアリゲーターはバーバラにはなんでもなかったが、ときどき来訪者の邪魔をした。ジョージ天文台はヒューストンから南へ車で一時間ほど走ったブラゾスベンド州立公園の湿地の真ん中に建つ公共施設で、天文解説員のバーバラは副責任者も務めている。小学生がバスで見学にくるのをバーバラが待っていても、なかなかやってこないことがたびたびある。さては橋のところで足止めを食わされているのだろうと思い、熊手を持って行ってみると、案の定、アリゲーターが橋で日光浴をしていて、動く気配がない。子供たちも橋のむこうで動けず、黄色いバスの窓に顔を押しつけている。そこでバーバラがアリゲーターを追い払い、ようやく子供たちは望遠鏡を見にこられるのだった。

「熊手を使えばいいってわかったのよ」とバーバラは言った。「アリゲーターの前で地面をガリガリ引っかくの。その音を嫌がって、たいていどいてくれるわ。子供たちは大よろこび。すごいって思うようだけど、父兄と先生にはそれほど受けないわね。

ひどいのは男の人たちよ。男とアリゲーターって何かあるのかしら？ 二メートルのアリゲーターが駐車場に現われたとするでしょ。男の人って何もしようとしないのよ。携帯電話で知らせてきて、私が熊手を持ってくるのを待っているだけ。この前も、大の男が五人も六人もいながら、ただ突っ立ってアリゲーターを見ているだけで、私になんとかしてくれって言うんだから。森に追っ払ってやったわ。大きいアリゲーターはどうということないのよ。多少は人間を怖がるだけの知恵がついてるから。だけど小さいのはシッシッってやると食いつこうとするし、こっちにむかってきたりして、いうこと聞いてくれないのよ。でも、おもしろい生きものだわ。何億年も前からいて、母親は子供にすごくやさしいのよ」

質素で、おおらかで、コロコロと太った体に着古しのトレーナーを被ってスニーカーを履いたバーバラは、ヒューストンの普通の主婦だと思われそうだ。確かに普通の主婦にはちがいないが、ジョージ天文台の設立に関わってそこで働きはじめる前は不動産会社の重役だった。彼女が天文台で働きだした当時、アマチュア天文家がそこの三基の望遠鏡で小惑星を次々と発見し、謎の多いガンマ線バースターの貴重な光学像を得るのに成功した。その間バーバラは、ウィリアム・ハーシェルがカタログに記載した二千五百個の深宇宙天体をすべて観測したり、天の川銀河で発見されている百四十七個の球状星団を一つずつ確認したりと、独自の仕事をこつこつと続けていた(百四十七番目の星団IC1257は長いあいだ散開星団とされていたが、バーバラが球状星団である可能性を示した。二つは明らかに違い、散開星団のほうがずっと小さく、密度が低く、若い。バーバラと三人のアマチュア天文家はIC1257に関する論文をプロの天文家と共同執筆している)。

このような活躍から、バーバラはアマチュア天文家のあいだで世界屈指のベテラン観測家と呼ばれるようになった。目で見える深宇宙を精力的に探査し、それまで肉眼では見えない位置にあると考えられていた天体が見えることを人々に教えたのである。目のよさで彼女と一、二を争うスティーヴン・ジェイムズ・オメーラも、「驚くべき」功績だと言った。快晴の暑い日の午後、テキサス・スターパーティーに参加した私たちは、大勢の天体観測家が夜の観望会に備えて望遠鏡のビニールシートをはずすカサカサという音と鳥のさえずりを聞きながら、ピクニックテーブルに座って話をした。

自分は典型的な「軍人の子」だとバーバラは言った。イタリアのゴリツィアで生まれ、ドイツ、スイス、アメリカで育った。「父が赴任した国ね。ウィスコンシン州のグリーンベイに住んでいた一九五六年のある日の夕暮れに、洗濯物を取り込んでいたら空が暗くなってきて、赤く輝く星が東に見えたのよ。あれは火星だって父が教えてくれたわ。それが一九五六年の大接近で、火星が地球から五千八百万キロのところまで近づいたのだと知ったのは何年かしてからだった。そのあとカリフォルニアのモンテレーにいたころに、父が望遠鏡を買ってくれたの。士官宿舎の敷地に給水塔のある見晴らしのいい場所があって、望遠鏡と星図と小さいランプを持っていって明るい恒星とか土星とかを見つけたものよ。いつも一人だった。星を観察してる人なんて知らなかったもの。中学一年のとき、ハレー彗星が一九八六年にもどってくることを本で読んだの。うわあ、すいぶん先だわって思ったのを覚えているわ。一九六〇年代の初めだったから。

プロの天文家になりたかったけれど、高校に入ったら女の子で理数系の授業を取っているのは私一人だった。からかわれたり冷やかされたりで、気にしてやめてしまったわ。それで理科と数学から離れてしまったんだけれど、もったいないことをした。高校を卒業してからテキサスに移ってきて、ここに落ち着いたの。同じ軍人の子と結婚して子供ができたので、大学に行くのは子供が学校にあがってからにしようと思っていた。でも、結婚は失敗。無理もなかったわ。早すぎたのよ。夫は古いタイプの人で、女は家にいるべきだ、こんなことはしちゃいけない、あんなことはできっこないって考えだった。いまの夫は全然違うタイプで、好きなことをどんどんやれって言ってくれる。あるとき中古の十五センチ反射望遠鏡を手に入れてきてくれて、それでまた天文学に興味をもちはじめたのよ。それまでは子育てや生活に忙しくて、仕事も見つけなくちゃならなかったし、科学が好きだったことをずっと忘れていたの。おいてけぼりにされた気分だったわ」

バーバラはライス大学の図書館の稀覯書室でウィリアム・ハーシェルの天文日誌を読んで刺激され、天の川のなかに黒く伸びる塵の帯をたどったり、長時間露光の写真やＣＣＤ画像でしか検出できなかった暗い銀河や星雲や星団を発見したりと、人があまり観測したことのない暗くて遠い天体を追いかけるようになった。思うようにいかないこともたびたびで、「二度に一度は失敗だった」というが、評判になるほどの成果を上げた。私は耳にしたうわさのことをたずねてみた。たとえば、にんじんを食べてビタミンＡを摂っているから動物並みに夜間視力がよくなったというのは本当だろうか。

「まさか」とバーバラは煙草に火をつけながら笑った。「視力は一・五くらいだから遠視ぎみだけど、とくに目がいいと思ったことはないわね。忍耐力と見たいという気持ちが大切なのよ。それと、どこを見ればよいかがわかっていること。遥か遠い宇宙から旅してきた光が目に入ってきているんだ、そんなものを見せてもらえるんだと思うと、本当にすごいことだわ」

アマチュア天文家仲間はバーバラを「エイント・ノーの女王」と呼んだ。エイント・ノーとは、「目に見えない星雲および観測されたことのない天体協会」という架空の団体の名の頭字をとった語である。それを受けてバーバラは、目視で観測できないが、ぜひ見てみたいものとして「エイント・ノー１００」を選んだ。月面の足跡、小惑星の月面通過、太陽系外惑星、いくつかの銀河団で見つかっている重カレンズ効果による光の弧（「何がなんでも青い弧が見たいわ」）、ネブラスカ州オマハの町よりも小さく、地球からわずか数千光年のクロゴケグモ・パルサー、「銀河NGC1097の奇妙に曲がったジェット」などが挙げられている。

「この百個のうち、どれか見たことは?」と私はたずねた。

「ないわ」と彼女は楽しそうに言った。「見ようとしているのに見えないものはたくさんあるのよ。何度も痛い目に遭ったわ。宇宙はかならずしっぺ返しをする。何かがわかった気になったとたん、身のほどを知れって。でも、宇宙って本当にきれいだわ。ハリケーンの渦巻とか、バスタブの排水口に落ちていく水の渦とか、銀河の渦巻模様とか、自然がつくり出す模様は共通していて、繰り返されるのね。そういうものを見ると、生きているのが楽しくなる。どこもかしこもすごく緻密にできていて、細かく見れば見るほど、緻密さがますますわかる。私たちはなんてすばらしい世界に、すばらしい宇宙に住んでいるのかしら。私にとって世界は目で見るもの。だから見たいのよ」

第Ⅱ部　青海原

第七章　太陽の王国

海と森をわたしは感じる――地球が宇宙をすいすいと泳いでいるのさえ、
感じるときがある。

――ウォルト・ホイットマン

マーキュリーの言うことなど、アポロの歌のあとでは耳障りでしょう。

――シェイクスピア

「太陽は恒星である。その現象を詳しく研究できる恒星はこの星だけだ」(1)。まるで呪文のようなこの言葉は、少年のころに太陽に心を奪われたジョージ・エラリー・ヘールのものである。ヘールはイリノイ州シカゴ郊外のハイドパーク地区にあった自宅に父親の援助で太陽観測所をつくり、三十センチ屈折望遠鏡を設置した。マサチューセッツ工科大学で物理を学び、博士号を取得しなかったにもかかわらず、一八九二年にシカゴ大学の天文学の教授に就任した。その後の経歴は輝かしい。ヤーキス天文台とウィルソン山天文台とパロマー山天文台を建設、運営し、天文学者を雇って既知の宇宙の大きさをそれまでの説を総合したよりも大きく広げ、太陽とは数十億年前に誕生した膨張宇宙に存在する数十億個の銀河の一つのなかの、一千億個以上もある恒星の一つであることを明らかにした。だが、深宇宙にこれだけ多くの天体があっても、ヘールが地球に最も近い恒星への情熱を失うことはなかった。自分自身の研究、天文台の管理運営、新しい天文台建設の資金集めといった仕事の負担が重なって神経症を患い、とうとう医師に引退させられたあとも、カリフォルニア州パサデナの自宅裏に気晴らしのために建てたのは太陽観測所だった。そして、それまで皆既日食のときにしか見られなかった太陽プロミネンスを写真撮影する装置（スペクトロヘリオグラフ）を考案して備えつけ、データを取りはじめた。やがてそれまで以上に観測に没頭するようになり、死ぬまで太陽を賛美した。

ヘールに負けないほど太陽に全霊を傾ける観測家は少ないが、太陽はもっと気楽に観測するだけでも充分に満足させてくれる。観測できる時間が二倍あるし、小さい望遠鏡でも有意義な成果が出せる。だがその前に、太陽観測の記事にかならず書かれている警告に耳を傾けなければならない。曰く、望遠鏡を太陽に向けてのぞかないでください！　失明等の重大な目の障害を引き起こす危険があります！　望遠鏡はたくさんの光をごく小さい焦点に集めるようにできている。したがって、目であれほかのどこであれ、太陽に向けた望遠鏡の焦点に体をあてるのは虫眼鏡で焼かれる蟻になろうとするようなものだ。太陽光の下の望遠鏡は、弾の込められたピストルと同じくらい慎重に扱わなければならない。

ある天文家――ここではジャックとしておこう――から聞いた話だが、有名な天文台の嫌われ者の台長が写真誌の特集記事に取り上げられることになり、ジャックはその写真撮影の様子を見ていた。台長は天文台最大の望遠鏡の主焦点のところにある観測ケージのなかでポーズをとることにした。ハッブルやサンデージのような高名な天文家の定席だが、観測よりも管理運営に熱心なこの台長は実際に望遠鏡を扱ったことがほとんどなかった。撮影は貴重な観測時間を無駄にしないように昼間に行なわれた。ジャックがその様子を眺めていると、カメラマンはドームスリットを開けてもらって撮影に入り、写真栄えのする光の入り方を探して望遠鏡とドームをいろいろな方向に向けさせていた。その気になっていた台長はコンピューターの再三の警告を無視して、カメラマンの望むままに望遠鏡とドームを回転させた。ジャックはそこでふと気づいた。カメラマンがそうと知らずに求めているのは、望遠鏡が太陽に直接向いていなければ撮れないショットだ。黙っていたらどんなことになる？　台長は巨大な鏡で集められた太陽光に焼かれて命がないだろう。そうなればいけ好かない台長とようやくおさらばできる。とはいえ……。結局、良心が勝ち、ジャックは手遅れになる前に大声で注意したという。

巨大望遠鏡は原則として太陽に向けてはならない。ハッブル宇宙望遠鏡は、まちがって直射日光をとらえるといけないので、太陽はおろか、太陽から二十八度以上離れることのない水星も観測しないことになっている。だが、小型望遠鏡での太陽観測は準備さえしっかりしてあればかまわない。一つの方法として、太陽像をスクリーンに投影して観測する。このときも誰かがうっかりのぞいてしまわないようにファインダーにキャップを被せ、望遠鏡の口径が五センチ以上ある場合には太陽熱でアイピースが損傷することがあるので気をつける。よく用いられるのは、対物レンズなどの光学系の前面に太陽光フィルターを装着し、太陽光の大部分をカットする方法だ(2)。

太陽を観測して最初に目につくのは黒点である。黒点も実際には非常に高温で明るいのだが、周囲よりも温度が低いために黒く見える。中心に暗部と呼ばれるとくに暗い部分があり、そのまわりを灰色の半暗部がかこんでいる。ヘールが理論づけたとおり、黒点は磁場の乱れで発生する。普通は二つ一組で現われ、それぞれが磁場のループの端にあたる。一方がN極、もう一方がS極で、どちらがどちらになるかは黒点が半球のどちら側にあるかで決まる。南半球にあれば前方（太陽の自転方向に対して）の黒点がN極、北半球にあればS極になる。太陽の自転周期は二十七日なので、黒点はおよそ二週間かけて太陽面を端から端まで移動していき、この期間に変化の様子が記録できる。黒点の数はそのほとんどをアマチュア天文家が数えており、そこから十一年周期で増減することが確認されている。極小期には一つも現われないこともある。周期が終わるごとに太陽の磁極が反転する。つまり北極と南極が入れ替わって新しい周期がはじまるのだ。周期の初めは黒点の大半が緯度のより高いところにあるが、しだいに赤道近くに現われるようになる。これをグラフにすると蝶のような形になることを発見したのは、十九世紀のイギリスのアマチュア天文家リチャード・キャリントンだった。

太陽フレアとプロミネンスは、太陽の表面が爆発し、噴出した粒子が高速でまき散らされる現象だ(どちらも太陽磁場によって引き起こされるが、一般にフレアのほうが高温で変化が速い)。粒子が地球にまで到達すると磁気嵐が起こり、無線通信が途絶えたり、場合によっては電子機器が損傷したりする。一九八九年三月十三日に地球を襲った激しい太陽嵐は、カナダ東部の送電線や鉄道線路、鉄を含む岩石地帯にアーク放電を発生させ、技師らの努力もむなしく、ハイドロケベック電力公社の電力網が麻痺した。太陽嵐による過剰電流で午前二時四十四分に電力システムに過負荷がかかり、モントリオール市を含むケベック州全土が停電したのである。一方宇宙では、太陽粒子によって膨んだ大気との接触・摩擦で六千個の人工衛星の高度が下がった。最大の被害を受けたのは、皮肉にも極大期の太陽を観測するために打ち上げられたソーラーマックス衛星だった。観測対象である太陽に傷つけられたソーラーマックスは低い軌道に引きずりおろされ、やがて大気圏に突入してスリランカ南東のインド洋に墜落した。

太陽嵐はオーロラを発生させる。高層大気中の酸素分子と窒素分子が降ってきた荷電粒子と衝突して発光するのがオーロラだ。ネオン管に封入したガスが電流で発光するのと同じ原理である。「宇宙天気」の観測所が大規模な太陽フレアの発生を伝えると、天体観測家は赤や青や緑に揺らめくオーロラのカーテンを写真やビデオに収める準備をする。太陽からの荷電粒子が地球に到達するには三日かかるので、予告する時間は充分にある。オーロラは磁極近くに多く発生するため、中緯度地域で見られるのはよほど強い太陽嵐に襲われたときだけだ。ケベックの送電網を破壊した一九八九年の太陽嵐で発生したオーロラは、磁極からボリビアやフロリダキーズの夜空までも彩った。

太陽の最も壮観な姿は、ジャック・ニュートンがCCDカメラでの撮影時に使ったようなHαフィルターを通すと見られる。フィルターの通す波長域が狭いほど、その光景は美しい。一オングストローム(Å)、すなわち一千万分の一ミリメートル以下の波長の太陽光のみを通す「サブオングストローム」レベルの分解能のフィルターがあれば申し分ない。スターパーティーで会ったアマチュア天文家に、自作の〇・一Åのフィルターを装着した銀色に輝く長焦点の屈折望遠鏡をのぞかせてもらったことがある。心を奪われる光景だった。黒点の周囲に磁場が黒く渦を巻き、そのうしろに小さい対流セル(直径およそ八百キロメートル)によるぶつぶつの粒状斑が広がり、周縁からフレアとプロミネンスがアーチ型に立ち昇っていた。フレアとプロミネンスは、ちょうど飛行機から高い木々のてっぺんを見下ろすように太陽面上に見えることがある。フレアは数時間で大きくなるが、巨大なプロミネンスはもっとゆっくりと変化するため、一日中まったく動かないように見えるだろう。ともあれ、間近に見る恒星のダイナミックなエネルギーは茫然とするほど美しい。Hαフィルターは高価だが(手に入れるには金をかけるか、さもなければ時間をかけて自作するしかない)、アマチュアはそれを使って太陽系で最もすばらしい光景を目にし、写真に撮っている。一九四六年六月に、太陽面の四分の一まで広がった観測史上最大のプロミネンス「グランパ」が噴出したとき、それを見られる器材をそろえていたのはほんのわずかな人だけだったが、もっと最近は多くのアマチュア天文家がプロミネンスを見ているだろう。

生命を支えるものとして、太陽嵐の発生源として、また天体物理学の手近な実験場として、太陽が人間にとっていかに大切かを考えると、プロの天文家が数多くの探査機や人工衛星や太陽望遠鏡を用いて太陽を研究しているのも不思議はない。だからといって、アマチュアの太陽観測が無意味だと考えるのは見当違いだ。天文台の上空が雲に覆われることもあるし、人工衛星が故障したり壊れたりすることもあるのだから、アマチュアのあなたが巨大プロミネンスの出現やいわゆる「ポア（小黒点）」からの黒点発生の世界で最初の、あるいは唯一の発見者になる可能性はつねにある。アメリカのアマチュア天文家P・クレイ・シェロッドはこう忠告する。「誰かが同じものを観測しているだろうから、今日は観測をやめておこうと思うのはやめてほしい。観測しているのは自分だけかもしれないといつも考えるようにしてほしい」[3]。イギリスのアマチュア天文家ジェラルド・ノースが述べているように、「プロの天文家の観測は間隔が大きくあいているため、プロの望遠鏡が一つも太陽に向けられていないときに太陽面で爆発が起こるのをあなたが観測する可能性がある」[4]のだ。

燃え盛る太陽も、恒星としては非常に穏やかな星である。これまで五十億年近く輝いてきて、この先さらに五十億年はこの穏やかさを保てるだけの核融合燃料を中心核に蓄えていると考えられている。その後はゆっくり膨張して赤色巨星になり、地球はその外層大気にのみ込まれてしまうかもしれない（中心部の核融合反応が衰えても、熱の運動量が大きいために太陽表面に変化が表われるまでには数百万年かかる[5]）。

太陽の光球面の上には彩層とコロナからなる大気がある。彩層（英語の「クロモスフィア〈chromosphere〉」は「色の球」の意）は水素原子の活発な働きによってピンク色に輝いている。その周囲をもっとずっと大きく取り巻いているのがパールグレーのコロナで、細い巻きひげのようなものが磁力線に沿って遠く宇宙へ飛び出している。彩層とコロナは、月が太陽の前面を通過して太陽光をしばらくさえぎってくれる皆既日食のときに見られる。太陽は直径が月の四百倍、地球との距離も月の四百倍というありがたい偶然のおかげで太陽面と月面の見かけの大きさが一致するために、月が太陽をすっぽりと覆い隠してくれるのである。ただし、月が遠地点付近にあるときには「金環食」となり、月の縁から日光がもれ出して見える。月の落とす影は、暗い中央部分の本影とその周囲のグレーの半影の二つの部分がある。皆既日食を見られるのは本影の落ちる場所にいる人で、半影が落ちる場所にいる人には部分日食が見え、半影の外側にいる人が見るのはいつもと同じ太陽だ。日食マニアは何千キロも旅して皆既日食を追いかける。天気がよければ、そのかいあって自然が繰り広げる忘れがたいショーが見られる。

ベテランの日食マニアが待ち構える現象はいくつかある。ただし、本当にそれを見るかどうかは別の話で、写真撮影かデータの収集に没頭するあまり、機器から顔を上げて現象を直に見るのを忘れてしまう人もいる。皆既食の直前に月表面の起伏の谷間から太陽光がもれて明るい光の玉に見える現象はベイリーの数珠と呼ばれ、初めて記録したのは一七一五年のエドモンド・ハレーだが、実業家から天文家に転身したフランシス・ベイリーが一八三六年に観測してその様子を生き生きと描写したことからその名がつけられた。「光るビーズを糸でつないだように明るい点が列になり……ちょうど太陽面を隠そうとしている月の周縁の一部分ににわかに弧を描いて並んだ。急なことだったので、一列にきれいに並んだ小さい火薬玉が爆発したようだった」(6)。月の谷間の一カ所だけから最後にもれて輝く光線は、ダイヤモンドリングという現象を生む。皆既食の直前に視界の開けた田園地帯にいれば、月の影が時速千五百キロもの速度で迫ってくるのが見えるだろう。通常、皆既食は三分ほどで終わってしまうが、その間はピンク色の彩層と太陽の縁から突き出す赤いプロミネンスとパールグレーのコロナが鮮烈に輝き、暗くなった空に惑星と明るい恒星が姿を現わす。

私は一九七〇年三月二日にノースカロライナで初めて日食を見た。二人の友人とニューヨークからヒッチハイクして皆既帯に到着してみると、きらきら光る望遠鏡の白い鏡筒とカメラが畑に点々と並び、まるで皆既帯にあたる地面に白いチョークで印がつけられているかのようだった。私たちは小さい農場を訪ねて挨拶し、私の二十センチ望遠鏡を置かせてほしいと頼んでみた。この土地を五代にわたって耕しているという農場主の中年夫婦は快く許してくれたが、日食を見るのは危険だとテレビのニュースで言っていたとのことで、どうしても望遠鏡をのぞこうとしなかった（危険があるのは本当だが、大げさにとらえられてしまうことがある。一九七九年二月二十六日に、私がモンタナ州の高速道路沿いで日食を観測する準備をしていたときに通りかかったスクールバスに乗っていた子供たちは、せっかく学校が皆既帯にあるのに、日食を直接見ずに家のテレビで見るように言われてがっかりしていた）。

このときの日食観測では、私たちは太陽光フィルターを装着した望遠鏡のアイピースのなかで月が太陽を三日月形に削っていくのを見ていたが、太陽光はなかなか暗くなっていかなかった。空はいつまでも明るい青空のままで、周辺の畑も到着時と変わらず緑色と茶色が眩しかった。それがあと数分間というときになって、みるみるうちにあたりが寒く、暗くなりはじめた。暗い空の下で牛が怯えるように啼き、鶏は群れなして鶏舎にもどっていく。私たちもなにやら薄気味悪い気分になってきて、「おい、これが終わるまで太陽が拝めないいんだぜ」などと言い合った。

空は一転して暗くなり、星が輝きはじめた。その中央に、禍々しく光る灰色のコロナにかこまれて深紅に縁どられた黒い球が浮かんでいた。この光景のぞっとするような雰囲気は、写真ではとても伝わらない。明から暗への急変は写真には表われないし、色合いもこの世のものとは思えないようなものだった（太陽コロナの電離ガスは、水素爆弾の爆発の瞬間を除けば地球上のどんなものよりも高温で、実験用の真空室よりも希薄である）。私は酔っ払いのように思わずよろよろと後ずさった。あるいは、紀元前五八五年に戦闘中に日食が起こったために休戦したメディア人とリディア人のようだったかもしれない。私よりも経験豊かな観測家でも、その瞬間にはおかしくなった。一八六九年にアイオワ州で日食を目にしたプリンストン大学の天文学者チャールズ・A・ヤングは、恍惚として観測するのを忘れてしまい、「太陽が閃いたときの茫然自失感、せっかくのチャンスを無駄にした己の愚かさと悔しさはとても言葉で言いつくせない」と自分を責めている。[7] 私はわれに返り、大急ぎで太陽光フィルターをはずして望遠鏡をのぞいた。緋色のプロミネンスが月のうしろからアーチ形に飛び出し、その背景に太陽の外層大気が薄い銀色の幕のように広がっていた。

一、二分して月が太陽を離れだし、アーク溶接の閃光のような純白の光の点が一つ、月の外縁の二つの山の谷間から射してきた。いま一度ダイヤモンドリングが現われたのだ。まもなく光の点が増えてそれらがつながり、ベイリーの数珠になった。友人が大声で私に注意した。私とてアイピースから目を離さなくてはならないのはわかっていたが、月からの日の出の美しさに圧倒されて、視野が真っ白になるまで見入ってしまった。網膜に神経はないので痛みはなかったが、右目を傷つけてしまったのではないかと思った。

ノースカロライナの農場に陽光がもどり、農場主は私たちを昼食に招いてくれた。お祈りをし、グリルドチーズサンドイッチをいただいた。そのあと食卓でおしゃべりしているときに、太陽の光がいつもと同じように窓から射し込んでいるけれども日食はまだ続いているのだとなんの気なしに言ったところ、農場主夫妻が信じようとしなかったので、私は人さし指をまるめてごく小さい穴をつくり、三日月形の太陽をランチョンマットに映してみせた。だが、よせばよかったとすぐに後悔した。夫妻は青くなって体をすくめたのだ。二人は何事もなかったように私たちを玄関まで見送ってくれたが、魔術としか思えないものを見せられて怯えているのはまちがいなかった。

ニューヨークに帰ってから眼科医に行った。月の山のあいだから最初に出てきた直射日光をフィルターなしで見続けたせいで、網膜が焼けて小さい穴があき、剝がれた小片が「浮遊物」になっていると診断された。それ以来、剝がれた網膜の黒い小片が海底の映像の背景に映るピンボケの魚のように動いて見えている。それでもその程度ですんだので手術の必要はなかった。私はもともと目が悪く(近視)、網膜が破けて失明する可能性が五分五分だと言われていたこともあったから(結局そんなことにはならなかったが)、ほっとした。望遠鏡からぎりぎりまで目を離さずに粘ったのは、いつか失明するという思いが心の底にあったからだろう。どうせ失明するなら、見えるうちにすばらしいものを見ておきたいではないか。何があっても後悔はなかった。愛ゆえのむこう見ずは生涯消えない傷を残すかもしれないが、愛のない人生にどんな意味があるだろう?

一九九一年七月十一日の皆既日食はハワイ島のゴルフ場で見た。何千もの人が見にきていて、ホテルのバーはソーラーフレア(太陽フレア)とかトータルエクリプス(皆既食)と名づけたカクテルを出していた(ソーラーフレアは、ラム、ブラックベリーブランデー、スイート&サワーミックス、シュナップス、グレナディン、トータルエクリプスはウォッカとオレオクッキー)。朝の空は鉛色の雲に覆われ、天気が心配されるなかで皆既日食を待つのは、気分はまるで逆でも死刑執行を待つのと似ていると私は思った。早くそのときがきてほしい、そうでないと気が気ではないのだ。やがてそのときがきて、雲に切れ間ができ、真っ黒い月が太陽の前にはだかった。見物人から大きなどよめきが起こり、フェアウェーを埋めつくした。私は小さい携帯望遠鏡で黒い円の縁にのったプロミネンスを見ることができた。冷たい風がマウナ・ケア山の斜面を吹き下ろし、半影の落ちている遥か遠くのもっと広い地帯がシルバーのように輝いていた。それからふたたび太陽の光がもどり、古代人のような素朴な感謝の気持ちが私たちの胸を満たした。

その日、太陽が沈んでまもない時間に、私は海辺に望遠鏡を持ち出して三日月形の白い金星を見た。西の空高く、明るい星レグルスのそばで影を落とすほど明るく輝いていた。その下には、西の水平線近くに水星があった。金星や月と同じように水星も満ち欠けする。そのときはギボス、つまり半分より少し膨れた相だったが、表面にこれといったものは見られなかった。しかしそれはいつもどおりのことだ。一九七四年に宇宙探査機マリナー10号が水星の半分だけの写真を撮影し、月と似たクレーターで覆われていることがわかったが、視直径がごく小さいうえに太陽から遠く離れることがないので、そういうものは地球からほとんど見えないのである。夜に水星を観測するなら、日暮れか夜明け前に地平線か水平線近くの気流の乱れを通して見なければならない。むしろ昼間のほうがよく見えることがある。カナダのアマチュア天文家テレンス・ディキンソンは、昼間の水星は昼間の月と同じようにクリーム色で、「目の細かい紙やすりのように、なんとなくざらついて見える」と述べている。[8] 十九世紀の二人の天文家、イギリスのアマチュア天文家ウィリアム・フレデリック・デニングと、のちにミラノのブレラ天文台長になったイタリアの有名な天文家ジョヴァンニ・ヴィルジニオ・スキャパレリはともに日中の水星を詳しく観測しているが、自転周期は解明できなかった（太陽の潮汐摩擦を要因とする三対二の自転・軌道共鳴で、八十八日の公転周期に対して自転周期はその三分の二の五十八・六日だとのちにわかった）。興味深いことに、スキャパレリが作成した水星の地図で最も目立つ、数字の5に似た形の大きな模様にあたるものはマリナー10号の画像になく、したがってまだ探査されていない側にあるのかもしれない。「簡素な望遠鏡しかもたないアマチュア天文家が現在の知識の限界の域まで観測できる天体はしだいに少なくなっているが、水星はその数少ない天体の一つだ」と助言するのは、月惑星観測者協会のウィリアム・シーハンとトマス・ドビンズである。(9) この不可思議な小さい天体を、海の上に漂う大きい雲の層に隠れる前に見られてよかった。

続いておとめ座銀河団を見ているときに友人がやってきて遅れたのを詫び、水星はまだ望遠鏡で見られるかと聞いた。私は低く垂れ込めた雲のうしろに隠れてしまったと答えたが、念のために水平線のあたりをよく探してみたところ、もくもくした積乱雲の下から姿をのぞかせていた。友人が望遠鏡をのぞき、私もアイピースに目をもどすと、すばらしい光景が見えた。太平洋の真ん中の空気はとても澄んでいて、見ているあいだに水星がゆっくりと、まるで月のミニチュアのように沈んでいったのである。まさかこんな光景が見られるとは思ってもみなかった。水平線あたりの空気はたいていかすんでいるので、この小さい惑星が沈むところなど普段は見られないのだ（コペルニクスは自宅近くの川から立ち上る霧のせいで、生涯水星を見なかったといわれている）。このときの忘れがたい観測で、どんな場合も試しに見てみて損はないのだとあらためて思い知った。だめでもともと、成果は苦労なしに得られない。漁師のことわざでも、魚を争う者は濡れるというではないか。

水星の太陽とのダンスで最も印象的なのは、太陽の前面を横切っていく太陽面通過である。私はキービスケインに住んでいた一九六〇年十一月七日に、それを見るために学校を休んで家で待機した。朝の空は雲一つなく真っ青で、私は太陽光フィルターを取り付けた小型の望遠鏡とテープレコーダーと短波ラジオを用意し、正確な時刻を時報で知らせる標準時報局ＷＷＶにラジオを合わせた。アマチュアも通過を厳密に計時してそのデータを送れば、プロの天文家による水星の直径の測定に協力できるかもしれないとスカイ・アンド・テレスコープ誌で読んでいたからである。当時、水星の直径はわずか十パーセント程度の精度でしかわかっていなかった。スカイ・アンド・テレスコープ誌は読者から送られた結果を掲載する予定で、私は自分の観測データを初めて発表できるチャンスにわくわくした。

テープレコーダーをまわし、望遠鏡にあてた目を凝らした。小さい水星面が見つかり、そのぽつんとした黒い点が黄色い太陽の縁を蝕んだ瞬間、私は「第一接触、確認！」と声に出して確認した。次に重要なのは第二接触、すなわち水星の反対側の縁が太陽の縁を離れる瞬間だが、その正確な計時は「ブラックドロップ」効果が生じるために難しい。水星面が太陽の縁からきれいに離れず、尾を引いたように見えてしまうのである（考えられる原因の一つに、わずかにずれた二方向から入ってくる光波の干渉がある。日中に親指と人さし指を少し離して空にかざしてみよう。指と指をくっつけていないのに、小さな黒いものでつながっているように見える）。案の定ブラックドロップ現象が生じたが、私は銀色の太陽光が太陽と水星を分けた瞬間に「第二接触、確認！」と呼び上げた。

水星は四時間かけて太陽の前を横切っていった。午後三時九分、友だちが学校から帰ってくるころ、私は水星が太陽面の反対側の縁に接触したのを見て「第三接触、確認！」と、次いで水星が姿を消したときに「確認！」と呼び上げた。こうして計時結果を郵便で送り、専門誌に名前が載るのを心待ちにした。予告どおり、オーストラリア、ニュージーランド、南米、ヨーロッパ、アメリカ全国の百人を超える観測者に混じって私の計時結果も掲載され、データは水星の直径を正確に割り出すのに役立てられた。ところが、私は優秀な観測者の結果と自分の結果とをくらべてみて、がっかりしてしまった。彼らの結果は最終結果と数秒しか違わないのに、私の出した数字は二桁も誤差があったのだ。下には下がいたけれども、私はよい仕事ができなかった。次はがんばろうと自分に言い聞かせたが、水星が次に太陽面を通過するのは約四十年後の一九九九年十一月十五日だ。そのころまだ生きていたらかならず見ようと、十六歳の私は心に誓った。

いざその日がきてみれば、太陽と水星とのデートの約束を守るのはわけなかった。一九九九年十一月十五日の月曜日がやってきたとき、私はサンフランシスコに住んでいて、対物レンズに太陽光フィルターをしっかり装着した携帯望遠鏡を自宅の屋根の上に設置するだけでよかった。四十年前と同じように、水星が太陽面に侵入するポイントに望遠鏡を向けて私は待った。太陽と水星の研究はこの数十年で進んでいたから、アマチュア天文家の計時データが集まったところでもうたいして役に立たなかったが、そんなことはどうでもよかった。私は思い出の旅に出ていた。

風の吹く、眺めのすばらしい日だった。海風に旗がはためき、湾の緑色の海面に転々と白い波頭が立ち、太陽はうねる大雲の裏に隠れてはまた顔をのぞかせた。第一接触は雲で見えにくかったが、午後一時二十二分、雲が太陽から離れていき、ブラックドロップ現象で太陽の縁とつながった水星が見えた。BB弾のようにぽつんと目立つ点で、くっきりした縁は水星に大気がほとんど、もしくはまったくないことを教えていた。これだけの年月を経たのちに、水星が約束を守って予定の日に現われたことがなぜか私はうれしかった。人生は一寸先もわからないが、宇宙は時計仕掛けで動いている。

天球のロックミュージック
ブライアン・メイとの対話

ブライアン・メイはイギリスのロックバンド、クイーンの結成当時からのメンバーである。五十歳になるまでに二十二曲のヒットソングを書き、自動車のコマーシャル用につくった「ドリブン・バイ・ユー」でさえイギリスではトップテンに入った。英語圏の国のスポーツイベントでよく流れるクイーンのヒット曲「ウィ・ウィル・ロック・ユー」もメイの作品だ。空の一点に集まって地面に落ちてくるような、トルネードを思わせる伸びやかなギター音が入ってくるフレーズでは、少年のころに父親と一緒につくったギター「レッド・スペシャル」を弾いている。

クイーンはインテリぞろいの集団というよりもスタジアム級の派手なロックバンドだと思われていたので、私はメイの学生時代の専攻が天文学と数学で、ほかのメンバーも医学、アート、物理学の学位をもっていると知って驚いた。イギリス南部のメイの自宅に電話すると、彼は意外にも遠慮がちといっていいくらいの静かな話しぶりでこう語ってくれた。七歳くらいのころ、「天文と音楽に夢中になって、それ以来ずっと興味は失せていません。初めて手に入れた望遠鏡は、いまも使っているギターと同じころに父と一緒につくったものです。経緯儀に載せた十センチの小さい反射望遠鏡でしたが、なかなかよく見えるので驚きますよ。父はなんでもつくってくれました。電子機器についてはなんでも知っていましたし、物をつくることにかけても達人でした。いまも生きていてくれたらと思います。音楽にとりつかれていなければ天文学者になっていましたね。インペリアルカレッジで赤外線天文学を研究し、惑星間塵の博士論文を書きましたが、そのあいだはプロの天文家だったわけです。テネリフェ島にいまは天文台になったイギリスの最初の観測所を建てたのは僕なんですよ。まあ、僕一人で建てたわけではなく、建設の段取りをつけたということですけれども」

メイは天文家仲間が夜空の美しさに敬意を払わないのを残念に思っていた。「器材を設置してしまうと、もう空を見上げて『うわあ！』って言わないんですよ。僕にとっては空も音楽も同じ。分析するものではなく、本能で感じるものなんです。まず、『うわあ！』がある。音楽でも天文でも、美しいものを満喫したときに心の底から湧き上がるよろこびです。分析はあとでいい。まず感動を味わわなかったら、肝心なものを逃したことになるでしょう。科学者は説明するつもりで小さくまとめてしまう。彼らが説明だと思っていることは事実と事実のあいだの関係でしかないんです。そのむこうに自然の美しさと宇宙のなかの私たちの小さい地球に関するたくさんのことがある。私は樹木や花や冴えわたった夜空をゆっくり味わっていますよ。こんなことを言って、大げさとか批判じみていると思われないといいのですが。

天文好きは曲づくりに影響するかと聞かれることがあります。「'39」という、相対論的速度で宇宙を旅する男の歌を書きましたよ。男は百年後に地球にもどってきても、特殊相対性理論による時間の遅れで年齢が変わっていないのです。この曲はクイーンの『オペラ座の夜』というアルバムに入っています。私は小さい望遠鏡をもっているし、星を眺めもします。プロの天文家はあまりしませんね。空を見上げるなんて、めったに。それから私はずっしり重い双眼鏡で彗星を探したりもします。見つけるとうれしくてね。いまは美しい夜空が見られなくなっていますね。ロンドンの空に現われた巨大彗星の古い絵画を見ると、光が街にあふれる前の時代は人々の目にこんなものが映っていたのかと驚きます。いまは巨大彗星が現われても気づく人は少ないのではないでしょうか。でも、見られたらいいですね！　もう見えてもいいころでしょう？」

第八章

明けの明星、宵の明星

さらにたくさんの星が現われ、空に刻まれる
星たちは分別をもっているにちがいなく
電球や電弧よりも神々しい。
なぜって星は、きらめき輝くためにあるのに
大切な闇は奪い去らないから
——ロバート・フロスト「学問ある農夫と金星」

……ふり向くとあなたがいる
誇り高き宵の明星
遥か彼方で燦然と輝き
放つ光はますます神々しくなるだろう
私の心をよろこびで満たすのは
夜空で果たす
あなたの気高い役割……
——エドガー・アラン・ポー「宵の明星」

金星は望遠鏡を使わなくても空にひときわ美しく輝く姿が見える。太陽と月に次いで明るく、その純白の光の美しさは古くから人々の心をとらえてきた。シュメール人、アメリカ先住民のポーニー族、そ

れに古代ギリシア人とローマ人がそろって金星に魅惑的な女性の名をつけたのも不思議はない。

金星はその外観の独特の変化と複雑な移動経路で知的好奇心をそそりもする。地球よりも太陽に近く、日の出と日の入りのときに地平線と天頂の半分よりもずっと低い空を移動する。そこから二つの異名をとる。太陽の前に昇ってくる明けの明星、太陽のあとに沈んでいく宵の明星だ。二つの明星の見かけの経路を半年ほど記録してみると、金星の軌道と地球の軌道の組み合わせから優美な模様が描かれる。千枚通しのように細い形になったり、船の帆かギターピックのように幅広になったり、ときには逆行して通ってきた道を横切り、数字の8を描いたりする。

地球と金星の公転周期は、ほぼ五対八の尽数関係にある。金星が明けの明星として現われるのは五百八十四日ごとで、この五百八十四を五倍すると二千九百二十、それを八で割って三百六十五、地球の一年の日数になるというわけだ。金星と地球の周期は五十二年ごとに一致し、そのとき金星は五十二年前の今日と同じ場所に現われる。そうなるのは公転周期二百二十四日の金星がふたたび地球に追いつくのに五百八十四日かかるためだが、公転周期を知らずにこの関係を発見した古代人がいた。古代マヤ人は現代の天体ドームに驚くほどよく似たカラコルという天文台をチチェン・イツァに建設して金星の動きを観察し、五十二年周期をカレンダーラウンドと呼んで非常に重視した。マヤの神話では、白い肌をした金星の神ケツァルコアトルは東の地に文明を興すために再来を予告して去っていき、再来はカレンダーラウンドごとに巡ってくる受難の年だとされていた。この言い伝えを信仰していたがゆえに、マヤ人の文明は悲劇に見舞われた。一五一九年、偶然にも再来のその年に、肌は白いが、それを除けばおよそ神とは呼べないコンキスタドールのエルナン・コルテスが新世界に上陸した。コルテスをケツァルコアトルだと信じたモクテスマ二世は抵抗しなかった。放逸な破壊行為のあと、マヤの天文書は一冊が残るのみである。

・・・

金星信仰はいまも生きている。たとえば中央アメリカの奥地ではまだマヤ暦が使われているし、ネブラスカのスキディ・ポーニー族は一八三八年四月二十二日の夜明け前に十代の少女を生贄として金星に捧げた。そして現在、このきらめく惑星の信奉者はシャーマンからアマチュア天文家に移ろうとしている。金星は最も明るくなる時期には白昼でも（位置さえ知っていれば）肉眼で見え、日中に望遠鏡で最もよく観測されている。気流がより安定している空の高いところにあるときに観察できるし、暗い夜空に惑星面が輝いているコントラストの強いときよりも背景が明るいときのほうが見やすいのである。ニュー・サウス・ウェールズ天文協会のユージーン・オコナーは、金星が太陽に近すぎず、かつ太陽の真うしろを通過しないサイクルを選べば、一年を通じて毎日双眼鏡で観測できることに気づいた（太陽を見ないように気をつけた）。「ほんの少しの注意力と経験と普通の視力があれば、毎年というわけにはいかないが、誰にでも年間を通じて金星が見られる。見るときは目の焦点を無限遠に合わせ、金星のような形をしたものに惑わされないように注意しよう。たとえば絶え間なく通る飛行機や渡っていくペリカンはもちろん、宙を飛ぶ植物の種の莢《さや》とか、そんなものが空中を漂っているとは信じられないかもしれないが、蜘蛛の糸などにも気をつけよう[1]」

ガリレオは月のように満ち欠けする金星に強く関心を引かれ、そのことは惑星が太陽のまわりをまわっているとしたコペルニクスの説の裏づけであると指摘した。一六一〇年、金星を観測していたガリレオは、異端を疑われそうな内容をラテン語でアナグラムにしてヨハネス・ケプラーに送った。*Haec immatura, a me, iam frustra, leguntur*——*o.y.*——は「熟していないこれらのものを私は読んでいる」という意味だが、文字を並べ替えると、*Cynthiae figuras aemulatur Mater Amorum*、すなわち「愛の女神［金星《ヴィーナス》］はシンシア［月］の相をまねている」となる。金星は地球に近づくにつれて視直径が大きくなる。弧の直径がわずか十秒角のまん丸に近い凸状の円盤から、地球に最も近づく内合のときには弧の直径が四十八秒角もある細い三日月形になり、地球から見ると巨大惑星の木星よりも大きい。

金星に濃い大気があることは、早くから望遠鏡での観察で知られていた。三日月形の二つの先端が金星の影の部分にまで伸びていることがあり——「先端伸長」とでもいおうか——また、影の部分がときおり地球照に似た淡い「灰色の輝き」を帯びることがこれまでにさまざまな観測者から報告されている。レオナルド・ダ・ヴィンチが気づいたとおり、月に見られる地球照は太陽光が地球に反射して生じる。つまり、私たちに三日月が見えているときに月から地球を見ると、ほぼまん丸なのである。しかし金星の灰色の淡い輝きがもし本物なら、ほかの原因によるものにちがいなく、これについては現在も議論が交わされている。金星の上層大気が太陽光によって電離し、蓄積していたエネルギーが放出される「大気光」を原因とする説がある一方、目の錯覚にすぎないと考える者もいる。

金星は長い間隔をあけて太陽面を二度ずつ通過する。八年おいて二度通過したあと、次の通過は百二十年以上たってからだ。十七世紀、十八世紀、十九世紀にはこの対の通過が一回ずつあり、二十世紀にはなかったが、二十一世紀にはまたある。二〇〇四年六月八日と二〇一二年六月五日から六日である。海軍天文台の天文家ウィリアム・ハークニスは一八八二年に次のように記している。「前回の通過で、知識層は長い眠りから目覚めた。われわれに現在の最新知識をもたらしたすばらしい科学活動はまだはじまったところだ。次の通過のときに科学がどこまで発展しているかは、神にしかわからない(2)」

ロシアのサンクトペテルブルク大学の天文台で一七六一年の金星太陽面通過を観測したミハイル・ロモノーソフは、まぎれもない「ブラックドロップ効果」を確認し、このことから金星に「地球を覆っている大気よりも厚くはなかろうが、同様の大気」があると考えた。[3] 続く観測者たちは自転周期を知ろうとして、また雲にあいた穴から地表面をのぞこうとして雲のパターンを解明しようとしたが、これらの計画の大半は失敗した。発表された自転周期の推定値はことごとくまちがっていたし、雲がよく見えているときに――金星を見ても雲の覆いしか見えない――雲の模様と考えられたものはほとんどが目の錯覚だった。そこで模様を見た観測者よりも、存在しないものに惑わされることなく詳細に観察した観測者のほうが優秀とみなされた。ドイツの裕福なアマチュア天文家ヨハン・シュレーターは金星の雲のあいだから突き出た山の頂に太陽光があたるのを見たと主張したが、そのあとウィリアム・ハーシェルが冷静にじっくり観測し、金星に地形らしきものは認められないと断言した。惑星観測家のバートランド・ピークは望遠鏡が目の錯覚を起こすおそれがあることに気づき、同じ英国天文協会会員の年若いアラン・ハースの金星観測を賞賛した。

「けれども、私はほとんど何も見つけていません」とハースは応じた。

「まさにそこなのですよ」とピークは答えたという。[4]

特筆すべき例外は、フランスのアマチュア天文家シャルル・ボワイエである。弁護士の勉強をしたボワイエは、一九五五年にコンゴのブラザビルで官職に就いた。大気が非常に安定した土地だったので、二十五センチ反射望遠鏡を製作し、友人でピク・デュ・ミディ天文台に勤務するアンリ・カミシェルに何か実りのありそうな観測計画はないだろうかと手紙で相談した。カミシェルは紫外線光で金星の写真を撮ってはどうかと提案した。可視光線の波長を通さない金星の雲は紫外線で見ると黒っぽい模様があることが確認されていたが、ぼんやりして紛らわしいため、正確な自転周期まではわかっていなかった。ボワイエの望遠鏡には長時間露光で天体写真を撮影するのに必要な時計駆動の赤道儀架台がなかったので、おもちゃの組み立てセットで代用してカメラが焦点面を追尾できるようにした。紫外線透過フィルターではなく紫をとらえるフィルターと低感度フィルムを用いて撮ったところ、感光乳剤の上に写った金星はただの小さい点でしかなかった。誰もそれを判別できなかったが、ボワイエだけはここから自転周期が四日なのがわかると主張した。カミシェルも同意し、プロとアマチュアの二人の天文家は四日周期を論じる共同論文を執筆して一九六〇年に一般誌のラストロノミ誌に、さらに二本の論文を専門誌に発表した。

同じころ、やはりアマチュアのロジャー・ゴードンが紫外線フィルターを使って目視で金星を観測していた。ゴードンもボワイエとカミシェルの発見を知らずに四日周期という結果を得て、一九六二年十一月に所属する天文同好会の会報誌に論文を発表した。「この発見に絶対的な自信があるわけではないので、まったくの的はずれだったとしても驚かない」とゴードンは謙虚に述べている。(5)

金星の自転周期に関するかぎり、ボワイエもカミシェルもゴードンもまったく的はずれだった。一九六二年にアメリカとロシアの研究者がレーダー反射波を使って測定したところ、金星の自転周期は二百四十三日であること、そしてほとんどの惑星と逆まわりであることがわかったのである（この不思議な現象の理由ははっきりわかっていない。おそらく過去に巨大な天体が衝突して自転方向が変わってしまったのだろう）。ゴードンは「穴があったら入りたい」と恥じた。ボワイエとカミシェルはあきらめず、雲の回転は四日周期だと主張する論文をアメリカの惑星研究の学術誌イカロスに投稿したが、当時ハーバード大学の若い天文学者だったカール・セーガンが査読し、「自転周期四日は理論的にありえず、経験のないアマチュアの研究がいかにばかげた結果になるかを示している」とこき下ろすコメントを書いて論文掲載を却下した[6]。それでもボワイエとカミシェルはもう一人のフランス人天文家ベルナール・ギノとともに金星観測を続け、同じ雲の模様が四日周期で金星面を横切る様子を観測した。

この問題は、一九七四年二月にマリナー10号探査機が金星を通過するさいに紫外線写真を撮影して決着がついた。マリナーの撮ったスチール写真をつなげて動画にしたところ、金星の大気はその固い地表面と異なり、四日周期でまわっていた。雲の自転周期がその下の惑星の自転周期と一致していなかったことが問題の原因だったのである。アマチュアはまちがっていなかったのだ。

全体的な構造を見ると、金星と地球は双子の星である。金星の直径は地球の九十五パーセント、質量は八十五パーセント、表面重力は九十パーセント、公転軌道の半径は七十パーセントで、真っ白という点では地球の雲にそっくりな雲もある。これだけのことがわかると（雲のせいでこれだけしかわからない）、相似点がもっとあるのではないかと考える研究者や学識者が現われた。このような論理の飛躍が連鎖し、一八八四年にカミーユ・フラマリオンが衝撃的な見解を発表するに至った。フラマリオンはもとは神学を研究し、天文についてはアマチュアとプロの中間のような仕事をしていたが、夜空に現実離れした憧れを抱き、それをもとにした著書は人気を博したものの、行き過ぎることがままあった。著書『宇宙のなかの地球』では、金星は地球と「ほぼ同じ大きさ、重さ、密度、表面重力」をもつので「昼と夜の長さも、大気も、雲も、降る雨も同じ」にちがいないと結論している[7]。最初の四つは事実である。五番目の昼と夜の長さは科学的根拠にもとづいていたが、当時のひどく不正確な自転周期の推定値から割り出されたものだったし、大気と雲と雨に関する推測は誰にも支持されず、実際にとんでもないまちがいだった。

太陽に近く、雲に覆われた惑星は、地球の熱帯雨林に似た環境にちがいないと推論した人々もまちがっていた。哲学者ジャン＝ジャック・ルソーの弟子のジャック＝アンリ・ベルナルダン・ド・サン＝ピエール（一七三七—一八一四年）は、まるで「陽気なタヒチ島民」のような架空の金星人の挿絵を著書に載せた。ノーベル化学賞受賞者のスヴァンテ・アレニウスは一九一八年に、金星を巨大で短命な植物が生い茂る「じっとりと湿気の多い」ところだと表現した。ギャレット・サーヴィスは一八八八年の一般向け科学書『オペラグラスで見る天文学』で、金星の大気は「数百万の知的生物が呼吸する空気になり、地球の言語のように表現力豊かで耳に心地よい言語によって振動している」のではないかと述べている。[8] また、有名なSF小説の挿絵画家フランク・R・ポール（一八八四—一九六三年）はファンタスティック・アドベンチャー誌で、金星を「熱帯のように実り豊かな惑星……モンスターのような生物がいるかもしれない危険に満ちた発展途中の星」と呼んだ。[9] 一九六〇年になっても、科学ジャーナリストで米国ロケット協会の設立者であるG・エドワード・ペンドレーが、「金星は全域がフロリダのように……住み心地のよい場所かもしれない」と述べている。[10] 金星の白い雲は人間の想像力から生まれる夢物語が映し出される白いスクリーンだった。

一九六〇年代にソ連とアメリカが無人探査機を打ち上げて詳細な観測をはじめると、うれしくない事実が明らかになった。冷戦下の二つの超大国による金星の宇宙探査戦略は偶然にも内容がまったく重複せず、ソ連は着陸船ベネラを宇宙に送り、アメリカは接近通過を目的とした探査機マリナーとパイオニアで空から写真撮影し、一九九〇年にはついに周回探査機マゼランで金星地図を作成した。

ソ連のベネラ計画はアメリカのメディアには重視されなかったが、無人宇宙探査機史上最も画期的なミッションだった。一九六一年からおよそ四半世紀のあいだ、ほぼ打ち上げウィンドウのたびに改良をくわえた新しいベネラ探査機が打ち上げられた（打ち上げウィンドウは十九カ月ごとにめぐってくる。探査機は内合前の宵の明星のときに打ち上げられ、内合後の明けの明星のときに到着する）。当初は失敗続きだった。1号と2号は途中で息絶え、3号は金星に到達したものの、その前に通信が途絶していた。パラシュートで降下した4号は、おそろしいほどの高気圧と高温を示すデータを送ってきたが、地表まで約二十五キロメートルを残して通信が途絶えた。その後の三回のミッションもさまざまな理由で失敗したが、一九七二年七月二十二日、ついにベネラ8号が無事に着陸を果たし、一時間近く作動し続けた。送られてきた写真とデータを、接近通過したアメリカの探査機およびその後のベネラ探査機による調査結果と合わせてみたところ、金星はタヒチと似ても似つかないことが明らかになった。地表は湿気がなく乾燥していた。少なくとも地球の百倍は乾いている。温度は灼熱の摂氏四百六十二度だった。どの惑星よりも高温で、岩石が真っ赤に燃え、ルイ・アームストロングの「シャドラック」の一節をもじるなら、「思ったより七倍も暑い」。大気の九十七パーセントは二酸化炭素で、酸素は少なすぎて測定不能、気圧は地球の海抜〇メートルの九十倍もある。つまり地球で水深九百メートルの海に潜ったようなもので、深海用のダイビングスーツさえぼろぼろになってしまう。雲は水蒸気でなく硫酸でできている。赤黒い世界に硫黄の臭いが充満しているのが金星なのだ。どんなに信仰心のない人でも、金星へ行ってたちまち命がつきようとする瞬間に地獄に落ちたと思っても無理はないだろう。

その後の研究はマゼラン探査機がレーダーを用いて作成した地表の地図にもとづいて、見たところは地球によく似た金星がなぜこれほどかけ離れたおそろしい環境になったのかという疑問の解明を中心に進められた。そして、金星の極度の高温と乾燥の原因は暴走温室効果、すなわち大気中の多量の二酸化炭素が雲の覆いの下に太陽熱をためこんだためだとする説が提出された。金星と地球は太陽からの距離に大きな差がなく、同じ原始太陽系星雲の物質が凝縮してできたので、おおよそ同じ化学元素から形成されたと考えられている。それなのに発展の過程が違ったのはなぜなのだろうか。仮説は数多くあるが、ひと言でいえば、答えは誰にもわからない。

この謎をさらに深めているのが二つの説である。一つは金星の水素と重水素の比率に関するもので、この比率から金星にはかつて地球と同じくらいの広さの海があったと推定できるのだ。金星は四十五億年の歴史のほぼ半分が経過するまでは海があったが、その後何かが起こって——おそらく暴走温室効果——蒸発してしまい、上層大気にまで上昇した水蒸気のうち、酸素は太陽の紫外線光の作用で二酸化炭素分子になり、水素は宇宙に飛んでいったと惑星科学者は考えている。もう一つの説は、金星の地表は地質学的に新しく、およそ六億年前に形成されたとするものである。このことは衝突クレーターの数から推測できる。直径一キロメートルに満たない流星体が落ちてきても厚い大気が地表を守ってくれるが、マゼラン探査機のレーダーが作成した地図には九百六十三個のクレーターが認められる。したがって金星の地表はこの数の何倍もの回数にわたって大きい衝突物でえぐられたにちがいない。それによって火山活動が活発化し、天文学者デヴィッド・グリーンスプーンが述べたとおり、金星は「裏返った」のではないだろうか。

スターゲイザーにとって、金星はいまも昔と変わらぬ美しさをたたえている。しかし、その美しさはある種の恐怖を誘い、それゆえに古代人は明けの明星と宵の明星に人身御供を上げていたが、いままた新しい恐怖が生まれている。金星に数十億年のあいだ海があり、気候も穏やかだったとしたら、かつては生命が存在していたのに、その後の火山活動で跡形もなく消えてしまったのかもしれない。暴走温室効果が気候大変動を引き起こしたとすれば、金星によく似た星に住み、産業活動による二酸化炭素の排出量増加が一因といわれている工業化時代の温暖化を目のあたりにしている地球人類にとって、それは看過できないことにちがいない。グリーンスプーンの研究グループはこう述べている。「金星の状況と発展過程は、人類への警鐘の役割を果たしている……金星がどんなに地球とかけ離れているように見えても、気候変動の原理を追究するためには、そしてこの地球の脆さと強さを理解するためには、金星の研究が欠かせない」[11]。汚れた地球から金星を見上げるとき、あれが私たちの将来の姿なのだろうかと心に不安がよぎる。

われら天文ファンの父
パトリック・ムーアとの出会い

私が月と惑星の観測の仕方を最初に学んだのは、天文の魅力を広めたパイオニア、パトリック・ムーアの著作からだった。望遠鏡を使うときにはムーアのわかりやすくてためになる教えに従い、空をスケッチするにも彼のやり方を手本にして、月のクレーターは真っ黒に、惑星は濃い灰色や淡い色で塗ったものだし、『アマチュア天文家』に載っていた少しつぶれた形の木星面の型をくりぬきそうになるほど何度もなぞったりもした。上品さのなかに熱意がにじむムーアの文体から、私は天文学と文化のつながりを考えるようになった。とくに世界を変えた科学技術革命の原動力になった、イギリス伝統の成熟したアマチュア精神を感じたのだ。十六歳のときに両親に連れられて行ったイギリスへの船旅にはムーアの本を携えていき、デッキからサウサンプトン近くの緑色の海岸が見えてきたその日もそれを読んでいた。それから四十年が過ぎた二〇〇〇年の夏、ついに私はムーアに会うために同じ南部の海岸にあるセルジーの村に到着した。

「よくいらした！」。ムーアは一九六六年から住んでいる十七世紀の家のドアを開いて轟くような声で挨拶し、「昼めしはどうです？」と言いながら足を引きずって車に近づいてきた。私たちは近くのレストランへむかった。

「しばらくの辛抱なんですがね、この足にはまったくうんざりだ」。シールホテルの前で車を降りようとして、ムーアはこぼした。「私はクリケットが好きでして、スピンボウラーなんですが、ご覧のとおりのありさまで、最近はできませんな。こんな歩き方じゃ、まるっきり七十七のじいさんだ。本当に七十七だろうと関係ありませんぞ。普段は四十の男に負けないくらい速く歩くんですからな」

ムーアが巨体を揺らして道を歩いていくのが見えると、村人の車は止まらんばかりにスピードを落とした。片眼鏡にぼさぼさの白髪という風貌で、チャーチルのように情感豊かで歯切れのよい、放送には申し分のない深い声で話す天文界の巨人は、この国では知らぬ者はいないイギリスの顔だった。私が訪問した翌年にナイトの称号を授与され、ホストを務めるBBC放送の「ザ・スカイ・アット・ナイト」は四十三年にわたって毎月放映されていて、一人のホストによる長寿テレビ番組としてギネスブックに載る。私たちはホテルに入ってバーカウンターに腰かけた。ムーアは私のためにウォッカをダブルで、自分にはジンをダブルで注文し、バーテンダーにも一杯おごるのを忘れなかった。私は彼が学校に通わなかったことを本で読んで知っていたので、少年時代のことをたずねてみた。

「心に負った傷は治りませんな」とムーアは屈託なく言った。「六歳から十六歳までは学校に通えませんでな。それでもたいていの子供より物知りでしたよ。ほかにやることがないんですからな。母の本を読んで天文に興味をもつようになりました。王立天文学会会員のジョージ・F・チェンバーズが一八九八年に出した『太陽系の話』でしたよ。値段は六ペンス。星図を買って、双眼鏡も手に入れて、私なりの空の見方を学んだ。何もかも独学でした。タイプの打ち方も祖父の一八九二年製のレミントンで自分で覚えましたよ。いまでもそいつをもっていますがね、このところ一番よく使ってるのは一九〇八年製のウッドストックですな。一分間に九十ワードを正確に打てる。パソコンだと五十か六十しか打てんものです。

十一歳で英国天文協会の会員になって、十三歳で英国天文協会誌に初めて月の小クレーターの論文を発表しました。観測は八センチの屈折望遠鏡ですよ。戦争がはじまって、もし陸軍か海軍に入隊したら十分ともたないだろうけれど、空を飛べるならいいぞと思いましてな、そうしました。志願書の年齢はさばを読み、身体検査もごまかした。それでも合格しましたよ。英国空軍の爆撃機軍団の進路指示係になって、だいたいイギリスの北部に屯営しました。いざとなれば、ちょっとは飛行機を飛ばしたものです。パイロットが負傷して、兵士を五人乗せた飛行機を着陸させねばならなかったこともある。ドイツ軍がやたらめったら撃ってきて、あんなに卑怯なやり方もあるまいと思いましたがね、それでパイロットが負傷したんですよ。十八歳のときに嘘がばれましてな。年齢と身体検査をごまかしていたなと、将校に詰め寄られた。だが、とやつは言いましたよ。おまえは十七のときから空軍の士官だというじゃないか、それなら罰として食堂で一杯つきあえと言うしかないな、と」

「もう一杯やりますかな?」。ムーアはそう言ってバーテンダーにさりげなく合図し、酒がもう一杯出てきた。

ムーアは戦争のために勉学を続けることができず、大学に行かなかった。そんな彼に、得意とする月について一般向けの天文書を書かないかという話がアメリカの出版社のイギリス代理店から舞い込んだ。ムーアの『月』は多くの読者を獲得し、彼は著述家の道を歩むことになった。以来、私の知るかぎり六十冊を超える著作がある(数をたずねると、「はて。かなりあるでしょうな」との答えだった)。私は何冊か読み返してみて、その該博な知識と、小さい望遠鏡で価値ある正確な観測データを引き出す確かな基礎技術に舌を巻いた。

　ムーアは右目に片眼鏡をはめてメニューを眺めた。眼鏡はぽろりと落ちてしまったが、彼はパイプの火でも点け直すように悠然とはめ直した。「ずっと片眼鏡でしてな。体の一部ですよ。十六のときから使っている。片方はただのガラスを入れて両眼鏡にしたらどうかと言われますがね、ただのガラスだって？と言い返してやりますな」

　私たちがテーブル席に行くと、客がいっせいにこちらを見た。若い男が近づいてきて紙を差し出した。「失礼します、ムーアさん。サインをいただけませんでしょうか。どうもありがとうございます。お邪魔して申し訳ありませんでした。あなたはスターです、サー！」。よく冷えた白ワインのボトルがテーブルにとどき、続いてドーバーソールが二皿運ばれてきた。

　ムーアの月の研究の話を聞いた。彼の作成した月の地図はほとんどが庭で観測した結果にもとづくものだったが、非常に正確だったため、ソ連は無人月ロケット、ルーニク３号が初めて撮影した月の裏側の写真を調整するのにその地図を利用し、アメリカはアポロ有人宇宙飛行計画のときに月面着陸の誘導の参考にした。「私は研究者ではありませんからな」。ムーアはつぶやくように言った。「優秀な頭脳はもっていない。ただの月の地図屋で、月の地図をつくるのがもっぱらの仕事だった。研究はとうの昔にやり終えてしまいましてな。それでも何かの役に立つなら、よろこんでお役に立ちましょう」。私は尊敬するムーアを目の前にして、それに彼がもう一本注文したワインのせいもあって、ぼうっとなってばかな質問をしてしまった。「何かを発見したいわけではないんですね？」

「発見は一つしておるよ」とムーアは静かに言った。「月の東の縁にある東の海です」

　私は思わず額をぴしゃりと叩いた。東の海はニカラグアよりも面積の大きい月最大の衝突クレーターで、不気味な的のように見える。的の中心が月の表側からわずかにずれているので、宇宙探査機が月の裏側を撮影して発見されたと思われがちだが、秤動《ひょうどう》があるためにその縁が見えることがある。月に対して地球の観測者の位置が変わること、また月が実際に振動していること（はい、いいえと首を振っているかのように、ひと月ごとに南北と東西に揺れる）から、時期を選べば月面の六割近くが地球から観測できるのだ。ムーアは一九三〇年代にサセックスで、秤動によって見える月の周縁領域の地図を三十二センチ反射望遠鏡を使って作成したときに東の海の外縁部を描き入れ、それが未発見の月の地形の一部分であることを確認して、名前も提案した。その名が現在も使われている。私はそれをすっかり忘れていた。

「アインシュタインというクレーターもある」とムーアはもう一つ挙げた。「これも発見しましてな、ぎりぎりのところに。もう一杯いかがかな？」

ムーアは続けた。「天文学はアマチュアでも役に立てる数少ない科学の分野です。アマチュアの大きな強みは継続的に観測できることですな。火星で砂嵐が起こったり土星に新しい白斑が現われたりしたら、発見するのはアマチュアでしょう。私も一九六一年に白斑を見つけたことがある。とても小さいやつです。一九三三年にコメディアンのウィル・ヘイが見つけた白斑も見た。コーヒーにしますかな？」

「ええ、そうします」

「アイリッシュ？」

払いは私がもつつもりでいたが、勘定書きがまわってこない。「とんでもない」とムーアがにこやかに言った。「ここはセルジー。私の庭ですぞ」。私たちはレストランから明るい陽光とさわやかな海風のなかに出た。

「セルジーはアザラシの島という意味でしてな。私はこの海岸沖でアザラシを見たことがないし、ここは島でもないが、かまうものか。ここを離れる気はありませんな。望みどおりの場所に望みどおりの家がある」

「ヨットはなさるんですか」

「いいや。海のそばに住んでいるのに、海のことは知らんのですよ。空のことは知っている。私は大地に足をつけて空に住んでいるのです」

ムーアの家にもどり、小型望遠鏡とロシア製の月球儀が四つごたごたと置いてある玄関を通り、本や学術論文誌、カメラや双眼鏡、ロシアとヨーロッパとアメリカの宇宙計画の記念品が山のように積まれた部屋を見てまわってから、時計の針と時報の音がにぎやかな書斎に入って腰を下ろした。木製パネルの壁はムーアの著書で埋めつくされ、そのわずかな隙間に表彰状や記念プレートや名誉学位の証書がびっしり飾ってあった。ムーアはパイプに火を点け、私にも煙草を勧めてから、昔の天文日誌を何冊か抜き取って私の前に積み上げた。日誌はきちんと綴りにまとめられ、「火星」「木星」「金星」ときれいにタイトルが書かれていた。開いてみると、黒い背景に色鉛筆で丁寧に図が描かれ、黒インクの文字で簡潔に説明が書き入れられていた。私は昔にもどったような不思議な気持ちになった。私はこのやり方をまねてスケッチの仕方を覚えたのだ。そしてそのムーアは、月の図がすばらしいジョージ・チェンバーズの『太陽系の話』を少年のころに読んで、部分的にそれをまねたのだった。一九五六年の火星の衝のスケッチと観測記録もあった。私はこのときをきっかけに望遠鏡で観測をはじめたのだ。一九五六年八月八日「すばらしい光景だ……こんなのは見たことがない。衝は九十五パーセントまできた。極冠の境界線が見える……」。十月十八日「たぶん、今日が一番きれいだろう」

ムーアが自分のCDを私にプレゼントしてくれているところへ（彼はオペラを二作と軍隊行進曲を一曲つくっている）、青年が二人、ふらりと入ってきた。電子機器に詳しいアマチュア天文家だと、ムーアは私に紹介してくれた。金髪のクリス・リードは快活で、にこにこしているが口数は少ない。ジーンズに紺のTシャツを着て、大きなパイロットグラスをかけたティム・ライトは棒のように細い体つきだが、早口でぽんぽんしゃべる様子はいかにも押しが強そうだ。二人はムーア宅の敷地に設置されたダイポールアンテナ型電波望遠鏡を確認しにきたのだという。敷地の一部はもうすぐサウスダウンズ・プラネタリウムに移譲されることになっており、この公共施設の中心設備である投影機もムーアがその前に建設して運営していた北アイルランドのアーマー・プラネタリウムからせしめてきたものだった。

「注射器はどこだ？」とライトが声を上げた。「ヤク中ってわけではなくて、注射器を洗わなくてはならないんですよ」。ライトはがらくたの入った箱のなかから注射器を見つけ、流しで洗ってインクを充填すると、書斎のすみに置いてある電波望遠鏡の記録計のプリンターカートリッジに注入した。それから細長い記録紙に青インクで残された昨晩の記録をじっくり調べ、「パトリックさん、赤緯四十二・五度くらいのところで強い電波を出しているのはなんでしょう？」と聞いた。郵便物に目を通していたムーアは、顔も上げずに「カシオペヤだ」と答えた。

「何時ごろかな？」

「十二時から午前四時まではっきりしています」

「よし、それならそうだ」。地球からの距離一万一千光年の超新星残骸「カシオペヤ座A」を電波望遠鏡がとらえたのである。ライトはグラフにメモした。そして、さらに記録を調べて言った。「昨夜二十二時三十分から二十三時〇分のあいだに、どちらかがありました。超新星か、さもなければ近所の人が溶接していたか」

私たちは電波望遠鏡を見に、広々とした芝生の庭に出た。望遠鏡は六十メガヘルツの古い受信機に二・四メートルの二本のワイヤーを付けたものだった。「ワイヤーを三百メートル離せば、直径三百メートルのダイポールアンテナ型電波望遠鏡のでき上がりです」とライトがもったいぶって言った。「最終的にはもっと大きくなります。一本はサウスダウンズ・プラネタリウムに設置し、もう一本はパトリックさんの庭に残しておくんです。光速で飛んでくる電波信号が二本のアンテナにぶつかるわずかな時間差を測定すれば、電波の発生源の方角がわかります。もちろん、スペインやロシアやイタリアやらのテレビの電波と混信することもずいぶんありますけどね」

ムーアの望遠鏡はそれぞれに観測小屋があり、私たちはそれを見てまわった。平屋根の石油貯蔵庫のような大きい緑色の小屋には、巨大な架台に木製の鏡筒を載せた四十年前の三十八センチニュートン式反射望遠鏡が収められていた。「旧式に見えるのはしかたない」とムーアは言った。「電子機器は一つもありませんからな。コンピューターを使った天体観測は私にはむかないのですよ。私は天体観測界の生きた化石だ。月や惑星の現象は目で見ることにしている。海王星の軌道よりもむこうにあるものは遠すぎましてな」

そこから十メートル先には、外洋船の煙突くらいある背の高い円形の小屋が建っていて、十三センチ屈折望遠鏡が設置されていた。ライトがそれをひょいと太陽に向け、点検記録用の変色した紙の上に太陽の像を投影した。この年は太陽活動の極大期で、表面にぽつぽつと黒点が見えた。硬材でできた美しい正八角形の観測小屋には各面に窓があり、二十二センチ反射望遠鏡が収められていた。以前の家では前庭にあった建物なので、見栄えのよい設計にしたのだとムーアは言った。最後に粗末な物置にしか見えない観測小屋に入っていくと、簡素な経緯台に載った三十二センチ反射望遠鏡があった。

「これの鏡はすごいものでしてね」とムーアは言った。「この望遠鏡でどれだけ観測しただろう？　考えもつかない。数万時間だと思いますな。東の海はこれで見つけたのです」。ムーアは満足げにふっとため息をついて小屋のドアに寄りかかり、雲が群れ集う夕方の空を見上げた。この家に住み、心安らかに暮らしているように見えたが、ことさらにその心の奥底を探ろうとしなくても、学校へ行けずに友を星に求めた独りぼっちの少年、あるいは自己を偽って従軍し、そののちおよそ世の中で一番孤独な職業である著述家になって名士の殿堂に半世紀住んでいる男の姿が見えた。

「ニール・アームストロングとは親しくしてましてな」とムーアは言った。「オーヴィル・ライトとも会った。初めて月に降り立った人間と初めて空を飛んだ人間です。二人が会っていたらと思いますが、でも会わなかった。あなたは細君とご子息をおもちかな？」

「ええ」

「それはうらやましい。私も女房と息子がほしかったが、かなわなかった。生きた時代がいけなかったんですな、私のせいではないが」。そのときムーアはふと顔を輝かせた。「二十歳になる名付け子がアダムといって、いま大学生ですが、その子が一緒に住むと言ってくれましてな。とてもうれしくてね」。

ムーアは観測小屋にのびのびと寄りかかり、暮れていく空を笑みを浮かべて眺めていた。

第九章　ムーンダンス

夏の月御油《ごゆ》より出でて赤坂や

――芭蕉

やがて夕闇が広がると
この驚くべき物語の続きは月に引きつがれ
夜ごと耳を傾ける地球に
その誕生の物語を繰り返し話してきかせる。

――ジョゼフ・アディソン

一九九九年の冬至、ハワイ諸島ラナイ島の海岸。海を望む芝生の上でローンチェアに座った数十人の観光客が湯気ののぼるコーヒーをすすりながら、プラネタリウム解説員のすることを眺めている。解説員は彼らに満月を見せるために二十八センチのシュミットカセグレン式望遠鏡をドイツ製のがっしりした赤道儀に設置している。この日の特別な満月のことは新聞でも一面で報じられていた。この満月は北半球で一年のうち夜が最も長く、月の軌道が地球に最も近づく近地点のころに見られる。今夜の月は遠地点にあるときよりも五万キロメートル近く、十四パーセント大きく見えるのである。履き古した運動靴を履いた体格のよい中年の解説員は天体観測のベテランだったが、雲がちの空に気が気ではなかった。今夜のように月が近づくのは百三十年ぶりだ、などとでたらめを言っている。本当は近地点のたびにかならずこれくらいまで近づくし、一九三〇年一月十五日の近地点のころの満月はこの日よりも六百七十キロメートル近かったのだが、私はまちがいを指摘しようとは思わなかった。彼はじっとしていない客をなんとかつなぎとめようとしているのだが、いまのところ見せるものがないのだ。

私にも覚えがある。ある晩、イエローストーン国立公園の山で、質問を浴びせてくる大金持ちの集団を相手に夜空の解説をしていた。おろおろしているつもりはなかったが、携帯望遠鏡のねらいを合わせようとして空を見上げても、一つも星座を識別できない。全員で遠い星に飛ばされてしまったかのように、星座がすっかり消えていた。慌ててもどうにもならないので、私は深呼吸を一つしてしばらく待った。星座が現われて仕事を続行できたが、それ以来この出来事が悪夢のように頭から離れない。

そんなわけで、今夜ハワイの曇り空の下で出まかせの解説で急場をしのごうとしているプラネタリウム職員をこれ以上困らせることはあるまいと私は思っていた。待ちくたびれた数人の客がリゾートホテルのネオンに誘われて歩きはじめたちょうどそのとき、雲が切れて月が顔をのぞかせた。明るさは申し分ないが、霧でわずかにかすみ、絵本の挿絵のようにやわらかな銀色に輝いている。銀細工師が楕円形の大皿の中央に人の顔をした月を描き、細い銀色の線で南国の雲をまとわりつかせたかのようだった。望遠鏡に列ができたので解説員は胸をなで下ろし、いつものように月のクレーターと海について早口で説明しはじめた。

・・・

月は夜空のなかで何よりも身近でありながら、最も特殊な天体だともいえる。まず、突出して大きい。直径が地球の四分の一近くあり、母星との比率からすれば太陽系の衛星で最大である（唯一の例外は冥王星の衛星カロンだが、冥王星は惑星ではないかもしれない）〔冥王星は準惑星になった。二八七ページの注を参照〕。空に昇るまん丸の満月は何か不思議な力をもち、喧嘩の原因にもなれば恋に落ちる原因にもなる。地球型惑星の水星と金星には衛星が一つも見つかっていないし、火星はフォボスとダイモスの小さい衛星が二つだけあるが、これらは小惑星が捕獲されたものと考えられる。それでいて月は軽量で、地球にくらべて密度がずっと小さいため、どのようにして誕生したのかという興味深い疑問が湧く。月は退屈な天体だとか、わかっていないことはもう一つもないと思っている観測家もいるが、長年寄り添ってきた地球と月の歴史はすっかり解明されているというにはほど遠く、私たちの地球を理解するためには月との関係を考えてみなければならないことを教えている。

　肉眼で見る月は、淡い光の円盤に黒っぽい領域が散らばっている。この黒い領域がいわゆる「海」である。天文学を一般に広めた観測家のジョゼフ・アッシュブルックは、薄明のときのあまり輝いていない月を見れば、肉眼でも「月面の模様が驚くほどたくさん」見えると述べている[1]。この明暗の模様はいやでも目につくので、古代の人はさぞやいろいろな説を考えただろうと想像できるし、また実際にいくつかの説があった。紀元一世紀、天体を詳細に観測したプルタルコスは『月の顔』を著し、有力とされていた説の真偽を検討した[2]。プルタルコスによれば、月の模様の説明のうち、（月は地球の姿が映った鏡だという説とともに）当時「流行して、誰もが話題にした」のは、月は岩石の球で、模様の部分は地球と同じような陸地だという一見理にかなった説だった。しかしもしそうだったら、なぜ地球に落ちてこないのか。そこが大きい謎だった。アリストテレスをはじめとする偉大な思想家の多くもそう考えていたが、当時の常識では地球は宇宙でたった一つの星だった。岩石は落下するから、空に岩石があればとっくに地球に落ちてきているはずだ。それが落ちてこないのだから、空に浮かぶものは軽い物質で、すなわちエーテルと呼ばれる「第五元素」でできているにちがいない。エーテルは混じりけのない均質なものと考えられていたので、月面に模様があるように見えたとしても、それは目の錯覚にちがいなかった。

古代の思想家が月の模様の正体を正しく理解できなかったのは、論理的な思考力が足りなかったからではなく——アリストテレスとプルタルコスの論理的思考力は並はずれていた——それだけの技術がなかったからである。望遠鏡が発明されていなかったために、よく調べられなかったのだ。科学の進歩が「理性」の目覚めを導いたとはよくいわれることで、それは古代よりもずっとあとの、魔女が火あぶりにされたりペストを撲滅するために鞭打ち苦行をしたりした時代を見ても確かにそうだった。だが古代ギリシアを振り返るなら、そこからさらに外へ目を向けてみればアジアやアラビアの文明にも、広く根づいてはいないながら、論理的思考は見出せる。科学が成り立つようになったのは、論理的思考ではなく技術の進歩のおかげだ。ガリレオやハーシェルやハッブルは古代の偉大な思想家よりも頭脳明晰だったというのではなく、よりよい道具をもっていたのである。彼らの偉業が語られるとき、往々にして技術面についてはあまり触れられない。まるで著名な天文家の成果を「理論的」思考ではなくすぐれた機器のおかげだと認めるのははばかられるとでもいうようだ。しかし、はばかることなどない。天文学は道具がなければここまで発展しなかったのだから。

月に初めて望遠鏡を向けたのはイギリスのトマス・ハリオットで、一六〇九年のことだった。その後、イタリアのガリレオが細部まで観察し、月にも地球と同じように山と谷が、ひょっとすると海もあることがまもなく明らかになった。ただし、海という言葉は一六四七年にアマチュア天文家のヨハネス・ヘヴェリウスが詩的な発想の飛躍から用いたもので、実際に水があると考えられていたわけではない。ガリレオは名著『星界の報告』（一六一〇年）で、「月の表面はつるりとなめらかなのではなく、起伏に富み、地球の表面と同じく大きい隆起や深い谷や入り組んだ地形がいたるところにある」と述べている。(3)また、地球を引き合いに出して次のようにたくみに問いかけている。「地球でも日の出前は、平地がまだ影に覆われているころから高い山々の頂が陽光に照らされているではないか。しばらくしてしだいに明るくなると山々の中腹まで広く照らされ、太陽が昇りきれば平地も丘も同じように明るくなるではないか(4)」

そのとおり。少なくともその点では、月と地球は似ている。ガリレオの観測によって月が独立した世界であること、つまり当時のヨーロッパの列強が探索した海のむこうの「新」世界のように踏査の対象になりうる土地であることがわかった。ちょうどジェイムズタウンが植民地になり、オランダが日本と交易しはじめ、ガリレオがベネチアの店で中国茶を買えるようになったころだった。一六一〇年、ハリオットから贈られた望遠鏡で月を観測していたウィリアム・ロウアーは月観測の仲間に、ガリレオは「南太平洋への航路を開いたマゼランやノバゼンブラで熊に喰われたオランダ人……以上のことをなした」と思うと書き送った。(5)またケプラーはガリレオに宛てた手紙に、大西洋がときにイギリス海峡よりも「穏やかで安全」なように、宇宙旅行も思っているよりも容易かもしれないと書き、自分は月へ、ガリレオは木星へ行けばよいと冗談を添えている。

だが、地球と月の比較はともすれば行き過ぎる危険があり、まもなくそれが本当になった。地球と似ているのだから、月にも生物がいるにちがいないと想像をたくましくして結論を急いだ人々がいたのである。ガリレオはこれについて言明していないが、ケプラーはおもにSF小説『ケプラーの夢』で月の生物について語り、その多くはおよそ慎重さを欠いていた。ドイツの天文家ヨハン・ボーデは、月には

「知恵深い創造主の特別な配慮」によって知的生物が住んでいると確信していた[6]。羊を追いながら星を観察していたジェイムズ・ファーガソンは、地球と月と惑星は似ているので、「太陽系のすべての惑星と衛星が、恵み深い創造主を尊び敬う生物がのびのびと暮らせるようにつくられているのは疑いない」と述べている[7]。いつもは冷静で経験を重んじる、あのウィリアム・ハーシェルさえ月の生物の話となるとのぼせ上がらずにはいられなかったようだ。イギリスの天文家ネヴィル・マスケリンへの手紙に、（「どうか私を変人と呼ばないでくれ」と言いつつ）「いつか月に生物がいる確かな証拠が見つかるとよいと思うし、また見つかると確信しています」と書いているのである。新しい望遠鏡で月を観測していた一七七六年五月二十八日には、そこに見出したものについて、「森。この言葉を敷衍すれば、非常に大きい成長する物質からなるものととれる」と日誌に書き記し、町と運河と道路を見つけたと続けている[8]。

ベンジャミン・フランクリンに次いで十八世紀の偉大なアメリカの科学者といわれるデヴィッド・リッテンハウスは、強国の締めつけも月にまではおよばないだろうと、愛国者として月に慰めを求めた。一七七五年の著書『演説』で「あなたがた月の住人は傲慢なスペイン人やイギリスの冷酷な権力者の搾取的支配の手に落ちる憂いがない」と書いている[9]。一八二二年、数学者のカール・ガウスは天文学者ハインリヒ・オルバースへの手紙に、「一・二二メートル四方の鏡を百枚つなげれば……それを回光器として太陽光を充分に月に送ることができ」、その信号を用いて「月に住む隣人と交信」できると書いたという[10]。ハーバード大学の天文学者ウィリアム・H・ピッカリングは、月に植物と昆虫の群れと運河が見えると信じていた。「私は全部を見ましたが、見えなかったのは新しい運河に水を引こうとして鋤《すき》を持って走りまわっている月の住人です」と兄への手紙に書いたのは、ジャマイカのマンデビルにあるハーバードの望遠鏡で観測していた一九一二年のことである[11]。

こうした空想物語が頂点に達したのは、売上げ増大に躍起だったタブロイド紙のニューヨーク・サン紙が一八三五年に月の大ぼら話を連載したときだ。天文学者ジョン・ハーシェル（ウィリアム・ハーシェルの息子）が南アフリカに建設したという新しい超高性能望遠鏡で月に不思議な生物を発見したとする胡散臭い特ダネ記事だった。角のある熊、「小石の海岸を猛スピードで転がる奇妙な丸い水陸両棲生物」、コウモリ女と性交にふけるヒゲの生えたチビの「コウモリ男」が見えたという。ニューヨーク・サン紙は読者が急増してまもなく世界一の売上げを誇るようになり、記事を抜粋した小冊子が六万部売れた。ニューヨーク・タイムズ紙も時流に乗り、ジョン・ハーシェル本人に確認をとることができないにもかかわらず、記事の内容は「可能性が高く、また信頼できそうだ」と報じた。イェール大学の二人の教授がニューヨークに派遣され、記事に引用された論文（すでに廃刊になっていた論文誌エディンバラ科学ジャーナルに発表されたことになっていた）を調査したが、真偽は不明だった。これがほら話であることが暴露されたのは、記事を執筆したニューヨーク・サン紙の記者リチャード・アダムズ・ロックが、再販権を求めてきた同業者にまったくの作り話だったことを告白したときだった。

月の大ぼら話の元祖は、エドガー・アラン・ポーの暗い精神が生んだ文学的想像力と科学への強い関心が融合した作品である。ただしポーの場合は、この作品でも相変わらずまったく金を手にできなかった。彼が天文に夢中になったのは十六歳のころだった。不運だらけの人生でしあわせだったつかのまの時期に、ポーは継父の家の二階のポーチに望遠鏡を置いて月を観察した。小型望遠鏡を買える余裕があれば、きっと天体観測を続けていたことだろう。しかし、絶えず貧しさにつきまとわれ、詩人のシャルル・ボードレールによれば「野蛮人のごとく」酒を飲んでますます困窮したために、将来的に印税を受けとる権利よりもたったいま現金を手にするほうを選ぶのがつねだった（三十万部以上売れた『黄金虫』

でわずか百ドル、一夜にして彼を有名にした『大鴉』でたったの九ドルしか懐に入らなかった)。次の給料小切手がもらえるまで食いつなぐために短編を中心に小説を書き、知人の弁によれば、一八三三年十月には「月旅行のことで頭がいっぱいになっていて」、天文や空電や気球に関する書物を読んでいた。

ポーの月旅行物語はニューヨーク・サン紙にほら話が掲載される三週間前に、『ハンス・プファールの無類の冒険』と題して南方文学新報に発表された。ポーの科学技術の記述は非常に説得力があったので、フィクションの部分も新聞記事や議会の報告書や、ブリタニカ大百科事典第九版の渦の項目に事実であるかのように引用された。ノンフィクションを匂わせた小説『ハンス・プファールの無類の冒険』も、事情通の読者ならわかるように広範な情報がそれとなく盛り込まれていた。ハンス・プファールは、発射されたが失速して地球に落ちてくるロケットの音をもじった名前である。オランダ人のハンスはエイプリルフールの日に気球で空へ飛んでいった。気球は「汚い新聞紙だけでできていて」、羊の鈴に似た小さい楽器がぐるりと飾られ、それがベティ・マーティンの歌に合わせて始終チリンチリンと鳴る。これは英語の慣用句「私の瞳とベティ・マーティン」に引っかけたもので、「ばかばかしい！」という意味だ。月に到着したハンスは、

> 大勢の醜い小人たちに取りかこまれていました。誰一人しゃべらず、私を助けようという素ぶりも見せず、滑稽な顔でにやにや笑いながら、両手を腰にあてて私と気球を横目でじろじろ眺め、馬鹿者のように突っ立っているだけでした。私は蔑むような気持ちで顔をそむけ、ついこのあいだ飛び出してきて、おそらく二度ともどることのない地球を見上げました。地球は直径二度ほどのつやのない巨大な銅の盾のようで、私の頭上で微動だにせず、縁の片側が見たこともないほど明るい金色の三日月

形をしていました。[12]

自分の一流の作品が人々に知られる前に、その二流の模倣が売れに売れたことにポーはがっかりし、「月の大ぼら話」の記事に騙されるなとニューヨーク・サン紙の読者に警告した。「一時的にせよ、国民が欺かれたのは天体現象に関するはなはだしい無知が蔓延しているからにほかならない」。ハーシェルの望遠鏡の倍率がニューヨーク・サン紙の言い分どおり四万二千倍だとしても、それは肉眼で九キロメートル先の月を見るのと同じことなので、「その程度で動物など見えるわけはない」とポーは指摘した。[13]その一方で、自分が天文学の知識を得ていた『天文学』の著者であるジョン・ハーシェルの名をロックがもちだして記事を捏造したのはなかなか気が利いていると褒めもした。ハーシェル自身、月に「動物や植物」が存在する可能性を論じていた。ポーは気づいていたが、ロックの真意は不毛の月の地に家畜や都市や教会までもが見えると信じようとする天文家への痛烈な風刺にあったのだ。[14]

より高性能の望遠鏡が月に向けられるようになると、月には生命も水も空気もないのが明らかになったが、興味深い研究対象がたくさんあるのは確かであり、まずは正確な月面地図を作成するのが先決だということになった。これには特別大きい望遠鏡は必要なかったので、アマチュア天文家にとってはやりがいのある仕事だった。月の地図づくりに貢献したアマチュア天文家にドイツのヨハン・シュレーターがいる。シュレーターは一七九一年と一八〇二年に月面地図を出版したが、進攻してきたフランス軍に観測所を略奪され、破壊されてしまった。ヴィルヘルム・ゴットヘルフ・ロールマンの月の研究はヴィルヘルム・ベーアの指針になり、ベーアが一八三七年にヨハン・メドラーとの共著で出版した直径約一メートルの月面地図はその後長いあいだ基準とされた。ヨハン・ネポムク・クリーガーは十九世紀後半に月の地形を美しく描き、フィリップ・ファウトはこれまでになく詳細な月面地図を作成したが、ハンス・ヘルビガーの突飛な宇宙観を支持したために評判を落とした（恒星は氷でできているとするヘルビガーの氷宇宙説は、のちにナチスの偽科学者に採用された）。パーシヴァル・ウィルキンズは、パトリック・ムーアと共同で幅七・六メートルもある精緻な月面地図を作成した。その後は地球から撮影した写真や、月周回衛星やアポロ宇宙船の飛行士が撮影した写真を使って作成するのが月の地図の主流になった。

月面地図製作の黄金期は過ぎたが、今日もアマチュア天文家は月のクレーターや山や海をスケッチしたり写真撮影したりしている。ほかの天体と違って細部まで観察できるのが月の魅力の一つだ。二番目に近い火星も表面が見えるが、火星は最接近しても月までの距離の百五十倍あるので、倍率百五十倍で見てようやく肉眼で見た月と同じくらいの鮮明さになる。月は明暗境界線（太陽光のあたる明るい面とあたらない暗い面の境界線）あたりが最も美しく、くっきりした長い影が小規模な地形もあざやかに浮かび上がらせる。日の出から日の入りまでの二週間が過ぎるあいだ、太陽が北部高地のプラトンやアルキメデス、あるいは南部のバルターやプールバハといったクレーターの縁に光を浴びせ、それがしだいに下がっていって火口原が照らされ、心を奪われるような影絵芝居が夜ごとゆったりと繰り広げられる。孤立した山の頂はユークリッド幾何学の教科書の挿図のような細長い影を地面に食い込ませるように投げ、側面から光があたると不思議なドーム地形が見えてきて——火山活動でできたと考えられているが諸説ある——月の暗い空を太陽が高く昇っていくにつれて消えていく。満月はあまりおもしろみがないと思われているが、コペルニクス、ティコ、アルキメデスといった新しいクレーターから真っ白い光条（レイ）が射すときに、われを忘れるほどまばゆい眺めを見せてくれる。これらのクレーターは、比較的最近の衝突で古い灰色の地表の下からより軽い物質が掘り起こされてできた。

望遠鏡で眺める月の景観を味わうには、時間の長さというものについて考えてみるとよいだろう。月は生命も空気もないただの岩石の球ではなく、宇宙の歴史が豊富に織り込まれたタペストリーだ。風も吹かず、水もないので、月面は非常に長い時間をかけて浸食され、おもに微小隕石が五千万年にわずか約一ミリずつ地表を削って「造園」の仕事をする。そのため月の外観は四十億年のあいだほとんど変化していない。明るく輝く高地には、惑星と衛星に組成の似た岩石片が激しくぶつかっていた太陽系初期の現象の記録として、そのころの頻繁な衝突でできたクレーターやデブリ（岩屑）の跡が無数に残っている。海は比較的新しい溶岩原である。岩石の雨がおさまったのちに、非常に大きい衝突跡に溶岩が満ちて固まったにちがいない。蛇行するリル（谷）は上部が落ちて溝だけが残った古い溶岩チューブ、直線状のリルは断層線である。月は、知れば知るほどさらにいろいろなものが見えてくる。

だが、周回機で（完全ではないにしても）広範囲の月面地図が作成され、宇宙飛行士が降り立ってスナップ写真を撮り、月の石を地球に持ち帰った現在、月の観測に意味があるのだろうか。観測するのが楽しいなら、それだけでもちろん意味がある。科学的に価値がない観測は気が引けるという生真面目なアマチュア天文家もいるが、観測の楽しさそのものを目的にしている人もいる。人間の活動の多くがそうであるように、アマチュアの天体観測にも楽しければよいと思う気持ちと貢献しなくてはいけないという気持ちのせめぎ合いがついてまわるが、月の観測はそのストレスを和らげてくれるだろう。楽しむために天体観測をはじめたのにいつのまにか義務になってしまったときは、のんびりと月に望遠鏡を向けるとよい。少なくとも本格的な科学研究に深入りさせられるようなことにはならないだろう。

ただし、だろう、であって、絶対にならないわけではない。月にもまだ新しい発見が残っているかもしれないからである。「月の一時異常現象（ＬＴＰ）」について考えてみよう。月面のところどころで光がちらついたり、黒っぽい煙、もしくは光る煙のようなものがかかったりするのが観測されており、その大半はアマチュア天文家が発見している。たまたま月の前面を通過した人工衛星の太陽パネルに太陽光が反射したなど、月に関係のない現象もあるだろうし、流星体が月に衝突して爆発したものもあるかもしれないが、説明のつくものばかりではない。一九五六年一月二十四日に、別々の場所で望遠鏡観測をしていたアマチュア天文家とプロの天文家が明暗境界線近くのキャベンディッシュクレーターで光が瞬くのを目撃した。一九六九年七月十九日には月を周回中のアポロ11号の司令船に管制センターから、アリスタルコスクレーター付近でＬＴＰが見られたとの報告がアマチュア天文家からあったと連絡が入った。確認にあたったニール・アームストロング飛行士は、「周囲にくらべてかなり明るい部分」があり、「わずかに蛍光発光しているように見える」と回答してきた。[15] 確信はないがアリスタルコスだろうとのことだった。ＬＴＰを研究する元ＮＡＳＡ研究員ウィニフレッド・ソーテル・キャメロンは、ＬＴＰの四分の三は数ある月の地形にすぎないが、報告の三分の一以上が特定の一地域に集中しており、その場所がアリスタルコスクレーターとヘロドトスクレーターとシュレーター谷にかこまれた地域であることに着目してこう記している。「ＬＴＰのほとんどが見られるのは、ドームや蛇行リル、黒っぽい窪み、すなわち火口原のあるクレーターといった火山地形付近の海の縁で、ほかの領域と同様にこれまで地質学的には死んでいると考えられている場所だ」。[16] しかし、本当にＬＴＰが発生しているなら、活動の衰えた月も（地質学的に）生きているのかもしれない。[17] アマチュア天文家のアラン・マックロバートが一九八八年に述べているとおり、「すぐ近くのこの大きい天体には、いまだに多くの謎が残っている」のである。[18]

長年の月の謎の一つに、月はどうやって誕生したかということがある。月の密度は地球のそれにくらべてずっと小さい。地球には、まだ熱でどろどろに溶けた球だったころに鉄などの重い元素が中心にむかって沈んで形成された高密度で高温の核と、表面に浮いてきて固化した物質からなる軽いケイ酸塩の地殻がある（放射性元素で熱せられた核とマントルは現在も高温の溶融状態で、そのために地球は火山があり、地質学的に活動している。そこから地球は「生きている」といわれる）。ところが、月は全体の密度が地球の地殻ほどしかない。これはなぜなのか。以前は月の異例な大きさと関係しているのではないかと考えられていた。近年になって、「ジャイアントインパクト」説という一連の有力な説が発表され、これで月の起源が説明できるかもしれない。

四十五億年あまり前、星雲の中心でガスと塵の黒い雲から太陽が誕生すると、その周囲を岩石や氷の破片が円盤状に取り巻き、それらが少しずつ集まって惑星が形成された。初期に形成されたこれらの惑星のすべてが現在も残っているとは考えにくい。太陽に吸収されたもの、他天体との接近遭遇で外の闇へ引っ張られていってしまったもの、衝突して粉々になってしまったもの、またそれによって新しく生まれたものもあっただろう。地球と月が同時に形成されたのだとしたら、両者の密度はおおよそ同じになるはずである。それがそうでないのは、誕生まもない地球に火星ほどの大きさの微惑星が軌道をはずれて衝突したことで月が生まれたからのようだ。微惑星は地球をかすり、その衝撃で地球の地殻と上部マントルがごっそりはがれた。そのほとんどは傷ついた地球にふたたび落ちていったが、残りは大半が軌道に乗って一時的に環を形成した。コンピューターシミュレーションによれば、この岩屑の環が合体して月になるのに一年ほどしかかからず、当初はそれが地球の上空わずか一万六千キロメートルのところに浮かんでいた。空にかざした手のひらよりも大きく見えていた輝く新衛星は、溶岩の海に覆われたすさまじい様相の地球を見下ろしていた。太陽系には片づいていない小さいゴミがまだどっさり残っており、地球にも月にも流星体が激しくぶつかった。そのときの古傷が月にはクレーターとして残っているが、地球のクレーターは火山活動や造山運動や地震、また風や水による浸食でとうの昔に消え去ってしまった。

海ができ、地球は距離の近い月から大きい潮汐力を受けるようになった。この力が今度は逆に月を遠ざける原因になり、月の軌道距離はこれまでで最大になっている。潮汐力による地球と月のダンスは、地球が受ける影響の点からも、またその運動の美しさそのものも興味深い。

地球をほとんど海で覆われた大きい岩石の球として、月を海のない小さい球として思い浮かべてみよう。どちらも地表のある一点で相手の引力を受けていて、この力は距離の二乗に反比例する。そこで月の真下にあたるのがたとえばインドのムンバイだとすると、この都市が月の引力をどこよりも強く受け、したがって潮が最も高くなる。一方、このとき月から見て地球の外縁にある陸地、すなわちムンバイを中心に東と西に地球の外周の四分の一の位置にある日本と西アフリカでは、月までの距離がムンバイよりも数千キロメートル遠いため、受ける引力は小さい。この作用によって地球はゴムボールを踏んだときのようにつぶれ、中心からムンバイを通って月までを結んだ直線上の長さのほうが、それに垂直な線よりも少し長くなる（潮汐は岩石も水も変形させるが、水のほうが柔軟なために満潮時には海は浜辺に引きつけられる。また、太陽も潮汐を起こすが――太陽と月と地球が一直線に並んで月が新月もしくは満月になると大潮になる――その影響はもっとずっと小さいので、ここでは考えないことにする）。この想像の地球－月系が動かないなら、潮汐力は単純でわかりやすい。ムンバイ（そして真裏のバハカリフォルニア）はつねに満潮、日本と西アフリカはつねに干潮ということになり、その理由も明白だろう。ところが、この系は動いている。地球は東向きに一日一回転し、月も東向きに二十七・三二日で地球を一周する。そのために潮汐力は複雑になり、月に斥力が働く。

　月の下で自転している地球は岩石や水の慣性抵抗のためにすぐには変形せず、わずかに時間のずれがある。ムンバイが満潮になるのは月が真上にあるときではなく、それより少し遅れてすでに東へ移動したときだ。したがって地球が最大に膨れる部分は月よりも少し東側である。月は軌道を東へ進むので、膨らみが月を進行方向へ引っ張り――月は休みなく追いかけるが、絶対に追いつかない――目の前にぶら下げたにんじんのような働きをして月の軌道速度を上げる。[19] 公転速度が加速する天体はかならず軌道が高くなっていくので、月も初めはもっと低いところにあったのが現在の三十八・五万キロメートルの高さまで引き上げられた。アポロの宇宙飛行士が月面に設置した装置に地球からレーザー光線を照射して反射させると、月は現在も一年に三・八二センチメートル上昇していることがわかる。だから、月が太陽を完全に覆い隠す皆既日食というすばらしい天体ショーが見られるのは、天体の位置関係ばかりでなく時期的にも偶然なのである。数百万年前の皆既日食では、月はコロナも隠すほど大きかったが、将来は小さくなって太陽面を隠しきれなくなるだろう。

　月は軌道をどこまでも引き上げるためのエネルギーをどこからか得なければならない。そこで犠牲になったのが地球の自転速度だった。月は東へ移動する海の膨らみによって加速させられる一方で、東向きに自転する地球を減速させるブレーキとして働いている。この作用は、ユタ州ソルトレイクシティに近いビッグコットンウッド層、オーストラリアのアデレードに近いエラティナ層、アラバマ州北部のポッツヴィル層、インディアナ州のマンスフィールド層に堆積した潮汐による隆起帯を調査した結果から地質学的に証明された。九億年前の地球の自転速度は現在よりももっと速く、一日が約十八時間しかなかったことがわかった。

　同じ制動力は月にも働いているが、月の質量は地球のわずか百分の一なので、ずいぶん早いうちにブレーキがかかってしまった（スピンする大理石の球よりもバスケットボールを止めるほうが簡単だろう）。そのため、月はとうの昔に「ロックされ」、以来つねに同じ面を地球に向けている。理論的には、潮汐力のブレーキで地球の自転も最終的には止まってしまうはずだが、月が少しずつ遠ざかっているためにその力は弱くなり続け、あと百五十億年は止まらない。そのころには、太陽は膨張して地球の公転軌道と同じくらいの大きさの赤色巨星になったのち、縮んで白色矮星になっているだろう。

　もう一つの古くからの月の謎は「月の錯視」と呼ばれている。昇ってきた満月は大きく見えるが、しばらくして空の高いところにくると、銀色の月面がぐんと縮んで小さくなったように見える。どの程度の差があるかを調べてみると、人は昇ってくるときの月のほうが天頂付近の月よりも二・五から三倍も大きいと感じることがわかった。ところが、低い月と高い月の大きさを望遠レンズで撮影してネガを重ね合わせて測定してみても、直径は同じなのである。

　昔から、天文家や知覚の研究者は月の錯視が起こる理由について考えてきた。紀元二世紀に、クラウディオス・プトレマイオスは現在「屈折」と呼ばれている理論を主張した。地平線付近の月が大きく見えるのは、「水中の物体が大きく見え、深いほどさらに大きくなるのと同じで」[20]、密度の高い湿った厚い大気を通過して月の像が拡大されるためということだ。この屈折説は充分に理にかなっていそうだし、今日もそう説明されることがあるが、まちがっている。もしもプトレマイオスが実験していたら、屈折は錯視になんの関係もないことがわかっただろう。たとえば高い月と低い月の見かけの直径をさまざまな太さの筒を用いて測ってみればよい。この実験がようやく行なわれたのは十七世紀のことで、空に浮かぶ月はどの高さにあっても直径が変わらないことが確認された。ガリレオの弟子のベネデット・カステリは同様の方法で北斗七星を測定し、「いつも同じ空間の大きさを占めていたので……このような現象は判断と理解がまちがっているためだと確信した」と報告している(21)。

錯視は視覚系が両眼視力の限界を超えたところにある物体に対応しようとして起こる。物体までの距離を判断する直接的な手段がなく、そのために大きさも判断できないとき、脳は遠くにあるその物体の大きさをさまざまな間接的な手がかりをもとに経験に則して推測する。この推測がなんらかの理由で事実として強く認識されることがあり、知覚の研究者はそれを一九一三年にイタリアの心理学者マリオ・ポンゾが報告した「ポンゾ錯視」のような有名な例から認めている。地平線にむかって収束する線路の上のほうと下のほうに同じ大きさのブロックが描かれている。このとき上のブロックは遠くにあるように見えるため、脳はそのブロックのほうが大きいはずだと判断する。それはまちがいだとわかっても、私たちにはどうしても遠くのブロックのほうがずっと大きく見えてしまうのだ。月の錯視もこのような遠近効果が一因らしく、それについて十一世紀のアラビアの天文学者アブ・アリー・アル＝ハサン・イブン・アル＝ハイサムが言及し、その後も多くの研究者が確認しているが、これですっかり解決したわけではない。遠近効果の目印になるものがないとき、たとえば船上から何もない海のむこうの月を見るときも、昇る月と沈む月は膨れて見えるのである。なぜなのだろうか。

最近行なわれた二つの実験が解決の糸口になりそうだ。心理学教授のロイド・カウフマンと、その息子でコンピューター科学分野の研究をしている物理学者ジェイムズ・カウフマンがノートパソコンで満月の立体画像の動画を作成した。ディスプレイを寄り目で見ると、まず立体の月が空に浮かんで見える。それから画像の一つが動いて月が遠ざかっていくように見える。読者は月が小さくなるので遠ざかるように見えると思うのではないだろうか。多くの研究者もそう推測した。ところが脳の反応は逆だった。ディスプレイ上の立体の月は遠くなるにつれて大きく見えるのである。カウフマン親子のもう一つの実験は、被験者に地平線と天頂のちょうど中間の四十五度の高さに印をつけてもらうものだった。結果はほぼ全員が地平線にかなり近いところに印をつけた。私たちは頭上に広がる空をドーム状ではなく凹レンズ状だと認識し、天頂が地平線よりもずっと近いところにあると感じるらしい。したがって月も天頂近くにあるときはそれほど遠くないことになるから、とんでもなく大きいはずはないと脳は判断する。一方、地平線に近い月はそのあたりにあるものよりもずっと遠く、だから本当に大きいにちがいないと解釈するのである。[22]

私たちを惑わす月はゲーテの次の言葉を例証している。「人間には考える能力をもつゆえの奇妙な特質がある。問題が解決できないとき、人は現実とかけ離れたイメージを心に描き、問題が解決して真実が明らかになってもそのイメージから逃れられない」[23]。進化の観点に立てば驚くことではないだろう。それよりも人類が科学を通じて知覚の限界を克服し、月までの本当の距離と月の大きさと構成物質を知るようになったことこそ驚くべきだ。

ところが、科学調査とアポロ宇宙飛行士の探査で月のロマンが失われたと思う人は多い。ボブ・ディランは「人間はみずからを破滅に導いている／月への第一歩を記したから」と歌った。[24] しかし、天体を探査し、より深く知ったからといって、その魅力が失われるとは私には思えない。本当の火星や本当の太陽は、神話を起源とする空の光にすぎなかったときよりも現在のほうがずっと興味深いし、知識は美しい想像の邪魔をすると思うのは芸術を貶めていることにもなる。詩人のジェイムズ・ディッキーが述べたとおり、「詩が生まれるのは、無上の現実と無上の非現実が同時に起こったときである」[25]

これからの月の夢は若者に託される。現実も空想も、若い人たちが受け継いでいく。ある晩のこと、私は天文台で八歳の小学生に月を見せていた。子供たちが順番に小さい踏み台に上がってアイピースをのぞいているとき、不思議なことが起こった。目と眼窩、眉から頬にかけての顔をぼやけた月の像がスポットライトのように照らし、冷たい月の光を浴びた子供たちが大人の姿になったように見えたのだ。赤毛でそばかすのニニは、スポーツ選手としての全盛期を過ぎた四十代の快活な女性になった。内気でいじらしいニオンは財団理事か航空会社の社長かと思うような貫禄ある男性になった。いたずらなキャサリンは意志の強いしっかりした女性になった。きっと起業家としてバリバリ働いているのだろう。私の息子はいまの私よりも少し若いくらいの年恰好だ。落ち着いて真剣そうな顔で望遠鏡をのぞく様子は、私がいなくなったあとの姿を想像させた。空に見えるものはすべてが過去のものだ。光の速度がどんなに速くても——毎秒三十万キロメートル——限界があり、私たちの見ている月は一・三秒前のもの、星は数十年から数百年前のもの、銀河は数百万年前のものなのである。私たちの世代と共通点も相違点もある子供たちが、私たちの思い描く未来をきずいていく。年長者は秋の木の葉のように過去へ向かって去っていき、若者もまた私たちから去って未来の深みに飛び込んでいく。

望遠鏡と墓
パーシヴァル・ローエルとの出会い

二〇〇〇年の冬至の真夜中、アリゾナ州フラッグスタッフのローエル天文台。六十センチのクラーク屈折望遠鏡で木星と土星を観測していた私は、近くに何かがいるのを感じはじめていた。パーシヴァル・ローエル。この天文台の創設者ローエルの霊ではないか。彼の青と白の大理石の墓は、この由緒ある望遠鏡が設置された天体ドームから小道を行った先に星の光を浴びて佇むように立っている。ローエルは一九一六年に亡くなったが、天文台には彼の気配が濃く漂い、職員はまるで彼がひょっこり姿を現わすのを待っているかのように、いまでもローエルを「パーシー」と呼ぶ。ローエルは、西部の高地にあるために（標高約二千メートル）空が澄んで暗いことから、このフラッグスタッフの地を選んだ。しかもここは大陸横断鉄道に近く、利用しやすい。私が観測しているあいだも、操車場の夜行貨物列車が上げる汽笛と大きなディーゼルエンジンがサンタフェ線を猛スピードで走っていく音が聴こえてきた。

ローエルは名家の出身だった。弟アボットはハーバード大学学長、妹のエイミーは詩人で、「ローエル一族はカボット一族としか、カボット一族は神としか口をきかない」とまでいわれた名門である。ローエル天文台は彼の富豪ぶりと好みのよさが表われているとともに、アマチュア天文家の奇矯な実験精神をうかがわせる。天文台の建設に一八九六年当時で二万ドル、現在の価値にして約五十万ドルを投じ、それだけの金額に見合ったものをローエルは手に入れた。円筒形の屋根の天体ドームはカウボーイの経験もある元エンジニアの設計家ゴドフリー・サイクスが設計したもので、手斧で切り出したポンデローサ松の丸太を使って十人の職人がたった十日で建てた。田舎の教会を思わせる内部はギシギシときしむ木造床で、地平線近くに向けた望遠鏡のアイピースにとどくように高いところに据えられた観測座は、司祭の到着を待つ演説台のようだった。十九世紀に製作された惑星観測用の屈折望遠鏡の傑作である望遠鏡は、ケープコッドの捕鯨師を祖先にもつというアルヴァン・クラークの手になるものだ。肖像画家だったクラークは、牧師でアマチュア天文家のエドワード・ヒッチコックの家に下宿していた将来の妻マリア・ピーズから天文学のすばらしさを教えられ、さらに一八四三年の大彗星を見たのを機に、望遠鏡製作に関心を寄せるようになった。名門高校フィリップス・アカデミー・アンドーヴァーの生徒だった息子のジョージも同じく興味を引かれ、学校の食事の時間を知らせる鐘が壊れたとき、それを溶かして反射望遠鏡をつくった。

クラークの屈折望遠鏡は当時としては世界一の高性能を誇り、ローエルは六十センチのほか三十センチと十五センチを合わせた三台を一つの架台に設置したが、いずれも大学付属の小規模な天文台の主要望遠鏡として通用するだけの性能があった。このような補助的な望遠鏡は長時間露光写真を撮影するときに追尾精度を高めるのに使えるので、普通は「ガイドスコープ」と呼ばれる。しかし、大気を乱す対流セルの観測時の大きさに対する有効口径の比率が重要な要素であるため、シーイングによっては小さい望遠鏡のほうがよい場合も多く、ローエルは倍率と有効口径の最も適した組み合わせを選んで二台の望遠鏡をとっかえひっかえしながら火星を観測したのではないだろうか。どちらにしても、私はそうした。

惑星観測には大型の長焦点屈折望遠鏡に勝るものはないというのが天文家のあいだの常識だが、私が初めてクラーク望遠鏡で木星を見たときは思うようにいかなかった。木星のまわりに赤と紫のハロができ、明らかに色収差が生じていた。天文台職員は収差を最小限に抑えようとして対物レンズの虹彩絞りを絞り込み、この巨大望遠鏡をめったにお目にかからない口径比F44（焦点距離が集光レンズの直径の四十四倍あるということ）の二十三センチ屈折望遠鏡にしていたが、レンズを絞っても光収差は取り除けていなかったので、私は長さ十メートルのロッドについた大きい真鍮の取っ手をまわして絞りを最大に開いた。色収差はさらにひどくなったが、色が実際と違うのを除けば、目的物がかなりはっきり見えるようになった。木星と土星の衛星がくっきり見え、シーイングが安定しているあいだは二つの巨大惑星の雲の帯が細かいところまでよく見えた。私は木星のうしろから現われた衛星ガニメデが十九分後に陰に隠れ、二時間と八分が経過したところでふたたび姿を見せるのに見入った。

木星の衛星が規則的に運動し、正確に動く時計の調速機に似ていることを昔の天文家は見逃さず、ガリレオはこれを利用して航海中の船の時計を調整することを考えついた。縦揺れする横帆船の甲板から望遠鏡で木星を観測するのは実際的ではなかったが、フランスの地図製作者がこの方法を陸で用いて地球の外周をより正確に測定した。デンマークの天文学者オラウス・レーマーは、一六七六年に独特の発想で木星時計を利用して、木星の衛星の食の時間を測って光速を割り出した。ガニメデをはじめとする木星の衛星の食は、地球が木星に近いときには予測よりも早くはじまり、遠いときは遅くはじまることにレーマーは着目し、光の速度が有限であるためにこの差が生じるのだと気づいた。地球が木星から最も遠いときは、衛星の光が望遠鏡にとどくのに地球軌道のほぼ直径を通ってこなくてはならないために食のはじまりが「遅い」。だから地球の軌道直径がわかれば、地球と木星の距離が最短のときと最長のときの食の時間の差から光速を算出できるのである。レーマーの計算結果は毎秒二十二万五千キロメートルで、正しい値の秒速三十万キロメートルに見事に近かった。

夜も更けてくると、私は古いクラーク望遠鏡に慣れてきた。一世紀あまりにわたって使用されるうちに古ぼけてしまっていたが、その名に恥じない働きぶりだった。時計駆動の機構はしっかり働いていたが、どうかすると引っかかりが悪くて一瞬止まってしまい、目標の惑星が視野をはずれることがあった。機械式の微動装置は効かず、ガイドエラーを修正したり木星から土星へ向けたりするときは、大きい望遠鏡をドブソニアンのように手動で押さなければならなかった。最初のドーム回転機構はうまく動かなくなって、フロートで水に浮かせるという異例の方法がしばらく採られたが、それもうまくいかず、この五十年は一九五四年型自動車の車輪とタイヤがドームを支えていた。タイヤがパンクしたときはジャッキでドームをもち上げてなおす。三カ所あるドームスリットの開閉シャッターはヨットのようにロープで操作していたが、現在もこの方法が使われているのは一番上のスリットだけで、あとの二つは古い飛行機の電動式の脚扉を利用していた。このようなつぎあて式の補修で天文台の美的統一感が失われたともいえるが、歴史ある佇まいは損なわれていなかった。その場所に座って、土星のほの白い球と氷の環を見つめ、時計駆動装置のカチカチいう音と貨物列車の哀愁を帯びた警笛を聴く。そして、往時の有名なアマチュア天文家ローエルが火星に運河があると信じて夜ごとここでその地図を描いて過ごしたことに思いを馳せる。それはひとときのしあわせだった。

古い引き出しのなかにローエルの使ったアイピースを見つけたとき、彼はまだここにいるという思いがいっそう強まった。クラークの製作と思われるそのアイピースはとても大きく、私が子供のころに使っていた六センチ屈折望遠鏡ほどの太さがあって、上品な赤褐色に仕上げられていた。火星の色だ。私は埃を吹き払い、ずっしりした透明なレンズをほれぼれと眺めるうちに、望遠鏡の先端の肝心の部分に取り付けられている最新の部品をはずせば、このレンズを鏡筒にはめられるのに気づいた。ずいぶん長いこと、このアイピースを使った者はいなかったようだ。どんなふうに見えるのだろう。

すばらしかった。土星がきりりとシャープに見えた。それまで使っていた先進技術の新しいアイピースで見るよりもきれいだった。土星は子午線近くの空高くにあって、アイピースが非常にのぞきづらい位置にきていたので、床に横向きに寝て首を思いきり曲げなければならなかったが、眺めのよさに、ローエルがいつも味わっていた苦しさを私もこらえてみようと思った。

夢を見ている気分でひとり観測を続けていると、一陣の風が天文台のドアに吹きつけた。幽霊屋敷さながらにギイィと音を上げてゆっくりとドアが開いた。星のひしめく暗闇に入り口がぼうっと浮かび上がり、私は思わず振り向いて声にならない声で言った。「パーシー?」

第十章　火星

年々や猿に着せたる猿の面
——芭蕉

疑問をもつということは、半分は理解しているということだ。
——ジャラール・ウッディーン・ルーミー

一九七六年七月二十日、カリフォルニア州道一五九号線を走っていた私は、夜明け前の薄闇のなかで輝くプレアデス星団の近くに三日月が浮かんでいるのを見つけた。この夜、この道路はいつもと様子が違い、私の車のようなレンタカーからロータスやフェラーリといったエンジン音を轟かせる車まで、多種多様の車がいっせいにただならぬ勢いでNASAジェット推進研究所（JPL）を目ざしていた。パサデナ北部の何もない丘の中腹でぎらりと輝いているガラス張りのビルがJPLだ。目的の火星はいまちょうど地球の裏側にあって空には見えないが、それでも私たちは火星を見るためにJPLにむかっている。バイキング1号が火星に着陸し、火星で撮った初めての写真を送ってくるのが今夜なのである。

研究所では誰も彼もが緊張して、コーヒーをがぶ飲みしながらせかせかと歩きまわっていた。いまごろはもう、バイキングの着陸の成否は決まっているが、光速で地球に飛んでくる信号がとどくのに十九分かかる。火星では決した運命も、ここ地球ではこれから決まる。選挙の開票に似て、結果は出ているのにまだ誰もそれを知らない。この時間差があるために、着陸機の降下を地球から管制官が指示することはできない。ツーリング自転車くらいの大きさの、昆虫に似た灰色の着陸機は自動で灼熱の火星大気圏突入を果たし、パラシュートを展開したのちに切り離し、三基の降下用エンジンに点火して静かに火星に接地しなくてはならない。巨岩に衝突したり切り立つ火口壁に着陸したりしてしまったら、一巻の終わりだ。

若いのに額が後退して、残った髪を肩まで伸びるにまかせているジェントリー・リーが緊張した面持ちで、コンピューターモニター上に流れてきた生データの分析を指示した。「八百メートル！　百五十メートル！　六十メートル！」。そして、接地。「やったぞ！」。着陸機操作および分析グループの責任者のレックス・シェストレムが叫んだ。

しばらくして最初の写真がとどいた。縦長の写真には、黄金の平原という意味のクリュセ平原の緩やかに起伏する岩だらけの景色がモノクロで驚くほど鮮明に写っていた。

「すごいぞ」と着陸機撮像チームのリーダーでバイキング計画を実現にこぎつけた立役者の一人、トマス・「ティム」・マッチが小声で言った（ティムは一九八〇年十月七日にヒマラヤ登山中に亡くなり、バイキング1号の着陸機は哀悼の意を表してマッチ・ステーションと改名された）。この歴史的瞬間をリアルタイムで見ようと、アジアの人々は夜更かしし、オーストラリアの人々は早起きし、ヨーロッパの人々は仕事の手を休めた。ところがアメリカでは、ちょうど朝のニュース番組の生放送中に写真がとどいたというのに、三大ネットワークのどこも取り上げなかった。一般の人は興味がないとプロデューサーが判断したのだ。

火星が空をさまよう赤黄色の点という程度以上の理解を拒んでいた望遠鏡以前の時代から、赤い惑星は人々を魅了してきた（火星の運動は火星と地球の両方が楕円軌道で太陽のまわりをまわっていることによるとヨハネス・ケプラーが気づいたのは、観測データを数学的に分析したからだった）。望遠鏡の登場で、人々はますます想像をたくましくした。一七八三年の衝のときに火星を観測したウィリアム・ハーシェルは南極冠が雪で覆われているのを確認し、その位置から、自転軸が傾いているので火星には季節があるにちがいないと考えた。「太陽系では火星と地球が最も相似しているだろう。われわれの住む地球では、極地域は凍って氷と雪の山に覆われ、南北の極冠が交互に太陽にさらされたときにだけ一部が解ける。火星でも同じ原因が同じ結果を生むと推測してよいだろう。極部分が明るいのは凍った領域に光が反射しているため、極が縮小するのは太陽に照らされるためである」[1]。ハーシェルの推測は正しかったが、火星と地球がどの程度似ているのか、とくに火星に生命は存在するのかという疑問は、アマチュアとプロとを問わず現在も天文家のあいだで議論が続いている。

望遠鏡で火星を観測するのは、サロメの「七つのベールの踊り」を見るのに似ている。何を見たのかよくわからないが、非常に興味をかき立てられるのだ。このもどかしさは、地球との関係に起因する。まず一つは、火星が数年に一度しか地球に接近しないことである。接近するのは平均して七百八十日に一度、太陽が火星の反対側にくる衝のときで、火星よりも内側を公転する地球が公転速度の遅い火星に追いつく[2]。衝の起こる間隔は、地球と火星の公転速度が変化するためにいくらか変わる。ケプラーが発見したとおり、地球も火星も太陽に近いと速く動き、遠くなると遅く動くのである。衝はそのときごとに状況が異なる。火星のほうが軌道離心率が大きいため、火星の近日点（軌道上で太陽に最も近づく位置）で衝が起こったときは、地球はこの赤い惑星に五千六百万キロメートルまで近づくが、遠日点（太陽との距離が最大になる位置）のときは九千八百万キロメートルまでしか近づかない。地球から望遠鏡で細部を観察できるのは、赤い惑星がすぐ近くにやってくる衝のときだけである。そうでないときは一億六千万キロメートル以上も離れているので、最高性能の望遠鏡でも斑点と極の白い部分のほかはほとんど何も見えない。

火星観測をとりわけもどかしいものにしているのが地球大気だ。空で星が最もよく見えるのは頭の上、すなわち天頂付近である。ところが、私たち観測者の大半が住んでいる地域の緯度では、火星は高く昇らない。ほかの惑星と同様に黄道面を公転しているので、赤道から二十三・五度以内——地球の地軸が軌道に対して傾いているため——の地域でなければ頭上まで昇らないのである。天頂の火星を見たければ、マイアミよりも南、リオデジャネイロよりも北にいなければならないが、残念ながら世界最大の望遠鏡の大半はこの圏内にない。

火星にも大気がある。希薄なので視界をかすませはしないが、風で塵が舞っているために完全に澄みきることがない。火星は「青い煙霧」で覆われ（赤いフィルターを使うと見通しがよくなる）、上層大気に氷雲ができ、地表の霧は峡谷や低地で凍る。また、猛烈な砂塵嵐が起こると何カ月にもわたって何も見えなくなってしまう。火星の一日（「ソル」）は二十四時間三十七分なので、連夜同じ時間に火星に望遠鏡を向けるたびに見える部分が違う。三十七分たつと見慣れた模様が「定位置」にきて、四十日ごとに逆まわりで一周したように見える。

火星がこのような複雑な動きをするうえに当時の望遠鏡に限界があったため、初期の観測は苦労が多かったが、それでも短いものながら信頼性の高い情報が集められ、地表のおもな地形を描き入れた地図がつくられた。そのほとんどは赤い砂漠でよく目立つ黒っぽい大きな領域である（代表的なものはくっきりした大きい矢じり形の大シルチス、円形のアルギレとソリス・ラクス、現在はマリネリス渓谷として知られているぎざぎざの長い線、一八七九年にスキャパレリが発見して命名し、現在もその名が残る明るい領域の「オリンピア雪原」など）。こうした地形のいくつかは、ときおり鮮明になってはまた消えていくという目立った変化を見せることが記録されている。たとえばソリス・ラクスはきれいに消失してしまうので、スキャパレリは「神秘の地」と呼んでいた。季節的な変化に見えるものもあった。特筆すべきは、大きくなった南北の極冠が春の訪れとともに縮小する「暗波」だった。

ぼんやりしたものを目を凝らして見つめていると、実際には存在しないものが見えることがある。当時の観測家もそうだった。見まちがいとして有名なのが火星の運河だ。運河に見えたのは、並んだ点を線として見てしまう人間の意識からくる目の錯覚である。これは誰でも試すことができる。最近の画質のよい火星の写真を明るい光の下に置き、離れたところから見てみよう。写真までの距離が適当で、直線を見ようとする人間の心の働きが備わっていれば運河が見えてくるだろう。脳の視覚中枢は直線を認識するようにプログラムされているため、この心の働きはほとんどの人にある。多くのすぐれた天文家が火星に運河《カナル》を見出し、アンジェロ・セッキとジョヴァンニ・スキャパレリは川などの自然の地形のつもりで溝《カナーレ》と呼んだが、大半の人は本当に運河があるとは思っていなかった。火星の詳細な調査で知られるヴィンチェンツォ・チェルッリは私設の天文台で観測し、いつになくシーイングのよいときに、レテという運河が「きれいに並んだ小片」に分解できることがわかったと報告している。運河が目の錯覚であることを示す有力な証拠だった。スキャパレリはチェルッリに宛てた手紙で、本のページを遠くから見たときなどに、ランダムに並んだ点が幾何学模様に見える場合があると指摘した。「規則的な線［運河］があるなどという短絡的な見方は揺らいでいる」とスキャパレリは記し、「光学機器の性能が向上するにつれて、錯覚かどうかを判断する能力も高まるだろう」と予測している。(3)

このような洞察もパーシヴァル・ローエルには通じなかった。ローエルの望遠鏡はスキャパレリのものよりも性能がよかったが、彼には火星に運河が見えた。暴走するきらいがあるが豊かな想像力をもち、ものを書く才にもめぐまれたローエルは、著作や論文で凝った文体を操って（「どんなものか断言できないと断言できるような、なんらかの生きものが火星には棲んでいる」(4)）過激な推測を著作や論文で発表した。火星には灌漑のために運河を建設するだけの高度な文明があり、暗く見える部分は植物が成育していて、季節性の「暗波」は春に極の雪解け水で植物が芽吹くためにそう見えるのだと信じていた。フラッグスタッフの私設天文台で作成した地図には、彼のスケッチした美しくカーブする運河が揚水場らしき場所に集まっていた。望遠鏡の解像度が足りず、運河の幅が最低でも五十キロメートルなければ本当に運河かどうか見分けられないのを知りつつ、土地を潤すために建設され、浸み出た水で土手沿いに繁茂した植物が線に見えるのだとローエルは論じた。

この考え方はつじつまが合うし、火星に文明があるという心躍る予想を華麗な文体で綴った理論に、多くの人が興奮した。ローエルの人気が高まるのを苦々しく思うプロの天文家は、彼を無茶な主張で正統な火星研究という井戸に毒を流す、放埒な自惚れ屋と見なした。リック天文台のW・W・キャンベルは同じテーマを研究していながら、分光器を用いて火星大気中に水蒸気を探す方法について書かれたローエルの論文を読もうとせず、「執筆者が述べていることはまったくばかげている」との理由でメディアの目に触れないようにした。(5) 天文家で歴史家のドナルド・オスターブロックは次のように書いている。

「キャンベルにしてみれば、ローエルはたんにアマチュアだというだけでなく、言葉を巧みに並べただけの主張をあたかも科学的調査であるかのように見せかけようとする無節操な天文家だった。その意味でローエルははみ出し者だった……科学者なら突飛な理論を導いたり、それを証明するために天文台を建てたりはしないし、主題の一面だけを取り上げてまことしやかに書いた論文を一般向けの高級誌に発表することもない」[6]

だが、公正を期すならば、科学にはローエルの熱意とキャンベルの厳しさを同居させる包容力があるはずだというべきだろう。

確かに私たちは自分の目に「一杯食わされる」。まして、望遠鏡のむこうの揺らめく火星のようなぼんやりしたものを知ろうとするときはなおさらだ。エドワード・エマーソン・バーナードは一八九四年にリック天文台の九十センチ屈折望遠鏡で火星の衝を観測し、当時最も鮮明と思われた像を発表したが――運河はなかった――天文家として並はずれた眼力をもつ彼がこう述べている。「人は結論を急ぎすぎる。ぼんやりしたものを目にしただけで、あるいは見えているかどうかさえはっきりしなくても、すぐに理論づけようとし、確信もないのにそれを土台として巨大な推論の城を建てようとする」[7]。この警告にローエルが耳を傾けていれば、彼も彼の読者も思いちがいをしなかっただろう。

しかしその一方で、大事に温めている説の証明に情熱を傾ける科学者のほうが、「見せてくれるなら見てやろうではないか」という態度の熱意に欠ける観測家よりも多くの発見をなしてきた。仮説というものはほとんどが不備があるかまちがっているかだが、火星に町やバッファローの群れが見えるのを期待して目を凝らすほうがただぼんやり眺めるだけよりもいい。雷鳥をねらって夜明けに森へ行く猟師はぶらりと訪れた旅行者よりも、たとえ雷鳥は獲れなくても多くのものを見つける。ローエルが文明のある火星という予測に執着していなかったら、彼は天文台を建てはしなかっただろう。そしてあの天文台があればこそ、有用な火星観測が行なわれ、冥王星が発見されたのである。

私が少年時代にキービスケインで火星を観測していたころも、赤い惑星に関する情報はローエルやバーナードが使っていたような十九世紀のものと変わらない屈折望遠鏡で衝のときにようやく見えるものがせいぜいで、本当に運河があるかどうかがまださかんに議論されていた。続いて人類史上類を見ない時代がやってきて、宇宙船が惑星にむかって飛び立ち、遠くから眺めるだけだった景色が近距離撮影した鮮明な画像で見られるようになった。探査機が全自動で集めたデータから、それまでに人類が知ったすべてを合わせたよりも多くのことがわかった。火星の知識を深めるために地上の観測家が大いに貢献できる時代はこれをもって終わったと私は思った。だが、それはまちがいだった。

火星に到達した最初の探査機はマリナー4号だった。一九六五年七月十四日、赤い惑星から九千八百キロメートル以内にまで接近し、ビデオカメラで撮影した二十二枚の画像を地球に送ってきたが、そのペースはじりじりするほどのろかった。一枚の画像の受信に十時間から十二時間もかかったのだ。もしかしたら写真に火星の都市が写っていて、政府がそれを隠そうとしているのではないかと報道陣が外で騒ぎ立てるなか、ジェット推進研究所の研究員はほとんど真っ白な最初の画像を夜を徹して処理した。さいわい、そのあとにとどいた写真はもっと鮮明だった。ローエルの空想を信じる人にとってはがっかりだったが、画像には大きいクレーターしか写っていなかった。「ローエルの運河と季節性の植物は、もはやここまでだ」と惑星科学者のブルース・マレーは宣言した。(8)

大きいクレーターは残念な知らせだった。火星も月と同じであることをにおわせていたからである。三段論法で普通に考えれば、月はクレーターがあり、地質学的にも生物学的にも死んでいる、火星にはクレーターがある、ゆえに火星も死んでいる、となる。この論法はまちがっていたが、導かれた結論がひとり歩きをした。一九六五年にニューヨーク・タイムズ紙は火星を「死せる惑星」と呼ぶ社説を掲載した。

この世評に異議を唱えたのが惑星科学者のカール・セーガンだった。マリナー4号は「幅一キロメートルの高解像度で火星の画像を二十枚撮影した。さて、一キロの解像度で二十枚の地球の写真を撮ったとしても、生命が見つかる可能性はない。それなのに、生物は見あたらないから、ここは死せる惑星にちがいない、と言うのか。なんとでたらめな論法だ！」[9]。セーガンと同じ期待を抱いていた人々は、さらにマリナー6号と7号の二機が一九六九年に火星フライバイに成功してクレーターだらけの画像を送ってきたとき、肩を落とした。セーガン、クラーク・チャップマン、ジェイムズ・ポラックは前年の一九六八年に、火星を死んだ惑星と断定するにはまだ未知のことが多いと呼びかけていた。「火星の歴史の初期に、水による侵食で渓谷などの大規模な地形ができたとしても、地球の通常のものより大きくなければマリナー4号の写真にその痕跡が写るとは思えない」と彼らは記した[10]。だが、それは少数意見だった。

この状況が打開されたのは、一九七一年にマリナー9号が初めて地球以外の惑星の周回軌道に乗ったときだった。火星周回機マリナー9号はセーガンが大いなる惑星《ビッグプラネット》と言い続けてきた天体を、短時間のフライバイを繰り返してではなく継続的に調査できる見通しをもたらした（火星は地球の半分の直径しかないが、海がないために陸地面積は地球とほぼ等しい。マリナー4号、6号、7号が撮影したのはそのわずか一割だった）。マリナー9号が送信してきた最初の数枚の写真には、南極冠と赤道近くの四つの不可解な黒い斑点のほかはほとんど何も写っていなかった。砂塵嵐が火星の表面全体を覆っていたのである[11]。

数週間が過ぎた。ようやく黄土色の雲が消えはじめ、人知が火星に挑む長い芝居の次の幕が開いた。

大気が澄んでいき、四つの斑点は幅六十五から八十キロメートルのクレーターのような輪であるのがわかった。クレーターがなぜ山のてっぺんにあるのだろう？　砂塵がすべり落ちていったから、そこは山にちがいないのである。巨大な盾状火山のカルデラ、というのがその答えだった。このことは、とくに月と火星が似ていると考えていた人々にとってまったく予想外だった。月には明らかにそれとわかる火山がないからだ。落ちていく砂塵が続いて露わにしたのは巨大な渓谷だった。深さ約五キロメートル、幅百六十キロメートルの谷がロサンゼルスからニューヨークくらいの距離にわたって伸びていた。マリナー9号にちなんでマリネリス峡谷と名づけられた太陽系最大の渓谷である。残っていた雲も晴れていくと蛇行する谷がわずかに見え、そのいくつかには扇状に支流が注ぎ込んでいた。こうした古い川床や洪水帯があるなら、かつてここに水が流れていたと考えられる。もしそうなら、火星にはもっと濃い大気があったにちがいない。現在の火星は気温が低く、大気は地球の高度三万五千メートルあたりの状態と等しい。これでは氷はたちまち水蒸気に昇華してしまう。「火星の見方が百八十度変わってしまった――またしても、だ」とブルース・マレーは述べた。「ローエルの思い描いた地球に似た火星は永遠にありえなくなったが、最初の三回のフライバイから予測された月と似た火星もありえなくなった」(12)。火星は、神秘的な美しさをたたえる広大な景色に独自の歴史が刻まれた唯一無二の惑星だった。何度かちらりと見ただけでその歴史を理解するなど、できようはずはないのである。

マリナー9号は最高解像度約百メートル（野球場程度の大きさのものまでしか識別できない）で七千三百枚を超える火星の画像を撮影した。一九七六年にはバイキング1号と2号の着陸機と周回機が火星に到着し、十メートル以下の解像度のものを含めてより高解像度の写真を軌道から四万六千枚撮影した。

各着陸地点でさらに数千枚の写真が撮られ、火星の雄大な景色の全貌がわかるのも時間の問題になってきた。まだインターネットのない時代だったので、バイキングの画像はプリントされてルーズリーフバインダーに綴じられ、アメリカ国内十三カ所にある惑星画像センターという小さいライブラリーに保管されている。私はよく立ち寄ってじっくり写真を眺め、歴史のこの瞬間に立ち会えたことに感激したものだった。いまやアルギレと大シルチスがクレーターの広がる地帯であること、黒っぽく見えるのは植物ではなく風がクレーターからまき散らした地表の下の砂であること、ローエルが運河の分岐地として地図に描いたソリス・ラクスは雲と霧がよどんでいる領域であること、スキャパレリがオリンピア雪原と呼んだ場所には雪を戴く巨大なオリンポス火山が本当にあることが見てとれた。

マリナーとバイキングの探査が終了しても多くの疑問が残り、次のマーズ・パスファインダーとマーズ・グローバル・サーベイヤーのミッションでも解明できなかった。かつての火星に大量の水が流れていたとして、その水は湖や川の状態で存在したのか、それとも短い温暖期に一時的に激しく流れたのかは謎のままだった。その水がどこへ消えたのかもわからなかった。水が宇宙へ散ってしまうようなメカニズムは考えられず、したがって火星に残っているはずだから、おそらく永久凍土層として土のなかに閉じ込められたのだろう。十億年ないしそれ以上前に火星が凍ってしまった理由もわかっていないが、それ以前に水が液体の状態だったなら、生命の存在は期待できる。いつかその証拠が化石とか冬眠する微生物といった形で土のなかから発見されるかもしれない。

火星には季節があり、気象が絶えず変化している。火星のことがもっと理解できれば、この地球の仕組みもよくわかるかもしれない。気象を知るには、できるだけ多くの場所からできるだけ何度もデータを収集する必要がある。宇宙探査機はそれに貢献しているが、情報が断片的なのは否めない。バイキングが火星の写真を撮ったのは二年間だったし、マーズ・パスファインダーの着陸機が三カ月にわたって送ってきたのは一カ所からの画像とデータだった。マーズ・グローバル・サーベイヤーは数年間作動して軌道から七千枚以上の画像を撮影したが、解像度は高くても範囲が狭いために全体の気象パターンはそこから引き出せなかった。ハッブル宇宙望遠鏡は深宇宙の探査に忙しく、火星の観測にはたまにしか時間を割けない。

ここでアマチュア天文家に話がもどってくる。宇宙探査機の活躍でアマチュアの惑星調査が不要になったと思った私がまちがっていた理由をお話ししよう。

長きにわたって火星を観測し、すばらしい成果を少なからず上げていたのは、結局のところアマチュア天文家だった。一八七七年に火星の小さい衛星フォボスとダイモスを発見したのはアマチュアのアサフ・ホールである。貧しかったホールは学費を払えずに大学での勉学を断念せざるをえなかったにもかかわらず、アメリカ海軍天文台に採用された（この天文台は、ある晩エイブラハム・リンカーン大統領が天文学の話を聞くために一人で訪れたことがある）。はっきり見えずに正体を正確に特定できなかったとはいえ、アマチュアはプロがマリナーの写真から発見する数十年前から火山とマリネリス峡谷系の一部を観測していた。十九世紀から二十世紀初めにはクレーターを確認したという、思えば惜しい報告さえあった[13]。宇宙時代が到来して火星探査の新しい幕が開けても、望遠鏡による赤い惑星の観測にかけてはプロの天文家よりも経験豊富なすぐれたアマチュア天文家が数多くいることに変わりはなかった。

また、観測者の数も望遠鏡の数も多いアマチュアは、火星の広い範囲を長期にわたってじっくり調査できた。少数の好意的なプロの援助を受けたアマチュアは観測チームを結成した。たとえば一九六〇年代には、チャールズ・F・「チック」・カペン・ジュニアがインターナショナル火星パトロールを設立している。このようなプロジェクトに参加した世界中のアマチュアは自分の望遠鏡を使って火星を調査し、マリナーとバイキングが探査するまでは、火星が一つの独特な世界であることをほかの何よりもしっかりととらえた報告書を作成した。その一つであるカペン報告書は一九六四年から六五年の火星の衝をカリフォルニア州ビッグパインズのテーブル山天文台で観測したもので、そのページをめくって、「マリナー4号が接近するあいだの大気の動向と地表の状態を把握し予測する」のを目的とした連夜の気象記録を読むと、絶えず変化する火星の気象を広域にわたって監視することがいかに大切かがわかる。[14] 観測報告には次のような記述がある。「北極冠ははっきり明るく見え、火星の春に急速に縮小した。北の外縁部分の灰色の溶解地帯はいつもより色が薄かった」「周縁に広がる朝霧が青く光って写っていた」「今回の観測中、火星大気に大量の水蒸気があるのが見えた。エリシウム平原を覆う大きい雲が青紫に光って記録されていた。薄い朝霧がクリュセ平原の東端にわずかにかかっているのが見えた」「大シルチスの南端境界のリビア、クロシア、セノトリア、アエリアの砂漠に霜が見られた」「北極冠はくっきりと白かった。南極の冠は消え続けていた[15]」

探査機が接近撮影するようになっても、アマチュアは熱意をそがれるどころか、いっそう観測に力を入れるようになった。観測目標がより身近なものに感じられ、あらためて意欲をかき立てられたのかもしれない。一九八八年六月の大砂塵嵐を観測したのはアマチュアだけだったといっていい。「嵐の期間は短く、プロもわかっていながら急なことだったので望遠鏡を割りあててもらえなかったか、あるいは天候かシーイングが悪かったのだ。アマチュアのおかげでなんとかなり、彼らはよろこんでいる」と医師でアマチュア天文家のドン・パーカーは言った。[16] スティーヴン・ジェイムズ・オメーラによれば、アマチュア天文家は「いつどこで嵐が発生しておさまったかを監視し、砂塵で地表の外観がどれくらい変化したかを記録して、その経過をビデオや写真に撮ったりスケッチしたりして証拠を残した」[17]。一九九〇年の三つの大きい砂塵嵐を観測したのは七カ国のアマチュアで、プロの天文家は一人もいない。一九九二年から九三年の衝は、CCDカメラを所有するアマチュアがプロの予測よりも北極冠が速く縮小したことを証明した。また、水蒸気が異常に多い雲を発見し、火星大気の温度が極冠の収縮とともに平常よりも上がることも示した。

「最も興味深かった雲は、赤道付近に発生した二酸化炭素と水氷からなる帯状の雲だろう」とドン・パーカーとリチャード・ベリーは報告している。「この現象〔衝の前後数カ月間に火星が明るく大きく見えたこと〕が現われる前は、このような雲は非常にめずらしいと思われていたが、赤道帯の雲の帯は現象後半に頻繁に観測されて写真に収められた。その間に撮影された写真の多くはCCDカメラによるものだった。適切にキャリブレーションされたCCD画像は非常に精度が高く、惑星よりも一、二パーセント明るいだけの模様も際立たせることができる。この雲は電子画像処理を経てようやくはっきり見られる」[18]。インターナショナル火星パトロールは二十世紀の終わりまでに、十五回の衝で三万以上の観測結果を収集し、そのデータを世界中のプロの研究者が分析した。

もっともアマチュアの観測報告にまちがいがないわけではない。大シルチスのような黒っぽい模様は、植物で覆われているというローエルの見方を裏づけるように「緑色」と報告されることがしばしばあったが、現在はこの領域の黒っぽい中間色と地表の赤とのコントラストで生じる目の錯覚だとわかっている。一九六〇年代になってもいまだに「運河」と呼ぶ者もいたが、しかしたいていの観測家は「運河のような模様」と表現し、シーイングが最もよいときは消えてしまうことを指摘した。アマチュア天文家は根気と技術を併せもち、協力を惜しまず、仲間同士で観測結果の評価のようなこともして、人類の古くからの願いだった火星を知るという困難な仕事で重要な役割を担った。

火星は月と同様に古いクレーターが数多く残る高地と、新しい溶岩流が古いクレーターを消してしまった低地とが認められる。高地は南半球に、低地は北半球に多く、南北の違いが非常に大きい惑星である。そうなった原因はわかっていない。高度約十キロメートルの高地に北アメリカよりも大きく広がるタルシスという地域は、巨大な火山が点在している（タルシス台地の端からマリネリス峡谷の亀裂がはじまっている）。火山が巨大なのは、誕生まもないころでさえ火星がプレートを動かすだけの内部熱をもたなかったことを意味している。火星は初期から「プレート一枚の惑星」で、火山を形成するホットスポットからプレートが移動しなかったために、火山はそこに載ったまま大きく成長したのである。したがって、大事変が起こって温暖で平穏な時代が終わったのは、火星に火山活動を維持するだけの内部熱がなかったことに関係していると考えられる。だが、そのメカニズムはまだわかっていない。この謎を解くには、いずれ火星のどこかを掘ってみなくてはならないかもしれない。私は宇宙飛行士のキャサリン・サリヴァンに、火星に行ったらどれくらい滞在したいかとたずねたことがある。サリヴァンは目を輝かせてこう答えた。「どれくらいいい、い、い、させてもらえるかしら。タルシスに一年いさせてくれたら、あの星の秘密を教えてあげられるわ」(19)

極冠も謎の一つだ。気温が摂氏マイナス百二十五度になる冬は両極ともドライアイスで覆われるが、それ以外の時季は南極と北極でまったく様子が違う。南極はドライアイスの氷冠が縮小すると、その下からドライアイスと氷が混ざっていると思われる恒久的な氷冠が現われる。一方、北極は夏の後半までにドライアイスがすっかり昇華し、アイルランドよりも大きい水だけの氷冠が露出する。このような違いがある理由はわかっていないが、長いあいだの大きな季節変化に関係しているのかもしれない。

火星は天体力学上の三つの要素、すなわち自転軸の傾きと歳差運動と楕円軌道が重なって長期的な季節変化が起こっている。現在の自転軸の傾きは二十五・二度で、地球の二十三・五度にかなり近いが、巨大惑星の木星と土星の引力が作用して、長いあいだに約十五度から三十五度のあいだで変動してきたと考えられている[20]（火星がとくにこの作用を受けやすいのは、質量が集中して盛り上がったタルシスがあるせいで、独楽《こま》にゴムの塊がくっついたように力学的に不安定なためである）。太陽のほうを向いた半球に夏がくるように、おもに自転軸の傾きで季節が生じるため、火星はまっすぐに立っていたときよりも軸が極端に傾いていたときのほうが季節変化がはっきりしていた。この作用を複雑にしているのが歳差運動で、これは回転速度が落ちてぐらついた独楽の軸の動きを思い浮べてもらうとわかりやすいが、自転軸が円を描いてゆっくり振れる現象だ。その周期は火星が十七万三千年、地球は二万五千八百年である。さらに、火星の公転軌道は地球のそれよりももっと長い楕円で、円形がどれだけつぶれているかを表わす軌道離心率は長い歴史のなかで地球よりもずっと大きく変化している[21]。

火星は北半球が急角度で太陽に向き、同時に楕円軌道上で最も太陽に近い場所にきたときに気候が苛烈になり、その合間の逆の条件のときには比較的穏やかになるのを繰り返してきたようだ。地球の場合は大きい衛星が盾になって木星型惑星の引力の「吸い寄せ」から守ってくれていることもあって、このようなことにならなかったと考えられている。火星は激しい季節変動が大砂塵嵐を発生させ、砂塵は夏のあいだに極冠に堆積し、氷が極冠を覆うとそこに閉じ込められた。夏の南極冠は塵と氷の細長い線が複雑な模様を描く。さらに研究が進めば、この薄層状の一帯から火星の季節変化の過程が詳しくわかるかもしれない。

火星の水の歴史はまだ正確にわかっていない。地形を見れば、洪水で削られたらしい川床や、地下に水源があると思われる水の流れや、川の支流の痕跡が残っている。惑星科学者のデヴィッド・モリソンが述べているとおり、支流の痕跡は「火星にはかつて水が自由に流れる川があり、雨さえも降ったことを教えている」[22]。このような地形は高地だけで見つかるので、誕生から十億年のあいだの火星はおそらく熱帯気候で、そのあと低地が溶岩流で覆われたのだろう。タルシスが盛り上がったのと同じ現象で火山ができ、それによって凍土から解け出した水で洪水が起こったのかもしれない。「火山の熱で水が放出され、ときどき大洪水が起こったのではないかと考えられる」とモリソンは述べている。「おそらく一回の洪水は数日から数週間しか続かなかった。緯度の高い地域では、水はあっという間に蒸発したか再凍結しただろう。ひょっとしたら氷に覆われた湖や海が一時的にクリュセのような盆地にできたかもしれないが、それはわからない」[23]

金星に対してもそうだが、人間が火星の秘密を知ろうとするのは科学的興味からではなく、まったくの自己利益からである。人間の生存はひとえにこの地球にかかっているのに、私たちは地球の起源も現状も未来もまだ完全には理解していない。氷河期はなぜ起こったのか、南北の磁極が繰り返し変わる磁極性の逆転はなぜ何度も起こったのか、地球温暖化は人間の生活とそれを支える生態系にどのように影響するのかといった基本的な事柄もわかっていない。科学は比較することで成果を得られるため、地球を理解するには地球と似た惑星を研究するのが近道であり、その最適な対象が火星なのである。そのためにはアマチュアとプロとを問わずあらゆる方面からの協力が必要で、ようやくメカニズムが解明されてきたばかりの地球をいじりまわして由々しい事態に陥るのを避けたいなら、早急に火星研究を進めなければならない。一つの天体が相手なのだから、人間の一生分以上の時間がかかるのはいうまでもない。

バイキング1号が火星に着陸した長い一日の終わりに、カール・セーガンと私はパサデナ滞在用に借りたアパートのソファに並んで腰掛け、着陸機の撮影した六十センチのモノクロのパノラマ写真を額をくっつけんばかりにしてかかげ、ひと目で見わたせるようにシネラマスクリーンのようにカーブさせた。暗室で定着液に浸ってから二時間もたっていない写真はまだ湿っていた。

「しっかり見てくれよ。自分がここにいるつもりになって」とカールが言った。

私たちはしばらく黙って丹念に写真を眺めた。前景に着陸機の頭が写っている。なかほどは無数の石といくつかの巨岩が散らばり、火星の夏の夕方に長い影を落としていた。四百メートルほど先と思しき地平線に、白亜のように白い露出部分が盛り上がっている。カールはそこを指さした。「ここを見て。何が見える?」

私はその部分を食い入るように見つめた。何か手がかりがほしくて探すうちにアラビアンナイトのような情景が目に浮かんだので、カールにそう話した。畔にマングローブの広がる湖がきらきらと輝き、一本の椰子の木が空にむかってそびえているオアシスが見える、と。

「僕にもまったく同じ幻が見えたよ」とカールは言った。[24]

闇の縁の光
ジェイムズ・タレルとの出会い

本人の談によると、アメリカの現代美術家ジェイムズ・タレルは、両親がカリフォルニア州パサデナの自宅の増築を祝った一九四二年二月二十五日の夜に母親のお腹に宿ったのだという(1)。新しい部屋は三面を窓にかこまれ、父親は一メートルの高さの腰板の上に開けたその窓から鳥を観察したり、口笛でいろいろなさえずりをまねておびき寄せたりした。二月二十五日といえば、「ロサンゼルス空襲事件」の日だ。その日、レーダーを反射する怪しげな物体を軍が追撃しようとして、何もない空に対空砲火を浴びせた。戦時中はたいていそうだったが、その夜も灯火管制が敷かれて窓に暗幕をかけていなければならなかった。両親が年をとってから思いがけず生まれた子だったタレルは、窓だらけのこの部屋で育った。やがてカーテンに星を模して穴を開けだした。

「六歳のとき、この部屋に自分がいる印をつけたくて、ピンや針でカーテンに星や星座の穴を開けた」とタレルは回想する。「明るい星はただ穴を大きくした。カーテンを閉めて部屋を暗くすると、真昼でも星が見える。ただのカーテンの穴ではなく、現実世界に開いた穴だった。意識の覚醒した昼間の現実からスイッチを切り替えると、想像の宇宙の彼方に星が見えてくる。そこにあるのに、太陽の光で見えなくなっている星が」[2]

「昼間は星が見えないのが不思議だった。見えなくしているのが光だということがね」。タレルは最近私にそう話してくれた。「光はものを照らすとはかぎらない、つまり見たいものを照らして隠してしまうことに興味をもった。星が見えないのはそういうわけだったんだ。穴を増やしてカーテンの空を少しずつ広げていったら、おもしろい空になったよ。でも本物の空だってそんなものだろう」[3]

タレルは作品のなかで、光学機器を使わずに光を自由自在に操る。「見ている自分の姿が自然と見えてくるように」したいのだという。[4]作品の多くは、光量を慎重に調節した光を箱形の閉じた空間に射し込ませたもので、カーテンで暗くした彼の少年時代の部屋を思わせる。含意に富んだ闇を縮小させたそれらの作品は、タレルの主要なテーマであるプラトンの洞穴とカメラ・オブスクラ（「暗い部屋」の意で、ピンホールを通して外の景色を暗箱に投影する装置）を現出する。また、目にする光を闇に映し出す人間の不可思議な頭蓋骨の内側も想起させる。

ロサンゼルスの閉店したガソリンスタンドを改装した作品は屋根に穴の開いた部屋で、そこにいると「空を自分の近くへ引き寄せられる」とタレルは言う。[5]また、明かりを灯した長いトンネルは、そのなかを光にむかって歩いていくうちに光源まであとどれくらいあるのかわからなくなる——ある意味で人生と同じだ。眺めていると方向や空間の感覚が混乱してくるのがタレルの作品だ。[6]ニューヨークのホイットニー美術館に展示された作品は、淡い光だけでそこに壁があるかのように見せかけるもので、タレルは一九八二年に、あるはずのない壁に寄りかかろうとして転倒した女性から手首を痛めたと訴えられた。目が慣れるまでに十五分から二十分もかかるほど暗いインスタレーション作品もある。ようやく目が慣れても、見えたもののどこまでが実在するのかはっきりわからない（タレルは弱い光が「脳の内部から視覚を引き出す引き金」になると考えているが、それを確信したのは、飾りのない赤いぼんやりした照明に青い光の輪が浮かぶ作品が猥褻だとの苦情があったとして、カリフォルニア州オレンジ郡の警察が展示を中止したときだった）。星を見るときと同じように、揺らめく影から客観的世界を呼び起こそうとしても、人間は頭蓋骨という狭い領域に縛りつけられていることに私たちは気づかされる。

タレルの父は航空エンジニアで、飛行機を自作した。子供のころから空を飛ぶことに親しんでいたタレルは、航空地図の作成を職業に選んだ。一九七四年に、アリゾナ州フラッグスタッフ郊外のペインテッド砂漠の西端に死火山のローデン・クレーターを見つけ、巨大な芸術作品にすることを思いつく。クレーターの火口丘をブルドーザーで削って、「アーチ形の空の天井」に見えるようにする。浅いお椀型を空に見立てようというわけである（直径二百五十メートルのカルデラはほぼ完全な円形だったので、内側の斜面だけを成形すればよかった）。古代のピラミッドのそれに似た地下通路——太陽、月、星と直線上に並んでいるのも同じ——が「光の観測室」を結び、各部屋は闇のなかに空が切り込むように見える。

芸術家が個人で取り組むには無謀とも言える壮大なプロジェクトだった。「いまあれを見ると、いったい自分は何を考えていたんだろうと思うよ」とタレルは考え込むように言った。[7] それでも芸術振興財団を説得して土地を購入してもらい、仕事にとりかかった。数年後、財団が資金難に陥った。タレルは土地購入の借入金を自分が肩代わりすることを銀行に認めてもらうために担保として近くに二軒の牧場を購入し、牛を飼うことになった。土地は四百平方キロメートルにまで広がったが、借入金も百七十万ドルに膨れ上がった。妻は去り、できもしないことに手を出した哀れな芸術家がまた現われたと笑う者もいた。本人も自分を疑った。あるインタビューではこう答えている。「芸術家の誇大妄想だよ！　紙に構想を書いてみる。それから頂上に登ってじっくり考え、そこでようやく、成形するだけで六十万立方メートルの土を動かさなければならないことに気づく。そのときにはもう手を引けないんだ！」[8]。二十五年かかったが、タレルは借金を返済しきり――「可愛い牛たちのおかげだ」と彼は言う――ローデン・クレーター・プロジェクトを完成させた。最も巨大で最も長く後世に残るであろう芸術作品の誕生である。

二〇〇〇年の冬至の午後、タレルは私を一般公開まであと数カ月に迫ったローデン・クレーターへ車で連れていってくれた。ひげをたくわえた偉丈夫のタレルはどこから見ても牧場経営をする芸術家で、それを笑ってみせるユーモアをもち合わせている。私の借りたジープのハンドルを握り、赤土のこの泥道を何度も通った者ならではの手慣れたハンドルさばきで疾走した。道すがら、飛行機の話になった。「友人がスカイダイビングに行きたいと言うんで、シートベルトをさせずに複葉機に乗せて逆さ飛行をしてやったよ」。タレルは車のエンジン音に負けない大声で言った。「やつはそのまま落下していった。ピアノが落ちていくみたいな速さでね。驚いたなあ」

百を超えるクレーターが散らばる大地にローデン・クレーターがぬっと姿を現わし、パステルカラーに揺らめくペインテッド砂漠を背に、その輪郭がくっきり浮かび上がった。道路のほかには何もなく、一万年前から変わっていないような風景だった。「惑星にきたって感じでしょう？」とタレルは言った。「もちろん惑星にちがいないけどね」

火山の中腹にある入り道の近くに車を停め、地下通路に通じる小部屋に入った。鍵穴形の通路は高さ四・三メートル、距離三百メートルの上り坂で、突きあたりに円形の穴があり、そこから遅い午後の丸い太陽がのぞいていた。この通路は「ルナースタンドスティル（月の昇る位置の地平線上での最端点で、数日間この位置から昇ったのち反対にもどっていく）」と一直線になるようにつくられていて、結果的にソーラースタンドスティルともおおよそ一直線になる。(9) このような配置は多くの古代遺跡にも見られ、たとえばエジプトのピラミッド、ジャワ島のボルブドール遺跡、イギリスのストーンヘンジなどがそうだ。私は暗い通路と突きあたりに見える真っ白い光の円を写真に収めようとしたが、被写体の明暗をメモリに記憶された数千のパターンと比較して露出を決定するマトリックス測光システムがおかしくなり、八年使ってきたカメラが初めて作動しなくなった。

長い地下通路を光の円にむかって一歩一歩上ったが、最上階の部屋に着いてみてわかったのは、それが円ではなく楕円で、通路から見ると円形になるように傾けてあることだった。私は大笑いしてしまい、同時にケプラーのことを想った。それまでずっと円だと考えられていた惑星の軌道が楕円であることを、長年研究を重ねて発見したとき、ケプラーはどんなにうれしかっただろう。このようなとき、芸術も科学も高度な知的概念というより、私たちの枠にはまった感覚を打ちくずす単純素朴な道具のようだ。

その部屋を出て、真っ暗い通路を手さぐりで進んだ。変形した光が射し込む穴は、建設が最終段階に入ったいまはふさいである。むかったのはクレーター中央の「目」で、私たちは光のあたる場所に出てあおむけになった。見上げると、夕方の空が引きずり下ろされてレンズ型のクレーターの縁にくっついているかのようだった。カルデラのなだらかな斜面をうしろ向きに昇りながら円形の縁を眺めていると、しだいに直径が縮んでいくように見えた。見た目どおりのものは何一つない。もっといえば、ありきたりの型にはまりきっていたものは一つもなかっただろう。望遠鏡のないタレルの巨大な天文台は、未完成ではあってもすでに始動していた。

太陽が沈み、つかのま赤と紫に染まった西の空の下で、私たちは冷えたビールを飲みにクレーターをあとにした。ハンググライダー客が集まるバーを目ざして車を走らせながら、タレルは言った。「人は芸術と建造物からその時代の文明について考え、宇宙観を知ろうとする。それはとても大きな一歩だ。いや、跳躍だよ！　でも、忘れてはいけないが、銀河の概念を理解したのはついこの前の世紀のことだし、太陽系の存在を発見したのもさして昔ではない。こういう発見は称えられないが、称えるべきだ。銀河の発見も太陽系の発見も大変革だよ。思考力の大きな前進だ。称えないなんておかしいじゃないか」

第十一章　空から降る石

わたしは壁伝いに歩き　そこから目を上げないが
夜になると空のあちこちを見るのは
絵に描かれていた流星の雨が降るかもしれないから
——ロバート・フロスト

夜になると流星が舞い
踊る白波を照らす
——ハーマン・メルヴィル

一九九三年十月九日の夜　アメリカ北東部で高校のフットボールの試合を見にきていた数千人の観客が、頭上を明るい流星（いわゆる「火球」）が尾を引いて横切り、空中で爆発するのを目撃する。その直後、フットボール大の大きい流星が、十八歳の高校生ミシェル・ナップの家の外に停めてあった一九八〇年型シボレーマリブの右うしろのフェンダーにぶつかる。すさまじい音を聞いたミシェルが雨のなかを外へ出てみると、車にぽっかり大きい穴が開き、その下にたらいほどの大きさの窪みができて隕石が落ちていた。

一九九二年八月三十一日　インディアナ州ノーブルズビルの夕暮れどき、近所に住む九歳のブライアン・キンジーと自宅の前庭で話していた十三歳のブロディ・スポルディングの右肩を小さい流星がかすめて飛んでいき、数メートル先の芝生をえぐる。「とっさにしゃがみ込んでから、初めて怖かったって思った」とブロディは言う。

一九五四年十一月三十日　アラバマ州シラコーガのアニー・ホッジスがソファで昼寝をしていたとき、重さ三・五キロの隕石が屋根と屋根裏を突き抜けて天井に穴を開け、コンソールラジオを壊す。隕石は部屋のなかを転がり、アニーの足にぶつかってひどいあざをつくる。

一五一一年九月十四日　イタリアで大量の隕石が降り、修道士一名と数頭の家畜が死んだと記録されている。

六一六年二月十四日　中国で軍隊の野営地に隕石が落ち、「十人以上」が死ぬ。

四七二年　コンスタンティノープルで太陽よりも明るい流星が空で爆発し、道行く人がなぎ倒され、港の船がひっくり返えり、雨戸の閉まった窓が吹き飛ばされ、町中が真っ黒い塵で埋めつくされる。

六千五百万年前　メキシコのユカタン半島。直径十キロメートルの彗星か小惑星が衝突し、砂塵と無数の森林火災による煙で地球全体が覆われる。生態系は崩壊し、恐竜と陸上生物の大半が絶滅する。(1)

スターゲイザーの観測するものはほとんどが遥か遠くにあり、近づいてくることはない。だが隕石、すなわち地上に落ちてくる石だけは例外である。隕石とは、地球外からきたものをいう（宇宙にあるときは流星体、大気に突入して燃えているときは流星と呼ばれ、陸地や海に落ちたものが隕石と呼ばれる）。地球には流星起源の物質が毎日数百トンも集まってくるが、そのほとんどは塵のような微粒子で、誰にも気づかれず地表にふんわり落ちる(埃だらけのマントルピースをこすって指についたもののなかにも隕石が混じっている。空中から降ってきた塵や埃を適当に集めて選別し、惑星間塵を研究している天文学者がパサデナにいる)。毎日飛来するこの無数の粒子はほとんどが砂粒か豆粒くらいのものだが、この程度の大きさでも、夜は輝く「流れ星」になって私たちを楽しませてくれる。発光する原因は大気との摩擦だ。通常は高度八十キロメートルほどのところで摩擦のために熱せられ、最初は時速三万八千キロメートルだった速度がわずか時速五百キロメートルまで落ちる。蒸発せずに灼熱の大気圏突入という通過儀礼に耐えられるだけの大きさのあった流星は、ジェット旅客機よりも遅い速度まで減速し、そうなると大気と摩擦してもたいした熱を発生させないので発光しなくなり、数分かけて空中を落下していく。これが「ダークフォール」と呼ばれる段階である。大きい流星は小さい流星ほど減速しないので、空中で爆発するか、ダークフォールの段階を経ずに地表に落ちる。

金星よりも明るく輝く流星を火球という。地上に影を落としたり音を発したりすることがあり、衝撃波が音として聴こえるものや、遠くでゴロゴロいう音、パチパチはじけるような音などがある。初めは流星の落下経路の一番下の部分から聴こえる。雷鳴と同じ原理で鳴る音がしだいに小さくなっていくのは、時間が経つにつれてより高いところから聴こえるようになるためだ。

現在、およそ一万個の隕石が博物館や個人収集家のもとにある。そのほとんどは南極の氷原や北アフリカのサハラ砂漠やオーストラリア南西部のナラボー平原など、目につきやすい場所で見つかっている。隕石を研究する目的は、大半の隕石の起源である小惑星や彗星の組成を知ること、また隕石中の複雑な有機分子が地球の生命のもとになったのかといった疑問を解明することにある。ここで問題になるのが地球上での汚染だ。たとえば南極でよく見つかる隕石は一万年から百万年のあいだ雪に埋もれていたものなので、含有する化学物質が宇宙からきたものなのか、地球で付着したものなのかを見分けるのはなかなか難しい。研究者はできるだけ落下直後に回収された新しい隕石を手に入れたがっている。

人騒がせながら、さいわい手に入れやすい場所に落ちたものもある。一九八四年九月三十日、オーストラリアのパースで朝の遅い時間に明るい火球が空に弧を描いて飛ぶのが見えた直後、南へ百三十キロほどのビニンガップビーチで日光浴をしていた二人がヒューッという音に続いて何かがドスンと落ちる音を聞いた。起き上がってみると、五百グラムくらいの隕石がほんの四メートルほど先の砂にめりこんでいた。その十日後、アメリカのジョージア州クラクストンで、ベトナム退役軍人のドン・リチャードソンがトラクターから降りようとしたときに迫撃砲弾が飛んでくるような音を聞いてぎくりとした。隕石が近所の家の郵便受けに激突したのだった。一九九四年六月十四日夕方、カナダのモントリオール北東部でヴィタル・ルメが農場の狐に餌をやっていると、狐たちがいっせいに空を見上げた。視線をたどると「花火に似た煙の球」が見え、シューッといってからドサッという音がした。近所のステファン・フォルシエが確かめに行ったところ、三十センチほどのクレーターを牛が取りかこみ、なかに落ちているグレープフルーツ大の隕石を見つめていた(2)。一九九二年八月十四日の午後、ウガンダ上空で流星が爆発し、人口五万人のムバレの町に石の雨を降らせた。一つがシェル石油のガソリンタンクに落ちて跳ね返ったほか、綿工場、汚水処理場、鉄道駅、刑務所も直撃された。ドコ出身の少年は頭に四グラムのかけらがあたったが命に別条はなく、この話を伝えることができた。研究者がムバレの隕石を回収して分析した結果、全部が「黒い融解被膜」に覆われていることがわかった。つまり流星は高いところで爆発し、破片が落下途中に大気との摩擦で焦げたのである(ただし、熱せられるのは表面のごく薄い層だけで、内部は冷たいままなため、落ちてすぐの隕石が「触ると温かかった」という報告は根拠がないと考えられている)。

このようなケースはまれなので、新しい隕石を入手したい研究者は効率的に見つけられるように火球の飛来した経路の最新情報をまめに収集し、落下地点の範囲を三角法でできるだけしぼる。アマチュアでもプロでも、二人以上の観測者が別の場所から同時に写真かビデオに収めていればそれができるが、目撃情報の数が少なくても、天体に詳しい人が軌道を正確に伝えてくれたおかげで落下直後のかけらが見つかったこともある。カナダのユーコンのジム・ブルックは地質学に興味をもつスポーツ好きのパイロットで、二〇〇〇年一月二十五日に氷の張ったタギッシュ湖上を車で走っているときに、一週間前に上空で爆発した火球のかけらを見つけた。爆発のことを知っていたブルックは、「隕石ではないかと思ってよく見てみたのですが、ひと目でそうだとわかりました。もっとも狼の糞だったことも何度かありましたが」と言う(3)。ブルックは直に触らないようにして数十個をかばんに詰めた。研究者が分析したところ、太陽系が誕生したころにまでさかのぼる初期の有機分子が含まれていた。

明るい流星の経路を三角法で正確に計算できれば、地球に落ちる前の流星体の軌道を割り出すこともできる。このデータは隕石の起源を知るのに役立つ。組成を調べてみると、なかには月、さらには火星から撥ね飛ばされてきたものもある(一九一一年六月二十八日にエジプトのナハラで犬を直撃して死なせた隕石は、火星表面から飛んできたものだった。一九八四年に南極の氷原で回収された火星の隕石は微生物由来とも見える微小な構造物が発見されたことで有名だが、これは千六百万年前に流星体が赤い惑星に衝突して吹き飛ばされ、紀元前一万一千年ごろに地球に落ちてきたものであることが年代測定からわかった)。隕石は経費のかからないサンプルリターン・ミッションのようなもので、小惑星や彗星や月、そして惑星なら少なくとも火星のサンプルを運んできてくれる。

大半の隕石の起源である小惑星は、直径が九百三十キロメートルのケレスや六百キロメートルのパラスのようにジャマイカ島よりも大きいものもいくつかあるが、オフィスビルや自動車くらいのもののほうがずっと多い。小惑星の九割は火星と木星の軌道のあいだにあり、この岩石の集まった帯状の領域をメインベルト（小惑星帯）という。隕石の組成から、小惑星には鉄やニッケルなどの金属を豊富に含むもの（将来はここから採鉱できるかもしれない）、もっと軽い石質の物質でできているもの、岩石と金属が混ざっているものがあるのがわかる。

隕石のもう一つのおもな起源である彗星は、金属と石のほかに多量の氷も含んでいる。アメリカの天文学者フレッド・ホイップルが「汚れた雪玉」とおもしろい呼び方をしたとおり[4]、彗星は煤のように真っ黒く、太陽に近づいてくれないかぎり観測しにくい。太陽に近づけば、氷が光で温められて低温の真空空間で昇華し、ガスを発生させる。氷に閉じ込められていたガスは熱で膨張して彗星の内部から放出され、宇宙空間に噴出する。その勢いで彗星の硬い部分である核から氷と岩石が吹き飛ばされ、同時に核もその反作用で軌道があまり予測できない変化をする。発散したガスは、彗星核を取り巻いて輝くコマとそこから数千万キロにも伸びることのある長い尾になる。核から吹き飛ばされた塵も別の尾になる。ガスと塵の粒子は太陽風（太陽から放出される荷電粒子）に対する反応がそれぞれ異なるため、ガスの尾と塵の尾は別の方向に伸びて扇状に広がるのである。彗星から噴出した大量の塵と氷が散らばって、軌道にカタツムリが通ったあとのような跡を残す。地球が年に一度この軌道を横切ったときに空に現われるのが流星群だ。

彗星には短周期彗星と長周期彗星の二種類がある。短周期彗星は太陽のまわりを二百年以下で一周する。惑星の軌道がつくる黄道面からはずれることはなく、惑星や小惑星と同じ方向にまわっている。一方、長周期彗星は数千年から数百万年かけて太陽のまわりをまわる。軌道は不安定で、方向にもこれといった傾向がない。この違いは起源の違いによると長いあいだ考えられてきたが、最近の研究によってそれが証明された。

短周期彗星の大半はカイパーベルトが起源だと考えられている。カイパーベルトはメインベルトをもっと大きくして遠くへもっていったような帯状の領域で、海王星の軌道の外側に広がっている。一九四三年にK・E・エッジワースが初めてその存在を唱え、一九五一年にジェラルド・カイパーがさらに詳細に論じたが、カイパーベルト天体は惑星よりもずっと小さくて暗く、遠い太陽の光を反射するときにしか光らないため、一九九二年になってようやく発見された。いまでもカイパーベルトに何個くらいの天体があるのか、ベルトがどれくらいまで広がっているのかはわかっていない。彗星のような天体が数十億個あって、そのうち一万個は直径が百キロメートルを超え、メインベルトよりもずっと大きいとする説もあれば、比較的狭く、海王星の軌道から冥王星のゆがんだ楕円軌道の一番外側くらいまでしか広がっていないとする説もある（冥王星そのものもカイパーベルト天体かもしれない）。短周期彗星の起源がカイパーベルトだと考えれば、カイパーベルト天体が一般にそうであるように、短周期彗星も惑星と同じ黄道面上をまわっている理由が説明できる。

一方、長周期彗星の起源はオールトの雲だと考えられている。オールトの雲は一兆個もの彗星が集まって巨大な球状をなし、最も近い恒星までの距離の半分ほどまで広がっている領域のことで、一九五〇年にその存在を提唱したオランダの天文学者ヤン・H・オールトにちなんで名づけられた（エストニアの天文学者エルンスト・エピックが先に同じような説を唱えていたが、天文学の命名法は厳密ではなく、エピックの雲とはいわないし、カイパーベルトもエッジワースベルトと呼ばれない)。オールトは十九個の長周期彗星を調査し、太陽からオールトの雲の内縁までの距離を太陽-海王星間の六百倍——地球から三分の一光年——外縁までを二光年と計算した。円形のダイニングテーブルの中央に置いたエスプレッソのカップの縁を地球軌道だとすると、メインベルトは受け皿の縁、カイパーベルトはテーブルの縁から少なくともテーブルに引き寄せた椅子の背まで、オールトの雲の内縁は町はずれにあることになる。

カイパーベルト天体は総じて暗すぎるためアマチュアには観測できないが、この原則には一つだけうれしい例外がある。天体観測家のあいだでは、やってみなければ何が観測できるかわからないとよくいわれるが、まさにそのとおりの出来事だった。一九九八年十月、マサチューセッツ州ノースフィールドのノースフィールド・マウント・ハーモン高校で科学を教えているヒューズ・パックが、生徒のヘザー・マッカーディー、ミリアム・グスタフソン、ジョージ・ピーターソンの参加する小惑星プロジェクトを監督していて、カイパーベルトに属する「太陽系外縁天体」を発見したのである。高校生たちは「ハンズオンユニバース」という教育プロジェクトの一環でカリフォルニア大学バークリー校の望遠鏡を使って遠隔観測し、空の同じ部分を時間を置いて撮った二枚のCCD画像をもとに、恒星を基準として位置が変わった天体がないかどうかを探していた。すでに彼らはこの方法でメインベルトに新しい天体を二個発見しており、小惑星の発見は「日常茶飯事」になりつつあったという。「じつをいうと、未発見の小惑星を発見した世界でただ一人の人物になりたいと思っていたことなど忘れてしまっていました」とパックは回想する。

「授業時間の半分が過ぎたころ、生徒の一人がそれらしいものがまたあると叫んだのです。私はまたかといった調子で、いつもの手順で情報をできるだけ集めなさいと言いました。いま思えば、新発見かもしれないのにこともなげにしていたのがちょっと恥ずかしいですね」。生徒たちはコンピューターモニターに映る二つの白黒の点を一所懸命に調べ、パックは彼らの肩越しにそれを見ていたが、それらはたぶん宇宙線がＣＣＤチップに作用したもので、天体ではないと生徒たちは判断した。そのときパックが彼らの気づいていなかった点を二つ見つけた。「驚きと興奮で首すじがぞくぞくしました。もし太陽系外縁天体を見つけたらこう見えるはずだと思っていたとおりのものだったんですから！　この瞬間をずっと夢見てきましたから、何を探せばよいのかよくわかっていました。こういうものが写真のどれかに写っているはずなのは初めからわかっていたんです。注意深く画像処理をしてよく調べれば、海王星と冥王星のむこうに隠れているのが見つかるはずなのです。

私ははやる気持ちを抑え、教師の立場を忘れずに両手をうしろで組んでモニターを指ささないようにしていました。もっとよく見なさいと生徒に言い、教えてやりたいのを我慢してモニターから離れようとしました。それがうれしいことに、三歩か四歩行きかけたところで呼びもどされたのです。その瞬間に心と体を駆けめぐったよろこびはとても言葉で言い表わせません。くるりと振り返り、これ以上ないくらいのにこにこ顔でモニターのところへもどって、高ぶりを抑えながら、やったな！と言いました。教師としてこんなにうれしい瞬間はありませんでした」[5]。パックは生徒たちに、移動する一つの天体の写真を時間を置いて撮ったこの二つの点がその前に見つけた小惑星とくらべて接近して写っているのはなぜだと思うかと質問した。生徒たちは、小惑星よりも動きが遅いためで、だから太陽からもっとずっと遠いにちがいないと正しく答えた。この話をするパックの目は涙で潤んでいた。彼らの発見した直径百五十キロメートルの氷の天体は、現在１９９８ＦＳ１４４と命名され、太陽系の専門家がさらに調査を進めている。

オールトの雲の彗星はカイパーベルト天体と同じくらい暗いうえ、距離はもっと遠い。現在のところ、発見するには恒星の前面を通過して恒星を瞬かせた瞬間をとらえるしかない。だが、彗星がシューッとガスを噴出しながら太陽系内部に入ってきて、太陽に近づきながら明るさを増していくときには直接見える。ごくまれだが、巨大彗星や小惑星は地球に衝突することもある。まったく荒っぽいサンプルリターン・ミッションだ。庭に望遠鏡を引っ張り出して未発見の小惑星か彗星を探す観測者は、同時に二つのミッションを遂行していることになる。人類の起源の探究、そして人類の生存に関わる調査である。

流星の観測は天体観測のなかで何よりも手軽で楽しく、道具も必要ない。毛布かローンチェアに寝そべって星空を楽しみながら、星が流れるのを待てばよい。人間の目で見えるのは空の十パーセントから十二パーセントにすぎないから、仲間が多いほど楽しい。その昔は流星をグループ観測するのはアマチュアだけで、流星の正確な数を数えるのを目的とした真剣そのものの集まりもあった。台に大きい針金の枠を置くなどして星図を分割し、一人ずつに空の一区画が割りあてられて、誰かがとりわけ美しい流星を見つけて「おお！」とか「ああ！」とか叫んでも、自分の担当個所に流星が通るのを見逃しては困るので絶対にそこから目をそらしてはならないと厳しく指示された。それがいまではレーダーの反射と長時間露光の写真で数がわかるので、観測家は重責から解放されてのんびり流星を楽しむことができる。研究に貢献したければカメラをセットすればよい。火球が空で爆発した瞬間を撮影できれば、落下地点を特定して新しい隕石を見つける一助になるだろう。

空をさまよう流星の一個や二個なら目にするチャンスはいつでもあるだろうが、観測にベストなのは彗星の通り道を地球が横切るたびに周期的に現われる流星群のときである。ある星座から流星が「放射状に広がっている」ように見えるとき、その星座の名が流星群の名になる。流星の軌跡をそれぞれたどると、その星座のなかの一点に集まるということだ。流星は放射点から、流れるが、輝くのは普通そこから離れたときなので放射点を見ている必要はないが、放射点がわかれば流星群に属する流星とそうでない流星を区別できる。月は自分よりも暗い流星を見えづらくするので出ていないほうがよい。真夜中を過ぎれば、その前の時間帯よりもたくさん見られるだろう。地球が北極から見て反時計まわりに自転して、観測者のいる側が公転の進行方向を向くからだ。雨が降るなかを車で走ると、後部の窓よりもフロントガラスのほうが濡れるのと同じ原理で、地球の進行方向と逆向きの部分ではなく進行方向のほうをより多くとらえることができるのである。

ペルセウス座流星群の極大は八月十二日前後で、北半球は夏にあたるので気持ちよく観望できる。私はよくこの時期に、戸外で寝袋に入ってペルセウス座流星群を待った。だいたい一時間ごとに目を覚まして星がいくつか流れるのを眺め、またまどろむ。恒星は一時間に十五度ずつ動くので、その位置から時間がわかる。ペルセウス座流星群は、109P／スイフト・タットル彗星が残した岩屑の道に地球がぶつかることで現われる。この彗星は一八六二年に金物屋を営むアマチュア天文家のルイス・スウィフトが発見し、ハーバード大学天文台のホレス・タットルもその三日後に観測した。公転周期は約百二十年だが、岩屑が軌道上に均一に広がっているので比較的安定した流星群が見られる。

そのほかの流星群は彗星の残した塵の道がそこまで均一ではないため、予測しにくい。しぶんぎ座流星群（一月三日から四日）は華々しい光景を見せてくれることもあるが、塵の道が非常に狭いため、極大はわずか数時間である。ハレー彗星の塵の道に現われるオリオン座流星群（十月十六日から二十七日）は、一九〇〇年は一人の観測者が一時間に見た流星が十個に満たなかったが、一九二二年には一時間に最高三十五個が観測されている（流星群は一時間に二十個の流星が見られればよいほうだ）。55P／テンペル・タットル彗星を母天体とするしし座流星群は、一人の観測者が一時間に八個から十個しか確認できず、がっかりさせられることが多い。だが、この流星群には大きい塵の密集部分が少なくとも一カ所あり、一八三三年十一月十二日に地球はそこを横切った。天文学についての著述を残した作家のアグネス・クラークはそのときの様子を、「空はあらゆる方向に光の線が走り、絢爛たる火球に照らされた。ボストンでは吹雪のときに舞う雪の半分ほどの流星が降ったといられる」と記している。夜が明けるまでに、一時間に一万個の流星が全天にきらめいたと言われる。これだけ流星の数が多かったおかげで、しし座に放射点があり、それが夜のあいだに星座とともに西へ動いていくのがはっきり見てとれた。流星は地球の大気中で生まれるとしたアリストテレスの根強い説も、こうして影を潜めていった（古くからのこの説があったために、気象学はいまでも「メテオロロジー」と呼ばれる〔「メテオロ〈meteor〉」は「空中に上げられた」という意味のギリシア語を語源とする〕）。

過去の記録を見ると、地球はしし座流星群のとくに密度の高い部分を三十二年から三十三年に一度通過しているが、一世代に一度しかないこの機会にがんばって夜通し起きていてもがっかりさせられることが多かった。レーダーを使って岩屑の分布図を作成してみて、流星群の出現が気まぐれな理由がわかった。密度の高い場所は三万五千キロメートルの厚さしかなく、時速十万キロメートルの高速で太陽のまわりをまわっている地球は塵の密集するその部分を一時間もかからずに通過してしまうのである。たまたまその時間に地球の公転の進行方向である夜の部分にきているのがたとえば太平洋だとしたら、流星を見る人はほとんどいないだろう。

一九九九年にはレーダーを使ってその年のしし座流星群が予測され、東ヨーロッパは大出現、西ヨーロッパでもよく見えるが、アメリカが自転で地球の最前端にきたころにはだんだん消えてしまうと予報された。この予報は非常に正確だった。東ヨーロッパでは流星群が花火のように輝き、一時間に三千個の流星雨に人々は大興奮したが、私の住むカリフォルニアでは、東の地平線の上をまるで遥か遠くで起こっている戦闘の砲弾のように低くひょろひょろと流れていくのが二、三個見えただけだった。

電波観測をするプロおよびアマチュアの天文家は、日中でも遠くのラジオ局の放送を聴いて目に見えない流星を探知している。FM放送の電波がプラズマ化した流星にぶつかって跳ね返されるので、普段は可聴域外の放送局の放送がほんの一瞬だが普通のラジオで聴こえるのである。ラジオのチューニングダイヤルを放送の聴こえない位置に合わせて待つだけでよい。ヨルダン天文協会のモハド・アラウネ、モハド・オデー、タリク・カトベの三人のアマチュア天文家は、アズラク砂漠で流星にあたって跳ね返ったFM放送電波を検出したと報告し、こう記している。「流星とそうでないもの、たとえば飛行機に反射した信号を判別するには、流星に反射した信号はいきなり大きくはっきり聴こえ、徐々に小さくなることでそれとわかる」(6)

流星体が月に衝突した閃光と思われるものが何百年も前からときどき目撃されている。ジャーバスという名のカンタベリーの修道士は、一一七八年六月二十五日の夕方に「月のほうを向いて座っていた五、六人の男」が、三日月の片方の先端が「二つに割れて真ん中から松明のような炎が上がる」のを見たと報告している。「火炎と熱い石炭と火花が遠くまで噴出し」、そのあと「三日月の端から端まで全体が黒っぽくなった」という(7)。また、月の影の部分が発光するのも望遠鏡で観測され、一九五三年には写真撮影された。だがプロの天文家はこのような報告に懐疑的で、閃光のように見えるのは航空機の点滅ランプかフィルムの傷ではないかと指摘していた。

この問題が解決したのは、東ヨーロッパの空を輝かせた一九九九年のしし座流星群のときだった。十一月十七日夜、テキサス州ヒューストンのアマチュア天文家ブライアン・カドニクは、三十五センチ望遠鏡をのぞいていて月の影の部分にオレンジ色の閃光を見た。彼はそのことを、人工衛星の軌道計算の仕事をしているアマチュア天文家デヴィッド・ダンハムに報告した。ダンハムはメリーランド州マウントエアリーで十三センチ望遠鏡を用いて流星群が現われているあいだの月をビデオ撮影しており、カドニクの報告とまさに同じ時刻の同じ場所に閃光が写っているのを確認した(8)。その夜に撮影された二本のビデオテープから、しし座流星体の月面衝突は全部で五回あったことがわかった。アマチュアのこの先駆的な観測により、月面の閃光が本当に流星の衝突によるものであり、地球から観測できることが明らかになった。やがては閃光のスペクトルを分析して月の土の組成が調べられ、また水の痕跡も探せるかもしれない。

ダンハムはアマチュアによる国際掩蔽観測者協会を創設した一人である。掩蔽は月や小惑星などの天体が遠くの天体、通常は恒星の手前を通過してその恒星が見えなくなる現象だ。月が恒星を掩蔽するときは、月に大気がないために恒星が瞬間的に隠れたり現われたりするので、掩蔽の時間を測定すれば月の位置の正確なデータが得られる。また、「接食」のときには月の山の陰に恒星が隠れたりそこから現われたりするので、通常はわかりにくい月の極付近の地形の地図をつくるのに利用できる。

小惑星による恒星の掩蔽を予測するのは厄介である。このときには遠くの恒星が小惑星の影を地球に落とすわけだが、影は薄く長く、領域もごく狭い。観測できる掩蔽は毎年数多く起こるものの、小惑星と恒星のカタログ上の位置に誤りがあれば、小惑星の影が進んでいく道筋を正確に予測できない。掩蔽の観測は熱中しすぎる人がいて、一点の星の光だけを見ていると電車に轢かれてしまうから線路上に望遠鏡を設置してはいけないと天文学入門書が警告するほどである。そういうマニア中のマニアにどこそこで掩蔽が観測できるとうっかり言ってしまい、もし遠いその地までわざわざ出向いたのに何も観測できなかったなどということにでもなったら、ひどく怒らせてしまうだろう。

掩蔽の時間を計測して得られたデータから、小惑星の大きさや形や組成がわかる。小惑星は「トカゲの頭やいんげん豆、臼歯、ピーナツ、髑髏《どくろ》など、いろいろな形のオンパレードだ」と惑星科学者のエリック・アスファグは述べている。[9] 小惑星の多くは一個の密な岩石ではなく、岩片が集まったものではないかと推測されている。このような小惑星は高速で自転できない。そうでないと遠心力でばらばらになってしまう。事実、自転速度には厳しい限界があるのが初期の研究からわかっており、少なくともいくつかの小惑星は巨岩ではなく捨石の堆積したボタ山ということになる。ところが、そう断言できるだけの精度の高い画像はほんのわずかしかないため、掩蔽はアマチュア天文家がデータベースをもっと充実させて、さらに多くの小惑星の形状を調査するチャンスになる。ダンハムは一九九一年一月十九日にメインベルトに位置する小惑星クレオパトラが九等級の恒星を掩蔽したのをビデオ撮影してクレオパトラの輪郭のデータを取り、それをアメリカ北東部各地の観測者のデータと統合した。その結果、クレオパトラはピーナツか犬に食べさせる骨のような形状で、大きさはおおよそ二百四十×七十キロメートルという姿が見えてきた。この変わった形状は、アレシボ電波望遠鏡によるレーダーの反射と、チリのラシラにあるヨーロッパ南天天文台の口径三・六メートル望遠鏡が撮影した画像を解析して裏づけられた。[10] また、クレオパトラの自転速度が遅く、岩片の山で構成されていることもこれらの観測結果から明らかになった。

　未発見の小惑星を発見する一番の方法は、恒星を背景に黄道上を動くかすかな光の点を探すことである。アマチュア天文家は長いあいだこの方法で写真から小惑星を発見していて、たとえばニューイングランドの牧師ジョエル・H・メトカーフは一九二五年に他界するまでに百五十個の小惑星を見つけた。

だが、ＣＣＤという強力な道具が天文家にあたえられてから、発見率は急上昇した。群馬県大泉町在住の小林隆男はＣＣＤカメラと二十五センチ反射望遠鏡で一カ月に百個を発見している。同時期にプロの天文家が進めていた最大の小惑星探査プロジェクトでの発見率にくらべれば十分の一のペースだが、慎ましい器材しかもたないアマチュアでも価値のある小惑星研究ができることが証明された。

アマチュア天文家でサイエンスライターのデニス・ディ・チッコは、別の目的で撮影したＣＣＤ画像に八個の小惑星が写っているのを偶然に見つけてから、その気で探したらどれくらい発見できるだろうかと考えていた。一九九五年十月のある晩、月が明るすぎてほかの観測ができなかったので、うお座の黄道部分を一部重複する五つの領域に分けてＣＣＤ画像を撮ってみたところ、最初の領域だけで三つの小惑星が見つかった。「一つは予想した位置をややはずれた既知の小惑星だとわかったが、あとの二つは新しいもので、私は発見者として登録された。この夜は運がよかったのだろうか。いや違う。その年末にまた観測したときも八日間のうち一日を除いて成功し、新しい小惑星を二十一個発見して登録した」(11)。ほかのアマチュアたちもディ・チッコの報告に刺激されて挑戦した。ジェフ・メドケフとデヴィッド・ヒーリーはコンピュータープログラムを作成して就寝中に自動でＣＣＤ画像を撮影し、初めての三日間の観測で三つの小惑星を発見した。

見つかった小惑星も正確な軌道がわかるまで充分に追跡観測されないせいで見失われてしまうものが多くある。そういうものものちに「再発見」される場合があるから軌道が確定するまでは名称と番号が登録されないことになっているが、困ったことに、命名され、番号登録されたものでもどこかに消えてしまうことがある。一九一一年に発見された719番のアルベルトは、八十九年間見失われていたのちにキットピーク天文台のスペースウォッチ・チームに発見され、878番のミルドレッドは一九九一年に再発見されるまで七十五年間行方不明だった。アマチュア天文家は、発見した小惑星を追跡観測したり見失われていたものを再発見して軌道精度を高めたりすることでこの問題の解決にひと役買うことができる。ディ・チッコは次のように述べている。「プロの天文家は新発見だというだけで取りたてて特徴のない小惑星の追跡にまでなかなか手がまわらないが、アマチュアなら自分の発見した宇宙の不動産に注目し続けることができる。一カ月くらいのあいだに二夜連続の観測を何度かすれば、前回の観測結果とつなげて正確な軌道がわかるだろう」(12)

彗星の場合は大きい双眼鏡か小さい広視野望遠鏡があれば、それ以上高度な器材は必要ない。夕暮れ近くと夜明け近くに空をくまなく見ることをお勧めしよう。目で見てわかるくらい明るくなっているのに太陽光に隠れて発見されなかった彗星を探すのである。大切なのは観測場所が暗いこと、夜空を見慣れていること、そして忍耐力だ。

空が暗い場所でないと、見つけられる彗星も見つけられずに誰かに先を越されてしまう。引退した現在は趣味として観測を続けている元プロの天文家ウィリアム・リラーは、本気で彗星探索家《コメットハンター》になるつもりなら、少なくとも十二等級の天体まで見えなくてはいけないと言う。恒星ならそのくらい暗い星でも、空が暗くレンズが澄んでいれば口径八センチの望遠鏡で見えるが、ぼんやりした彗星は空のどこを探せばよいのか見当がつかないわけだから、もう少し集光力のある器材が必要だろう。

夜空を見慣れていれば、星雲状の光を見つけるたびに星図を確認せずにすむので効率がよい。十八世紀にシャルル・メシエが作成した「メシエカタログ」は、北天にぼんやり光る百個ほどの天体を仲間のコメットハンターが彗星と見まちがえないように集めたもので、明るい星雲や星団や銀河がほぼ網羅されているが、十二等級まで観測するならこの十倍の数の天体を見ることになるだろう。それらのほとんどは一八八八年にジョン・ドレイヤーがジョン・ハーシェルのカタログをもとに作成した「ニュージェネラルカタログ」に登録されており、ＮＧＣ番号がつけられている。ＮＧＣ番号は、いってみれば名前ではなく顔だけを覚えるようなものなので、慣れるのにさほどの苦労はいらない。ロンドンの街路に詳しくなるような感じでなかなか楽しいものだ。

彗星は一個見つけるにも平均で三百時間かかるため、忍耐力という能力が要求される。ルイス・スウィフトは一八七七年から一八八一年までに、平均で年に一個の彗星を発見した。彼は腰を骨折して足がひどく不自由だったが、夜明け前にはかならず起きて買い物かごに望遠鏡の光学部品を入れ、ロチェスターにあるダフィー社のりんご圧搾工場へ行く。そして梯子を三台使って屋根に上り、空をくまなく眺めてから仕事に出かけた。「ベッドに寝ていたのでは、彗星は見つけられない」とスウィフトは言った。[13] ジョージ・Ｅ・Ｄ・オルコックは教師を引退したあと体をこわしたが、寝室の閉じた二重窓から観測してＩＲＡＳ・荒貴・オルコック彗星（１９８３ｄ）を発見した。[14] 老齢のオルコックにとっては五個目の彗星の発見だったが、観測をはじめて十八年ほどは一つも成果がなかった。

一九八八年三月十九日の明け方、空を眺めていたデヴィッド・レヴィは「真横を向いた渦巻銀河のようなものを見た……渦巻というには普通思い浮かべるものよりも細長く広がっていた」。次の夜も同じ場所を見てみると、「銀河はなくなっていた！　そして、その少し北に別の渦巻銀河があり、今度のは核がはっきり見えていた。前日のものとは似ていなかったので位置を書きとめておき、最初のものは場所をまちがえてスケッチしてしまったのだと反省してその日は休んだ」。三日目の夜、レヴィはもう一度確認した。最初の場所に星雲状のものはなく、二番目の「銀河の中心核」のように見えていたものは、周囲がぼやけていない明らかな恒星だった。「この恒星に彗星が重なっていたにちがいない、と思った。

望遠鏡を握りしめたまま、これは大発見なのだと気づいた。私の考え方が正しければ、望遠鏡を北へほんの少し動かせば、一度と離れていないところに彗星があるはずだ。息を凝らし、がたがた震えながら四十センチ反射望遠鏡を北へそっと押した。あった。いたずらな新彗星は私とかくれんぼをして見つかってしまったのだ。そして正式に申請され、レヴィ1988cとして登録された[15]」

空の彗星を見ていただけで別の新しい彗星が見つかったこともある。その名にふさわしい人柄だった百武裕司――「百武」は「武士百人の武勇」という意味――は写真製版の仕事に携わっていた新聞社を退職したのち、自分が五週間前に発見したばかりの彗星C／1995Y1をいとおしそうに眺めていたとき、近くの雲の隙間に新しい彗星を見つけた。「夢じゃないか、とつぶやきました」と百武はそのときのことを振り返った。架台に搭載した倍率二十五倍、口径百五十ミリの大型「双眼鏡から目を離し、しばらく気持ちを落ちつけようとしました。それから、彗星のように見えるこの天体と背景との位置関係をスケッチしはじめました」。百武彗星C／1996B2は肉眼で見える巨大彗星として研究対象となり、一般の人々の敬意を誘い、発見者の人生を変えた。「ひたすら趣味に没頭するような人間ではないのに、なぜ私がこの彗星を発見できたのか不思議でなりません」と百武は言う。家族思いの彼が観測に割く時間は週に数時間程度だったのである。「電話が鳴りっぱなしになって、妻は電話をかけることもできなかった。こんなに私に注目が集まるなんて、少々戸惑っています。注目されるべきは彗星なのに[16]」

太陽系外惑星を研究するプロの天文家アラン・ヘールと、フェニックスの建築資材会社の部品部門で働いていたアマチュア天文家トマス・ボップは、ほぼ同時にヘール・ボップ彗星を発見した。二人は面識がなく、百五十キロほど離れたアリゾナ州とニューメキシコ州でそれぞれ観測していた。ヘールはまもなく真夜中になろうとするころにクラーク彗星を観測し、次にダレスト彗星が現われるのを待っていた。

いて座の深宇宙天体を観測して時間をつぶそうと思い、［四十センチ］望遠鏡を［球状星団］M70に向けると、二週間前に見たときにはなかったぼんやりした天体があるのにすぐに気づいた。その星団がこの領域に多数あるほかの球状星団ではなく、まちがいなくM70であることを確かめ、深宇宙カタログにも何冊かあたってから、マサチューセッツ州ケンブリッジにある国際天文連合の天文電報中央局のコンピューターに接続して確認した。中央局のブライアン・マーズデンとダン・グリーンにメールを送り、とりあえず彗星の可能性があるとだけ伝えた……南西の林のなかに消えるまで合計で三時間ほど追跡を続け、移動前後の二つの位置測定を含む詳細な結果をようやく知らせることができた。(17)

同じころ、ボップも友人が製作した四十四センチのドブソニアン反射望遠鏡で球状星団M70を観測していた。普通のドブソニアンには時計駆動装置がなく、ボップの望遠鏡も例外でなかったため、観測中にM70が視野をはずれ、代わりに彗星がすべり込んできたのだった。

肉眼で容易に見えるような「大彗星」になると予想された彗星がそうならずにあっけなく消えてしまったら、その彗星の発見者は名誉を失墜しかねない。一九七三年、チェコの天文学者ルボシュ・コホーテクが発見して大きな話題になったコホーテク彗星は文字どおり燃料切れであまり大きくならず、コホーテクの名は過剰な期待という意味で使われるようになってしまった。ただし私は、次に回帰するコホーテク彗星はもっと華々しい姿になっていると臆することなく予測しよう。これほど大胆になれるのは、次の回帰が七万年後だからだ。

写真ではどれも似たり寄ったりに見えてしまいがちな彗星だが、望遠鏡を通して見ればそれぞれに個性があるのがわかり、数時間でみるみる姿を変化させることもある。彗星のうっすらした尾を見るには低倍率の、核の崩壊を観測したいときには高倍率のアイピースを使う。一九九七年四月四日の夜、ロッキーヒルからヘール・ボップ彗星を高倍率で観測していた私は、核を取り巻く塵のなかにはっきりした渦巻模様が認められて驚いた（この彗星は直径四十キロメートルを超える巨大な核をもち、太陽に近づくと大量の塵をもくもくと吐き出す）。こんなものは見たことがなかったので、最初はたぶんレンズの傷のせいで見まちがえたのだろうと思った。しかし、試しに近くの恒星に向けてみても望遠鏡に異常はないし、高倍率のアイピースをとっかえひっかえしても依然として渦巻模様が見えた。ハッブル宇宙望遠鏡が連続して撮影した画像には、回転する核から出た一本の太いジェットがまるでスプリンクラーが芝生に水を撒いているように塵を噴出して、まさに渦巻模様をつくっていた。

彗星は流星のようにすじを引いて空を横切らないものの、通常は恒星を背景にして速い速度で移動するため、恒星ではなく彗星そのものを追尾して長時間露出で写真撮影する必要があり、その動きは地球に近づくほどより正確にわかる。ＩＲＡＳ・荒貴・オルコック彗星１９８３ｄは地球から五百万キロメートル以内を通り、一七七〇年以来の彗星大接近となった。私はハリウッドの街明かりにかこまれて携帯望遠鏡で観測したが、それでも恒星を背景に動いているのがほんの数分だったが見えた。それは颯爽と突き進んでいた。

短周期彗星は比較的軌道が小さく、そのため数百年ではなく数十年から数年の間隔で太陽に近づくので、同窓会のときにだけ会う級友のように、出現のたびに外観や動き方の違いを比較できる。代表的なのがハレー彗星だ。エドモンド・ハレーの名がつけられたのはハレーが発見したからではなく（ハレーは発見者ではない）、彼が軌道を計算し、その結果を過去の記録と比較して、一五三一年と一六〇七年と一六八二年に現われた三つの彗星が同じ彗星の回帰だったことを言いあてたからである（世界各地の天体観測家に記録を残すという感心な習慣があったおかげで、紀元前二三九年までのすべての出現の観測記録が見つかっている）。周期七十六年は人間の一生よりも短いから、生年によっては見ようと思えば二度見られる人がいる。私の息子がそうだ。私と妻は一九八六年三月二十三日生まれの息子を生後数週間のときにヨシュアツリー国立公園の真っ暗い砂漠へ連れていき、地球に最接近して離れていこうとするハレー彗星をよく見せようと高く抱き上げた（息子はもちろんそのことを覚えていないが、彼が七十六歳になったときに、見たことがあると言われたことだけは思い出してほしいので、私はこの話を繰り返し聞かせている）。ハレー彗星の出現年に生まれたマーク・トウェインは、一九〇九年に自分の一生は次の回帰のときに終わると予言した。「私は一八三五年にハレー彗星とともにやってきた。ハレー彗星は来年またやってくるので、私もともに去りたいと思う。神がそうおっしゃっているのだ。ここに奇妙なふたりがいる、ふたりはともに現われたので、ともに去らなければならない、と」[18]。予言は的中した。ハレー彗星が近日点を通過した翌日の一九一〇年四月二十一日、トウェインはこの世を去った。

彗星は古くから凶兆としておそれられてきた。次章で見るように、地球は長きにわたって彗星と小惑星の衝突でたびたび破壊されたので、彗星のこの不名誉もある程度はしかたがないが、その一方で、隕石は天界からの使者として崇められた。エジプト語で鉄を表わす言葉は「天からの飛来物」という意味である。ヒッタイト人とシュメール人は鉄を「天からの火」と、アッシリア人は「天からの金属」と呼んでいた。ツタンカーメンの墓から発見された短剣は明らかに隕鉄を鋳造したもので、ある学説によると、古代の鍛冶師が儀式用の武器を隕石からつくるよう注文を受けたときは、銅の融点である摂氏一〇八五度を大きく超えて、鉄の融点である摂氏一五三五度に炉の温度を上げたという。天文学者のブラッドリー・シェーファーは「鉄器時代は隕石によって一気に幕を開けたのだ」と主張する。[19] もしそうなら、人間の文明は空から降ってきた石で土台の一部が築かれたことになる。

彗星の尾

デヴィッド・レヴィとの出会い

一九九一年十一月に私が初めて会いに行った当時、デヴィッド・レヴィはアマチュア天文家のあいだで腕のいいコメットハンターとして知られていたが、それ以外では無名だった。その三年後には、知らない者はいないくらい有名になっていた。その間に何があったのか。天文学者のユージン・シューメーカーとキャロライン・シューメーカーの夫妻とともにシューメーカー・レヴィ第9彗星を発見したのである。この彗星が衝突を繰り返したのちに華々しく消えていった様子を、レヴィは「宇宙で目撃された最もドラマチックなシーン」だと語った。

アリゾナ州トゥーソン郊外のはずれにあるレヴィの小さい家は質素で、遠日点の彗星のようにぽつんと目立たなかった。光をさえぎるための簡素な木の衝立があちこちに立てられ、平屋根の上に観測台があった。近所の便利屋に頼んでつくってもらったその日の夜、レヴィはそこで彗星を発見した。「もし彗星を発見できたら建てたかいがあるなって彼に言っていたんです。まったくそのかいがあった」とレヴィは振り返った。

冬場の家畜のように狭苦しい小屋に集められたレヴィの望遠鏡は、慎ましいものばかりだった。白い反射望遠鏡が十ドルの小さいベンチに据えられ、レヴィは公園でおずおずとプロポーズする男のようにそこに座って、釣りに使うリールを手でまわして動きを制御した。「ミランダ」と名づけた四十センチのドブソニアン反射望遠鏡は、青い厚紙の鏡筒と三ドルで手に入れた中古のファインダーが目を引いた。あとは黒光りする二台のシュミットカメラ。それでおしまいだ。唯一の贅沢品は凝ったつくりの電動式の椅子で、座ったまま広い空をすみずみまで見ることができる。これを手に入れるのに、レヴィは古い望遠鏡を手放した。そして、こうした質素な設備で二〇〇一年までに史上第三位の二十一個の彗星を発見した。ドブソニアンに貼ってある真鍮のプレートがその証である。たとえば「１９８４ｔ、十一月三日」「１９８９ｒ、八月二十五日」「１９９０ｃ、五月二十日」は、それぞれ「レヴィ・ルデンコ彗星１９８４ｔ」「岡崎・レヴィ・ルデンコ彗星１９８９ｒ」「レヴィ彗星１９９０ｃ」として登録されている。

　モントリオール生まれのレヴィは、十四歳のときに重度の喘息でコロラド州デンバーのユダヤ小児喘息療養所に入院した。十三歳で迎えたユダヤ教の成人式の記念に贈られた小型望遠鏡を病院にもち込み、夜になると病室をそっと抜け出して星を見に行くようになった。レヴィが夜ごと姿を消すのに気づいた医者は、「どうして寝ないんだい？」とたずねた。

「寝ないんじゃなくて、望遠鏡で海王星を観測しているんです」とレヴィは答えた。医者はしばらく考え込んでいたが、こう言った。「医者として言うよ、海王星の観測を続けなさい。喘息だからって、したいことをせずにいることはないんだ」

　レヴィは観測を続けた。そして一九八四年十一月十三日、探索をはじめて十五年後に最初の彗星を発見した。その晩、レヴィは友人のロニー・ベイカーと食事をしていた。ロニーはレヴィが自分の肩越しに窓のむこうを見てばかりいるのでいらいらしはじめていた。窓の外は数日ぶりにようやく晴れた夜空が広がっていた。たまらなくなったレヴィは、食事を早々に切り上げて外へ飛び出していった。太陽光の弱い夕暮れと明け方は彗星が姿を現わしやすく、コメットハンティングに最適な時間なのである。

「わかった、もういいわ」。ロニーがうしろから叫んだ。「でも、今夜こそ彗星を見つけないと承知しないから！」

そして、レヴィは見つけた。たった一時間と七分で、わし座の散開星団NGC6709の近くにぼんやりした光があるのを探しあてたのだ。「星団とにじんだ光のコントラストがとても美しく、これはおかしいと思った。こんなにきれいなら天体図鑑に載っていていいはずなのに。十分もしないうちに理由がわかった。にじんだ光は動いていたのだ！」。レヴィは彗星の出現をハーバード大学天文台に報告し（レヴィ・ルデンコ彗星1984tとして登録された）、ロニーにも電話した。「じゃあ彗星を見つけてくれたのね？」と聞くので、レヴィが「見つけたよ」と答えるとロニーは笑いだした。「どんなに明るかったか話すと、彼女はまた笑った。それで彗星の位置と方角と移動速度を教えたら、やっと笑うのをやめて言った。『なんですって、本当なの！』」[1]

私と会ったときには、レヴィの彗星の発見数は十個を超えていた。自宅の望遠鏡で発見したものもあるが、最近ではパロマー山天文台の四十六センチシュミット望遠鏡を使ってシューメーカー夫妻と撮影した写真から見つけたものもあり、ここのところは発見の頻度が上がっていた。このプロジェクトはパロマー小惑星彗星サーベイといい、通常は七日間の観測ランで三百枚以上の写真を撮っていた。レヴィはポンコツ車に荷物を積んでサンディエゴのパロマー山天文台へ行き、一週間夜通し仕事をして家にもどった。旅費は出してもらえたが、報酬はなかった。

レヴィは天文学を正式に勉強したことも科学分野の仕事をしたこともないが、観測に対する彼の姿勢は真剣そのものだ。あるインタビューでは次のように語っている。「アマチュアは生活のために天体観測をしているわけではありませんが、ほとんどの人は単なる趣味だとは思っていません。性分のようなものなのです……プロだったら、天文学は金を稼ぐための日々の業務です。それはなにも悪いことではないし、プロだからといってアマチュアになれないこともないのです[2]」

レヴィの座右の書は、ハーバード大学天文台のハーロー・シャプリーが「世界一のアマチュア天文家」と賞賛した故レズリー・ペルチャーの抒情的な回顧録『星の来る夜』だった。少年時代に観測をはじめたペルチャーは生涯に彗星を十二個、新星を六個発見し、十三万二千個の変光星の観測結果を記録した。本は長年もち歩いていたためにとうとうばらばらになってしまい、レヴィはページを足して美しい濃紺の革で綴じ直し、足した白いページにこの本を引用して話をした講演を書き入れていった[3]。それは彼の講演をほぼ網羅する記録になった。私はトゥーソン滞在中にレヴィと一緒にアマチュア天文家の会合に参加したが、予定されていた講演者がこられなくなり、急遽レヴィが代演することになった。彼はいつも携帯している『星の来る夜』を取り出し、その一節を朗読した。まだオハイオ州の農場に両親と住んでいた二十代半ばのペルチャーが一九二五年十一月十三日金曜日に十五センチ望遠鏡で彗星を発見し、夜中に町の鉄道の信号塔まで古い自転車を夢中で走らせてハーバード大学天文台に彗星の出現を報告する電報を打ったくだりである。そのときペルチャーは家にもどる道すがら思った。「僕の電報はどうなるんだろう？　ハーバードの人たちはあれを信じて今夜のうちにカリフォルニアの巨大望遠鏡で確認してくれるだろうか。それとも、ケンブリッジにとどいても優秀な人たちに『これはおもしろい。オハイオあたりの青年が六週間前に報告済みの彗星を発見したと言ってきましたよ！』なんて言われるのがおちだろうか[4]」

それはまぎれもなく発見だった。ペルチャーが初めてだったのだ。彼は新彗星につけられた「ペルチャー」の名と一九二五年という年を自分の望遠鏡の木製のピアに刻んだ。レヴィは心をこめてこの一節を読み上げ、講演を終えてから、お守り代わりのこの本にその日の講演の場所と日付を青インクで几帳面に書き込んだ。

「コメットハンターは夜まわりみたいなものです」。レヴィは自宅の観測所を開けながら私に言った。「毎晩のように現場に立たないといけない。彗星は好きなときに探してもいいのですが、本当に見つけたいならずっと見ていなくてはならないんです。普段は一時間くらいかけて、一つの視野を一、二秒ずつ見ます。一番長いときは休みなしで九時間四十分見ましたね」

レヴィは祖父からもらったという短波ラジオのスイッチを入れた。真空管が琥珀色に光って温まり、一、二分すると昔のロックがささやくように聴こえてきた。空が暗くなり、私たちは大きな青いドブソニアンをのぞいてアンドロメダ銀河とかに星雲とステファンの五つ子銀河を見た。流星もいくつか流れていった。まばらに長く続くおうし座流星群からの使者である。アリゾナの砂漠の夜空は漆黒の闇で、黄道光が青白い短剣のようによく見えた。私は太陽のまわりをまわるあらゆるもののことを考えた。小惑星、彗星、塵粒子、無数の岩石と氷の玉……。

「こういうのを実際に見るのは、なんともいえないものがありますね。魔法にかけられたような感じがする」とレヴィはしみじみと言った。「アマチュアで天文をやるのは心底からやりたいということです。せずにはいられない。天文観測は心を空につなげてくれるんです」

その日彼と最後に見たのは木星だった。それはレヴィが十二歳のときに初めて望遠鏡で観測した天体でもある。まだ誰も知らなかったが、この夜、木星の近くを一つの彗星が通っていた。暗すぎて私たちには見えなかったけれども、のちに大発見となる彗星が。一年四カ月後、レヴィとシューメーカー夫妻がそれを発見すると、世界中が木星に注目し、宇宙は安泰だと思っていた私たちの感覚は永遠に打ち砕かれた。宇宙のものはそこにずっとあると思うのは、ただの思い込みだったのだ。

第十二章　宇宙の厄介者

あなたは姿を露わにし、無言のまま、目を見開き、あなたのこよなく愛するもの、
夜と眠りと死と星について考える。

——ウォルト・ホイットマン

海の魚と同じくらい、空にはたくさんの彗星がある。

——ヨハネス・ケプラー

二千年紀の終わりに近いある日の夕方、私を含む八人がワシントンDCのNASA本部に集まり、ラッシュアワーで渋滞中の高速道路が見えるガラス張りの会議室でテーブルをかこんでいた。「地球近傍天体」に関するNASA運営《ステアリング》委員会の年次総会で、地球に衝突するおそれがあり、また衝突した場合は甚大な被害をもたらす大きさのある小惑星と彗星について話し合うためである（舵取り《ステアリング》しようとしていたのは彗星と小惑星ではなく——そんなことは誰もしようとしたことがない——ほかの関連委員会の取り組みだ）。私たちはかれこれ八時間もそこにいて、ポコポコと音を立てていたポットのコーヒーが焦げそうなほど煮詰まってしまっていた。そんなコーヒーをお代わりしようとする者はもういなかったが、スウェーデンの天体物理学者が干からびかけた朝食のロールパンを取っておそるおそるかじっていた。いま話しているのは今日の最後に近い発言者で、空を飛ぶのが数回だけ記録されたのちに見失われた小

惑星1998OX4について説明している。悪天候や満月の光や太陽への接近のせいで小惑星の行方がわからなくなり、二度と発見されないのはめずらしいことではない。最初に記録された乏しい軌道情報では、どこへ飛んでいったかまでは判断できないのである。

小惑星1998OX4は九日間しか画像に写らず、そこからわずかにわかったことは何やら不安が残るものだった。「衝突の可能性はまだゼロではありません」と発言者は念を押した。いつか地球に衝突するおそれがいまだ消し去れないということだ。どこを探せばよいのかわかる者もいない。見失って二年がたった現在、あるとすれば空のおよそ半分のどこかということになる。それが地球に衝突すると仮定してその軌道を算出し、観測できる明るさになるところまでその軌道を時間的にさかのぼり、そこに何もなければようやく安心できると発言者は指摘した。だが、そうした措置はまだとられていない。私たちは、今回のような見失った小惑星をアマチュア天文家に探索してもらうことの当否を話し合い、多くのアマチュアが「メートル級」、すなわち口径1メートル程度の望遠鏡をもっていれば助けになることに気づいた。しかし、特定の区域の小惑星を確実に探し出せる大きさと付属品を備えた望遠鏡を所有するアマチュアはそういるものではない。私たちは次の議題に移った。

• • •

かつて天文学者は小惑星を、また彗星さえをも「宇宙の厄介者」扱いし、試合中のウィンブルドンのセンターコートを素っ裸で走りまわるいたずら者並みに邪魔に思っていた。深宇宙地図を作成するための長時間露光写真に小惑星が写ると目障りだし、彗星は華やかではあっても写真写りがよいだけでおもしろみがなく、演技の下手な映画スターのようだった。一般の人々は目に触れることの少ない小惑星についてはよいとも悪いとも思っていなかったが、彗星は凶兆と考えていた。十六世紀のイギリスの数学者レオナルド・ディッグスの言ったとおり、「人間にも動物にも死をもたらす」ものだったのだ[1]。その根拠は彗星の尾がおそろしい剣に見えるという程度のことでしかなかったから、むろん科学者はただの迷信として無視していた。ところが歴史の皮肉とでもいおうか、近年の研究結果から、彗星と小惑星がある意味でそのイメージを裏切らないことがわかった。それらは凶器になりうるのである。

地球には守ってくれる屋根がない。数十億年のあいだに甚大な被害をもたらす大きさの小惑星と彗星がこの地球にたくさん衝突しており、宇宙にはいまも無数の巨岩がある。直径百メートルの小惑星は、町を一つぺちゃんこにできる。一キロメートル級の小惑星なら、串刺し公の名で知られた野蛮なワラキア公ヴラド三世の時代にまで人間の文明を逆もどりさせてしまうだろうし、十キロメートルの彗星ともなれば地球上の生物のほとんどを絶滅させるだろう。ほっとするのはこのような大規模な衝突が小規模の衝突よりもずっと数少ないことで、恐竜を地球から消し去ったような十キロメートル級の天体の衝突は一億年に一度くらい、一キロメートル級でも百万年に一度程度しかない。ところが、小さくても甚大な影響をおよぼすおそれのある衝突天体は決してめずらしいものではない。超大型タンカーくらいの大きさの彗星と小惑星は戦略核弾頭ほどの威力があり、百年に一度か二度は衝突しているのである。その一つが一九〇八年にシベリアの森林の上空で大爆発した天体で、二千平方キロメートルにわたって樹木をなぎ倒した。四時間遅かったらサンクトペテルブルクが破壊されていたかもしれない。小住宅サイズの岩が毎日十個余りも地球めがけて飛んできて月よりも近いところをかすめていき、年に数個は衝突しているが、たいていは海に落ちるか海の上空で爆発する。一九九四年に太平洋上で起こった空中爆発は目撃した者はなかったが、軍のセンサーが感知したために、アメリカの大統領と副大統領は早朝四時に起こされて概要を報告された。一九九六年十一月二十二日にはそれに匹敵する大きさの天体がホンデュラス西部に落下し、幅五十メートルのクレーターをえぐって広大なコーヒー畑を火の海にした。十時間ほど時間がずれていたらバンコクの中心部かマニラを破壊していただろう。

十キロメートル級の天体の衝突は、地球の生物進化の過程を大きく覆すこともありうる。過去にそういうことがあったのは明らかだ。被害の大部分は二次的要因によるものである。衝突した天体が気化し、陸地と海底もそれ相応の量が気化し、爆発によっていたるところに融解した巨岩がまき散らされる。一部は大陸間弾道ミサイルのように弧を描いて地球を半周し、裏側に落ちる。あたりは火の海になる。火災による煤煙や衝撃による粉塵で何カ月にもわたって大気が真っ黒になる。太陽光を奪われた生態系は崩壊し、陸上の生物はもとより、太陽光のとどく海の浅瀬の生物も大半が絶滅にむかう。六千五百万年前に恐竜時代を終わらせたユカタン半島への天体衝突は、生物種の多くを絶滅に追い込んだ。やはり衝突が原因と考えられる二億五千万年前のペルム紀－三畳紀の絶滅では、海洋生物の八十五パーセント、陸上生物はそれを上まわる数の種が姿を消した。

二十世紀終わりの数十年に衝突による厳しい現実が科学調査から明らかになると、小惑星と彗星を研究するアマチュアとプロの天文家は、電話ボックスのなかで着替えるスーパーマンよろしく変身した。それまで宇宙の厄介者を地上から追っているだけだったのが、いつの日かやってくる「空からもたらされる死」の危険から世界を救うという使命感を抱いて目を光らせるようになった。その経緯を知れば、アマチュアの科学とプロの科学、そして迷信とがどのように影響をおよぼしあったかがわかるだろう。

何世紀ものあいだ、空から石が落ちてくるはずはないと固く信じていた学識者は隕石の落下が報告されても無視していた。一七九〇年七月二十四日、フランスのバルボタンの住民が畑に隕石がばらばら降ったと報告したが、科学誌ジュルナル・デ・シアンスズュティルは相手にしなかった。一八〇七年十二月十四日にコネティカット州ウェストンに大きい隕石が落下したという目撃証言は、調査にあたったイエール大学の二人の教授が確認したにもかかわらず撥ねつけられ、トマス・ジェファソン大統領が「天から石が落ちてきたのを信じるよりも二人の教授が嘘をついたと考えるほうが自然だ」と洟も引っかけなかったというまことしやかな話が今日もなお大衆本に掲載される。(2) ごつい手に隕石を持った実直な農夫がお偉方に門前払いを食わされた話は、科学も教理に反すれば明白な事実でも認めようとしない宗教と同じだと考える人々が好んで語りたがる。だが、本当のところはそれよりももっと複雑だ。

十八世紀の科学者が隕石落下の報告を無視したのは確かだが、それは定説にしがみついていたからではなく、別の説を信じていたからだった。つまり、村人が持ってきた焼け焦げた石は雷に打たれたものだと考えたのである。一七五二年にベンジャミン・フランクリンが凧と鍵を使って先進的な実験をした時代の科学者にとって、雷説は充分に納得のいくものだった。すじを引いて夜空を流れる流星についていえば、古典的手法に忠実な科学者たちはアリストテレスの説をよりどころにしていた。流星を気象現象ととらえたアリストテレスは、流星は大気中を飛んでいく火だと考えていた。(3) しかし十八世紀後半から十九世紀前半に流星の目撃報告が増えると、科学者たちはこれまでの説に疑問を抱き、夜空に光った流星と翌朝地面に落ちている石とを関連づけて考えるようになった。詩や戯曲よりも科学研究の著作のほうが多いゲーテは証拠を検分し、一八〇一年までには隕石は大気圏のむこうからくると確信していた。ほかにもフランスの高名な科学者ジャン゠バティスト・ビオ、ピエール゠シモン・ラプラス、シメオン゠ドニ・ポアソンらが考えを変えた。一八〇三年四月二十三日にノルマンディ地方のレーグルに数百個もの石が落下してきたときに調査団としてフランス科学アカデミーに派遣された彼らは、それが事実だと発表した。

科学者は当然プロがとるべき懐疑的な姿勢を示した。多くが隕石の話を疑ったのもこうした態度からであって、頭が固かったからではない。トマス・ジェファソンの隕石についての発言も、実際には含みがあった。コネティカット州ウェストンの隕石を大気圏外からきたものだと主張したイェール大学の二人の教授をジェファソンは嘘つき呼ばわりしたことになっているが、隕石の実物を所有していたダニエル・サーモンに宛てた手紙に彼はこう書いている。「もちろん不可思議なことをなんでも否定すべきではありません。説明できない現象が日々数えきれないほど起こっていますが、既知の自然の法則とかけ離れていても、それが本当にあったというならば、いかに難しかろうと証明しなくてはならないのです」(4)。また、ジェファソンは一七九九年十一月十二日の夜にイギリスとフランスで流星雨があったという話に興味をもち、測量技師でアマチュア天文家のアンドルー・エリコットにも次のように書き送っている。

私にはこれが自然の法則に反するかどうかわからないので絶対にありえないとは言いませんが、これまで見てきた自然の営みのどれともまったく似ていないため、それ相応の確固たる証拠が必要です……非常に良識ある正直者の友人が空から魚の雨が降ってくるのをその目で見たと詳しく話してくれたことがあります。彼が嘘をつく人間でないのはよくわかっていました。彼が惑わされてそれを事実だと思い込むなど、私には魚の雨と同じくらい説明しがたいことでした。そこで、次に魚の雨が降るのが確認できるまでこの問題には決着をつけないでおくことにしたのです(5)。

石は——そして魚も竜巻で空中に吸い上げられたときに——本当に空から降ってくる。科学者も隕石が大気圏外からくるとついに認めるようになった。それでも、特別に大きい岩が地球に衝突して新しい地層を形成したり種を絶滅に追い込んだりしたとする説は否定した。この点について彼らが保守的だったのは、科学者として天変地異説を苦々しく思う気持ちが根底にあったからだ。天変地異説は宗教的観点からダーウィンに反対する人々が支持した説で、地球は誕生からわずか数千年しかたっていず、地質記録に見つかる大変化の形跡はノアと動物が生き延びた洪水をはじめとするいろいろなかたちの天変地異によって短期間に残されたとするものである。漸進説を支持する科学者にとって、「空からもたらされる死」の話は無知ゆえにダーウィン説に反対する人々が話したがるものでしかなく、彼らにしてみれば受け入れがたかった。

『クリスマス・キャロル』のマーレイの幽霊のように空に現われては迷信じみた俗説を次々と生む彗星は、科学者にとくに嫌われた。一六六五年のロンドンのペスト大流行、紀元前四四年のユリウス・カエサルから八七七年の禿頭王シャルル二世までの権力者の死といった凶事の前には、彗星が前兆として現われると広く信じられていた。七世紀に唐の李淳風は、「彗星は不気味な星」で「現われるたびに……何かが起こって古いものを一掃し、新しいものができる」と記している。また、ドイツには子供なら誰でも知っているこんな歌がある。

彗星が空高くで怒りに燃えたとき
八つのものをもたらす
大風、飢饉、疫病、王様の死

戦争、地震、洪水、異変[6]

教会へ行けば、これらの天災は己の数々の罪への報いだと説教された。一五七八年にルーテル教会の監督アンドレアス・セリシウスは、このような説教を織り交ぜて宇宙物理学を説き、「人間の罪が濃い煙になって立ちのぼり、神の御前で日々刻々と悪臭と不気味さを募らせてしだいに厚くなった」ものが彗星なのだと話して人々を戒めた。[7] 神学者のクリストファー・ネスは、一六八〇年に夜空を巨大彗星が幽霊船のように流れていったとき、「旱魃と戦争を予告する天のしるし」だと警告した。[8] 敬虔なキリスト教徒の多くがそれを信じ、哲学者ピエール・ベールは怯えた罪深い人々が不安を訴えてくるのでたびたび仕事を中断しなければならないとこぼした。

そのころ、アマチュア天文家のエドモンド・ハレーもイギリス海峡を渡る船の上から同じ巨大彗星を見ていた。フランスに到着して天文学者ジャン＝ドミニク・カッシーニに会い、彗星は神の発射した爆弾ではなく予測可能な軌道を運行する惑星間天体であり、歴史的記録に残っている彗星のなかには同じ彗星が回帰したものがあるかもしれないという説について論じ合った。イギリスにもどったハレーは人嫌いのアイザック・ニュートンに話を聞く機会を得た。ハレーが彗星の軌道についてたずねると、ニュートンはとうの昔に解決した問題だと答えた。ハレーはそれを一冊の本にまとめるようニュートンに勧め、出版の段取りをつけてやった。そうして発表されたのが学術界を活気づけ、啓蒙思想に火をつけた『プリンキピア』である。このなかでニュートンは彗星が実際に惑星間を決まった軌道で動いていることを証明し、ハレーは現在彼の名前で呼ばれている彗星の軌道を計算し、それが一七五八年に回帰すると予測してニュートンの発見を見事に裏づけた。そしてハレー彗星はハレーが亡くなった十六年後、確

かに回帰したのである。(9)

ニュートンとハレーの研究によって、彗星は科学と迷信の対立の焦点になった。これは当時としては大問題だった。そのころは科学に専念できる人の数が限られていたため、ロンドンの王立協会会員は魔法の呪文に効果がないことを証明する義務感に迫られた。現在の占星術と同じで、十八世紀には彗星をどうとらえるかが理性的判断力の有無を表わすものになった。科学に疎くて迷信深い者は彗星を不吉な前兆だと考え、科学の知識のある者は、それは時計のように正確に動いている宇宙の予測しうる一部であって、おそれる必要はないと理解した。素養の違う二グループの対立はハレー彗星が回帰するたびに激しくなり、まるで七十六年ごとに再燃する進化論裁判のようだった。だが、最終的には科学が勝利した。一九一〇年にハレー彗星が回帰したときは、オクラホマ州の狂信者のグループが彗星の怒りを鎮めるために処女を生贄にするのを保安官がやめさせる一幕もあったが、愚かな行為よりも科学的成果のほうが多かった。一九八二年の回帰のときには処女に危険がおよぶことはなく、ハレー彗星が六機の宇宙探査機隊の取り調べを受けた。欧州宇宙機関とNASAが共同で打ち上げたジオットは、多くの物質を放出している多孔性の核の詳細な写真を撮り、そこから長さ約十六キロメートル、幅八キロメートルの大きさが測定された。

新しい周期彗星を見つけられるように彗星の経路を図にしていた十八世紀の天文学者は、地球に接近してくる不穏な彗星があることに気づいた。一七〇二年から一七九七年のあいだに八個の彗星が地球から三千万キロメートル以内を通過するのが観測され、その一つである一七七〇年のレクセル彗星はわずか二百五十万キロメートルのところをかすっていき、そのコマは満月の五倍の大きさにまでなった。ハレーその人が述べたとおり、地球への正面衝突はどう考えても「決してありえないことではな」かった。(10)

ヴォルテールは評判になった著書『ニュートン哲学要綱』でこの可能性について取り上げ、「不幸にも地球が［彗星と］同じ場所にきたら、どのような災厄に見舞われるだろうか。二つの爆弾が空中で衝突して爆発する場面を想像してみても、この遭遇でわれわれが受ける被害には遠くおよばない」と述べた[11]。数学者のピエール＝シモン・ラプラスは、彗星が衝突すれば「あらゆる種が消滅し、人間の築いたすべてのものが破壊される」と述べた[12]。一八五七年のフランスの漫画には、悪辣そうな顔の彗星が地球をめちゃめちゃにし、それをスタントカーレースか何かのように月が笑いながら見物しているのが描かれていた。

しかし、総じて天文家は彗星衝突の危険性を軽んじていた。天文の教本には、衝突の年間確率は低く、仮にぶつかっても彗星は氷を含んでいるので雪玉にあたるくらいの衝撃でしかないと誤って書かれていた（雪玉は雪玉でも岩を混ぜて凍らせた雪玉で、ハレー彗星のように巨大なものは途轍もない破壊力がある）。一七七〇年のレクセル彗星のようなニアミスの例にもとづいて計算すると、巨大彗星は一千万年に一度くらい地球に衝突する。だが当時は、地球の歴史がそんなに長いと考える者はほとんどいなかった。

二十世紀に入って事情が一転した。天文と地質の年代測定法が進歩し、地球の年齢が数十億年にもなることがわかったのである。これだけの時間の尺度で考えると、恐竜を絶滅させたユカタン半島の事例のような、一億年に一度の地球を揺るがす衝突も過去に幾度か繰り返されたことになった。上空や軌道から撮影した写真を調べた結果、地球には衝突クレーターの傷跡が数多く残っており、その大半が浸食のせいでこれまで見落とされていただけだったことが明らかになった。確認できたクレーターは最終的に百五十を超えた。ケベック州マニクアガンでは、水力発電ダムの水が注ぎ込む二つの湖で形成された百キロメートルの環状の地形が二億一千二百万年前にできたクレーターだとわかった。地上からでは輪郭がはっきりしなかったが、軌道から見ると一目瞭然だったのだ。また中央フランスのビエンヌ渓谷では、ロシュシュアールと二つの隣町が幅二十三キロメートルのクレーター内にあり、ロシュシュアールの美しい荘園領主邸に使われている石は一億八千六百万年前に火球が衝突したときに岩片が溶融して結合したものと判明した。地球は安全とはいえず、彗星と小惑星は温順な天体ではなくなってきたようだった。

一九九三年三月二十三日夜、天変地異の恐怖が最高潮に達する出来事が起こった。天文学者のユージン・シューメーカーとキャロライン・シューメーカーの夫妻とアマチュア天文家のデヴィッド・レヴィは、パロマー山天文台で観測を進めていた。三人は彗星と小惑星を中心に十年にわたって宇宙を調査していたが、その夜は曇っていて写真を撮ってもフィルムが無駄になりそうだった。ユージンは「望遠鏡にフィルムを入れるたびに四ドル近くを使うことになるんだよ」とキャロラインとレヴィに念を押し、「こんなひどい夜にフィルムを使って無駄にする余裕はないな」と言った。それでもレヴィがやってみようと言うので、太陽光のあるところでうっかり開けてしまった箱から部分的に曇った感光板を取り出して数枚を撮影してみた。

二日後、感光板を調べていたキャロラインが木星の近くに妙な染みを見つけた。「なんだかわからないけれど」とそのとき彼女は言った。「つぶれた彗星みたいに見えるわね」(13)。まさかは本当だった。それは彗星だったのである。一九二九年前後に木星に捕獲され、木星のまわりをまわっているのを発見されずにいたものだ。それがいま、木星の潮汐力でばらばらに砕け、糸でつないだ真珠のように見えていた。真珠はミニチュアの彗星になった。いや、本当はミニチュアどころではない。最大のものでおそらく直径五キロメートル以上あり、その一つ一つが輝く尾を引いて一直線に並んでいたのである。天体観測史上、例を見ない光景だった[14]。

日本のアマチュア天文家の中野主一は計算からシューメーカー・レヴィ彗星が木星に衝突すると予測し、NASAジェット推進研究所のポール・チョーダスは衝突予想プログラムで分裂彗星を測定し、モニターに現われたその結果に思わず身を乗り出した。「これまでゼロという数字しか見たことがありませんでした。それがいきなり五十パーセントという数字が出たのです」[15]。生後四カ月の赤ん坊がいたチョーダスは妻を手伝うために夕食の時間に帰宅したが、同僚のドナルド・ヨーマンズは残って計算を続け、確信した。シューメーカー・レヴィ彗星の真珠は木星に衝突する、しかもまもなくだ、と。

まさにそのとおりのことが起こった。一年四カ月後の一九九四年七月十六日の夜から、彗星の破片がまるで路面の凍結した高速道路でスリップして玉突き事故を起こしたトラックのように次々と転がっていったのである。そして木星の大気圏上層で派手に爆発して火球になり、巨大惑星のサーモンピンクと灰色の大気の帯に不気味な黒い斑点の連なりが傷跡になって何週間も消えなかった。この前例のない光景を目のあたりにして、地球に彗星が衝突する脅威を真剣に考えない者はいなかった。このときの彗星大衝突の直前、カリフォルニア州マウンテンビューにあるNASAエイムズ研究所の天文学者ケヴィン・ザーンレは、「この彗星を消してしまえば、太陽系はわれわれにとってもう少し安全な場所になる」と大胆な発言をした。

「だが、そうは言っていられないだろう」とザーンレは衝突後に考え直した。「太陽系はもう以前のように遠いものではなくなった。われわれはぎりぎりのところで青色の細い線によって宇宙の暴虐から守られている。いつかかならず空の屋根が想像を絶する力で粉々になる日がくるだろう。以前にもあった。恐竜に聞いてみるといい。ここは危険な場所なのだ」[16]

シューメーカー・レヴィ第9彗星の衝突前、NASAの惑星科学者デヴィッド・モリソンによれば、彗星と小惑星を探して空を見わたすプロの天文家の数は「マクドナルド一店舗の店員よりも少なかった」[17]。衝突後は、自分をも含む全世界の将来を思ってもっと多くの人が携わるようになった。探索の中心は小惑星だった。現在の望遠鏡で観測できる範囲に未知の小惑星が無数にあるからだ。アメリカ空軍は地球を防衛しようと、ホワイトサンズ・ミサイル実験場内の施設にある、それまで最高機密だったGEODSS（地上設置型電子光学式深宇宙探査）望遠鏡の使用時間の一部を小惑星の探索にあてた。この施設は、スパイ衛星から宇宙遊泳中の飛行士が回収し損ねたカメラや工具まで、地球の軌道をまわるおよそ一万個の人工物を追跡するために建設されたもので、ここの望遠鏡で十カ月間に一万九千個の小惑星が発見され、そのうち二十六個は直径一キロメートル、一国を破壊するレベルのものだった。

二〇〇〇年末までに、推定で直径一キロメートル以上の地球近傍天体（NEO）のほぼ半数が見つかったとされた（地球近傍天体とは、地球から四千五百万キロメートル以内の軌道をとる小惑星と彗星を指す）。残りの半分は見えにくく、軌道の特定はもっと困難になりそうだった。小惑星探しはイースターの卵探しに似ている。大きくて明るいものから順に見つかるのだ。残りの小惑星の多くは表面がかなり暗いか、比較的長い楕円軌道の果て近くにあったためにぼんやりとしか見えなかった。NASAのNEO運営委員会の年次総会に集まった私たちは、大型の望遠鏡がよいけれども、その建設に時間をかけるよりも既存の望遠鏡で露出時間をもっと長くして画像を撮るほうがよいのではないかと話し合った。

となると、もしアマチュア天文家がこの作業への貢献を続けるつもりなら、大型望遠鏡か、さもなければ相当な粘り強さか運のよさが必要になる。そんな粘り強さをもち合わせているアマチュアの一人が、マサチューセッツ州フィッチバーグのレオミンスター高校で天文学と環境科学を教えているレン・アンバージーだった。アンバージーは、日ごろは最近発見された小惑星を追尾して軌道の精度を上げるために写真を撮るという、地味だが重要な仕事をしていた。ある晩のこと、観測所を訪ねてきた二人のアマチュア天文家と喋っていて気をとられていたのと、観測のあと一、二時間しか眠れない日が多いのに、四歳の双子の子供に毎朝のように六時半に起こされて疲れていたのとで、追尾中の小惑星の座標を打ち込むときにミスをしてしまった。出てきたＣＣＤ画像には予想外のすじが写っていた。最初は宇宙線が写り込んだのだと思ったが、もう一度その場所を撮影すると、今度は視野のほとんど端にまた写っていた。ケンブリッジのハーバード・スミソニアン天体物理学センター・小惑星センターのブライアン・マーズデンに報告したところ、地球近傍小惑星であることが確認された。アンバージーはプロの天文家と一緒にさらに調査を進め、新しく発見された小惑星２０００ＮＭが地球を脅かすことはむこう百万年ないと判断し、誰もが胸をなで下ろした。マーズデンはプロが２０００ＮＭを見逃していた理由について、プロの使用する探査望遠鏡の大半が設置されているアリゾナ州とニューメキシコ州では、この小惑星が衝になる七月と八月は地元住民が「モンスーン季」と呼ぶほど雨の日が多いからではないかと考えた。普通なら衝のときは小惑星が太陽と正反対の位置にきて、最も明るく見えるのである。

「なんてすごいことだ！」。アンバージーは自分の発見が世界中のプロのウェブサイトに動画と軌道図付きで掲載されたときにしみじみ思った。「本当は粘り強さの賜物だろう。天文学に貢献したいなら、できるだけ頻繁に観測し続けること。それに不足がなければ、きっと何かが起こる」(18)

もう一人、アリゾナ州トゥーソンの自宅で三十五センチ望遠鏡とＣＣＤカメラを用いてめずらしいアテン型小惑星（ほぼつねに地球の軌道の内側にある地球近傍小惑星）を発見したアマチュア天文家がいる。ロイ・Ａ・タッカーは「ごちゃごちゃしたメインベルトのありふれた小惑星」を避け、黄道から二十度ないし四十度離れたところを観測していた。ＣＣＤ画像にアテン型小惑星のすじを最初に見つけたとき、その長さから動きが速く、したがって地球に近いことがわかった。タッカーはうろたえてしまい、心を鎮めるよう自分に言い聞かせなくてはならなかった。「よし、ではどうする？　少し待つ。落ち着く。深呼吸する。興奮を鎮める。やることがあるんだぞ。あと一時間半で夜が明けるから、それまでにもっと観測記録をとらなくては。さもないと消えてしまうぞ」。タッカーは気を取り直して追跡を続け、数日のうちには日本、オーストラリア、チェコ、イタリアの観測家も追跡した。タッカーは翌年も地球横断小惑星をさらに二つ発見した。「プロの大がかりな探索作戦と張り合うのは難しくなってきている」と彼は述べたが、こうも言い添えている。「アマチュアには天体発見の長い伝統があるのだから、絶対にプロに譲りたくない」[19]

サウスオーストラリア州ウーメラのフランク・ゾルトウスキーは庭の三十センチ望遠鏡で、危険そうな１９９９ＡＮ１０小惑星を発見した。「地球に衝突しそうな軌道をとる天体で、地球規模の災害を引き起こす大きさがあるものはこれが初めてだ」とゾルトウスキーはシドニー・モーニング・ヘラルド紙の記者に語った。「ＡＮ１０が衝突したら大気中に大量の砂塵が舞い上がり、衝突の冬が訪れるだろう」[20]。さいわいその後の観測で、１９９９ＡＮ１０は地球の軌道をそれたことがわかった。

彗星と小惑星の危険度は三つの要素で決まる。軌道、衝突速度、質量である。軌道はそもそも地球に衝突するかどうかを決定する。衝突速度は天体の進路方向によって異なる。地球の軌道を横切る彗星と小惑星は、通常太陽に対して秒速約四十二キロメートルで動いており、一方で地球の公転速度は毎秒三十キロメートルである。したがって、地球近傍天体が地球に正面から衝突したら秒速約七十二キロメートルで叩きつけてくるが、うしろから近づいてくるとしたら秒速十五キロメートルで比較的やんわりぶつかることになるのである。そして衝突速度がわかれば、質量が予測被害の程度を決める。小惑星はほぼ岩石だけでできているが、彗星は岩石よりも密度の低い氷を含んでいるため、小惑星と同じ質量をもつには約二倍の大きさがなくてはならない。そのほかには大きさが重要な要素になる。どちらの地球近傍天体も直径百メートルあれば町を消してしまう。一キロメートルあれば国を破壊し、ユカタン半島を直撃したような十キロメートルの天体なら、現在地球上に生きている人にとってはこの世の終わりになってもおかしくない。

衝突の危険度を数字で表わすために、衝突確率と衝突天体の質量を掛けた尺度がさだめられ、採択されたイタリアの町の名からトリノスケールと名づけられた。地震の規模を表わすマグニチュードと同じように、トリノスケールは地球近傍天体の危険度を一桁の数字で示す。トリノスケール0の天体は小さくて被害がないか、地球に接近する軌道をもたない（たったいまも大気中で焼けるように熱くなっている砂粒はトリノスケール0である。また天王星も、もし地球にむかってくれば大変なことになるが、それはありえないので0だ）。トリノスケール1は「注意深い監視に値する」天体で、かなりの数の地球近傍天体がこの等級に属している。いますぐ衝突することはないが、もし衝突すれば被害が出るだけの大きさがあるので、念のために軌道を正確に知っておきたい。レベル2から4は「注意に値する状況」で、「地域を破壊」する大きさがあり、衝突確率が最低でも一パーセントの天体が該当する。「脅威」レベルである5から7は、地球に衝突しうる軌道上にあり、かつ地球規模の惨事を引き起こす大きさの天体があてはまる。レベル8から10は「確実に衝突する」巨大な地球近傍天体である。一九〇八年にシベリアのツングースカ上空で起こった爆発は、トリノスケール8（「局地的な破壊」）だった。一九三〇年のブラジルのジャングル、一九四七年のカムチャッカ半島のシホテアリニ、一九七二年の太平洋南西で報告された爆発もおそらく同じレベルだっただろう。レベル9の衝突（「地域的な破壊」）は一千年から一万年のスパンで起こる。レベル10はまずないとはいえ、あればおそろしいことになる。恐竜の地球支配はトリノスケール10の衝突によって終わった。

ほっとするのは、彗星も小惑星もトリノスケール2以上のものはまだ発見されていないことである（小惑星1999AN10は、フランク・ゾルトウスキーの発見時はレベル1とされたが、軌道がより正確に算出されてレベル0に格下げされた）。ただしそれもいまのところの話で、トリノスケールレベルの高い小惑星か彗星がもし見つかれば安心していられない。巨大かつ破壊的で、ほぼ確実に地球に衝突する天体が発見されたら、どうすればいいのだろう？

まずそれが小惑星か彗星かで対策が違ってくる。

小惑星は道を歩いている近所の人のようなものだ。その人が通りすがりに手を振っているのに気づいたら、それ以前にも気づかないうちにすれ違ったことがあったと考えてよいだろう。衝突のおそれのある小惑星はおそらくこれまでに何度も地球に接近したことがあるにちがいなく、軌道計算で脅威の度合いを知り、ミッションを送ってエンジンロケットを着陸させ、ゆっくりと慎重に安全な軌道をとらせるチャンスも気づいていさえすれば何度もあった（このようなミッションにはほかの利点も期待できる。NASAとアリゾナ大学が運営する宇宙工学研究センターのジョン・S・ルイスは、金属が豊富なことがわかっている小惑星で最も小さい直径一キロメートルのアムンでも、三兆五千億ドルに相当するコバルト、ニッケル、鉄、プラチナを含むと見積もっている[21]）。

一方の彗星は、数十年ぶりにいきなりふらりとやってきて遠い異国の奇妙な話をする、風来坊の叔父さんのようだ。オールトの雲から初めてやってくる、あるいは数千年の不在ののちにもどってくる長周期彗星は、木星の軌道近くに到達するまでアマチュアもプロも望遠鏡ではとんど見ることができない。これが地球にぶつかってくるとしたら、防衛の準備期間は数カ月しかないだろう。短周期彗星の場合は前回の観測で安全な軌道をとっていても、木星などの巨大惑星との重力相互作用で軌道が変わってしまい、この次は脅威になるかもしれない。木星は彗星を太陽系の内側からつまみ出して地球を守ってくれるが、カーブ球を投げつけてくるときもある。[22] 地球から二百五十万キロメートル以内まで近づいた一七七〇年のレクセル彗星はもとは安全な軌道をとっていたが、一七六七年以降のあるときに木星の作用でもっと危険な新しい軌道にはじかれた。そのあと木星と接近遭遇してふたたび摂動がくわえられたのは私たちにはたぶんありがたいことだが、現在の位置がわからないので確かなことはいえない。

ニュートンの『プリンキピア』が広めた時計のように正確に動く太陽系モデルでは、惑星と小惑星と彗星は予測可能な例とされていた。ところがカイパーベルトが発見され、小惑星と彗星のデータがどんどん蓄積され、コンピューターで軌道の変化が再現できるようになると、太陽系もカオス的現象から形成されていることが明らかになった。たとえば、カイパーベルトとメインベルトには間隙がある。ここは重力の影響で軌道の安定しにくいゾーンで、そこにあった天体はそれより内側へ、もしくは外側の領域に放り出されたことが調査からわかっている。カイパーベルトに少しかかりながらその内側を長い時間をかけてまわる海王星は、木星がメインベルトにわずかにかかりながらその外側をまわっているのと同じように見える。コンピューターシミュレーションをもとにしたあるシナリオでは、木星族彗星は初めはカイパーベルト天体だが、カイパーベルトが不安定なせいで海王星に遭遇して軌道が変わる。これによって得たエネルギーで遥かオールトの雲まで飛んでいくこともある。だが、軌道上で太陽に最も近づく近日点が海王星軌道に近いままなので、いつかまた海王星に遭遇し、そこで軌道がいま一度新しくなる。天王星と土星を通過して木星に到達したのち、木星にオールトの雲まで投げもどされてしまうものもあれば、木星族彗星として太陽系の内側の軌道に落ち着くものもある。短周期彗星の軌道が決まるまでにこれだけ何度も変化があるのだから、ハレー彗星のように周期を予測できる彗星が非常にめずらしいのも当然だろう。

太陽系は、小惑星と彗星、また宇宙初期には相当な数の惑星さえも四方八方に放り出されていた無秩序な側面をもつ。このような規則性の破れがあることを思うと、時計のように正確に動いていると思われていた宇宙も、基盤になる頼りの自然法則ですべてが説明できるわけではないことに気づく。自然には普通の物差しで計れないところがあり、それは危険きわまりないが、愉快なことでもある。庭に望遠鏡を運び出して観測するその夜に未知の彗星が視界に飛び込んでくるか、その尾がどんなふうに繊細な扇を空に広げるのか、誰にもわからないのはそのおかげなのである。

カメラの眼
ドン・パーカーとの出会い

惑星写真の分野は二十世紀の半ばまでプロの天文家の天下だった。火星、木星、土星の鮮明な高画質画像の撮影となると、専門技術と経験を兼ね備え、特注のカメラと写真乳剤が入手できるプロには太刀打ちできなかった。そのうちにアマチュアが追い上げはじめた。趣味に手間と暇をかける人々は自作の望遠鏡に軍の放出品のカメラを取り付け、手に入るようになってきた新しい高感度フィルムを装填してすばらしい写真を撮った。ビデオカメラや軍の暗視ゴーグルから取った光増幅装置を使ってみる人もいた。この移り変わりを決定的なものにしたのがＣＣＤである。ＣＣＤセンサーは明るい惑星なら短時間の露出で写真撮影できるだけの感度があるため、シーイングのよいときに瞬間的に見える対象を鮮明な画像にとらえられる。スケッチするしかなかったころはその一瞬一瞬を逃さないように、何時間も望遠鏡のそばにいて少しずつ描きくわえていかなくてはならなかった。ＣＣＤを使っても鮮明な画像は数十枚に一枚あるかないかかもしれないが、その一枚が撮れさえすれば惑星面の全体が細部までわかる。アマチュアが光学系と観測条件とＣＣＤとを組み合わせて惑星科学のプロに引けをとらない成果を上げるのも時間の問題だった。

それにしても、それは予想以上に突然やってきた。天文台の大型望遠鏡による画像とくらべて遜色がないか、むしろそれを超えるほどの惑星画像をアマチュア天文家のドン・パーカーが次々と撮りはじめたのである。ハッブル宇宙望遠鏡も山頂にある最高性能の望遠鏡ももっと鮮明な画像が撮影できたが、そのために充てられる時間が限られているためにたまに思い出したようにしか撮れない。一方、パーカーは毎晩のように惑星をねらって撮影した。私が一九九二年にスターパーティーで初めて会ったときのパーカーは大きい声でからからと笑う骨太な体つきの大柄な男で、始終自分をネタにして冗談を言っていた（彼はマイアミのマーシー病院の麻酔医《アネスシイジオロジスト》だったが、「なんでろくにスペルもわからない仕事に就いたかな？」などと茶化すのだ）。だが、パーカーはその豪放さとは裏腹に完全主義者らしい周到さと頭の切れと粘り強さをもち合わせていた。私は見事な写真をどのように撮っているのか知りたくて、八年後に南マイアミの運河に面した住宅地ゲーブルズ・バイ・ザ・シーにある自宅に彼を訪ねた。二階建ての邸宅の前のカーブした私道に乗用車とSUVが何台も並び、裏の桟橋の係留所には九メートルのレース用スループヨットが波にゆったり揺れていた。

ドンは杖にすがって私を迎えてくれた。シカゴのロヨラ・アカデミー高校時代にアメリカンフットボールで痛めた膝が関節炎になったのだという（ノートルダム大学と空軍士官学校でフットボールの奨学金をもらったが、医師を志すなら危険の少ない趣味に変えなくてはいけないと主治医に説得された）。ドンは私を家に招き入れながら、一九五〇年代に本やSF映画から天文学に興味をもつようになったと話してくれた。若いころは単純な「ストーブの煙突のような望遠鏡」で惑星を観察していたが、大学進学、医学実習、研修、結婚、空軍勤務と続くあいだは中断していた。南フロリダに腰を落ち着けたのはダイビングやヨット遊びが一年中できることに心を引かれたからで、ここへきてから古い望遠鏡を引っ張り出し、火星に向けてみて度肝を抜かれた。「信じられなかったな。像がきれいにピシッと決まっているんだ！　ここは湿気が多いとか空が汚いとかみんなが言うもんだから、そうだと思い込んでいたんだよ。ところが世界でも飛び切りのシーイングだ。ああ、曇ってきたと人は言うが、雲の切れ間がどんなに澄んでるか気づいていなかったんだ。ここは空気の流れがまったく乱れない。じつに静かだよ。それが一番大切なんだ。安定した気流といいレンズだよ」

私たちは二階の主寝室へ行き、そこから観測室に入った。クローゼットを改造したコントロール室が狭いテラスに通じ、そこに望遠鏡が設置されている。ベテランの観測家がぴかぴかの新しい器材を使っているとはかぎらないのを私は知っていたから、さほどの期待はしていなかったつもりだが、実物を見てびっくりした。鏡筒の黒い望遠鏡は古い貨物船の船側のように傷だらけで、おかしなものがどっさり付けてある。間に合わせの引き締めねじでCCDカメラをフォーカサーに垂直になるようにとめ、主鏡冷却用のファンを手づくりの木製トラスで支え、ステッピングモーターは「イースタン航空の古いフライトシミュレーターのなかのアナログコンピューターから取ったギア減速機で、精度は高いはず」だとドンは言う。スチール製の回転軸と銑鉄のバランス錘がたくさん並んだ架台は、海岸のゴミ捨て場の奥から拾ってきたようだった。コンピューターはCPU486マシンでDOSを動かしているような年代物、モニターは五〇年代にモーテルの部屋に置いてあった白黒テレビみたいだった。私はまるで音楽家志望の学生がヨーヨー・マの一七一二年製ダビドフ・ストラディバリウスを目の前にしているように、その装置一式に見入ってしまった。

「望遠鏡ってのは見るものじゃなくて、見るために使うものだよ」とドンは楽しそうに言った。「本当に小さい、五センチの副鏡がついたF6の四十センチニュートン式望遠鏡だ。一九五六年製の部品も付いている」

北天はすっかり家の陰になっていたが、黄道面はまるまる見わたすことができ、夕暮れになると土星と木星と火星が現われてきた。西の空の低いところに、新月から一日目の月が牧牛の焼印――レイジームーン――のように寝そべり、そのすぐ北に水星が輝いていた。ドンはアイピースがごちゃごちゃ入った引き出しを引っかきまわしていたかと思うと、一つを持ってもどってきて、「きれいなのがあった!」とうれしげに言った。私たちは、まだ暖かい西の空、遥か三億キロメートルの彼方で赤く燃えている火星に望遠鏡を向けた。火星は細部をほとんど見せてくれなかった。「それでもいつも見ているよ」とドンは言った。「一九五四年から見続けている。スコッチをやるみたいなものだね。味わいがわかるようになるには経験を積まなくては。出はじめはほとんど何も見えない。三、四日して、また見方がわかってくるんだ」

ドンが望遠鏡を木星に向けた。アイピースのむこうの景色はあまりにも鮮明で、私は踏み台から落ちそうになった。「もっと倍率を上げてみよう。金はかからんからね」とドンは言った。「この望遠鏡で千六百倍にまで上げたことがある。そりゃやりすぎだって言われるが、なら警察でも呼ぶんだな。そのときは倍率だけを追っていたわけじゃないが、しまいにはアイピースが足りなくなった」

次は土星だった。ドンはピントを合わせながら言った。「土星はちっとも飽きないね。さあ、これはお気に召すかな」。青白い大気の帯と縁のくっきりした環と衛星の小さい集団にかこまれたオレンジシャーベット色の球体が見えた。「こりゃあいい望遠鏡だ」と私は言った。

CCD撮像の技術を見せてほしいと頼むと、ドンはうなずいてケーブルを接続し、カメラと手製のフィルターホイールを引き締めねじでとめた。「全部取り付け式にしてあるから、落っことしても直せるんだ。さあできた。アマチュアにしては上出来だろう！」。拾ってきたゴムベルトを自作の電動フォーカサーにすべり込ませ、カメラとフィルターホイールを一番上に吊り上げておくために、怪我のリハビリに使う整形外科用の薄緑色のベルトを望遠鏡の基部近くのマジックテープにぺたりと貼った。「使えるものはなんでも使う。簡単にできるならそれに越したことはないと思うね。病院の仕事もそう。最初から難しく考えることはないよ」

アイピースホルダーにCCDカメラをはめると、ドンは時代遅れのDOSのプログラムで木星の位置を調べ、架台（「自分でつくったんだよ、ガレージで！」）についた旧式の重たそうな二つの目盛環を調整しながら望遠鏡をその位置までもっていった。なにやらぶつぶつとひとり言をいいながら（「行くぞ、パーカー」）、おぼつかない足どりでコントロール室にもどり、カメラの視野の中心に木星を収めてから目を細めてモーテルのテレビを見つめた。CCDカメラは初めて自作したものだそうで、チップは二・五ミリ角しかないが、「惑星にはそれで充分だ」とドンは言った。「さて、どこだ？　こいつ、そこにいたか！　木星よ、露出はどのくらいにするかな。三秒くらいでいいだろう」

木星を導入して準備が完了すると、ドンは狭苦しいパソコン台の前に座ってキーボードの上で指を休みなく踊らせた。そして赤、緑、青の三枚の画像を撮り、合成して一枚のカラー写真にした。この作業は木星が自転して模様がずれてしまう前にすばやく終えなくてはならない。ノロくてすまんね、とドンは言い続けながら目を見張るような速さで作業を進めた。赤の画像が青と緑の画像とまったく違って見えると私が言うと、「大気の濃い部分はときどき青が際立って見えるんだ」と説明してくれた。

「惑星は質より量だよ。たぶん二万枚は撮ったと思う。よかったらお見せしようか」。ドンはそう言ってにたりと笑った。彼の写真は火星と木星の外観をとらえた世界最大の連続記録なのだろうか。私はさっとそうにちがいないと思いながらたずねてみた。ドンはこう答えた。「日本に宮崎勲という人がいて、たぶん同じくらいもっているだろうな。一番のライバルなんだ。東亜天文学会の木星課の課長で、とてもいい人だし、優秀な写真家でもある。私たちはほとんど同じ望遠鏡とカメラを使っていて、論文も一緒に書いた。彼が好きなのは木星、私は火星だ。私は彼のデータを使うし、彼は私のデータを使う。それが科学ってものだよ。

太陽から十二度の木星のデジタル画像を頼まれて撮ったことがある。ガリレオ計画の人たちがほしいと言うんでね。ガリレオが木星の大気圏にプローブを下ろしたとき、母船のテープレコーダーに不具合があったので、そいつで木星の画像を再生したくなかったんだ。動かなくなってプローブのデータがおじゃんになったら大変だから。それでプローブが降下するときの木星の様子を知りたくて、ちょうどその時間の画像がほしかったんだ。突入時間ちょうどに画像が撮れたよ。

私はどの惑星も撮るけれど、好きなのは火星だ。月惑星観測者協会は、火星の観測結果を世界中から七千以上も集めている。一番の目的は火星の大気、つまり雲を見ることで、私の専門は北極冠だ。北極冠の外観が接近のたびに変わってるのをプロに納得させたのは私たちなんだよ。それまでは絶対に変わらないということになっていたんだが、そうではなかった。いろいろなところで論文を発表した。私の名前で百五十本、それを十五から二十の専門誌に載せたんだ」

白く大きい雲が牧草を食む牛のようにゆっくりと空いっぱいに広がっていった。木星がまた見えてくるのを待つあいだ、ドンはプロの天文家が彼とヨーロッパやアジアのアマチュアに相談してハッブル宇宙望遠鏡をいつ火星に向けたらよいかを決めたことや、プロが大部分を見逃していた火星の猛烈な砂塵嵐の画像を撮影したことを話してくれた。「論文が送られてきて、フランス語だったな、こう書いてあった。これはトップクラスの天文学者が最高性能の望遠鏡で撮影した最もすばらしい火星の写真で、アマチュアには見ることとさえできない、と。そのＣＣＤ画像に写っていたのは、二、三個の小さい雲だけ。肝心の火星はまるっきり撮り損なっていたということだよ」。ドンは笑った。「それ以来、プロのデータの修正に協力しているよ」

木星は流れる雲の陰から出てきては、またうしろに隠れた。「気分があまりよくないな。今日はもう、撮影はおしまいにしよう」。ドンは風邪をひいて治りかけてきたところだった。そのとき雲が切れ、木星が姿を現わした。「おや、悪くないじゃないか。もう少しやってみるか」。ドンはキーボードの前にもどった。流れるように指が動いた。

第十三章　木星

暗闇のずっと上のほうでは
貪欲な雲、まるで埋葬地のような雲が真っ黒の大きい塊に
　なって広がる一方で、
もっと低いところでは、陰鬱にすばやく空の左右に沿って
　広がり、
東側にまだ残っていた、透き通った一帯の真ん中からは
巨大で静かな神の星、木星が昇ってくる。
　　　　　　　　——ウォルト・ホイットマン

聖主天の如く　万物春なるに
　　　　　　　　——蘇東坡

一九九三年の暖かな春の夕暮れ、星を眺める時間が少しだけとれたので、庭に携帯用望遠鏡をもち出して木星に焦点を合わせてみた。マルハナバチのように丸々とした巨大惑星は南東の低い空にあった。そのあたりは冷えてきた丘の中腹から暖気が立ち昇って空気をかき混ぜている。倍率の低い小さい望遠鏡でも、四つのガリレオ衛星はすぐに視界に飛び込んできた。左にカリストとガニメデとイオ、右にエウロパ。倍率を上げ、少しつぶれた木星面をじっくり眺めた。初めは模様がほとんど見えなかったが、

ゆらゆら揺れていた空気が少しのあいだ動かなくなり、それと同時に何かが違うのに、いやもっと正確にいうなら、思いがけないものに気づいた。南赤道縞に暗い色の斑点があり、そこから鈎形《かぎがた》に線が伸びている。いったい何だろう？　カメラどころかスケッチブックさえなかったので、その模様をできるだけ詳しく覚えておくしかなかった。

翌日に天文関係のウェブサイトをいくつかのぞいてみて、いつもと違うことが起こっているのが確認できた。木星の南赤道縞の不透明な大気の内部で「復活」、すなわち増光を先触れする噴出物が発生したのである。スペインとアメリカのアマチュア天文家が発見し、そのあとフランスのピレネー山脈にあるピク・デュ・ミディ天文台のプロの天文家が写真に収めていた。鈎は根元の楕円形の噴出物から、縞に沿って吹くジェット気流に流されて突出しているのだった。その様子を月惑星観測者協会の木星セクションのホセ・オリバレスが次のように解説している。「最初の噴出物は非常に青みを帯びていて、あとから斜めに伸びてきた暗いフェストゥーンも青っぽかった……この青みはそのうち消えていった。

木星上部の雲層の青い模様はほぼ例外なく下から上がってきた新しいもので、周囲よりも少なくとも初めのうちは温度が高いと私は考えている。その裏づけとして、北赤道縞の南端の青いフェストゥーンが出ているいくつかの暗斑は木星で温度が最も高いことが挙げられる。したがって、私が観測した「南赤道縞の」復活の最初の噴出物は、下から湧き出てきた高温の物質に起因するのではないかと思う」(1)

私はこの記事を読みながら、その昔私が最初に天体観測の世界に足を踏み入れたときのよろこびをあらためて感じていた。天文学、そして科学全般のすばらしいところ、それは自然をじかに学べることではないだろうか。私たちが知識を備えて丁寧に観測すれば、王や高僧などの権力者におうかがいを立てる必要などない。木星《ジュピター》はローマ神話の最高神ユピテルに由来する名をもつが、自分に望遠鏡を向ける者すべてにその声を聞かせる。夜空ほど平等なものはない。

＊＊＊

木星は温かい太陽系の内側とそのむこうの冷たい領域との辺境をパトロールしている。木星は冷たい。地球の五倍も太陽から遠く、受け取る光は重力と同じく距離の二乗に反比例するので、一平方メートルあたりの太陽光量は地球のたった二十五分の一、つまり四パーセントしかない。このことから外惑星が巨大な理由が説明できると考えられている。太陽系が形成されたころ、惑星形成のもとになる円盤は宇宙のいたるところで見つかる元素の組み合わせとほぼ同じで、ほとんど水素とヘリウムでできていた。ところが、このような軽いガスは誕生したばかりの太陽のそばにいつまでもとどまっていられず、太陽光と太陽風に吹き飛ばされてしまった。そのため内側の惑星は残ったもっと重い物質、ケイ酸塩から成る岩石を主成分として形成された。しかし、太陽系外縁部では太陽光が弱くて水素とヘリウムの多くを吹き飛ばせず、形成された惑星もこうした軽い物質を含んだ。こうして岩石の核のまわりを液状の水素とヘリウムが大きく厚く覆い、その上にガスの大気がのった巨大惑星ができたのである。したがって、私たちが望遠鏡で見る木星は固体の表面ではなく、さまざまな成分を含んだ分厚い上層大気だ。惑星面には南北の暗い極域に挟まれて平行に並んだベルトとゾーンがある。ベルトとゾーンのなかやそれらのあいだには、ガーランド、フェストゥーン、リフト、デント、ノット、暗斑、ラフトといった名のついた複雑な模様が見られるだろう。土星にむかう途中のカッシーニなどの探査機がスイングバイのために木星を接近通過したときに詳しく調べた結果、ベルトもゾーンさえも非常に活発に活動していることがわかった。ほとんどの天体と同じように、木星も見えてくればくるほどおもしろい。

木星はとても大きいので観測しやすい。太陽系のほかの惑星を全部木星のなかに入れても、がらがら動かせるくらい余裕がある。空のどの恒星よりも明るく、丸々した楕円の惑星面は衝のときの火星でも直径わずか十五秒なのに対し、四十秒以上ある。質量はほかの惑星の質量を合計したよりも二倍以上も大きく、それが中心核に途轍もなく大きい圧力をかけている。そのために核が熱をもち——釘をハンマーで叩くと熱くなるのとほぼ同じ原理——結果として、木星表面の熱エネルギーの大半は太陽からではなく惑星内部からくる。もし木星の質量がこの百倍あったら、中心核がもっと高温になって核融合反応を起こし、太陽は連星系になるだろう。実際の木星は「褐色矮星」よりも質量がずっと小さく、熱核反応ではなく重力で熱をもつ天体に分類される。一九二六年に天文学者ユジェーヌ・アントニアディが述べたように、「木星は冷たい太陽」なのである。(2)

もし私たちが気球に乗って木星の色とりどりの雲頂を抜け、なんとか中心まで降りていけたとしよう。それにはおそろしく大きい圧力に耐えられ、私たちの体重を二・五倍以上にして快適に過ごさせてくれるカプセルが必要だが、それに乗って降下していったとしたら、次のようなことが起こると天文学者は考えている。

最初に、黄色やサーモンピンク、紫、茶色、灰色の上層大気の巨大な雲層を通り抜ける。うしろには青い空が数千キロメートルむこうの地平線まで広がっている。アンモニアの氷雲、その次に硫化水素と結合した硫化水素アンモニウムの層、さらにその下の氷の粒と水滴の層を通過して降りていくと、光が暗赤色になっていく。下がるにつれて気温は地球の春のようになり、気圧は地球の海の水深百メートルあたりと同じくらいまで上がる。しだいに暗くなり、一千キロメートルもいかないうちに、中心部まで七万一千キロメートルの旅のほんの入り口で、大気密度が上昇して気体が液体に変わる。深さ一万五千キロメートルのこの海を宇宙船が潜っていけたら、その下に木星内部の大部分を構成する金属水素とヘリウムの第二の海があるだろう。そしてついに、大きさは地球くらいだが質量は十倍ある岩石の核に到達する。

一九九五年十二月、ガリレオ探査機から切り離されたプローブは時速十七万キロメートルで木星大気圏に突入した。二百三十Gにも達する負の加速度で減速したが、一時間近くにわたってデータを送信し、その間に水素が液体に変化する高度の半分以上である六百キロメートルの深さにまで到達した。データ送信が途絶える前に、温度は摂氏百五十度以上、気圧は地球の海面気圧の二十三倍という測定値が得られた。地球で観測しているアマチュア天文家の協力で、プローブの突入点が特定できた。そこは赤外線で見るとわかるホットスポットに近かった。乾燥した、いわば木星の「砂漠」だったため、ほかと違う特殊な場所と考えられるが、それでもデータには木星の理解に役立つ情報が含まれていた。なかでも驚いたのは稲妻が予想よりも強力でなかったこと、風速が大きかったこと、そして何より微量のアルゴンとクリプトンとキセノンが検出されたことである。これらの希ガスは木星が超低温でなければ存在しえない。冥王星よりも低く、はるか彼方のカイパーベルト天体に特徴的な温度だ。木星が形成されたときの原始太陽系星雲が考えられていたよりもはるかに低温だったか、さもなければ木星が現在よりも太陽からずっと遠いところにあり、その後、おそらく何十億個ものカイパーベルト天体などの天体を深宇宙にはじき出して運動量を失ったのが一因になって現在の軌道まで下がってきたかである。

木星は高速で自転しており、一日が赤道で九・八時間しかないため、目視観測で模様を詳細にスケッチする場合には、木星の片側から模様が消えて反対側から別の模様が出てくる前にすばやく終わらせなければならない。(3) これを避けるには展開図を作成すればよい。ベルトとゾーンをぐるりと一周記録するのである。一枚の展開図を完成させるには通常短時間ずつの観測で数日かかるが、木星の位置によっては一晩で一周をたどれる。自転速度が速いのにくわえ、大部分が液体とガスでできているために、木星はややつぶれた形をしている。両極直径と赤道直径との比率は十四対十五なので、スケッチするときにはまずその比率に応じてつぶれた輪郭を描いていくことになるだろう。

ガリレオ・ガリレイが一六一〇年に望遠鏡で初めて観測したときに気づいたとおり、木星はまるでミニチュアの太陽系だ。カリスト、ガニメデ、エウロパ、イオの四つの大きい「ガリレオ」衛星は、木星の輝きでかき消されなければ地球から肉眼でも見えるだろう(4)。実際、一つなら肉眼で見分けられる鋭い目のもち主もいないわけではないし、双眼鏡があれば四つとも容易に観察できる。中型の望遠鏡で丸い衛星面が見え、大型望遠鏡なら表面の模様もわずかながら見える。それでも、一九七三年九月にフランスのピック・ドゥ・ミディ天文台の百五センチ反射望遠鏡で四つの衛星すべての模様を撮影した惑星科学者のジョン・B・マレーは、「これらの衛星の模様を観測する難しさは、どんなに言っても言い足りない」と述べた(5)。

ガリレオ衛星はそれぞれ独特の特徴を備えている。

ガリレオ衛星のなかで一番外側にあり、水星くらいの大きさをもつカリストは地質学的に死んだ衛星である。水星と同様におびただしい数のクレーターの傷があるため、天体の衝突が頻発していた太陽系初期のころから地質活動がほとんどなかったことがわかる。一見したところ月のコペルニクス・クレーターに似ているアスガルドは白く見え、条件しだいでは地球から見分けられるほど目立つ。

ガニメデは太陽系で最大の衛星である。じつに冥王星と水星を上まわる大きさだ。表面は黒っぽい古い物質と美しいガラスのような氷の層が入り混じっている。氷が亀裂を埋めていることから、何らかの地質活動によって長いあいだにこうなったと考えられるが、それがどんなものなのか、いつ、なぜ起こったのかはわからない。

エウロパは月よりもわずかに小さいだけだが、質量は月の三分の二しかない。氷で覆われた表面にクレーターの傷はほとんどなく、月の表面で目立つような原始物質の痕跡は残っていない。このことは表面が地質学的に若いことを示している。いくつかの仮説と、ガリレオの軌道周回機による磁場の測定値などの証拠から、氷の下には水の海があると考えられている。この海はなぜ凍らないのだろうか。エウロパには、丸々した木星と周辺の衛星との潮汐相互作用でもまれ、遥か過去から高温を保っている溶融状態の核があるのだろう。地球の場合は海中の熱水噴出孔が豊かな生命を育んでおり、そこが生命の誕生した場所と考えられているので、ひょっとするとエウロパにもある種の海洋生物が生息しているかもしれない。

潮汐力で核が高温を保っているために地質学的に活動が活発な木星系の性質は、ガリレオ衛星で最も内側のイオに顕著に見られる。イオの軌道は月の軌道よりも大きいが、木星の強い重力場はイオの軌道を突き抜けて一・八日ごとにイオを激しく揺さぶる。まるで怪力の男がゴムボールを握りつぶすように、核が潮汐力を受けて伸びたり縮んだりしているため、イオは太陽系で火山活動が最もさかんな天体である。マントルプリュームが薄くて割れやすい地殻を突き破って何本も立ち昇っている。ゆっくり出てきた火山噴出物は地表に落ちて硫黄の黄色と花崗岩の灰色の景観をつくり、脱出速度よりも速く飛び出した噴出物はイオの公転軌道上にたまって、木星をかこむイオトーラスというプラズマの帯を形成する。イオの表面は溶融した溶岩の湖に花崗岩の船が浮かんでいるのである。分子生物学者でアマチュア天文家のジョン・H・ロジャーズが述べたとおり、「ここはSFを超越した世界だ」(6)

カリフォルニア大学サンタバーバラ校のS・J・ピールと、NASAエイムズ研究所のP・カッセンおよびR・T・レイノルズは、ボイジャー1号が木星に到着してイオを初めて近くで見るわずか三日前という理想的なタイミングで、火山活動の活発なイオを考察する論文を発表した。三人の物理学者の推測では、イオは木星との重力相互作用によるゆがんだ楕円軌道と「木星からの強大な潮汐力」のせいで「太陽系の地球型天体で最も高い熱をもち」、さかんな「火山活動が広範囲で繰り返され……マグマの分化が非常に進み、ガスを放出している」(7)

ニューヨーク州ブルームフィールドの高校で科学を教えているアマチュア天文家のジェイムズ・セコスキーは、一九九〇年代初めにハッブル宇宙望遠鏡でイオを調査する機会をあたえられた。セコスキーの観測計画案は、噴煙を上げるイオを木星の陰から出てきた直後の十五分間に撮影するというものだった。イオがこの時間の最初の数分に十パーセントから十五パーセント増光することが一九六〇年代から地上の観測者によって報告されていたのである。木星の陰に入ったイオは二酸化硫黄が凍り、また太陽光を浴びるとそれが昇華し、気化して拡散するためではないかと考えられていた。観測の前日、セコスキーはボルティモアにある宇宙望遠鏡科学研究所の近くのホテルの部屋で一晩中まんじりともしなかった。当時のインタビューで彼はこう答えている。「ちょっと怖いですね。誰かが、たぶん私が、へまをしたかもしれない。ちょっとしたことがミスにつながるものですから……オリンピックの試合前の選手かF16戦闘機で飛ぶ前のパイロットみたいな気分で夜を過ごしました。人生最大の日ですから。私にとってこれ以上の経験はありません。十五億ドルの機器を使うんですよ。夢のまた夢と思っていたことさえ超えてしまいました」(8)

セコスキーは研究所のコンピューターのモニター上に、カリフォルニア工科大学のジェイムズ・ウェストファール、ニューメキシコ州立大学のレタ・ビービ、カリフォルニア大学のサンドラ・フェイバー、プリンストン高等研究所のジョン・バーコールといった錚錚たる天文学者や宇宙物理学者の観測に混じって自分の観測が「セコスキー／イオに関する二酸化硫黄の濃度と増光」と表示されているのを見た。いざ自分の番がきても、宇宙望遠鏡はコンピューターのメモリーにあらかじめロードされた指示に従って自動で動くので何もすることがなく、そわそわして指をせわしなく動かしていた。そしてイオの最初の画像が現われたとき、それまで学者を気どって言葉少なにしていたのに、思わず「やあ！」と言ってしまった。しかし残念ながら、期待どおりのデータは取れなかった。はっきりした増光は記録されず、現象は目の錯覚か、そうでなければ火山の噴火か何かのせいで断続的に生じたものということになった。それでもセコスキーの調査はイオの大気を研究する天文学者に貴重な情報をもたらした。ＮＡＳＡは「アマチュア天文家のジム・セコスキーがイオの近赤外線画像（七千百オングストローム）を撮影、それによりイオの表面の組成が絞り込まれた」と発表し、セコスキーはイカルス誌に掲載された論文の著者に名を連ねた(9)。

「あの場にいてこの情報を得たのはすばらしい経験でした」とセコスキーはのちに語った。「まだ誰も知らないことを知り、見たことのないものを見るのはとても刺激的でした。ちょっとした［先端］情報ですからね(10)」

宇宙望遠鏡科学研究所の所長でアマチュアプログラムの責任者のリッカルド・ジャコーニは、所長に割りあてられた観測時間をプログラムに提供した。彼はこう明かしている。「このアマチュアプログラムには批判もありました。望遠鏡の打ち上げには何兆億ドルもかかったのだから、アマチュアに使わせるのはどうかというわけです。しかし、アマチュアも名のある人と同じくらい優秀です。それ以上のことだってある……あの人の表情を見たら……この部屋にいるあいだ、昂揚のあまり地面から足が五十センチも離れているみたいでした。科学というものは、みなで共有して文化の一部にしなければまったく無意味です。好奇心や夢をもたせてくれるものでなくてはいけない。そうでなければただの数字にすぎません」(11)

木星にはガリレオ衛星のほかに三つの衛星「群」がある。木星に最も近い群には四つの小さい天体、メティス、アドラステア、アマルテア、テーベが属している。このうち三つはボイジャーが発見したが、あとの一つ、長さが百五十キロメートル近くあるいびつなアマルテアは、一八九二年にエドワード・エマソン・バーナードがリック天文台の九十センチ屈折望遠鏡を使って発見した。ガリレオ衛星の外側を周回している衛星群は、どれも直径百キロメートルに満たないレダ、ヒマリア、リシテア、エララの四つからなる。十四・八等級のヒマリアは木星から角距離で一度離れており、目のよい人が高倍率の望遠鏡を使えば見えるだろう。最後の一番外側の衛星群はアナンケ、カルメ、パシファエ、シノペである。この四つの小さい衛星は逆行衛星で、通常と逆向きに木星のまわりをまわっている。捕獲された小惑星か彗星の小片だろう。

木星には暗い環もある。環を構成する粒子は微小隕石が衝突して内衛星から吹き飛ばされた塵と考えられ、煙草の煙の粒子くらい小さいので、環は煙の環といっていいくらいだ。環は三本ある。木星の雲頂にとどきそうな内側のハロ、アドラステアおよびメティスの軌道と一致する主環、アマルテアとテーベがまわる非常に暗い外側の一対の環である。環はボイジャーが発見したのち、プロの使用する巨大望遠鏡の倍率を限界まで上げて地球から写真撮影されたが、私の知るかぎりアマチュアは観測していない――いまのところは。

木星系の大きさをつかむには、木星を地球に置き換えたとして、イオの軌道の内側に月があり、遠く離れたシノペは火星までの距離の三分の一あたりにあると考えるとよい。スズメバチのような形をした木星の磁気圏は太陽風の荷電粒子の流れよりも強い磁場をもち、公転方向の前方一千万キロメートルを超えて広がって磁気圏界面と呼ばれる境界で太陽風に接し、後方は土星にまでかかることがある。この磁気圏がもし目に見えたなら、地球の空に満月の四倍の大きさで浮かぶことになるだろう。磁力線の収束する磁極付近には、地球の表面よりも大きいオーロラが踊っている。大気上層では大嵐が吹き荒れ、稲妻が空を縫うように走っている。この大気に、地球に一日に落ちる四百トンという量がとるに足りないと思えるほどのペースで流星が突入してくる。木星は長い歴史のなかで数百万個もの彗星を迎え入れた。

ボイジャーとガリレオのミッションが木星から送ってきた数千枚におよぶ近接写真に、アマチュア天文家はこの巨大惑星の調査を続けようとする気持ちをくじかれてしまったかもしれない。どうやって太刀打ちできるというのだろう？　衛星に関してはそう思うのもある程度は無理もない。探査機が送ってきた写真にはエウロパの表面の割れ目やイオの火山などの細かい地形が写っていて、地球から観測しているアマチュアにしてみれば、過去の天文家がしてきたようなやり方がばかばかしく思えてくるだろう。一八〇〇年代のエドワード・ホールデン、一九二〇年代のパーシー・モールズワース、一九三〇年代のユジェーヌ・アントニアディ、一九五〇年代のベルナール・リヨ、一九八〇年代のオドゥワン・ドルフュス、彼らは木星衛星の観測に果敢に挑戦したが、そのやり方は表面の模様を観察してスケッチするというものだった。だが、それでも彼らはすばらしい成果を残した。たとえば彼らはイオの火山噴火の様子をおぼろげながら見ていたようだし、一九五三年にリヨがピク・デュ・ミディ天文台で作成したガニメデの地図は、ボイジャーによる氷の世界の地図のほうがはるかに詳細であっても、いくつかの点でそれに匹敵する。結局のところ、アマチュアは探査機の観測結果を見てやる気を失うよりもむしろ発奮し、木星のより詳細な観測計画に参加した。探査機を軌道に飛ばして観測するのはプロだが、アマチュアの地上からの支援があればこそ、木星の全貌に近づくことができるのである。

それはさておいても、木星は眺めるだけで楽しい惑星である。注目すべきは、気象現象が目に見えることだ。地球では軌道からハリケーンや積乱雲の雲頂が見られるが、それと同じ現象が木星にも見え、しかも木星のそれはもっと大きくて長時間におよび、色もあざやかである。全体的には淡い黄色をしている。細かいところは人によって色の見え方が違い、私にはベルト（縞）は茶色か黄褐色で、ところどころに赤とサーモンピンクが混じり、ゾーン（帯）は大部分が淡黄色かオフホワイト、もしくはアンモニアによる純白に見える。大気層は雲に含まれるリン化合物が少なくとも部分的に影響していると思われる色をし、放射線、稲妻、強い鉛直風などの激しい自然作用でかき乱され、木星を非常に荒々しい惑星にしている。赤外線で見た雲は色で高さがわかる。青い雲は最も低く（したがってその上の空が晴れているときにしか見えない）、その上が茶色い雲、さらに白い雲、一番上に赤い雲がある。プローブが深く降りるほど温度が上がるので、雲頂が最も冷たい。たとえばベルトはゾーンよりも低いところにあるので温度が高い。

木星の大気循環のメカニズムは完全にはわかっていないが、その一つがコリオリの力であることは確かである。[12] 惑星の自転によってコリオリ力が働いて循環セルが生じ、低気圧と高気圧が発生する。赤道が時速一千六百キロメートルで動く地球では、コリオリの力を受けた循環セルは縦長の丸々した大きい楕円形になり、航空機の窓のような形をしているが、緯度が高いほうの端が東側へ傾いている。一方、赤道が時速四万三千五百キロメートルでまわる木星はコリオリの力がもっと強く働くため、セルは縦方向に伸び、二本の指で引っ張った輪ゴムのように細長くつぶれた楕円形になる。高高度を高速で吹くジェット気流は、ベルトとゾーンの端をたがい違いの方向に吹いている。望遠鏡で見える暗斑は渦潮と同じように逆方向に吹く風の境界に発生し、渦を巻いている。木星の大気圏は非常に大きく、変化がゆっくりなので、渦やその他の気象パターンは地球よりもずっと長く続く。地球のハリケーンは大型のものでも数日から数週間の寿命だが、最も古くからある、地球よりも大きい木星最大の楕円模様の大赤斑は数百年も前から荒れ狂っている。

大赤斑は幅が広く黒っぽい南赤道縞とそれよりも明るい南熱帯を分けるぎざぎざの境界線に位置し、両方に少し食い込んでいる。ボイジャーが熱測定したところ、大赤斑の下部は大気のなかに二百キロメートルほどしか伸びていないため、幅が高さの百倍もあることになる（地球のハリケーンは通常、幅が高さの十倍から二十倍）。暗斑と白斑のほとんどと同様に、大赤斑も高気圧域に中心を置く高気圧性の嵐である。ハリケーンは低気圧の嵐だが、高気圧の嵐は周辺の雲のわずかに上にのって白や赤の色を見せている。

木星の暗斑は、一六六四年にイングランドでロバート・フックが、一六六五年にローマでジュゼッペ・カンパーニが、そしてボローニャとパリでジャン＝ドミニク・カッシーニが観測している。彼らの見たもののなかに大赤斑があったかどうかはスケッチや記述から判断できないが、一七〇〇年ごろのドナート・クレーティによる一枚の美しい絵には大赤斑らしきものが見られる。空の下で小さい望遠鏡をのぞいて観測する人々の絵で、クレーティが丁寧に描いた巨大な円盤から、望遠鏡を通して見た木星が当時の人の目にどのように映っていたかがわかる。これが確かに大赤斑なら、この嵐は少なくとも三百年前から吹いていることになる。まちがいなく大赤斑のことが記された最初の科学的記録は一八三〇年代のもので、一八七九年までは半永久的な模様だと考えられていた。大赤斑の鮮明度が大きく変化しているのは過去の記録から明らかで、真っ赤になったかと思うとまた薄れ、南赤道縞に食い込んだ色のない入り江のようにしか見えない時期もある。理由はよくわかっていないが、この変化は南赤道縞の見え方と一致しているようだ。南赤道縞は大赤斑が赤いときに淡化し、大赤斑の色が薄くなると「復活」する。

大赤斑が最もよく見えるのは木星の両極を結んだ線を通過するとき、つまり惑星面の中心に一番近づいたときである。昔からアマチュア天文家は大赤斑やそれより小さい暗斑が通過する時間を計り、木星の気象経過図の作成に役立つ記録を蓄積してきた。観測記録によれば、渦はオイルのなかのベアリングのようになかば独立した状態で大気に浮いていて、ほかの渦をのみ込むことがときどきある。この情報をもとに、木星大気の流体力学モデルがつくられている。これらのモデルにおいて、渦の出現と継続は無秩序な海のなかで島がある種の規則性をもって隆起することの類例としてとらえてよい。長期的に見れば、木星をはじめとする巨大惑星の目視できる気象現象の研究は、地球の気象現象のモデル化と予測に役立つだろう。

ＣＣＤカメラの登場で、木星の鮮明な画像を撮影し、細部の変化が継続的に記録できるようになった。最も鮮明な画像を撮ったのは宇宙探査機やハッブルのような軌道望遠鏡だが、その不足部分を補ったのが地上の天文台でアマチュアやプロが継続して進める観測プロジェクトだった。ドン・パーカーが寝室の外に設置した望遠鏡で見せてくれたように、腕のよいアマチュア写真家の撮るＣＣＤ画像は、一枚の画像から入手できる情報という点でハッブルの広視野惑星カメラの画像に引けをとらない。しかも、ハッブルにはほかの仕事がたくさんあるため、年月をかけて収集したデータの量という点ではアマチュアのほうがすぐれている。二〇〇〇年十二月に、カッシーニ探査機とポルトガルのアマチュア天文家アントニオ・シダダオがわずか三十時間違いで木星を撮影した。さすがに地球よりもカッシーニのほうが木星に十倍近いのでカッシーニの画像のほうがいくらか詳細だったとはいえ、それを除けば二枚の写真はほとんど変わらなく見えた。カナダのアマチュア天文家で望遠鏡製作者のギャリー・セロニクはこう述べている。「一方の画像は市販の二十五センチのシュミットカセグレン望遠鏡でポルトガルのアパートのベランダから、もう一方は十億ドルの宇宙船が被写体に近づきながら撮ったものであることを考えれば、紙一重の差だといえるだろう。画像が発表されるたびに、アマチュアが解像度と鮮明度を上げているのを見せつけられる」(13)

四つのガリレオ衛星はときどき木星の前面を通過する。小さい望遠鏡では木星面を背景にして衛星を見るのは難しく、暗いベルトよりもむしろ明るいゾーンを通過するときがとくにそうだが、衛星の影のほうはもっと見やすい(14)。衝の前は影が衛星の先を行くので、通過がはじまる前に影が惑星面に映り、衝のあとは衛星のうしろを追う。外側の衛星の影が内側の衛星に落ちれば食になり、いずれかの衛星がほかの衛星の前面を通過して掩蔽になるときもある。このようないわゆる衛星の「相互食」を正確に計時すれば、アマチュア天文家も潮汐作用で複雑になっている衛星軌道をより深く理解するのに有用なデータが取れる。この情報は宇宙探査機の軌道を決めるときに非常に重要である。

電波望遠鏡を使うアマチュア天文家も木星を観測している。木星はいくつかの周波数帯の電波バーストを放射する。もちろんアマチュア天文家がおもに受信しているのは、木星の磁場にとらえられた荷電粒子によって生じる連続的なデシメートル波と、イオとイオトーラスとの相互作用で生じる断続的なデカメートル波の電波ノイズで、ほかに木星大気から熱エネルギーの一部として放射されているミリメートル波がある。アマチュア無線のフリーマーケットで買えるような単純な受信機に、三本のポールにワイヤーを張りわたしたアンテナをつなげれば、木星の電波の観測には充分だ。木星からの電波ノイズを聴くと、何か不気味な乱れがある。イオトーラスから長時間放射される「Lバースト」は大きい金属板が遠くで打ち鳴らされる音に似ていて、まるでマーラーの交響曲で舞台裏から聴こえてくる効果音のようだ。「Sバースト」はもっとずっとテンポが速く、操車場を走る貨物列車のガタガタいう音を古い録音で聴くのを思わせる。Sバーストの録音データの二分の一秒分を一分に延ばして再生すると、ひゅーっと下がっていく気味の悪い音が繰り返され、見知らぬ外国の鳥の鳴き声のようだ。

音の感じ方の話はさておき、このようなデータは科学的に有用である。シューメーカー・レヴィ第9彗星が木星に衝突したとき、サウスカロライナ州ペンドルトンにあるトリ・カントリー工科大学の学生が少なくとも二度の衝突で生じたらしい電波ノイズを記録した。彼らはデータをカリフォルニア大学バークリー校とフロリダ大学に送り、月惑星観測者協会とアマチュア電波天文観測協会の会合で発表した。使用したアンテナは三メートルのパラボラのなかに五十センチのループアンテナを取り付けたもので、雑誌記事に載っていた設計図を参考にした。プロジェクトを監督したジョン・D・バーナードはこう述べている。「高性能のRG8ケーブルをつないでいたが、地面から出ていたその五メートル［のケーブル］を犬のジュピターが食べてしまった。業者の人たちはひとしきり笑っていたが、地面から出た五メートルのケーブルの断片を無料でコネクタと交換してくれた」

このアマチュアのチームは「シューメーカー・レヴィ第9彗星の木星衝突のときも、不可解な異例の信号を検出した」。バーナードは次のように報告している。

木星の磁気圏に「彗星の破片が」激しく衝突したなら、午後に何かが聴こえるかもしれない、とくに周波数の高い電波だろうと専門家から助言されていた。受信機の周波数を固定してそばに座っていたところ、スペクトラムアナライザーがクリスマスツリーのようにチカチカと光り、受信機から低く重い音が四十分にわたって聴こえてきた。びっくりして、飛行船でも飛んでいるのかと外へ出てみたほどだった……信号源を推測するつもりはなく（それはプロに任せる）……私たちは「この電波に驚くべき情報が含まれているのだろうか」と問うことしかできない。収集したデータの理論的な解説はプロにお願いしたい……私たちハンターは獲物としておもしろいデータをもち帰った。あとはその解明を待つばかりだ。[15]

アマチュアにはこういうことがよくある。有益な観測をしたあとは、データ解析にプロの手を借りなければならないだろう。しかし、電波観測をするアマチュアがメールで交わす質問は確かにたわいのない内容だが、「こちらは木星放送局ＷＪＵＰ――大きい赤斑にダイヤルを合わせるのを忘れないでください」と呼びかけたり、「木星とイオの最新データ、ネット上にのせました」と知らせたりするメールは気どりがなく、さわやかだ。

木星の気象パターンと衛星の永遠のダンスは、荒々しくも荘厳な美しさをたたえている。それは心を誘い、心を満たしてくれる。だからこそ望遠鏡をのぞきたくなるのだ。だが、太陽系外縁部の氷の宮殿に住むのは木星だけではない。まだそのむこうに巨大惑星が三つある。

土星の嵐
スチュアート・ウィルバーとの出会い

スチュアート・ウィルバーはメルヴィルの小説のビリー・バッドのように純真で、感じたままを話してくれる温厚な男である。一九九二年のある暖かい夕方、ニューメキシコ州ラスクルーセスの彼の自宅から見た赤みがかった遠い丘陵は火星を思わせた。私たちが裏庭に望遠鏡を運び出すあいだ、オリオン座一等星から名をとった四歳のリゲルが芝生で遊んでいた。スチュアートは娘を見つめながら「人生ってすばらしいですよね」とささやくように言った。

私たちがねらうのは土星だった。望遠鏡はスチュアートが自作したF7の二十五センチニュートン式で、彼は主鏡を研磨するときにコンピュータープログラムを作成して形を確認した。光沢のある白い鏡筒は、ドブソニアンのような箱型の架台に載っていた。架台の流線形の板はアフリカ産の高級硬材パドゥクを黒いクルミ材で縁どったものだ。「夜空が見せてくれるものを探していきましょう」とスチュアートは静かに言った。「ほんのちょっとレンズに助けてもらえば、裏庭でもすごいことができる。僕は空を見るのが大好きなんです」

さあどうぞと言われてアイピースをのぞくと、視野を土星がすうっと横切った（あまりお金をかけずにつくられたこの望遠鏡には、地球の自転に合わせて動かすための時計駆動装置がついていない)。環は非常にシャープで、球の部分は砂色や濃紫色や赤褐色のフェストゥーンが激しい風に吹かれる女の髪のように流れ、活発に活動していた。普通の望遠鏡で見る惑星は写真のようだが、この望遠鏡のように性能がよいと現実感がある。

コミュニティカレッジで数学の非常勤講師をしているスチュアートは、修士の学位がないために常勤講師になれず、また年にだいたい二科目以上を履修して学位を取得するだけの金銭的な余裕もなかった。「ベクトル方程式を勉強しているところです。もうすぐベッセル関数をやるんですよ」。そう言った彼はまるでステーキを注文した腹ぺこの男のようにやる気満々だった。

一九九一年九月二十四日、山岳部時間の午後八時半、スチュアートは倍率を三百倍にした望遠鏡で土星を観測していたときに、惑星面の中心付近に「白い光の点」があるのに気づいた。妻を庭に呼んで、土星に何か変わったものが見えるかどうか聞いてみた。「白い点が見えるわ」と妻は答え、その位置を言った。「見まちがいではない」と確信したスチュアートは、近くに住む冥王星の発見者のクライド・トンボーに電話した。トンボーは巨大惑星を専門とするニューメキシコ州立大学のレタ・ビービに連絡してみるように言った。そしてビービから連絡を受けたトートガス山天文台のスコット・マレルが大学所有の六十センチ望遠鏡をのぞいた。

「スコットはちょっと遅かったんですね。そのときにはもう、自転のせいで斑点は見えなくなっていました」とスチュアートは言った。土星の一日は十・二時間なので、夜のうちに裏側へまわってしまった斑点は翌日に日が昇るまでもどってこない。そして日没ごろにはまた裏側へ消えてしまう。要するに、土星を観測するときは三日サイクルで生活しなければならないのである。「三日たってスコットから電話があって、やっとあなたの見た斑点がぐるっとまわってきましたよ、と言ってきました。見えてきたばかりのときに気づいていればなあ」

土星はガスと液体の球で、質量は地球の九十五倍あるが、密度が非常に低いので水に浮く。太陽系惑星では木星に次いで大きく、直径は地球の九倍以上の十二万キロメートルである。小さい岩石の核から表面までの暗い深みは大きく激しくかきまわされている。この層のなかでたまに巨大な泡が生じ、雲頂の不透明度が増しているときは内側にとどまって見えないのだろうが、それが積乱雲のように盛り上がってきて、上部がアンモニアと水の氷で白く光って見えるようになる。そのような巨大な白斑を一九三三年に観測したのは、映画やラジオやミュージックホールで活躍したイギリスの喜劇俳優ウィル・ヘイだった。一九六〇年には南アフリカのアマチュア天文家J・H・ボサムが見つけ、スチュアート・ウィルバーの発見は三個目だった。

スチュアートが見たときの白斑は直径一万五千キロメートルに満たなかったが、やがて土星の上層大気の強風と衝突し、長くてよく目立つ楕円に成長した。世界中の天文家がこの白斑に望遠鏡を向けはじめた。レタ・ビービがハッブル宇宙望遠鏡を扱っている同僚に連絡すると、部門長がさっそくハッブルの観測時間を斑点に割りあてて写真を撮った。斑点はウィルバーの白斑と呼ばれるようになった。

「あのときのデータはいまも土星の赤道域の分析に使われているんですよ」とレタ・ビービが私に話してくれたのは、九年近くのちだった。「私たちはいま、大気が嵐の状態からどうやって回復するかを研究しています。アマチュア天文家とハッブルのおかげですばらしいデータが入手できました。土星ではこの規模の嵐が三度記録されていますが、おおよそ五十七年間隔で発生しているので、大きくなりだして、嵐になって、それがおさまるまでの周期がそれくらいということのようです。土星の公転周期は三十年ですから、嵐はだいたい二土星年ごとに発生しているのかもしれません……これは推測ですけれど。まだ四土星年しか観測していないのですから。

巨大惑星の大きい嵐の監視はずいぶんアマチュアに頼るようになっています。大きい嵐は小型の望遠鏡でも簡単に観測できるからです。アマチュアの望遠鏡はだいたい十五センチから三十センチで、地球の乱気流を通しても土星が見える可能性は充分にあります。人間の目の反応は速いですから、アマチュアが瞬間的にとらえるものは何ものにも代えがたい情報ですし、変わったことが起こっているのを見分けるには一瞬が大切なのです。

スチュアートが白斑を発見したとき、土星は西の地平線からわずか十五度のところにありました。そんなに低い空は地球大気が邪魔になるので、プロはあまり観測したがらないのですが、日没後に現われる惑星の美しさを楽しみたいアマチュアはむしろそのあたりが見たい場所なのです。とても貴重な観測をしてくれますよ。私が一つの問題にかかりきりになっているときでも、大勢のアマチュアが代わりにほかの惑星を見張ってくれていますから安心です」(1)

第十四章　巨大な外惑星

春宵一刻値千金

――蘇東坡

目に明らかな調和よりも目に見えない調和こそがすばらしい

――ヘラクレイトス

一九九七年十二月、湿気の多いある晩、私は月が土星の前面を通過するのを見るためにサンフランシスコの自宅のテラスに小型望遠鏡を設置した。人間は少なくとも紀元前六五〇年の昔からこの天体現象を楽しんでいる。バビロニアの天文学者が「土星が月に入る」と楔形文字で記録しているのである。(1) この夜の掩蔽は現地時間午後十一時十八分の予定だった。土星はその前にわが家の陰に隠れてしまいそうだったが、望遠鏡を担いで垂直なスチールの梯子を屋根まで上るのは無理だったし、足元がすべりやすくて妻か息子に手伝ってもらうわけにもいかなかった。そこで望遠鏡をいつもの場所に置き、息子に土星を見せながら、このあと彼が寝てから観測する掩蔽の説明をしてやった。息子は無邪気に質問した。

「月が土星の前を通るんじゃなくて、土星が月の前を通ったらどうなるの」

予定の時刻が近づき、案の定、月も土星も家の陰に隠れてしまったが、私は望遠鏡の三脚をテラスの北東の角にぎりぎりまで寄せてできるだけ脚を高く伸ばし、風で揺れる木の枝と屋根とのわずかな隙間からなんとか観測した。近くの街灯が煌煌と灯っていたが、アイピースにぴったり顔を押しつけて迷光をだいたいシャットアウトできた。

立派な環をもつ土星がはたしてそこにあった。空気が湿っているせいで、濁った川に沈んだ古いダブロン金貨のような色になり、そのほぼ真上で半分よりも膨らんだ白い月が冴え冴えと輝いていた。やがて土星の環が西の端から月面の真っ暗な影の部分に隠れはじめた。まもなく土星面もバニラビスケットのようにかじられていき、消えてなくなった。続いて残っていた環ものみ込まれ、見えるのは月だけになった。腕時計を見た。時間どおりだ。ケプラーは近代天文学の計算術をどんなに羨ましく思ったことだろう。

・・・

これを書いている二〇〇〇年十一月の肌寒い夜、空に巨大惑星が浮かんでいる。窓の外に土星がブロンズ色に鈍く光り、明るい木星がそのうしろにぴったり二十度離れて東の空を昇っていく（このように太陽系最大の二つの惑星が接近するのは二十年に一度しかない。私が初めて見たときは高校生で、その次は三十七歳の独身男性、いまは妻と息子をもつ名誉教授だ。この次まで生きていれば八十歳になんなんとしているだろう）。天王星と海王星は、今夜はもう西に沈もうとしている。そのじりじりとゆっくりした動きは、天空神ウラノス《ウラノス》が時間神クロノスの父であることを思い出させる。土星はおよそ三十年、天王星は八十四年、海王星は百六十五年で太陽を一周する。(2) 人間のささやかな生活の範囲がもっとゆったりした時間と空間の枠に収まる領域に入っていこうとすると、それにつれて何もかもが遠ざかりはじめる。望遠鏡で見る土星のはっとするような姿は、ほかの何よりも人々を天体観測に引き込んできた。それが、夜空に興味をもった理由をこれまで天文家たちにたずねてきた私の印象である。土星の環を初めて見た人は、「信じられない！」「すごい！」「あれって本物？」などと言う。本意はどうあれ、嘘みたいだと言う人までいる。

土星も木星と同じく流体の惑星だが、質量が木星の三分の一といくらか小さく、密度は半分しかない。そのため自転速度は木星とほぼ同じでも、形はもっと扁平になっている。内部構造は木星よりも金属水素の比率が低く、水素分子は高いと推定されている。木星も土星も太陽から受ける熱より内部熱のほうが大きいが、質量が小さく、太陽からの距離が約二倍ある土星のほうが冷たい。

望遠鏡で観察すると、土星にもベルトとゾーンがあり、高気圧性の嵐が発生しているのがわかるが、木星ほど鮮明ではない。それらは冷たい上層大気の下にあり、その上層大気中には凍ったアンモニアの粒で雲層ができて私たちの視界をさえぎっている。また、地球から遠いことも模様を見えにくくしている。環という顕著な特徴がなかったら、土星はたんに木星を小さく暗くぼんやりさせたような惑星で、プロやベテランのアマチュアだけが熱中する玄人好みの天体だっただろう。

だがご存じのとおり、土星には環がある。目の覚めるような金色の環は端から端までが地球と月の距離くらいあるが、厚みはココヤシの高さくらいしかないらしい[3]。外側から順にA環、B環、C環の三つの主環が地球から観測できる。明るいA環とB環はくっきりした黒い線で分けられ、この線をカッシーニの間隙といって、その様子は小型望遠鏡でも容易に見られる。だが、一八五〇年十二月三日にイギリスでウィリアム・ドーズの屈折望遠鏡を使って土星を観測していたウィリアム・ラッセルが「クレープ環」と名づけたC環はわかりにくい[4]。これを見るには、空気が安定し、観測者はベテランで、望遠鏡は少なくとも口径は十五センチなければならないだろう。環にはカッシーニの間隙のほかにもさまざまな間隙があることは数百年前から報告があったが、環が恒星の前を横切って掩蔽になるときに恒星の光が明滅するのが観測され、複雑な構造をしていることが確実になった。一九八〇年代後半にボイジャー1号が土星に接近したときは、未発見の環と間隙が数十ほどあるのではないかという推測もあったが、ボイジャーからの写真で数千におよぶことが明らかになった。A環の外側にいくつかの環が、また地球から見える三本の主環の内側にも数百もの環と間隙があり、偏心した環やよじれて「編み合わされた」環まで見つかった。

宇宙探査機の撮影した写真からレーダーを使った観測まで、さまざまな調査の結果、土星の環の成分は氷と岩と塵であることがわかった。つまり環は小さい彗星のような「汚れた雪玉」でできており、その雪玉の多くが直径わずか十センチメートル程度しかなく、大きくても五メートルとか十メートルほどである。昔の観測家は蒸気か液体で環ができていると考えていた。そうではなく、公転する無数の小さい天体でできているのではないかと一六六〇年に初めて提唱したのはフランスの詩人ジャン・シャプランだ。シャプランの説はカッシーニが現在彼の名で呼ばれている隙き間を発見したことで説得力を増し、建築家のクリストファー・レンは持論のコロナ説をすててシャプランの説を支持し、「土星の環はミツバチの群れのような無数の小さい衛星だ」と言明した。(5) 一八五七年にスコットランドの物理学者ジェイムズ・クラーク・マクスウェルが無数の小さい天体で構成されていなければ環が安定しないことを証明し、そのほかの説が一掃された。一八九五年になると、ピッツバーグのアレゲニー天文台のジェイムズ・キーラーがスペクトルを測定し、無数の小衛星だと考えれば予想できるとおり、環が異なる速度で、つまり外側の環は内側の環よりゆっくりまわっていることを示し、この証拠からマクスウェルの計算が裏づけられた。

土星の環が複雑な構造をしているのは、環を構成する粒子と近傍の衛星と土星の膨らんだ赤道付近のあいだの重力共鳴が原因と考えられている。共鳴とは、二つの天体の公転周期が二対一や五対二などの整数比になる現象である。このとき公転する二つの天体が接近遭遇を繰り返し、それが子供の乗ったブランコをもっと大きく揺らすために一番高いところにくるたびに押してやるのと似た働きをする。この作用で土星の環に隙き間ができるのだ。カッシーニの間隙もその一つで、環の粒子と土星の衛星ミマスの公転周期の一対二の軌道共鳴によってできた。そのほかの間隙は、小さい衛星ヤヌス、エピメテウス、パンドラ、プロメテウスとの軌道共鳴で形成されている。

環はロシュ限界内にある。ロシュ限界というのは、それ以上近づくと主惑星の潮汐力が衛星の結合力を上まわって衛星を破壊してしまう距離のことである。[6] このことから、土星の環の起源について二つの一般理論が導かれる。一つは、環は――中型の衛星とほぼ同じ総質量をもつ――ロシュ限界内にあったために結合して衛星になれなかった物質から土星と同時期に形成されたとするものである。もしそうなら、環は非常に古い。もう一つのシナリオは環はあとから形成されたとするもので、衛星が土星に近づきすぎて粉々になったのだ。この場合、環は土星よりもずっと若いことになる。どちらかの説が正しいとしても、どちらなのかはまだわかっていない。

土星の自転軸は軌道面に対して二十六・七度傾いている。環の面も同様である。さらに土星の軌道そのものが地球の軌道に対して二・五度傾いていることもあって、土星の環は長い一土星年のあいだに二十六度以上傾いた開いた状態から最大の望遠鏡で見ないかぎり完全に消えてしまう真横向きまで、多様な姿を見せてくれる。「環の消失」が前回見られたのは一九九六年、次回は二〇三八年である。ガリレオが初めて望遠鏡で土星を観測した一六一〇年七月は運悪く環の消失が間近いころで、見えたのが一対の「取っ手」のようなものだったため、ガリレオは困惑した。しばらく関心を木星の衛星に移したが、一六一二年の秋にまた土星を観測して、取っ手が消えているのに驚いた。環が消失するときは環が太陽光を反射してぎらつくことがなくなるので、未発見の暗い衛星を探すには絶好のチャンスである。その好機にカッシーニは四個の衛星を発見し、ウィリアム・ハーシェルがさらに二個発見した。環の消失のときに初めて確認された衛星は合わせて十三個になる(7)。

土星の環にときどき現われる砂時計の形をした黒っぽい「スポーク」はボイジャーが発見したといわれているが、すでに見たとおり、それよりずっと前に地球から観測されていた。二十世紀半ばにスティーヴン・ジェイムズ・オメーラが独自に発見しているし、それ以前にも十九世紀にユジェーヌ・アントニアディとE・L・トルーヴェロが観測している。スポークは土星の磁場との相互作用で浮遊する塵の粒子でできていると考えられており、土星にふさわしいスケールをもっている。大きいものでは幅がブラジルくらい、長さは地球の半周分もあるのだ。土星は十・六六時間続くキロメートル波の電波バーストを周期的に放射するが、これはスポークが現われている時間とほぼ同じである。

宇宙飛行以前の時代から見つかっていた「古典的な」八個の衛星は、環の平面の延長上をまわっており、軌道半径が最大のもので環の直径のおよそ五倍もある。そのため外側の衛星は環が見えているときでもはるか遠く離れていて、観測経験の浅い者は遠くの恒星だと思ってしまう(8)。最も外側の三個、イアペトゥス、ヒペリオン、タイタンは軌道半径が同じ衛星群に属するレアの二倍以上あり、そのレアの内側に残りの四個、ディオネ、テティス、エンケラドゥス、ミマスがまわっている(9)。

大きさはガニメデと同じくらい、質量は月のほぼ二倍あるタイタンは、衛星としては太陽系で唯一厚い大気をもつ。天文学者にして数学者のクリスティアーン・ホイヘンスが一六五五年に発見した。当時二十六歳だったホイヘンスは発明の才に富み、兄のコンスタンティンの手を借りて長さ三・五メートル、倍率五十倍の屈折望遠鏡を建設した（当時の望遠鏡は対物レンズが非常に小さく、口径ではなく鏡筒の長さや焦点距離で区別された）。そしてその望遠鏡で三月二十五日に土星の近くに二個の「星」を見つけ、位置を記録した。次の夜、その一つが動いているのに気づいて観測を続け、それが土星のまわりをまわっているのを確認した。「最もそれたとき［土星からの距離のこと］で三分弱のところに見えた」と日誌に記し、あとで計算しなおしてその距離を三分十六秒と修正した。[10] 私がこの観測結果をコンピューターでチェックしてみたところ、タイタンとうしろの星（ＳＡＯ９９２７９にまちがいない）の位置が見事に正確だったことが確認できた。

タイタンは望遠鏡で見ても非常に小さいが、観察眼の鋭い観測家はボイジャー探査機が証明するずっと前に大気があることをうかがわせる状態を目にしている。土星の貴重な観測結果を数多く残したイギリスのアマチュア天文家アーサー・スタンリー・ウィリアムズは、一八九二年四月十二日に十七センチ反射望遠鏡でタイタンを詳細に観察した。土星はその向きによって惑星面に衛星の影が浮かび上がる時期が約四年間続くが、ウィリアムズの観測はちょうどその時期にあたり、タイタンは「中心部が最も暗く、縁はいくらか色が淡くなってくっきりせず、もやもやして」いた。[11] 十六年後の一九〇八年には、スペインの天文学者ホセ・コマス・ソラもタイタンの縁がぼやけているとの観測結果を報告し、大気があるためではないかと推測した。これらの所見は一九四四年にジェラルド・カイパーがタイタンのスペクトルの測定からメタンガスを発見して証明された。一九八〇年十一月にはボイジャー１号がタイタンに接近し（宇宙科学者はタイタンを重要な調査対象と考え、天王星と海王星の調査をあきらめてタイタンの上空を飛ばした）、赤みがかったオレンジ色の大気は表面がめったに見えないほど不透明であることがわかった[12]。

タイタンは表面温度がマイナス百八十度前後と低温だが、その他の点で誕生まもない地球に似ているため、生命の起源を解き明かそうとしている科学者が深い関心を寄せている。生命が誕生したばかりのころの地球はのんびりくつろげる場所ではなかった。水素とアンモニアとメタンの有毒な大気に満ちた環境は、もし人間がその時代に行ったとしたら耐えられるものではないだろう。タイタンにはこれらの化学物質が全部ある。クリストファー・ウィルズとジェフリー・バーダの共著書『生命の閃光』によると、タイタンに行ったとしたらこんなふうらしい。

大気中に酸素がないので、宇宙服を着なければならない。しかも宇宙服はテフロンコートでなければならないだろう。厚い大気には硫化水素、硫酸ガス、塩酸ガスなどの有毒ガスが含まれているため、普通の化学物質でつくられた宇宙服ではぼろぼろになってあっという間に死んでしまうからだ。周囲は見えるだろうか。あまり見えない。大気は濁り、真昼でも光が地表までとどかないのである。稲妻が光ったときにだけ、おそろしい光景が一瞬見える。近くで活火山が真っ赤に燃えているのがわかるかもしれない[13]。

法律の制定やソーセージづくりがそうだとよくいわれるが、生命の誕生もそこに至る過程よりも結果のほうが想像して楽しいだろう。

土星の衛星でこのほかにボイジャーの到着前からよく知られていたのはイアペトゥスだけである。発見者のカッシーニは、イアペトゥスには土星の東側にあるときよりも西側にあるときのほうがずっと明るくなる不思議な領域があると指摘した。「彼は西へ最大にそれると見え、東へ最大にそれると見えなくなる」と、一六七二年に確かな内容を独特の流麗な文体で記している。[14] 現在は宇宙探査機の撮影した写真のおかげで、直径七百十八キロメートルのイアペトゥスが潮汐固定され、そのためにちょうど地球と月の関係のようにつねに同じ側を土星に向けていること、また片方の半球だけが煤のように真っ黒い物質で覆われていて、二つの半球の対照性がカッシーニの観測した極端な明るさの違いの原因であることがわかっている。イアペトゥスの公転の進行方向にあたる前半球の「煤」は、フェーベなどの土星の小さい外部衛星の表面から流星がはがしていったものだろう。あとの半分は光をきれいに反射し、天文学者デヴィッド・モリソンの研究グループは「あのシマウマは黒地に白の縞ではなく、白地に黒の縞が入った動物だとわかった」と結論した。[15] 土星の東側にあるときは明るさが六分の一になり、注意深く追っていればアマチュアの望遠鏡でもこの現象は簡単に観測できる。イアペトゥスの双子といってよいレアも、またディオネも表面の明るさに差が見られる。

最も内側にある明るい衛星ミマスとエンケラドゥスはともに小さく（直径三百九十四キロメートルと五百二キロメートル）、たがいの距離が近いが（軌道が五万二千キロメートルしか離れていない）、それ以外の性質はまったく異なる。エンケラドゥスの表面は、クレーターだらけの部分があったり溝のあるなめらかな平地の部分があったりと複雑で、地質学的特徴によって五つに分けられる。それでも表面はどこも均一に光を反射していることから、何らかの原因であとから氷が全体を覆い、この衛星を大理石のように輝かせているのだろう。土星の環で最も外側の細いE環は近くにあり、エンケラドゥスが近づくと輝きが最大になる。エンケラドゥスを「つやつやにした」現象が周囲の空間にも氷の粒子をまき散らし、E環ができたのかもしれない。

一方ミマスは、直径がゆうに百二十五キロメートルある新しそうな衝突クレーターが目を引く。ミマスそのものの幅は四百キロメートルに満たないから、比率として人間の眼球とそのなかの瞳孔くらい大きく見えるので、クレーター形成の原因になった衝突はこの小さい衛星がばらばらに吹き飛ばされてもおかしくないほどの威力があったようだ。形成されたのちに破壊された衛星で土星の環ができているのなら、ミマスはかろうじて姿をとどめた衛星の一例ということになる。

カオス理論の観点から関心が集まっているのはヒペリオンである。ジャガイモのような形をしたこの衛星は、全長わずか百九十キロメートル、幅百十四キロメートルで、タイタンとイアペトゥスのあいだのゆがんだ楕円軌道をまわっている。もっと大きい衛星が砕けた破片と考えられ、公転周期は二十一日だが、何周かに一度は自転速度と自転軸方向が変わって転げまわる。この変化は衝突が引き金になり、その後タイタンとの相互作用で激しくなったらしく、本質的に予測できない。ヒペリオンに予報士がいたら、地球の気象予報士がハリケーンの進路を予測するときのように、明日一日の長さはどれくらいになるのか、次にどの恒星が天の北極になるのかを予測するのに苦労するだろう。

衛星と環をもつ土星の氷の宮殿のむこうには、天王星と海王星と冥王星が住むもっと冷たい深みがある。

天王星は明るいので肉眼でもかろうじて見えるが、望遠鏡以前の時代は天王星が星のあいだを規則的に移動していくのに気づいた者はいなかったようだ。その後、一七八一年三月十三日の晴れた夜にバースの自宅裏で十五センチの自作の望遠鏡で星図を作成していたウィリアム・ハーシェルが発見した。ハーシェルは惑星を追っていたのではなく、全体の星図をつくることに関心があったのだが、ある天体が恒星と違って視直径と明るさを徐々に増していくのに気づいた。[16] そして日誌に「おうし座［ゼータ星］

に近い矩象にある二個のうち、下の星は奇妙で、星雲状の恒星か彗星だろう」と記録した[17]。四日後にまたその天体を見ると本当に動いていたので、普通なら彗星だと思うところだが、それにしては尾がないし、動きも非常に遅かった。彗星をよく知るシャルル・メシエはハーシェルが位置の変化に気づいたことに驚いた。それほど遅い動きだったのである。その三週間後、グリニッジ天文台長のネヴィル・マスケリンがこの星を観測し、自分の経験からすると「どの彗星ともまったく違う」ので惑星かもしれないと考えた。ヨハン・ボーデが過去の観測記録を調べたところ、それ以前に天王星を星図に書いていたジョン・フラムスティード、トビアス・マイヤー、ジェイムズ・ブラッドリーらの全員が恒星だと勘違いしていたことがわかった。ボーデはこの星を「これまで知られていなかった、土星軌道の外側をまわる惑星型天体」だと結論づけた[18]。アマチュア天文家として観測史上最大の発見をしたハーシェルはその地位を揺るぎないものにし、まもなく天文研究に専念するようになった。

海王星は大きさではおよそ天王星の双子だが、地球からの距離が天王星の一・五倍あるためにもっと小さく暗く見える。天王星に半世紀遅れて発見されたのは、より近代的な手法によってだった。天王星の軌道に摂動が見られることから、その存在が予測されたのである[19]。海王星発見の物語は才気と愚直なまでの粘り強さの物語だ。その二つの性質をときに一人の人物が併せもつ。

主人公はイギリス人のジョン・カウチ・アダムズである。当時まだケンブリッジ大学の学部生だったアダムズは、天文学者が見つけようとしていた太陽から八番目の惑星の位置を計算で求めることにした。天王星の軌道に観測される奇妙な動きの一般的な説明として、八個目の惑星の存在が予測されていたからである。アダムズは卒業前の一八四三年に計算のほとんどを終え、一八四五年に理論上の「天王星外」惑星の予測位置を報告するためにグリニッジ天文台長のジョージ・エアリーを訪ねた。自分の提供した情報をもとに天文学者が新惑星を探してくれるだろうとアダムズは思っていたが、エアリーは几帳面すぎて融通の利かない人間だった(病的に神経質で、曇りどころか雨の晩でも一晩中起きているよう台員に求め、天体ドームからドームへと「寝ていないだろうね?」と怒鳴ってまわったという。イギリスの天文家パトリック・ムーアは、「エアリーが一日中グリニッジ天文台の地下室で空の箱に〝空〟と書かれた札を貼っていたという逸話」は本当だと話している)[20]。アダムズが最初に訪ねたとき、エアリーは地方へ出かけていた。二度目のときは所用で外出していた。アダムズは名刺を預けておいてその日の午後に再訪したが、食事中なので面会できないと門前払いを食わされた。そこで手紙を置いていったが、エアリーはそれに対する返信でアダムズの計算手法がまちがっていると指摘し、八個目の惑星の位置が算出できたと思っている彼に冷や水を浴びせた。

同じころ、フランスにも軌道を計算した者がいた。化学者から天文学者に転向し、頭はよいが短気で有名なユルバン・ジャン・ジョゼフ・ルヴェリエである(ルヴェリエは一八五四年から長くパリ天文台長を務めたが、最後には「怒りっぽい」のを理由に解任された。ムーアは、ある人が「ルヴェリエはフランス一嫌な男ではないだろうが、フランス一の嫌われ者だと辛辣なことを言った」と記している)[21]。ルヴェリエはアダムズがエアリーと会えずにいた一八四五年に新惑星の位置の計算結果を発表したが、それはアダムズの結果とほぼ一致していた。論文を読んだエアリーはプロであるルヴェリエの計算には納得しても、ほぼ同じ結果を出したアマチュアのアダムズの計算は認めなかった。そしてアダムズには黙って——しかも七月二日にケンブリッジのセント・ジョンズ橋の上で偶然に会ったらしいにもかかわらず——二人が絞り込んだ空の領域に惑星を探す計画を立てた。あいにくなことに、エアリーがその仕事を任命したジェイムズ・チャリスは要領のよい人間ではなかった。彼は暗い星を高倍率で観測し、手順どおりにマッピングしていった。「非常にゆっくりと仕事を片づけている」とチャリスは自分の亀のようなペースをうんざりした様子ながら正確に報告している。[22]

フランスではルヴェリエが一八四六年八月三十一日に新しい論文を発表し、新惑星は現在明るいやぎ座デルタ星の東約五度に位置していると予測した。もはや発見は時間の問題と思われ、空を眺めればその星が見えてきそうな気がするほどだった。イギリスの天文学者ジョン・ハーシェルがその秋に発表する予定だった著書にこう書いている。「コロンブスがスペインの海岸からアメリカ大陸を見ていたように、われわれもそれ［新惑星］を見ている。分析を続けながら、はるか先でそれがゆらゆらしている様子がまるで目に見えるかのように確かなものに感じられる」。[23]しかし「嫌われ者」のルヴェリエが自分の言うことにフランスの天文学者たちが耳を傾けてくれると思ったとしたら、大まちがいだった。彼らはやぎ座デルタ星の東に新惑星を探そうとなどしなかった。同国人に無視されたルヴェリエはこの計画をドイツ人に委ねることにし、九月十八日にベルリン天文台のヨハン・ゴットフリート・ガレに手紙を書いて惑星を探してほしいと依頼した。仕事ののろいチャリスと違って、ガレは星図をもっていた。当時の主要な天文台の多くは、意外にも星図をもっていなかったのである。ガレは若くて熱心な学生ハインリヒ・ルイス・ダレストに手伝わせて、ただちに仕事にとりかかった。ガレが望遠鏡をのぞいて星の位置を言い、それをダレストが星図と照合した。星図にない八等級の天体があっけなく見つかった。翌日の九月二十四日の夜、二人はもう一度観測して、その天体が動いているのを確認した。「あなたのおっしゃる位置に確かに惑星がありました」とガレはルヴェリエに返信した。[24]現在は予測計算が認められ、最初に観測したガレとダレストではなく年若いアダムズと泰斗ルヴェリエが海王星の発見者とされている。

この話には、世界中のプロとアマチュアの観測家への戒めがおまけについている。気の利かないチャリスはガレとダレストの発見のことを知らないまま、その六日後に惑星を見つけ、さらに「惑星面のように見える」と助手に日誌を書かせもした。ところが、チャリスの使った望遠鏡の倍率はたった百十六倍で、しかも信じられないことに、天王星を発見したウィリアム・ハーシェルのようにもっと高倍率のアイピースを装着して本当に惑星面かどうかを確認することさえしなかった。その後に数日かけて追跡調査することもしなかったため、その移動を見つけるチャンスも、独自に発見するチャンスも不意にしてしまったのだった。のちにチャリスは「成功を確実にするには長期間の探査が必要だという思い込み」が失敗の原因だったと述べた(25)。

天王星と同様、海王星も多くの観測家が見つけていながら惑星と認識していなかったことが過去の観測日誌の研究からわかっている。活動の場だったドイツでの名、ヨハン・フォン・ラモントで知られるスコットランド生まれの天文学者ジョン・ラモントは、一八四五年と一八四六年に三日にわたって海王星の位置を記録しているが、徹底的に観測して「恒星」が動いている証拠を見つけることはなかった。また、フランスのJ・J・ド・ラランドは一七九五年五月に二日間海王星を観測し、動いているようだと気づいたが、最初の位置確認がまちがっていたのだと決め込んでしまった。ガリレオさえ海王星を見ている。一六一二年十二月二十七日と二十八日、木星による海王星の掩蔽という誰も見たことのないすばらしい現象のわずか一週間前、木星を観測中に海王星の位置に「恒星」を記録しているのである。その一カ月後、現在おとめ座のSAO119234と命名されている七等星の近くにふたたび海王星のおよその位置を記録し、次の夜には二つの天体が「さらに離れたようだ」と記した(26)。だが、ガリレオはこの手がかりを追究しなかった。なぜだろうか。近くにもうすぐ満月になる月があり、その月明かりのなかで八等星の天体を小さい望遠鏡で見分けるのは難しかったのだろう。私たちは望遠鏡をのぞくとき、期待どおりにものを見てしまう、あるいは見落としてしまうことが多々ある。思い込みは危険なのである(27)。

発見されたものの、天王星と海王星は望遠鏡で観測するには少々退屈な天体だった。それぞれ地球の六十六倍と五十八倍の大きさがある巨大惑星ではあっても、遠すぎて地上からの観測では模様のない円盤にしか見えない（肉眼で見る月と同じ大きさに見るには、望遠鏡の倍率を天王星で五百倍、海王星で七百五十倍にしなくてはならない。これだけの高倍率では、大気を通過してくる像と一緒に大気の乱れも拡大されてしまうため、シーイングの安定が必須条件になる）。ボイジャーの画像はどちらにも暗い環が写っているが、地球から望遠鏡でそれが観測できるのはこれらの惑星が恒星を掩蔽するときだけである。天王星の五つの衛星は明るいので地球からでも見える。オベロンとそれよりも母惑星に近いティタニアの二つは天王星を発見したウィリアム・ハーシェルがその六年後の一七八七年に発見した。このときハーシェルは四十六センチ反射望遠鏡を使い、いつものように「掃天」して地図を作成していた。次は一月十一日の記録である。

ジョージの星［ハーシェルは後援者の国王ジョージ三世に敬意を表し、当初天王星をそう呼んだ］の発見につながったときのように掃天することにした。天王星が子午線を通過していくとき、その惑星面付近と直径数倍の範囲に光の非常に弱い星が何個か見えたので、ごく慎重に位置を書きとめた。翌日、天王星がまた子午線にきたときにそれらの小さい星を注意深く探したが、二個がなくなっていた。目の錯覚だったことはこれまでなかったから、新惑星に複数個の衛星があるとただちに発表すべきだったが、私は確信したかった。あるかないかくらいの霞が小さい恒星を隠してしまうことは少なくないので、とくにこのような重要な問題では、連続して観測するまではよしとすべきでないと判断したのである。こうして一月十四日、十七日、二十四日、二月四日、五日に、天王星の近くの小さい星をすべて確認した。この時点で少なくとも一個の衛星があることはもはや疑っていなかったが、実際に動いているのをこの目で確かめるまで［この文章の引用元である王立協会に］報告するのは控えたほうがよいと考えた。二月七日の午後六時ごろに衛星の追尾を開始し、八日の午前三時まで目を離さなかった。その時間になると黄道面の一部が私の家の陰に隠れてしまい、追尾をあきらめざるをえなかった。したがって九時間にわたる追跡で、この衛星が主惑星に忠実に付き従っていること、それと同時に固有の軌道で大きい弧を描きながらまわり続けていることを確認した。(28)

ハーシェルのこの記述には卓越した天体観測家の仕事ぶりがよく表われている。まず、研ぎ澄まされた観察眼で衛星を見つけた。二つのかすかな点は主惑星の輝きに紛れてしまい、その後まる十年も見つけた者がいない。次に、ハーシェルは衛星が本物かどうかを五日かけて念入りに確かめている。最後に、予測が確信に変わったのちもなお、イギリスの厳しい冬のさなかに九時間かけて明るいほうの衛星を追い、うしろの恒星に対して天王星と一緒に動いていること、そして同時に軌道の弧を描いていることを確認した。一つの天体を望遠鏡で集中的に観測しようとしたことのある人なら、ここまで時間を費やさなくてもこのような作業がいかに骨の折れるものかわかるだろう。ハーシェルは作業の過程で衛星の公転周期も推測し、オベロンが十三・五日、ティタニアは八・七五日とした。正確な値は十三・四六二日と八・七〇九日だから、見事に近い。(29)

見た目にはよく似た双子の天体でありながら性質がまったく異なる天王星と海王星は、惑星を形成してそれぞれの運命を決定した自然の法則と歴史の偶然との絡み合いについて、未知の事柄がまだたくさんあることを思い出させてくれる。その点では金星と地球も同じだ。自然法則は複雑で、たとえば塵と氷とガスの混合物に重力と静電場が作用して原始太陽系星雲が生まれた。歴史の偶然も複雑なのはいうまでもない。わかっていないことはまだ多いが、重要な役割を果たしたのが隕石衝突であることは明らかである。

天王星の自転軸は黄道面に垂直な向きに対して約九十八度傾いている[30]。衛星と真っ黒い環も傾いていることから、形成途中で大きい小惑星が衝突し、岸に打ち上げられた帆船のように横倒しになったと考えられる。衛星と環が衝突前にできていたなら、傾いていく母惑星の赤道付近の膨らみに引っ張られて一緒に傾いただろうが、赤道とぴったり一致したままでいることはないだろう。天王星は、海王星、土星、木星にくらべて内部熱が低い。ということは、衝突で内部物質が混ざって均一になったために、ずっと煮えたぎるのではなく大量の熱が急速に放出されたのだろう。本当のところはまだわかっていない[31]。

激烈な過去を思わせる形跡がとくに印象的なのは、太陽系で最も風変わりな天体と呼ばれている天王星の小さい衛星ミランダ（直径五百キロメートル）だろう。ボイジャーの画像で見るミランダの表面は、古いクレーターだらけの部分ともっと新しい物質でできた部分をでたらめに寄せ集めた奇妙な様子をしていて、まるで爆発の跡地のようだ。おそらく小惑星級の天体が激しくぶつかってきて粉々になったが、破片の多くは脱出速度に達せず、ふたたび集まって現在のような寄せ集めになったのだろう。

天王星とは対照的に、海王星は比較的穏やかに見える。自転軸の傾きが二十八度、自転周期が十六時間の典型的な木星型惑星で、軌道はほぼ正円（離心率はわずか〇・〇〇九七）を描いていることから、ほかの惑星の接近遭遇も恒星の太陽系通過といった大混乱もなかったようである。太陽系の前哨地を百六十四・八年の公転周期で静かに巡回する様子は、グスタヴ・ホルストの組曲「惑星」の最終楽章で霊妙なコーラスによって表わされるにふさわしい（ホルストは天文学ではなく占星術と神話を主題にしているため、このほかに惑星の物理的特徴を感じさせるところはない）。

望遠鏡を通して見る海王星は模様がほとんど認められない点では天王星に似ているが、天王星よりもはるかに小さい。地球からの距離が天王星の一・五倍あるので、惑星面の幅はわずか二・三五秒である。双子といわれる天王星によく似ていると多くの観測家は思っていたが、一九八九年八月二十五日にボイジャー2号が海王星を通過して送信してきた画像とデータは、全体的な特徴がどんなに似ている惑星でも、詳しく調査すればそれぞれの個性があることをまたしても示した。天王星に模様がほとんどないのに対し、海王星には低温の惑星らしくはるかに色の薄い縞だとはいえ、木星および土星のそれと似たベルトとゾーンがある。ボイジャーが到達したときは大暗斑まであり、木星の大赤斑と同じ高気圧性の斑が南半球の同じくらいの緯度に浮かんでいた。この大暗斑は続いて一九九四年にハッブル宇宙望遠鏡が高解像度写真を撮影したときには消えていて、代わりに北半球に新しい暗斑ができていた。これらの模様を発生させている作用は、すでに述べたとおり、内部熱だろう。これは天王星を除く木星型惑星に共通する特徴で、海王星の核で発生する熱は太陽から受け取る熱エネルギーの二・六倍ある。天王星は緑色を帯びているが、海王星はもっと青みが強い。二つの惑星の色はメタンガスが赤い光を吸収するためだが、なぜ海王星のほうが青いのかは明らかではない。

海王星の氷の衛星トリトンは、赤、ピンク、ブルーグレーの斑点で色あざやかに彩られた不思議な天体である。ボイジャーの観測結果を分析したところ、窒素ガスの間欠泉があって、物質を十キロメートルほどの高さまで「空中」――トリトンの場合は窒素ガスと炭化水素ガスの薄い霧――に噴出させ、それによってできたデブリ雲が風で遠くへ飛ばされて表面に落ちていることがわかった（ボイジャーが観測したトリトンの大気は、トリトンが恒星を掩蔽したときに地球からも観測されている）。間欠泉が噴出するのは、地下に閉じ込められた液体窒素が上へ浸み出ていって密度が低くなり、膨張してガスになったときだと考えられている。この作用が通常見られるのは木星型惑星の低温の衛星ではなく、彗星とカイパーベルト天体である。密度の低さが木星型惑星の衛星よりも彗星に近いこと、また軌道が逆行軌道で、海王星の赤道に対してかなり傾いている（二十一度）ことから、トリトンはもとは海王星の衛星ではなく、太陽系外縁部からきた捕獲衛星だと考えたほうがよさそうだ。

太陽系外縁部といって次に登場するのは、まだ宇宙船が探査していない最後の惑星――ただし本当に惑星ならば――冥王星である。冥王星は一九三〇年に若い日のクライド・トンボーが発見した。カンザスの農場から出てきたばかりのトンボーは、大学に進学する余裕がなかったが、高校卒業後にローエル天文台に就職することができた。写真撮影の腕がよかったため、天王星と海王星の動きの分析から存在が予測されていた「惑星X」の探索を任された。この予測はまちがっていたことがのちにわかったが、さいわいトンボーが頼りにしたのは高度な計算でなく粘り強さと分別だった。予測された位置に固執せず、鍵をなくした酔っ払いが明るい街灯の下ばかり探すようなやり方をした。既知の惑星はどれも黄道面上かその近くを公転していたし、惑星は衝のときが最も明るいものなので、太陽と反対側の黄道面の空を長時間露光で撮影することにしたのである。

黄道上には十三の星座がある。「獣帯」の十二「宮」、それに十三という数字が不吉なので占星術では考慮されないへびつかい座である。トンボーは割りあてられた望遠鏡とカメラのテストでふたご座の写真を何枚か撮ったが、次の新月が訪れて本格的に探索をはじめるころには、ふたご座は子午線のはるか西へいってしまったので、かに座から調査することにした。マーフィーの法則とはこのことだった。冥王星はふたご座にあったのだ。トンボーは一年近くかけて黄道を一周調査し、一枚に一万から十万個の星が写った感光板を太陰月ごとに三十枚ずつ比較して、惑星の可能性のあるゆっくり動く光の点をそのなかから探した。「気の滅入る」作業だったとトンボーは本音をもらしているが、文字どおりの遠まわりになったこの方法にも大きな収穫があった。二万九千個の銀河と一千八百個の変光星の写真を撮影し、二個の彗星を発見したのである。

「私は完璧主義者だった」とトンボーは回想する。「家畜飼料用のモロコシ［実家の農場の主産物］を植えるときは、まるで矢のように一直線に畑に並ばないと気持ちが悪かった。そののちは、惑星かもしれない天体はどんなに暗くてもすべて三枚目の感光板まで［よく調べて］確認しなければ気がすまなかった――答えはイエスかノーのみ。たぶん、はありえなかった」[32]。ついに冥王星を発見したとき――一九三〇年二月十八日――は自分の作業を冷静にダブルチェックし、それから興奮を気取られぬように台長の部屋に何気なく入っていって、「あなたのおっしゃった惑星Xを見つけました」と告げた[33]。ローエルの部下たちは当初、若いトンボーの成果を軽く見ていたが（ハーバード大学天文台への電報に彼の名前はなく、新聞社への通知でも「海王星外惑星の物的証拠を得るための理論研究と並行して一九〇五年にローエル博士が起案した探索計画」という点が強調され、担当者として「助手、C・W・トンボー」と一行書かれているのみだった）、最終的に彼の大変な骨折りは揺るぎない名声をもたらした。着手してすぐに冥王星の写真が撮れていたら、生涯最大の成果をたんなる初心者のまぐれと言われ続けたかもしれない[34]。

このニュースに世界中が沸き立ち、ローエル天文台に新惑星の命名案が殺到した――アポロ、アルテミス、アトラス、バッカス、クロノス、エレボス、イダナ、オシリス、ペルセウス、タンタロス、バルカン、ズィーマル（ローエルの未亡人コンスタンス・ローエルは、ゼウス、ローエル、パーシヴァル、あるいはコンスタンスを好んだ）。プルート（冥王星）の名は、イギリスのオックスフォードに住む十一歳の少女ヴェネシア・バーニーの提案である。[35] 最初の二文字がパーシヴァル・ローエルの頭文字だったのがよかった。

冥王星の発見はいまも理論家の計算の功績として引き合いに出されるが、最初に惑星Xの探索のきっかけになった計算は、天王星と海王星の質量と位置の値がまちがっていたし、たとえ値が正しくても、冥王星は小さすぎて、主張されたように天王星と海王星の軌道に影響をおよぼすことはないのが現在ではわかっている。[36] 冥王星の発見は数学者のひらめきではなく、クライド・トンボーの努力の賜物だったのである。

冥王星を惑星に分類することについては、その小ささ、傾き、ゆがんだ楕円軌道、組成の点から反対意見がある。* 直径はわずか約二千三百キロメートルで、どの惑星よりも小さく――多くの点で似ている海王星の衛星トリトン（直径二千七百キロメートル）より小さい――ケレスのような大きい小惑星とほとんど変わらない。軌道は黄道面に対して十七度も傾いていて、ほかの惑星の二倍以上である。離心率が非常に大きく、二百四十九年の公転周期のうち二十年は海王星の軌道の内側をまわっているが、八個のまぎれもない惑星にはたがいに交差する軌道をもつものはない。また、密度――一九七八年に衛星カロンが見つかって計算できるようになった――も惑星よりも氷でできた彗星やカイパーベルト天体に近

＊訳註　冥王星は原書刊行後の二〇〇六年に国際天文学連合が公式に準惑星に分類し直した。

い。冥王星のたっぷり半分の大きさがあるカロンは、地球と月の関係のように重力によって冥王星に固定されているが、異例なのは冥王星もカロンの重力で固定され、二つはつねに同じ面を向け合っていることだ（別言すれば、冥王星の自転周期とカロンの公転周期はともに六・三八七日で等しい）。この関係は、惑星というよりも二重小惑星に近い。冥王星は大気があるが、太陽に比較的近いときは気化し、海王星を越えて長い旅に出ているあいだは凍結して表面に落ちる。これは彗星の大気に似ている。分類の難しい天体は増え続けているが、太陽系の解明がさらに進むまでは、冥王星はそのなかでも最大で観測しやすいものとみなすのがよいだろう。メインベルトには、典型的な小惑星の軌道をとって小惑星に分類されていたが、やがて冥王星のように大気が蒸発し、彗星のようなコマや尾を出した天体がいくつかある。冥王星の故郷が推測どおりカイパーベルトかどうかの結論を出すには、カイパーベルト天体のいっそうの観測が役立つことはまちがいないだろう。

　冥王星は惑星ではなくカイパーベルトからきた氷の使者だとする一部の研究者の主張は、思いがけず物議をかもした。ニューヨークに新設されたきらびやかなローズ地球宇宙センターの一部としてヘイデン・プラネタリウムが二〇〇〇年に改修を終えて再オープンしたとき、太陽系の展示を見て冥王星が「惑星から降格」されているのを知った来館者が「困惑」していることが報道された。ＣＢＳニュースの解説者チャールズ・オズグッドは「宇宙を揺るがす一計として、ヘイデンは冥王星を惑星からはずした」と述べ、「来館者はもの足りないと納得しない様子だ」と続けた。サンタフェ・ニューメキシカン紙は「冥王星が落選した」と不満を表わし、ニューヨーク・タイムズ紙は「太陽系の惑星は九つと学校で教えられたのを覚えている来館者は、冥王星が除外されたことに戸惑い、がっかりしてもいる」と伝え、その一人でアトランタからきたパメラ・カーティスが「お母さんは私たちに九枚の……何を食べさせてくれたのでしょう」と残念そうに言ったことを紹介した。彼女は惑星の名前を頭文字をとった語呂合わせで、「My Very Educated Mother Just Served Us Nine Pizzas（私の教養あるお母さんは私たちに九枚のピザを出してくれたところです）」と覚えていたのである〔冥王星（Pluto）が「ピザ」にあたる〕。

ヘイデン・プラネタリウムの館長ニール・ド・グラース・タイソンは、太陽系の天体は五つのグループ――地球型惑星、メインベルト、巨大ガス惑星、カイパーベルト（冥王星はここに入る）、オールトの雲――に分けるほうがただ惑星の名前を覚えるよりもふさわしいと反論し、「惑星を数えるのではなく、グループを数えてほしい」「そうすれば太陽系の構造がわかるようになる」と訴えた。だが、説得の道は多難だった。ほかの科学館の館長らは、いまも国際天文学連合は冥王星を惑星と定義しているではないかと取り合わなかった。「私たちは冥王星を手放すつもりはありません」と言ったのはデンバー自然科学博物館のキュレーター、ローラ・ダンリーである。クライド・トンボーの伝記を著したコメットハンターのデヴィッド・レヴィは、きっとタイソンは「ほかの宇宙」にいるのだろうと述べた[37]。

だが、クライド・トンボーの名誉を汚したくないために冥王星の「降格」に反対する人々も、カイパーベルト天体探索の先駆者として彼の名が残ると思えばほっとするのではないだろうか。太陽をひっそりと周回するこの一群の天体は、いまも発見が待たれている。カイパーベルト天体の星図をこれから作成しようとする観測家は、望遠鏡の倍率を限界まで高め、これまでになく暗く、これまでになく動きの遅い天体を探して、その結果を完全主義者のごとく細心の注意を払って確認し、太陽系に関する人類の知識を押し広げていかなくてはならないだろう。トンボーもそうしたかったにちがいない。彼は晩年にこう語っている。「もし人生をやり直すとしたら、まったく違う道を選ぶかどうかはわからない……うんざりするほど長い道のりだったが――後悔したことはない[38]」

それはともかく、太陽系探査の章は疑問符で終えるのがふさわしそうだ。惑星の領域と彗星の領域に挟まれた一帯、冥王星が二重国籍をもつ旅人のように自由に放浪している場所まで私たちはやってきた。ここでひと息ついて、うしろを振り返ってみよう。遠く小さくなった太陽の近くに寄り添った、望遠鏡でしか見えない天体が地球である。太陽の光は八分かけて地球に到達し、その四分後には火星にぶつかるが、木星にとどくのには四十三分、土星までは一時間以上、天王星までは二時間半、海王星へは四時間かかる。観測し、調査するには、ましていつの日か探査するには、なんと広大な星の集まりだろう。岩でできた小さい四つとガスでできた巨大な四つの合計八個の惑星、そして大方の観測家は覚えきれないほどたくさんの衛星――カリスト、レア、イアペトゥス、ミマス、オベロン、ウンブリエルのような地質学的に活動していない衛星、ディオネ、テティス、アリエル、ティタニアのような少なくともある時期には活動していた衛星、塩分を含む海が深くに埋まっているエウロパとガニメデ、活火山があるイオや低温だがガスをシューシュー噴き出しているトリトンのような活動中の衛星。これらの天体はどれも独自の歴史をもち、私たちがここで見てきたのはそのわずかな断片にすぎない。知りうることがこれですべてだとしても――たとえば地球が暗い星雲のなかに埋もれていて、夜空は真っ黒で星など一つもないとしても――人間が好奇心を抱き、発明し、探査した努力は未来永劫報われるだろう。

だが、これがすべてではない。私たちのまわりには広い銀河がある。太陽系がこの文章の最後に打ったピリオドくらいの大きさになったときに、初めてその構造が理解できる、途轍もなく大きな規模で広がる銀河が。

天文日誌より
真夜中の鐘

火星が衝に近づいている。私が四センチの屈折望遠鏡で最初に見たのは一九五六年だから、四十二年ぶりである。そう思うと少し年をとった気がしてくるが、これは太陽系のサイクルが見事に正確であることの証でもあった。さながら惑星のブルースのリズムを刻むストライドピアノの左手だ。強い風が松の林のあいだをバイオリニストが調弦しているような音をたてて吹き抜け——芭蕉なら、声鳴きかわすと表現するだろうか——星はわれもわれもと手を挙げる生徒のように元気いっぱいに輝いている。いま、ふたご座の双子が手をとり合って空の西へ下りていくところで、そのそばに三日月がいる。壁の時計が十一時五十九分をさしている。私は短波ラジオのスイッチを入れて、そのタイミングのよさに驚いた。シェイクスピア作『ヘンリー四世』から、時を越えて残る一節が聴こえてきたのだ。

フォルスタッフ　二人で真夜中の鐘を聞いたものじゃないか、シャロウさん

シャロウ　ええ、そうですね、そのとおりです、サー・ジョン、本当にそうです……

まったくの偶然か、それともBBCのプロデューサーが気を利かせ、太平洋標準時刻の真夜中ぴったりにこの場面がラジオから流れるようにテープを調整したのか。

血のように赤い火星が東の木々の高い梢を振りほどき、私はそれを合図にウィンドスクリーンを立て、望遠鏡のねらいをさだめて見てみる。最初に感じたのは、衝に近づくにつれて火星の像がみるみるうちによくなったことだ。大気は乱れ、風でカタカタと揺れている望遠鏡は充分に性能を発揮できるまで冷えていなかったが、コントラストのはっきりした黒い模様がもういくつか見えた。口径を十五センチに絞った。これで大気の乱れの影響を軽減できる。午前一時、火星像はいくらか安定したが、バターのなかでぶくぶく泡立つフライパンのトマトオムレツのように見えるのは変わらない。それでも火星はずんずん空を昇り、視界はさらに良好になり、やがて吹きすさぶ風に手を休めるごとによく見えるようになる。

午前二時には湿度が九十六パーセントまで上昇し、強くなる一方の風に刺すような冷たさがくわわって、火星面がさっきよりも乱れる。三時には火星が西の丘陵の上空に漂う霧のなかに沈んでいくが、残念には思わない。風の強い、美しい夜だ。火星はかならずもどってくる。それまでほかのものを見ていよう。私は望遠鏡を星と銀河に向ける。

第Ⅲ部　深海

第十五章　夜空

夜は有頂天だ
——ゲーテ

理念と事物の関係は星座と星の関係に等しい
——ヴァルター・ベンヤミン

あたりまえのことをいうようだが、空にはいつでも星がある。太陽が眩しくて見えないときも、星はいつも悠然と輝いている。そのことに気づき、それが頭から離れなくなるのも、スターゲイザーになるきっかけの一つだ。アマチュア天文家のデヴィッド・J・アイカーは、初めて望遠鏡で球状星団を見てからがそうだったという。

あの夜から、私はまるで厳重に守られた秘密を突然知らされたように興奮でふらふらした。私は何も変わっていなかった。まわりの世界も変わってはいなかった。でも私は、心の底から違うと感じた。道を歩くときも、靴ひもを結んでいるときも、スーパーでソーダを買うときも、私は違っていた。青空のむこうに数限りない星と無数の世界が隠されていることを、いまの自分は知っている。以前とは違うと感じずにはいられなかった。宇宙がそっくり私の心のなかにあった。(1)

私の場合、昼間も空に星があることが気になりだしたのは十四歳くらいのころだった。それを知ったおかげで、おかしなことが習慣になった。真っ昼間にシリウスや金星を見ようとして、休み時間に校庭の決まった場所に立って屋根の角を目安に観察したり、家に帰れば望遠鏡やキッチンペーパーの芯をのぞき込んだりした。そんな努力がたまに報われて青く広い空に白い光の点がかすかに見えると、私たち人間は闇のなかで輝くオアシスに住んでいるのだとあらためて思い、レンズを磨く灯台守のようにうっとりした気持ちになった。フロリダの眩しい太陽の下、釣り船のデッキでリールを巻いたり、ココヤシの木陰で本を読んだり、サッカー場で転げまわったり、そんなことがたまさかあっても、私はそんなときもコバルト色の空を見上げてこう思っていた。「あそこに星がある。僕に見つけられるのを待っている」

そして日が沈めば、今日もまた空のショーの幕開けだった。

• • •

昔、空が奥行きのない屋根か蓋だと考えられていた時代でも、人は夜空の星の美しさに心を動かされた。その美しさに底知れぬ深さと無尽蔵の事物が隠されていると知ったいま、私たちはいっそう夜空に心を奪われる。アメリカの画家ロバート・ヘンライは著書『アート・スピリット』で次のように述べている。「美しいものなど、どこにもない。万物はそれを見てよろこびが湧き上がってくるような感性豊かで創造的な心に出会うのを待っている。それこそが美だ」(2)。星の観測は学問的な追究であると同時に、芸術的な追求でもある。美を感じる心に知識を重ねて、私たちをかこむこの世界をより深く味わうのである。肉眼でもさまざまなものが見える。月の満ち欠け、日食と月食、優雅にふんわりと舞うオーロラ、惑星の色と運動、明滅する変光星、おぼろに光る星雲と近傍の銀河、そして恒星。二千もの星が目に入ってくる。そこに双眼鏡があれば、集光力しだいでさらに何倍ものものが見える。さらに望遠鏡があれば、空はもう見つくせない。

さあ、だからさっそく外へ出て空を見上げてみよう。(3) 目印になるのは星そのものと星でつくられた形、すなわち星群と星座だ。北斗七星やすばるのような目立つ星の集団が星群、星と星を線で結んで描かれた形が星座である。その昔、羊飼いやスターゲイザーが星座を考え出し、星が空をどう動いていくかを知るのに役立てた。以前は星図の製作者によって星座の境界が違っていたが、現在の星図には国際天文学連合が公式にさだめた境界があり、空全体が八十八星座に分けられている。ざっと見るにしても全部は多すぎるので、この章ではいくつかに絞って紹介する。そして次章では望遠鏡を使って空の一部をさらに深く探索しよう。なにしろ全部を見ていたら一生かけても間に合わない。

案内役は短い歌である。

アークトゥルスへ続く弧をたどって
スピカの上まで行き
北西のレグルスのほうを向け
そこが獅子の足元だ

その距離はちょうど双子の

ポルックスとカストルが輝く場所
リゲルとカペラが近くにいる
シリウスはすぐ下だ

「弧」というのは北斗七星の柄の部分のことだ。イギリスで鋤、中国では北斗、エジプトでは雄牛の腿、近代ヨーロッパでは古代ローマと同じく荷車と呼ばれる北斗七星はおおぐま座のなかの星群である。多くの星群は地球からの距離のばらばらな星がたまたま並んでいるように見えるだけだが、北斗七星の場合は七つの星のうち五つに関連がある。おおぐま座運動星団という大きくまばらな星団に属しているのだ。[4] この星団は直径三十光年、太陽からわずか八十光年しか離れていない、地球に一番近い星団である。北斗七星はいて座のある南方へ毎秒十四キロメートルで移動し、その速さにくわえて地球から近いこともあって、少しずつ形を変えている。十万年前は四角い枡にまっすぐな柄のついた素朴な形の柄杓《ひしゃく》だったが、現在は金属の柄杓の形になっている。いまから十万年後には、枡はもっとつぶれた形になり、柄の先がひょいと直角に曲がった、その時代にふさわしい未来的な姿になるだろう。

肉眼で見える星団はほかに、かに座のプレセペ星団、おうし座のヒアデス星団、同じくおうし座のプレアデス星団などがある。柄杓の形に並んだ美しいプレアデス星団は六つの星が容易に見つけられ、七つ目が見えたら視力がよいといわれる。よく晴れた真っ暗な夜なら、視力のよい人はプレアデス星団のなかに十個以上の星が見え、望遠鏡が発明される以前でも十四個までが確認されていた。これらの星団はどれも双眼鏡で見るとすばらしい眺めだ。双眼鏡は望遠鏡よりも広い視野の景色を楽しめる。

北斗七星の枡の端にあるドゥーベとメラクは、二つを線で結んで北へ伸ばすと北極星の近くを通ることから指極星と呼ばれる。双眼鏡で北極星を見れば、その少し南に七等星から八等星の星がつくる、「結婚指輪」と呼ばれる円が見える（北極星は天の北極から一度以下のところにあるので、当然ほぼすべての星が北極星よりも南にある）。

北斗七星の柄の端から二番目の星ミザールには、見たところすぐ近くに伴星のアルコルがある。昔のアラブ人は二つを「馬と騎手」と呼び、兵士候補者の視力検査に利用した[5]。肉眼で二つを分離できるか、つまり二つを二つとして判別できるかどうかを確認させたのである（現代人ならこの試験にあっさり合格できるが、眼鏡のめずらしい時代には有効な手段だった）。この二つは本当の二重星、つまり連星ではなく、たまたま視線の先に見えているだけで、ミザールは地球から八十八光年、アルコルは八十一光年離れている。だが、ミザールそのものは最初に発見された真の連星で、いまなら小さい望遠鏡を使えば誰にでもできるが、一六五〇年にイタリアの天文学者J・バティスタ・リッチョーリが二つの星に分離した。ミザールの暗いほうの双子の星も、これまた伴星をもつ連星である。こちらの二つは近すぎて望遠鏡でも見えず、伴星の軌道運動によるスペクトル線の位置の変化からスペクトル写真で識別できる。

恒星の多くは二重連星系もしくはそれ以上の多重連星系に属しているが、肉眼で分離できるのはほんのひと握りしかない。こと座のイプシロン星は大人の視力を試すにはちょうどよいが、子供は簡単に見分けられる。肉眼でも、望遠鏡か双眼鏡を使っても、視力の限界あたりで見える二重星はぼんやりしているので星雲とまちがえやすい。ヨハネス・ヘヴェリウスは視力がとてもよく、望遠鏡があっても使おうとしなかったそうだが、やはりその姿にだまされておぐま座デルタ星の一・五度北東にある二重星を星雲として星図にくわえてしまった。双眼鏡があれば、はくちょう座にあるアルビレオなどの遠隔連星ははっきり分離できる。片方が黄色、もう片方は青色に輝く明るい星だ。

ヨーロッパや北アメリカくらいの緯度では、おおぐま座は天の北極をまわる周極星の星座、すなわち沈むことのない星座である。古代ギリシアの航海者はこれを「熊は水浴びしない」と覚えた（天文学者ロバート・バーナムは、おおぐま座のことを「北極熊」と呼んだ）(6)。ここで、古い歴史をもつ自然科学の一分野「球面天文学」に触れておこう。この分野では空を地球を中心とする球面に見立て、線と点で位置を示す手法を用いる。地球の極軸を南北に伸ばしたときに天空にぶつかる二点が天の南極と天の北極で、したがって地平線から天の極までの高さは、観測者のいる緯度と同じになる。そして、観測地点の緯度によってどの星が周極かが決まる。北極と南極では、すべての星座が周極である。極の空に見える星は決して沈まず、見えていない星が昇ってくることもない。一方、赤道上では周極星の星座はない。

天球で緯度に相当するのは「赤緯」で、天の極を赤緯九十度、赤道を赤緯〇度とする。経度に相当する「赤経」は極と極を結ぶ線で、時刻で表わされ、二十四時間で空を一周する。この座標系は「歳差運動」と呼ばれる地軸のふらつきによってゆっくりずれていき、そのために星の地図帳は通常五十年ごとに更新され、その元期に合わせて正確さが維持される。元期と座標を使えば、天球上のどんな天体についても正確な位置を記述できる。たとえば、うしかい座にあるアークトゥルスの座標は、R.A. 14h 15m 43.7s, Dec. +10°10′25″, epoch 2000 と表わされる。アークトゥルスは赤経十四時十五分四三・七秒、赤緯十度十分二十五秒の位置にあるという意味である。このような数値の処理は、最近ではコンピューターの仕事になった。何が見たいかを入力すればコンピューターが座標をはじき出し、望遠鏡をそこへ向けてくれる。私は望遠鏡の架台をコンピューター制御システムに対応させるために改造したとき、古い「目盛環」を残しておいた。赤経と赤緯を合わせるのに使う、真鍮の大きい円盤が二枚一組になった部品だ。それを残したのは、ただ別れ難かっただけかもしれないが。

地球が軌道をまわっているために、太陽は黄道を一日に一度以下ずつ東のほうへずれていくように見える。その結果、星座は永遠に西へ西へと動いていく。夜ごと前日よりも少し早く昇り、しまいには太陽にのみ込まれ、しばらくしてふたたび夜明け前の空に現われる。だから星座は季節と関連している。冬の夜、北半球ではオリオン座がよく見える。春にはしし座がこれに取って代わり、オリオン座は太陽の光に負けてしまう。夏の空には「夏の大三角」が君臨し、ベガ、アルタイル、デネブが明るく輝く。そうしているうちにオリオンが太陽のうしろからまた姿を現わす。私はちっぽけな望遠鏡で何か新しいものを観察したくてたまらなかった子供のころ、よく夜明け前に起き出して、数カ月間宵の空にとどかなかった星座を先取りして眺めた。それはまるで時間旅行のようだった。いまでも夜明け前のさわやかな空を眺めると、何かが新しくはじまる感覚に胸が満たされる。

黄道と天の赤道が交差する二点のうち、一つは春分点を表わしている。春分点は慣例で赤経〇時と決まっている。もう一つは秋分点で、赤経十二時である。太陽がこの二点を通過するとき、すなわち三月二十一日と九月二十二日（うるう年は違う）に北半球では春または秋がはじまる。二つの点のちょうど中間は夏と冬の至点で、太陽が、つまり黄道が天の赤道から一番遠く離れるときだ。とりあえず、天球の時間についてはこれくらい知っていれば充分だろう。

さて、それではいよいよ観測に出かけよう。

アークトゥルスへ続く弧を追って

北斗七星の枡から伸びた柄の部分の曲線を三十度ほど延長した「弧」をたどっていくと、明るいオレンジ色に輝くアークトゥルスにたどり着く。もともと明るいうえに（アークトゥルスの直径は太陽の二十三倍もあり、明るさは百倍もある）、地球から近いので（わずか三十七光年）、夜空で四番目に明るい星である。日中に望遠鏡で観測された初めての星でもあり、一六三五年にフランスの天文学者ジャン＝バティスト・モランが観測した。だが、アークトゥルスは高速で移動しているから、こうして目立っていられるのもいまのうちだ。二百万年前は地球から八百光年も離れていて、ケフェウス座のなかのぼんやりした星（六・七等級）だった。このあと二百万年でほ座まで駆け抜けていき、肉眼で見えないほど暗くなる。

スピカの上まで行き

同じ弧に沿ってさらに三十度進むと、スピカに着く。黄道の近く、おとめ座のなかにある一等星である。アークトゥルスと同様に巨大で明るく、光度は太陽の二千倍もあるが、アークトゥルスがオレンジ色なのに対してスピカは青白い。恒星の色を決めるのは表面温度で、表面温度は大きさと質量で決まる。質量の大きい恒星は熱く、そのエネルギーが高いほど、色はスペクトルの端の青白い色に近づく。しかし、核燃料が枯渇しはじめると外層が膨張して冷え、白熱する鉄を炉から取り出して冷ましているときのようにオレンジから赤に近い色に変わってくる。天文学では青白くて大質量の恒星を「若い」、進化して赤色巨星になった恒星を「年老いた」という。だがこの呼び方は少々まぎらわしい。大質量の星は生き急ぎ、若くして死ぬ。わずか数十万歳で赤色巨星になってしまうのだ。一方で太陽のように小さめな星は、百億年も燃え続けたのちに赤色巨星になる。

天文学では恒星をスペクトル型で分類する。ハーバード大学で最初に考案された方法はスペクトルの「複雑さ」を基準にしてアルファベットで分類するものだったが、色を基準にするほうが天体物理学の観点からより有効だとわかり、文字の順番がごちゃ混ぜになった。現在使われているスペクトルの順番は、熱くて青白い星にはじまって冷たい赤色巨星で終わるO、B、A、F、G、K、Mになる。これを科学者は世代によって「O, Be A Fine Girl, Kiss Me!（素敵なお嬢さんになって、キスして!）」とか「Oh Boy, An F Grade Kills Me!（どうしよう、成績Fの科目がある!）」と覚えたりした。スピカはB型の星、アルタイルとベガはA型、北極星はF型、太陽は典型的なG型、アークトゥルスはK型である。このあと出てくるベテルギウスは、M型の赤色巨星だ。(7)

北西のレグルスのほうを向け
そこが獅子の足元だ

レグルスは一・四等級、距離七十七・五光年で、しし座のなかで一番明るい。名前の意味は「小さい王」、すなわち百獣の王のことである。スペクトル分類はB型で、直径は太陽の三・五倍ある。レグルスは三重連星系に属している。レグルスから八分以上も離れたところに小さい望遠鏡でも容易に確認できるオレンジ色の伴星があり、その伴星はわずか二秒ほど先に識別しにくい暗い矮星（十三等級）を伴っている。その付近には四つ目の星が見られ、レグルスの系に属しているとしてレグルスDと分類されたが、これは「視線上の偶然」のようだ。しし座は「黄道帯」の星座なので、レグルスは月に掩蔽されたり、ときには惑星に隠されたりすることがある。一九五九年七月七日に金星がレグルスを掩蔽したとき、私はキービスケインからそのめずらしい現象を見ようとしたが、レグルスは隠れる前に沈んでしまった。

レグルスから西へ五度進むと、ときどき見える星がある。平均三百十日の周期で明るさが変化する変光星のしし座R星だ。普段は六等級から十等級で、望遠鏡がないと見えないが、光度が極大のときは五等級以上になり、望遠鏡なしで見える。この星は変光星のなかでも「ミラ型変光星」に分類される。ミラ（ラテン語で「すばらしい」の意）型とは、くじら座にある変光星ミラから取った名である。古代の人はミラが百日ほどのあいだ肉眼で確認できるくらいに明るくなり、ときには二・五等級にまで達してからまた暗くなって、数カ月間姿を消すことに気づいた。ミラ型変光星は平均的な質量をもつ脈動星で、すでに星の生涯の晩年を迎えて不安定な段階にある。変光星にはほかにも多くの種類があるが、とくに目を引くのは「閃光星」と「激変星」だろう。また、望遠鏡なしでいつでも見られる変光星もある。ベテルギウスは、約六年ごとにアルデバラン（約〇・九等級の変光星）くらいの暗さとリゲル（〇・一等級）くらいの明るさを繰り返す。ケフェウス座デルタ星は、ケフェイド型変光星の名前の由来になった星で、一週間よりも短い周期で三・五等級と四・四等級のあいだを行ったりきたりする。ふたご座ゼータ星も三・六等級から四・二等級のあいだを十日周期で遷移するケフェイド型変光星である。

食連星は見たところ脈動変光星に似ているが、実際はまったく違う。食連星とは、一つの星がもう一つの星の前を周期的に通過するために見かけの明るさが変わる星の系である。代表的なのはペルセウス座のアルゴルだ（「悪魔の星」とも呼ばれる）。三重連星系のアルゴルは、三つのうち二つの星がたがいに隠し合うことで系全体が変光する。片方は明るい青色、もう片方は赤色巨星で、どちらも太陽より明るい。アルゴルの地球からの距離はたった九十三光年だが、二つの星は非常に近接しているので最大級の望遠鏡でも分離できない。緊密すぎて一方がもう一方の構成成分をはぎ取ってしまう、いわゆる接触連星だろう。一般的に認められているアルゴルのモデルは、成分星のタイプと速度がわかるスペクトルのデータと光度曲線をもとにしている。それによると、軌道面は真横からわずかに傾いており、そのために暗いほうの星の面は明るいほうの星の裏側を通るときにほとんど隠れ、明るいほうの星は暗いほうの星が前を通過すると暗くなる。こうして、暗いほうの星が覆われる時期には最も明るい二・一等級になり、二・八七日の周期で明るいほうの星が隠れる時期は三・四等級まで下がるのである。

ここまで見てきたおおぐま座、うしかい座、おとめ座、しし座は、どれも銀河の宝庫だ。遠く離れた星の群島には双眼鏡で見えるものもあり、とくにしし座のM65とM66はとても明るい。空のこの部分に多くの銀河が見えるのは、私たちが自分のいる銀河の銀河面の外を見上げているからである。そうではなく銀河面に沿って見ると、銀河系の銀河面にある塵とガスの巨大な雲で可視波長の視界がさえぎられ、ほとんどの銀河が隠れてしまう。では、次は天の川銀河に近づいてみよう。

その距離はちょうど双子の
ポルックスとカストルが輝く場所

黄道を西へ三十七度進んでふたご座の双子の頭にあたるポルックスとカストルに出合ったら、そこから天の川の岸辺に沿って星の茂みが続いている。そこまでくれば見どころいっぱいで、肉眼でも見えるし、双眼鏡があればもっといい。ふたご座をひとわたり眺めてみると、宝石箱みたいな散開星団がいくつも見える。カストルの左の足元にあるM35もその一つである。そして、それればかりではない。

リゲルとカペラが近くにいる
シリウスはすぐ下だ

最後に一足飛びに五十度進むと、天の川銀河の星の宝庫のなかにお供のおおいぬ座を連れた狩人のオリオン座がある。オリオン座は多くの人に愛されているが、それもうなずける。何しろオリオンは本当に狩人らしく見える。広い肩、棍棒をかざした右腕、盾を構える左腕。その姿はまるで強敵おうし座に挑んでいるかのようだ。太く立派なベルトや剣もはっきり見える。星は私たちをよろこばせるためにわざわざ絵の形に並んでいるわけではなく、多くの星座はもらった名前のものにかろうじて似て見える程度だが（へびつかい座はごみ箱にも見えるし、おとめ座は船にも見えないだろうか）、そんななかで、さそり座やはくちょう座、小さいいるか座など、本当にはっきりと形のわかるものもあり、初心者のスターゲイザーはうれしくなって「見える！」と叫んでしまう。そのなかでも最も際立っているのがオリオン座だろう。

オリオンは古くから大衆のあいだで言い伝えられた神話の人物であり、農夫や船乗りに季節を告げる導き手でもあった。ほかの星座をほとんど知らない者でも、とびきり目立つこの星座だけはわからなくてはいけなかった。古代エジプトでは、冥界の王オシリスであると考えられていた。天の川は、オシリスが船をこぐ地下の川である。ジェイムズ王訳の欽定訳聖書によると、神はヨブにこうたずねた。「すばるの鎖を引き締め、オリオンの綱を緩めることがおまえにできるか」。ウェルギリウス、プリニウス、ホラティウスは、夜空にオリオンが現われると冬の嵐がはじまると警告し、ヘシオドスは「風が雷鳴と戦うとき……暗雲に隠れて陰鬱な海が広がる」と注意を促した[8]。彼らにはそれがどんなことかわかっていた。いま私がこれを書いているのはオリオン座が最も高く昇る一月の午後、雷鳴とともに窓ガラスがカタカタと揺れ、灰色のサンフランシスコ湾は吹きすさぶ風雨にかき乱されて、波頭が白く泡立っている。

オリオン座で一番目と二番目に明るい二つの星は、はっきりと色が違う。狩人の足元を照らすリゲルは青色超巨星である。肩のところの深紅色の明かりが二番目に明るい星ベテルギウスだ。この星は脈動型の赤色超巨星で、大気が非常に大きく広がっている。仮にその大気の中心に太陽があるとしたら、木星の軌道までをも包み込んでしまうだろう。「ベテルギウス」はアラビア語が転訛したものだが、その語源ははっきりしない。英語ではこの語に対応する発音が三つもあって、どれも正しいとされている。その一つはまちがいなく「ビートルジュース（かぶと虫のジュース）」と聞こえるので、子供たちは大よろこびだ。

空に見える星の明るさ（見かけの等級、すなわち視等級）を、その星の本来の明るさ（絶対等級）だと思ってはいけない。リゲルとベテルギウスの場合、視等級は近いが、リゲルはベテルギウスより二倍も地球から離れているのである。地球の夜空で最も明るく輝く星は、オリオンが従えている二匹の猟犬の大きいほうにあたるおおいぬ座の誇るシリウス――ギリシア語の「焼けつく」を意味する言葉に由来する――だが、この星の視等級が小さいのは、本来の明るさ（太陽の二十三倍明るい）だけでなく、距離わずか八・六光年という地球からの近さによるところが大きい。

このように、同じ星座を形づくる星同士が三次元の宇宙空間で実際に近くにあるとはかぎらない。はくちょう座の羽根のぎざぎざをくっきりと描いている線は、地球から二百光年以内の星が並んだものだが、白鳥の目を描く二重星のアルビレオはあれほど見事に輝いていながら、地球から三百八十六光年も離れている。胸のあたりに明るく光るサドルは一千五百光年離れているし、はくちょう座で一番明るい王の星デネブはサドルのさらに二倍も遠い。一方で、オリオン座の星の多くは実際に近く、私たちの住む銀河のすぐ近くの渦状腕にある。天の川銀河は典型的な大渦巻で、数千億個の星と大量のガスや塵の雲でできている。(9) 星の大半が、またガスや塵の雲はほぼすべてが、銀河円盤上にある。円盤の幅は八万光年以上におよぶほど広いが、厚さはたった数百光年しかない。中心部には、英語でただそのものずばりの名がつけられた「バルジ（出っ張り）」という膨らみがあり、ここには赤色星と黄色星が多い（銀河は、ヨーヨーを二つに割って昔懐かしいレコード盤をあいだに挟み、中央の穴に軸を差し込んだような形をしている。ヨーヨーがバルジ、レコードが銀河円盤である）。渦状腕には膨大な数の星が形成される領域があり、そこはたくさんの若い青色巨星や超巨星で輝いている。こうした星は長い宇宙の歴史から見ればつい最近そこで生まれたばかりで、まだ放蕩したことも爆発したこともない若造だ。

ほかの渦巻銀河を観測するときは渦状腕が容易に見えるが、天の川銀河の場合は観測者自身がそこにいるために渦状腕の位置が確認しにくい。たとえていうなら、私たちは電球で飾ったクリスマスツリーが立ち並ぶ森のなかにいて、渦を描いて並んだ一部のツリーがとくに明るく光っている状態だ。森のどこに渦巻があるかを探すには、雲を突き抜けられる電波と赤外波長による観測が役立っている。この方法からつくられた地図を見ると、成長し続ける円盤の縁から銀河の中心を結ぶ線の三分の二くらいのところ、二本の渦状腕に挟まれた短い枝のあたりに太陽系があるのがわかる。二本のうち私たちから見て銀河の中心の方向にある内側の腕は、地球に最も近い「いて腕」である。ここにはあとで立ち寄ることにする。いまはひとまず反対を向いて、銀河の中心と逆の方向にあるオリオン腕を見てみよう。

オリオン腕の内側の面は地球から一千五百光年の距離にあり、そこに新しい星で明るく輝く領域が散在している。オリオン座の星の多くがこのような明るい雲ともつれ合っている様子は、十分程度の長時間露出写真を撮ればわかる。私は子供のころ、配管用のパイプでつくったモーター駆動の架台で撮影した。そのなかで肉眼でも確認できる最も明るい雲は、狩人がベルトに差した鞘の真ん中あたりに輝いているあの有名なオリオン大星雲である。ここはガスと塵の大きな雲にできた泡みたいなものだ。新しく誕生した恒星の光でガスがイオン化している領域である。生まれたばかりの星が星雲のなかでもつれる様子を双眼鏡で見ると、瓶のなかの蛍のように光っている。そのなかにある多重星オリオン座シータ星は、双眼鏡で容易に分離できるだろう。

仮に時間の流れを加速させて、一瞬にして数百万年が過ぎるとしよう。オリオン大星雲のような明るい泡が一瞬燃え上がり、そのときにたくさんの星が生まれて消えていく一方で、渦状腕の塵とガスのほとんどはそのあいだも暗いままでいるのが見えるだろう。この真っ黒い巨大な雲は浜に打ち上げられた鯨の肋骨のように弧を描いているが、経験の浅い観測者はすぐにそれとわからずに、星と星のあいだの何もない空間だと思ってしまう。ところが見ているものの正体がいったんわかると、驚くほどはっきり見えるようになる。(10) 黒く長い巻きひげ状のものがオリオンに絡みついているのである。鞘に沿って右肩まで上がり、そこからばら星雲を通ってさらに上へ伸びていくのがとくに目立つ。ばら星雲も星を形成する「泡」で、ベテルギウスの東、いっかくじゅう座で輝いている。

暗黒星雲は、先に紹介したエドワード・エマーソン・バーナードの特別な観測対象だった。非常に冷静に火星を観測し、木星の衛星アマルテアを発見したことで知られる天文学者である。バーナードは一八五七年にテネシー州ナッシュビルの貧しい家庭に生まれた。父親は彼が生まれる数カ月前に亡くなり、母親が造花をつくって女手一つで二人の子供を育てたが、一家は食べるものに困ることもたびたびだった。南北戦争のさなか、食糧を積んだ蒸気船が包囲された町に到着する直前に沈没したとき、バーナードはカンバーランド川に飛び込んで一箱の乾パンを手に入れ、夕食の食卓に並べた。少年時代は「思い出しても身震いするほど寂しく苦い思い出ばかりだった」とバーナードは述べている。(11) 寂しさを紛らすために、暖かい夜は外の荷馬車に仰向けに寝て空の星を観察した。彼ほど何も知らずに夜空に見入った人はいないだろう。貧しくて本も買えず、学校へも二カ月しか通わず、天文学の知識は皆無だった。夏の宵に頭上に輝く星を友としても、それがベガと呼ばれていることを知る由もなかった。バーナードは名前も知らないまたくさんの星を覚え、「そのなかにほかの星との位置関係を変える星があることにすぐに気づいたが、それが惑星だとは知らなかった」(12)

九歳の誕生日が近づいたころ、町に蔓延したコレラの難を逃れたバーナードは、ナッシュビルにあるヴァン・スタヴォレンの写真スタジオで働きはじめた。当時の写真を見ると、バーナードは愛らしく凛々しい少年で、唇をへの字に結んでいながらもつぶらな目は希望をたたえている。ところが一年後に撮られたもう一枚の写真では、口元は同じだが、瞳の輝きは消えてしまっていた。バーナードの仕事は、クランクをまわして天井設置型の巨大なカメラ「ジュピター」がいつも太陽を向いているようにすることだった。こうして集めた光でネガをプリントするのである。ほかの少年たちはこの退屈な作業を嫌がったり、居眠りをして太陽光を逃がしてしまったりした。しかしバーナードは、太陽が近くの聖マリア教会の鐘の音と同時に正午ぴったりに一番高くなる日もあればそうでない日もあることに気づいて、おもしろくてたまらなくなった。「何十分もずれることがあった。それをきっかけに、なぜだろうと考えるようになった」(13)。何年も経ってから、それが「均時差」だと彼は知った。地方時と真太陽時の差が季節の経過とともに変化することである。夜、家への長い道を歩きながら、少年は黄色く輝く「動く星」と友だちになった。それが土星だと教えてくれる人は誰もいなかった。

バーナードは写真スタジオで十七年間働いた。その間に光学の知識を身につけ、あり合わせの材料で望遠鏡を自作するまでになった。鏡筒は古船で見つけた小型望遠鏡から、アイピースは壊れた顕微鏡から、三脚は測量機から取ったものだった。彼はそれを使って何時間も夜空を眺め、何よりも木星に興味を引かれた。そして、ある日を境に知識の乏しさを嘆くこともなくなった。金に困った友人に二ドルを貸してやったところ、その友人は代わりに一冊の本を置いていった。金が返ってくる見込みはないということだった。「あのころの私には二ドルは大金だったから、本当に腹が立ってしばらくは本を開く気になれなかった(14)」。ところが、いざ開いてみるとそれは天文学の本だったのである。バーナードが目を輝かせて隅から隅まで読みつくしたこの本は、スコットランドの牧師トマス・ディックの『星の天空』だった。このとき初めて星図を見たバーナードは、さっそく「窓を開けて夜空と」照らし合わせてみた。「長年の友の名前をひと通り覚えるのに一時間とかからなかった。そこにはベガも、はくちょう座やアルタイルの十字の星も載っていた。どれも私にとっては幼なじみみたいなものだ。私はこのとき生まれて初めて天文学の一端をのぞいた(15)」

バーナードは観測を続けた。彗星をいくつも発見し、読書に励み、家庭教師について数学を学んだ。バンダービルト大学で数学の学位を取得し、卒業後はそこで教鞭を執った。だが、リック天文台のドームの建設がはじまると、観測に専念したくて教職を辞めることにし、同天文台に採用された。視力のよさに写真撮影の知識、そして寝ずに仕事をしていると同僚に思われるほどの勤勉さが、リック天文台で、のちにはヤーキス天文台で役立った。バーナードは生涯に九百を超える論文を執筆した。彼が発見した木星の衛星イオの特徴が確認されたのは、惑星探査機ボイジャーが巨大惑星を訪れたおよそ一世紀のちのことである。また、バーナードは「バーナード星」が高速の「固有運動」をしていることに気づき、「バーナード銀河」を発見し、三百四十九の暗黒星雲の位置を確認した。それらを写した写真は一九二七年に『銀河系写真アトラス』としてまとめられ、初版は写真が手作業で糊づけされていた。

このような黒い塊やすじは「穴」で、そこを通してそのむこうの宇宙の闇が見えているのだとバーナードは考えていた。同じ意見だったのがウィリアム・ハーシェルで、彼はそれを「巨大な空洞」と呼び、星が高密度の領域に引き寄せられるときに形成されるものだと考えた（ハーシェルがこの説を着想したのは、元羊飼いのジェイムズ・ファーガソンからのようだ。彼はファーガソンの『アイザック・ニュートンの原理に基づく天文学』を読んで天文学を知った）。ところが、この説はまるで的はずれだった。もし「穴」だったら、それらは長く細いトンネルか非常に深い裂け目で、それがすべて偶然に地球のほうを向いていることになってしまう。だが、バーナードは理論家として一流でなくとも、観測者としてすぐれていた。苦労人だったにもかかわらず口笛を吹きながら仕事をした、白い口ひげの大柄で陽気な男はハーシェル以来最高の観測家と称された。

今日、星のあいだを流れる黒い川の正体を追い、その謎について考えることを楽しみとしている人々のあいだで、バーナードの名は語り草になっている。黒い川は人間の時間スケールでは静止しているに等しいが、実際には山の嵐のように躍動的に動く星雲である。暗黒星雲を見分けるのは、暗い客間で電灯のスイッチを探すときのように歯がゆい。森の落ち葉の絨毯からわずかにのぞいてるキノコの見つけ方を身につけるのに似た訓練がいる。それでも、訓練するだけのことは大いにある。大きい暗黒星雲は肉眼で観測できるので、黒いフードを被り、星雲以外の光を通さない特殊なフィルターをのぞいて観測する人もいる。まるで片眼鏡の死神のようないでたちだ。もう少し小さい暗黒星雲は双眼鏡や望遠鏡で追跡できる。天の川銀河は明るいところよりも暗いところのほうが多いので、暗黒星雲を調べれば銀河の構造がわかるのである。

最大の暗黒星雲はグレートリフトと呼ばれている。はくちょう座からわし座を通ってさらに南のいて座まで、輝く天の川をぱっくりと裂く真っ黒い群島だ。私たちから見ていて座の方向に銀河の中心があるが、その付近で海へ近づく川のようにグレートリフトが膨らんでいるために、中心のバルジはそれにさえぎられてほとんど見えない。銀河円盤の片側にぼんやりと飛び出している球状のバルジは地球から二万八千光年のところにあり、それを背景にバーナードの発見した黒い煙突とフェストゥーンが砕ける波のような弧を円盤の上下に描いている。グレートリフトは夏の北半球でよく見え、バルジが最もよく見えるのはバルジが天頂に達する南半球である。

天の川の精緻な美しさは多くの観測者を虜にした。写真のない時代に、彼らは肉眼で見たその姿を図や絵に残した。天文学者エドゥアルト・ハイスがドイツのアーヘンで丁寧に描いた鉛筆画の天の川は、暗い天体が少しでもよく見えるように黒く塗った直径と長さともに約三十センチの筒を通して見たものである。また、オランダの天文学者アントン・パンネクークは、広い天の川をきわめて細密に描いている。パンネクークの手法は、夜に星雲の位置と明るさを測定し、翌朝その記録と記憶をもとに絵を描くという念入りなものだった。さそり座からいて座までを描いた一九二六年のパンネクークの絵は現在の写真に劣らないほど正確で、輝く星の雲と暗い塵のすじが望遠鏡の狭い視野では味わえない大きさに描かれている。

双眼鏡で見るいて座は、圧倒されるほど星がひしめく星野と星雲の宝庫である。とくに明るいのは、私たちから見て銀河の中心の方向にある三等級のいて座ガンマ星を中心に西と北へほんの数度のところだが、星の群れはいて座とそのむこうにまで広がっている。輝く星雲のなかでもひときわ美しいのは優雅な白鳥星雲、双眼鏡の視野に同時に収まる干潟星雲と三裂星雲、群れ集う散開星団のM23、M24、M25。さらにM16も隣のへび座との境界を越えてすぐのところで輝きを放っている。バーナードが一九一三年に述べているとおり、このような星雲や星団は「輝きがぎっしり詰まっていて、この星の領域の美しさは言葉ではとても言い表わせない。真夏の昼下がりに現われる雲の波のようだ[16]」

生涯に何度か、目に見える現実の裏にもっと深い何かが隠されていると感じることがある。超自然現象がそれにあたるかどうかは意見の分かれるところだろうが、夜空についてはまったくそのとおりだ。では、ふたたび望遠鏡をのぞいてもっと奥へ進もう。

デジタル宇宙
ロボット望遠鏡との出会い

十七日間も曇りが続き、新月の夜空を見損ねてしまった。天文台の机の上にある観測リストは埃が積もり、私は観測条件のもっとよさそうな望遠鏡をインターネットで探した。こうしたやり方は二〇〇一年にはまだ確立されていなかった。ロボット望遠鏡で遠隔観測ができるウェブサイトはたくさんあり、ケース・ウェスタン・リザーブ大学ナッソー天体観測所やアイオワ大学天文観測施設、ルイジアナ州バトンルージュのハイランド・ロード・パーク天文台などが代表的だったが、どれも工事中だ。ソフトウエアの異常やハードウエアの故障で動作停止中との知らせを掲載してうんざりさせられるサイトもあるし、グローバル・テレスコープ・ネットワークやオートマティック・テレスコープ・ネットワークのように計画段階のサイトもあった。「構想」だけのもの、ウェブからすっかり姿を消してしまったものもある。それでも稼働中のサイトがイギリスとカリフォルニアに見つかったので、私は両方にメールを送り、研究中のＮＧＣ７８０５とアープ１１２の相互作用銀河についてフィルターなしの十分間露出ＣＣＤ画像を依頼した。どちらの天文台にも行ったことがなく、いつ画像を撮ってもらえるのか見当もつかなかった。気象条件やほかの観測者の依頼との兼ね合いでコンピューターが決定するのだろう。

ガリレオ以降、天文学者は望遠鏡を使って自分で観測した。大型望遠鏡が辺鄙な山の上に建設されるようになってからは、何千キロもの旅を余儀なくされた。山頂に登れば登ったで空気の薄さに悩まされ、悪天候の心配や機器の故障に苛立ちながら「ナイトアシスタント」に指示を出した。ナイトアシスタントはその施設に設置された望遠鏡の長所も短所も心得た技術者で、観測者が最善の結果を出せるように手助けすると同時に、機器を壊されないように気を配る。来訪した観測者は望遠鏡の操作こそしないが、現場にいて観測に直接関わった。

それがコンピューターの出現で変わりはじめた。自動導入装置を備えたCCD画像撮影機器がカメラとフィルムに取って代わり、観測者は望遠鏡の鏡筒のなかのケージに入って宙吊りになる必要はなくなった。暖かくて快適なコントロール室へ行けば、コンピューターのモニター上で望遠鏡の向きを合わせ、露出を確認できるようになった。ハワイ島のマウナ・ケア山頂のような高所の天文台は、望遠鏡から何千メートルも離れた、酸欠などの危険と無縁な山のふもとに制御棟がある。観測者は必要なことのすべてをモニターで確認できるので、ナイトアシスタントが山の上にとどまる理由はほとんどなくなった。一方、ハッブルをはじめとする宇宙望遠鏡は完全に遠隔操作でき、スペースシャトルの飛行士がたまにメンテナンスやアップグレードする以外は人の手で操作されることがない。宇宙用に開発された最先端のハードウエアとソフトウエアが他分野にも浸透し、数カ所の山頂の天文台にロボット望遠鏡が設置された。数週間から数カ月間は人間の直接の操作がなくても作動するように設計されていて、指示を受けるのもデータを送信するのもインターネット経由である。長旅の費用と苦労から解放されて、目にすることのない望遠鏡に頼る観測者が増えていった。

二〇〇〇年夏、私はロボット望遠鏡の製造工場を訪問した。リバプールのマージー川をはさんだ対岸の町バーケンヘッドにある小さい工場を、経営責任者のマイケル・デイリーがみずから案内してくれた。潔癖といえるくらいに整頓されたぴかぴかの新築の工場は野原の真ん中で海風に吹かれ、上空では鷗がのんびりと8の字を描いている。デイリーの説明によると、地元の大学の発案で設立されたこの非営利事業は、経済低迷に悩む地域社会にハイテク事業の雇用を創出することと、ヨーロッパの科学者が大型望遠鏡を日本や米国から買わずに入手できるようにすることをねらいとしたプログラムを通じてイギリス政府とEUから資金援助を受けているとのことだった。

カーペット張りの部屋をのぞくと、技術者たちがコンピューター支援設計の端末にむかい、二メートル級のロボット望遠鏡四台の試運転にむけてデジタル設計図を仕上げていた。続いて見学した工場では、さまざまな工程段階にある望遠鏡がそびえ立っていた。どれも二階建てくらいの高さの大きいスチールの骨組みがコンクリートの台座の上に置かれている。一台はカナリア諸島、一台はインドに設置される予定で、あとの二台は科学技術を学ぶ学生に観測環境を提供するイギリスのプログラムの一環としてハワイとオーストラリアで使われるという。数日前にマンチェスターで会ったプログラムの発起人で天文学者のポール・マーディンはこう言っていた。「子供たちは小さいうちは科学に夢中になるのに、十代半ばくらいになると興味を失ってしまう。何かが起こるんです。思春期というやつでしょう。私たちは本物の科学に触れさせることで子供たちが興味を絶やさないようにしようとしているのです」

デイリーは、音のよく響く構内で巨大な望遠鏡の側面をとんとんと叩きながら声を張り上げた。「こいつが現場に出て稼働すれば毎晩自分で自分をテストし、天候を確認して、ドームを開けても安全かどうかを判断します。天候と効率をもとに、その夜の仕事量を見て何をするかを決定しますから、無駄に空全体を見るようなことはありません。私たちは天文学者ではなく望遠鏡が判断するようにしたいのです。天文学者がいらなくなったら、今度はエンジニアは望遠鏡からずっと離れた寒くて暗い山中で何をしているのかと考える。エンジニアもいらなくするには、機器そのものの信頼性が高くなければなりませんが、人がいなければ設備を小さく簡素化でき、ランニングコストが下がるのです」

油を差したギアの作動するなめらかな音とともにモーターの回転が息を吹き返し、大きいスチールの骨組みがわずかに動いた。「望遠鏡は重さ二十四トン、価格は二百万から二百五十万ポンドです」。デイリーは騒音に負けないように大きい声で言った。「流体軸受けを使って、ブラシレスDCモーターで動かします。十四台のコンピューターで一台の望遠鏡を操作する。最終目標はコンピューターを任意の場所に配置することです。そうすれば重いケーブルを使わずにすみます。トラブルの原因はいつもケーブルですから。冷却システムは循環型で、信頼性の高い機器を使っています。望遠鏡は自分でテストを実行してシーイングを確認し、オートコリメーションもできます」

私は天井を見上げた。アマチュア天文家の観測所のロールオフ式屋根を特大にしたようで、そのときは閉じていたが、望遠鏡が仕上がったときには開けて、実際に星を観測する試験をするのだろう。「まず反射鏡のない状態で機械部分の検査をします」とデイリーは説明した。「検査に合格したら反射鏡を取り付けて屋根を開け、望遠鏡としての性能を実験するのです。そうしたら一般の人を招いて四台を同時に動かしたいと思っています。そんな実験、専門家は笑うかもしれませんが、記憶に残るはずですよ」

専門家にとって、ロボット式の観測は非常に有益だ。ナイトアシスタントも天文学者を厄介払いできてよろこぶ。偉い天文学者が望遠鏡を梯子代わりにしたとか、機器を調整しようとして壊したとか、アイピースを主鏡に落とした（ピーナツバターとジャムのサンドイッチだったことも）などと愚痴をこぼさずにすむようになり、望遠鏡が自動で動くのを安心して見ていられる——彼らも仕事がなくなってお払い箱にならないかぎりは。天文学者のほうも、自宅で論文を書いたり寝たりしているあいだに観測できている。経費を削減したい管理者も、そのほか誰もが効率化の恩恵を受けるのだ。以前は天文学者が深宇宙の銀河間雲の高分散スペクトルを取っていても、月が昇って空が明るくなればその夜の観測を中止した。分光学の専門家なら月明かりのなかでも仕事ができたが、彼らがいなければ望遠鏡を遊ばせることになった。これは観測天文学のちょっとした秘密の汚点なのである。当時は適切な時間に適切な観測者を配置する環境が整っていなかったために、多くの望遠鏡、とくに中型のものは無駄な使われ方をしていた。ロボット望遠鏡にはこの問題がない。データを収集するのに観測者がその場にいなくてもよいからである。

ロボット化のおかげで、アマチュア天文家も自分で使っているものよりも大型の望遠鏡を何台も使えるようになった。専門家が活用しきれていない望遠鏡もそこに含まれている。閃光星や土星のスポットを写真に撮ろうと一所懸命なアマチュアが、快く協力してくれる人を探す必要はもうない。ロボット天文台——いずれは複数の天文台を管理する情報センター——にメールを送るだけでよいのだ。アマチュア天文家はそのお返しに、数台の大型望遠鏡よりもたくさんの小型望遠鏡が必要なプロのプロジェクトに自分の自動望遠鏡の時間を提供する。味気ないといえなくもないが、効率的な天文観測の新しい道が開けたのである。

ロボット望遠鏡がインターネットで利用できるようになったのに伴い、観測時間がネット商品になった。購入した望遠鏡を空の暗い人里離れた場所へ運ぶしかなかった東京のサラリーマンも、何一つ手段をもたなかったインドの片田舎の学生も、夜空を遠くまで見られるようになった。底知れぬ知力は人間の最大の財産である。将来は、望遠鏡など見たことのない観測者が新しい発見をするようになるだろう。コンピューターとインターネット通信、そして知識を備えた活発な知性で。

私がメールで依頼を送った数日後、片方から一枚の銀河の画像がとどいた。送ってきたのはカリフォルニア大学サンタバーバラ校が運用する市販品の三十五センチシュミットカセグレン式望遠鏡である。画像を解析して目あてのものを探した。銀河間にかかる橋に沿って輝く若い星だ。なんとも手間いらずで気楽な観測だった。ただし、星空の下へ飛び出して自分で探すのにくらべたら、どうにもつまらない感じは否めなかったけれども。

第十六章　天の川銀河

道は広々とし、そこに黄金の塵が舞っている
敷石は星、おまえもきっと見ていよう
銀河に、あの天の川にちりばめられた星なのだ
夜ともなれば地球をぐるりと取り巻く
星屑で飾られたあの銀河

——ミルトン

なぜ私は孤独を感じているのか
私たちの惑星は天の川銀河にあるのではないのか

——ソロー

一九八〇年、真夜中のチリ・アンデス。太平洋から運ばれてくる安定した澄んだ空気に包まれた高い尾根は、世界屈指のシーイングのよさを誇る。稜線に沿って並ぶ三つの大きい天文台は、古代ローマの松明信号塔のようにたがいに見わたせる場所に建っている。私はそのなかで一番北にある天文台の一番小さい望遠鏡をのぞき、天の川に沿って星団と星雲を低倍率で見ていた。望遠鏡をのぞいて観測するとき、普通は計画的に夜空を見る。特定のターゲットに望遠鏡を向け、それらを詳しく調べていく。だが、ときには筏で川を下るハックルベリー・フィンのように、ただあてどなく眺めることもある。地球の空

に、南半球から見る天の川ほど力強い川はない。その晩の天の川は天頂近くに弧を描き、深い闇の空に冴えわたっていた。

わし座から出発して南へ散策する。きらめく星の集まりはベルベットにのせた宝石のようだ。緩やかに集まって小さい星の集団をつくっているのは、NGC6755やNGC6756などの散開星団である。それらは車窓から眺める夜更けの田舎町のまばらな灯火を思わせる。輝線星雲の明るい光がしだいに数を増しながら過ぎていく。巨大な黒い塵雲が一瞬の沈黙のように割り込んできたと思ったら、その次にはもっとたくさんの星が現われた。びっしりと集まって暖かい色の光を放つ球状星団、続いて惑星状星雲。その霊妙な半透明の輝きは発光くらげさながらだ。

ペースを上げてたて座を過ぎ、へび座との境界を越える。視界に星の女王星雲［別名わし星雲］が入ってくる。塵とガスの長く黒い巻きひげの上に輝くシャンデリアは、夜のミシシッピ川を下る観光船のようにきらびやかだ。いて座へ行くと、たくさんの明るい星雲が南国の花のように咲き乱れている。はくちょう星雲につい長居してしまう。朝まで燃え残ったキャンプファイヤーの煙に似て、上空はるか十光年も立ち上っている。三裂星雲の丸い提灯は風が強いとつぶれて見えるが、大気が安定しているときには膨らんで輝く。その相棒のほの暗い干潟星雲は、輝くガスがドレープのように折り重なって宇宙空間に溶け込んでいる。そのほかブロンズ色の球状星団、霞のような星雲、ギラギラ輝く散開星団と、見るべきものはまだたくさんあるのだが、もう充分に堪能した。私は望遠鏡から離れ、のびをして頭を休めた。夜空の奥深くを見つめていると、現実が何よりすばらしく思えてくる。よくあることだ。

•
•
•

夜の空に見える星が銀河の平らな円盤に属していることは、遠い昔でも想像できた。望遠鏡が発明される前の時代、ティコ・ブラーエは直径一・五メートルもある大きい真鍮製の天球儀を観測室に置いていて、星座の彫刻で華やかに飾られたその天球儀に一千もの星の位置を刻んだ。もしティコが星の分布に考えを巡らせていたら、天の川の光り輝く流れのそばに明るい星が多いことに気づき、天の川と星のあいだに何らかのつながりがあるのを察したかもしれない。(1) しかし彼も同時代の人々も、その関連性を見出さなかった。人は何かを見るときに、そのまま見るわけではない。目に映るものは見る者と見られるものとの対話から生まれる。見えるものは、「何を見ているか」と同じくらい「何を見ようとしているか」で決まるのである。ティコは太陽が渦巻銀河のなかにあるとはつゆ思わず、だからその証拠を探そうともしなかった。天の川がほぼ星からなることを望遠鏡で確認したのはガリレオ、そして天の川の正体が円盤のなかの私たちの位置から見た渦巻銀河であることを突き止めたのは二十世紀の天文学者たちだった。

すでに見たとおり、大質量星は小質量星よりも激しく燃えている。燃焼率は質量の四乗なので、太陽の十倍の質量をもつ星は太陽より一万倍も明るい。この状態はいつまでも続かない。仮にあなたが私の十倍のお金をもっていても、そのお金を一万倍速く使えば瞬く間に破産してしまう。巨星にも同じことが起こる。太陽のような普通の恒星は十億年ものあいだ安定して輝くが、五十太陽質量の超巨星は誕生から百万年もしないうちに衰えはじめる。二十世紀の天体物理学者は、光度と色を縦横の軸にしたグラフに恒星を点で書き入れたときに、ほとんどの恒星が一本の線上にのることを発見した。この線が「主系列」で、星は生涯のほとんどをそこで過ごす。燃料が減ると赤色巨星になり、外層大気が膨張して冷えるにつれ、赤みを増して主系列から離れていく。最後にはガスがすっかりなくなり、裸の核だけが残って白色矮星になる。夜空は映画の一シーンしか見せてくれないが、さまざまな質量と年齢の星が一度に見える。それらを調べれば、つなぎ合わせて銀河の進化の全容がわかるのである。長編ドラマ「銀河」のなかで一つ一つの天体が演じている役どころを鑑賞するのも、望遠鏡で星を観測する醍醐味の一つだ。

惑星状星雲は、このような星の一瞬をとらえた場面でもとくにはっとさせられる。「惑星状」の名を一七八五年につけたのは、発見者のウィリアム・ハーシェルである。これは比喩的に使われた言葉で、この種類の星雲の多くが円盤のような形をし、一見すると惑星に似ているためだった。ハーシェルは、惑星状星雲は何らかの「輝く液体」でできていると考えていたが、その液体がなんであるかを確認する手段はなかった。当時の天文学では、天体が空のどこにどう見えるかはわかっても、それが何でできているかまではわからなかった。一八三五年にこの限界に目をつけたのが哲学者オーギュスト・コントである。人間には永遠に理解しえない事柄の例を集めようとして――いつのときも危険な決めつけだが――コントは、天体の形状、距離、大きさ、運動はいつかわかるだろうが、「化学的な組成はどうあっても知りえない」とした[2]。

この主張はコントの死からわずか数年後に覆された。物理学者のヨーゼフ・フォン・フラウンホーファー、グスタフ・キルヒホフ、ロベルト・ブンゼンが分光望遠鏡を太陽と星に向け、組成を明らかにしたのである[3]。新しい科学分野、天体物理学の幕開けだった。それを受け継いだのがイギリスのアマチュア天文家ウィリアム・ハギンズである。ロンドンの裕福な絹商人の一人息子だったハギンズは十八歳で父親の仕事を継ぎ、十二年後にそれを売り払って天文学に専念した。ロンドンの郊外に私設の天文台を建て、移動する天体の位置を確認する地味な作業に精を出していた。だが、キルヒホフとブンゼンが太陽にナトリウムがあることをスペクトルから割り出したのを知ったことから、クラーク屈折望遠鏡を手に入れて星雲のスペクトルを観測しはじめた。そして、りゅう座の惑星状星雲NGC６５４３などが発光するガスからなるのに対し、ロス卿が一・八メートル反射望遠鏡で研究していた渦巻く星雲、すなわち現在でいう銀河が恒星と同じスペクトルを示すことを発見した。王立協会はその功績をたたえて分光用の新しい望遠鏡をハギンズに贈った。幸運は続いた。ダブリンの望遠鏡製作者ハワード・グラッブとの打ち合わせの際、若く博識なアマチュア天文家マーガレット・リンゼイ・マレーと出会ったのである。二人はまもなく結婚し、ハギンズは妻とともにその後の人生を天体分光学に捧げた。

惑星状星雲が宇宙空間で膨張していくとき、残った恒星が放出する紫外線が星雲にエネルギーをあたえて原子を「励起」する。言い換えれば、原子に吸収された光子が電子をもっと高い軌道へ弾き飛ばす。電子が低い軌道にもどると光子が追い出され、それぞれの原子に固有の波長の光を放つ。惑星状星雲の場合、このエネルギーの多くは一価か二価の電離酸素の波長で放射される。望遠鏡でこれを観測するときに「OⅢフィルター」が使われるのは、そのほかの波長の光を抑えてよく見えるようにするためだ。

天の川には、約千個の惑星状星雲がある。これにくわえて、銀河円盤の塵雲に隠れて見えないものが一万個ほどあると推測されている。質量が太陽の十から十二倍くらいの普通の恒星は、一生の末期に惑星状星雲の段階に入る。私たちの天の川銀河にはその段階の恒星が何十億とあるのに、なぜ惑星状星雲はもっと多くないのかと不思議に思う人もいるだろう。その理由は惑星状星雲の老い先が短いことにある。恒星が惑星状星雲になってからわずか五万年で外殻が消滅し、輝きを失って視野から消えていくのだ。天文学の時間スケールでは、惑星状星雲はクラッカーを鳴らすような、わずか一瞬の劇的な出来事なのである。

環状星雲のような惑星状星雲は円盤やドーナッツに似ている。また、亜鈴状星雲（こぎつね座にある、大きくてほつれた惑星状星雲）や木星状星雲（うみへび座にある光の輪で、繊細なガスのたなびきが縞のように見える）は大型の望遠鏡でないとよく見えない複雑な模様をしている。アンドロメダ座にある青い雪だるまと呼ばれる星雲は飲み物をこぼした染みのようだし、ふたご座のエスキモー星雲は毛皮のフードを被った人の顔みたいだ。りゅう座のキャッツアイ星雲は小さい輪が螺旋のように幾重にも重なり、ほの暗いＮＧＣ７１３９はいまにも消えそうなかすかな煙にしか見えない。みずがめ座にあるらせん星雲は地球に最も近い惑星状星雲で、わずか四百五十光年しか離れていないが、大きくぼんやりと空に現われるので、逆に見過ごされることが多い。直径がたっぷり十三分あり、双眼鏡か低倍率の広視野望遠鏡でよく見える星雲である。

天体観測は、とどのつまりは個人の好みであり、たいていの人が大きくて明るい惑星状星雲を見て楽しむ一方で、目立たないものを数多く見つけようとする人もいる。ヒューストンのアマチュア天文家ジェイ・マクニールは二十代のころに惑星状星雲に夢中になり、まもなく識別するだけでも普通では考えられないほどの高倍率が必要な、小さくめずらしい惑星状星雲に四十センチの反射望遠鏡を向けるようになった。スティーヴン・ジェイムズ・オメーラに聞いた話では、マクニールはテキサス・スターパーティーで「惑星状星雲の美しさを解説しはじめ」、ヨンケーレ３２０とかペインベルト＝バティス４とかマンチャド＝ガルシア＝ポタッシュ２を見たことがあるかとオメーラにたずねたという。「外国語を話しているのかと思ったが、あとで彼の好きな惑星状星雲をタイプしたリストを見せてくれた。全部で四百五十個もあった。いや、見たことないよと答えたけれど、じつは聞いたこともなかった」(4)

惑星状星雲が恒星の最期の姿である一方、天の川銀河の渦状腕の星形成領域に見られる輝線星雲や光る散開星団は、恒星の誕生と死の初期段階を示している。通常こうした領域には、星雲から凝縮したばかりでまだ星雲ともつれ合っている星団がある（このような星雲は一般に散光星雲として知られているが、原子が光を放出している場合は発光星雲、光を吸収する場合には暗黒星雲、光を反射する場合には反射星雲と呼ぶ）。星雲探しをはじめるなら、輝線星雲、暗黒星雲、反射星雲が豊富にそろっているオリオン大星雲がお誂え向きだ。

オリオン大星雲の花に似た発光部分は、腕が朝日を浴びて広がる花弁のようで、眺めているといつまでも望遠鏡から離れられない。「どれだけ見ていても、その鮮烈な輝きは味わいつくせない」と言ったのは、経験豊富な観測者で天文ライターのウォルター・スコット・ヒューストンである[5]。小さい望遠鏡では光が弱すぎて目が色を感じないため、灰色に見える。口径の大きい望遠鏡なら、巻きひげのなかのくすんだルビー色の線と中心にむかう淡い緑の部分が見える。赤い色は水素原子の基本遷移から、緑色は惑星状星雲と同じく電離酸素から生じる。入ってきた光子に原子の多くが「励起」されたあと、数分の一秒光子を放出するのに対し、宇宙空間の二階電離した酸素原子OⅢが「脱励起」するには時間がかかる。このようにしてできるスペクトル線は「禁制線」と呼ばれる。地上の実験設備では、脱励起する前に原子同士が衝突してしまって、通常は観測できないからだ。星雲のスペクトルに禁制線が現われることがあるのは、星雲は大きく重いが——たとえばオリオン大星雲は幅が三十光年で、太陽が一万個できるほどの物質を含んでいる——実験室の真空レベルよりも密度が低いためである[6]。

オリオン大星雲に送り込まれてガスを電離し、励起して輝かせるエネルギーは、宇宙の長い歴史ではごく最近に大星雲のなかで凝固してそこにある若くて熱い恒星からくる。なかでも最も見応えがあるのは、この天体の花の雄しべのところにある四重星だ。トラペジウム（ギリシア語で辺が四つあるものを意味する言葉に由来し、四つの星が箱形をつくっている）と呼ばれるこの四重星は、年齢はせいぜい十万年を超えたくらいで、おそらく一千個ほどの星からなる若い星団に属している。低倍率でも容易に見えるが、高倍率なら周囲の星雲の複雑な構造までよく見える。ジョン・ハーシェルはその構造を「くずれてすじ雲になりはじめたいわし雲の空」にたとえた。(7) トラペジウムの四つの星はどれも熱く、質量が大きく、周囲に吹く強い恒星風がガスのなかに泡をつくっている。星雲の内側の領域がよく見えるのは、泡が雲の外縁を通ってはじけるためだ。

同様の恒星光の放出によって、星の保育園ともいえるＥＧＧｓ（蒸発ガス状グロビュール）という領域がたくさん見える。非常に小さい領域で、太陽質量でたった一程度しかないものもある。この暗黒星雲は、まだガスと塵の産着にくるまれた赤ん坊の星が集まっている。とくに強い恒星光や恒星風を浴びると片側が輝き、反対側は先細りになるので、アイスクリームのコーンのような形に見える。ＥＧＧｓはハッブル宇宙望遠鏡で発見された。非常に小さいためにアマチュアが使うような望遠鏡ではとらえられたことがなかったが、その仲間で比較的大きいボークグロビュールならアマチュアも観測できる。この名前は、銀河を広範囲にわたって研究し、「天の川夜警員」と自称していたドイツ系アメリカ人の天文学者バルト・ボークにちなむ。(8) ボークグロビュールは直径が三分の一光年から十光年、質量は太陽の一千倍もあり、太陽のような普通の恒星が生まれる場所と考えられている。エドワード・エマーソン・バーナードをはじめとする多くの観測家が追いかけた暗い川のような星雲に見られる真っ黒い領域は、大体がボークグロビュールである。ケンタウルス座ラムダ星の近くにあるＩＣ２９４４やわし星雲のような明るい散光星雲にはグロビュールが非常にくっきりと見えるので、写真ではレンズの汚れとまちがえられやすい。

オリオン大星雲はあちこちに大きい暗黒星雲があり、近くの恒星の光を反射している。反射星雲が青く光ることが多いのは昼間の空が青いのと同じ原理で、青い光が赤い光よりもガスや塵にぶつかって散乱しやすいからである。だが真っ黒い星雲は、恒星や星雲の明るい部分がうしろにあるときにシルエットでしか見ることができない。望遠鏡で花の茎のほうを見ると、オリオン大星雲、すなわちM42とその隣のM43が暗黒物質でつながっているのがわかる。(9) この複合体はもっと幅の広い別の塵のすじで近くのお化け星雲と切り離されている。この星雲は部分的にガスで隠されていて、お腹のぽっこりしたお化けのキャスパーそっくりに見えるので、こんな呼び名がつけられた。

その近くにある馬頭星雲は、チェスのナイトのような変わった形の暗黒星雲である。高さは数十光年もあり、赤く輝くガスを背景に浮かび上がる。ただし、それほどはっきり見えるわけではないので、どんなに優秀な観測家が探しても、空が少しでも明るいと徒労に終わってしまう(水素ベータ線フィルターがあるとよく見えるが、このフィルターはほかにほとんど使い道がなく、「馬頭フィルター」と茶化されるほど用途が限定されている)。それでも馬頭星雲は苦労して見るだけの価値がある。恒星の生産所であるオリオン大星雲のほうを向いているこの陰鬱な渦には、どこか妙に感動的なところがある。人は探究心を誘われ、コツコツと地道な努力を要する天文観測にますます精を出したくなるのだ。(10) ちょうどイギリスの歴史家エドワード・ギボンが古代ローマの遺跡を歩いたのをきっかけに、ローマ帝国の衰亡を研究したように。

ピクニックをしながら見上げた雲を動物の形になぞらえるように、スターゲイザーはおもしろい形の星雲を見つけては、暗いものにも明るいものにもその形の特徴から名をつけた。リゲルの西北西にある魔女の頭星雲は煤と煙が立ち昇っているようで、いままさに生産中の工場地帯という感じだ。はくちょう座には北アメリカ星雲とペリカン星雲の繊細で複雑な形が灰白色の影に浮かんでいる。カリフォルニア星雲はぼんやりと大きく広がっているので望遠鏡の視野に収まらず、かといって双眼鏡では暗くてよく見えず、全体をとらえるのはカリフォルニア州を飛行機の窓から見るくらい難しい。このような大きい星雲を見るには、まず低倍率のアイピースで見はじめて、大気の層が最も薄い子午線付近にくるときをねらうとよい。

天の川銀河を飾る散開星団は、濃いグレーのスカーフにちりばめたスパンコールのようだ。オリオン座にも美しい散開星団がいくつかあり、有名なのはオリオン大星雲を突き抜けて輝くＮＧＣ１９８１だが、散開星団が最も集中しているのは私たちから見て銀河の中心方向にある、いて座、さそり座、たて座である。星団の恒星を色と等級のグラフにし、赤色巨星になった恒星の割合などを調べれば星団の年齢を推定できる。こうして散開星団の多くが若いことがわかった。散開星団はずっとまとまっていられるだけの相互重力がないために、恒星間に働く衝撃波相互作用や、近くを通過する恒星や高密度の星雲の重力に引っ張られて星が放出され、いずれ消失してしまうのである。老いた散開星団は星の密度が低い。すでに多くの星を失い、消散しかかっているのだ。

地球の空に見える若い散開星団の一つが天の川の北、地球から七千光年のところにあるペルセウス座の二重星団である。この双子の星団はペルセウス腕の星工場でつくられたピカピカの新製品で、腕のなかでもつれ合う暗黒星雲の黒いジャングルのおかげで際立って見える。これよりもっと古いのは、かに座のプレセペ星団だ。四億年前の昔からあり、その長い進化の過程で青や赤や黄色といった色とりどりの星を生んできた。プレセペ星団の長寿の秘訣は、散開星団のなかでも最大級の質量をもつことで、質量の小さい星団よりも長い時間、重力で自分自身を保ってこられたのである。肉眼でも見えるのでヒッパルコスやプトレマイオスも星雲状のものが存在するのに気づいていたが、分離するには望遠鏡がいる。わずか五百八十光年の距離だから、望遠鏡なら容易にできる。同じくらい古いのはぎょしゃ座にあるM37で、およそ五百個の恒星からなる。望遠鏡で見ると、暗い海にかこまれた港町の丘に建ち並ぶ家々の明かりを思い起こさせる。その真ん中でひときわ明るく光る青白い星は港の灯台のようだ。

球状星団は銀河の長老で、少なくとも百億歳から百二十億歳ほどの星の集まりである。「球状」という名は三十七の球状星団を発見したウィリアム・ハーシェルがつけたもので、星団がまさしく球か楕円の形をしている。何百万もの星をもつ球状星団は散開星団よりもずっと質量が大きく、宇宙での分布しかたも異なる。散開星団が銀河円盤にあるのに対し、球状星団はもっと大きく散らばり、銀河バルジを中心にその上下の数万光年の遠くまで広がっている。このことから、球状星団は若い銀河が球状から現在のように平たくつぶれるときに形成されたと推測される。

球状星団と散開星団を望遠鏡で観測すると、二者の起源と歴史から想像できるとおりの違いがよくわかる。散開星団は外観が一つ一つ独特で、これという共通点がないのに対し、球状星団は平たくて装飾的な要素が少ない点でどれもよく似ている。

ヘルクレス座のM13、きょしちょう座47、ケンタウルス座オメガ星団は、肉眼で見える明るい球状星団である。望遠鏡を使えば、あるいは双眼鏡でも、白や黄色の星からなる壮麗な街に、その星団の歴史を象徴する赤や金の巨星が散らばるすばらしい景色が目の前に広がる。M13は北半球で人気の星団で、十万以上の星が直径わずか百五十光年の球にひしめいている。南半球なら、天の川銀河の伴銀河である小マゼラン雲の端、地球から二万光年に満たない近距離にあるきょしちょう座47の輝きに目を引かれる。同じくらいの距離にあるケンタウルス座オメガ星団は、天の川銀河最大の球状星団として最も見応えがあるが、赤緯マイナス四十八度にあるので、北半球に住んでいる人が見るには亜熱帯地方まで遠征しなくてはならない。私たちキービスケイン天文協会のメンバーは、使っていた小さい望遠鏡の標的としてこの星団を好んで観測した。その程度の器材でも球状星団の周縁のめぼしい星が一つ一つ識別できたが、中心部に近い星は溶け合って光の塊になってしまった。もっと大きい望遠鏡なら中心部も分離でき、星のぎざぎざした輪郭や輪も見える。球状星団の星の軌道面は、太陽系の惑星や天の川銀河の円盤のなかにある星の軌道面とは違って水平とはかぎらない。バッティングの練習で打ったボールがライナーのように直線を描いたり、フライのように高々と上がったりするように、さまざまな軌道上の一点に静止して見える。

天の川銀河には約二百個の球状星団があると考えられており、そのうち百四十七個が確認されている（惑星状星雲と同じく、残りは銀河円盤上の恒星雲や星雲に隠れているのだろう）。初心者はどれを見ても似たり寄ったりだと思うだろうが、球状星団ファンにしてみれば、ヨーロッパの都市のように一つ一つ違ったもち味がある。質量でいえば星の数が数万から数百万までと幅があるし、密度も違う。多くは恒星がぎっしり詰まっているので、もしもその中心付近の惑星に住んでいたら、真っ暗い夜はやってこない。赤や金に輝く星が地面に落とすいくつもの影のなかにいる状態が続くのだ。もっと星のまばらな球状星団もあって、そこなら夜の空は暗くなるが、地球から見るよりもずっと明るい星がたくさんちりばめられている。このような球状星団の性質の違いがどこにあるかについて、天文学者はいまも答えを探している。それは誕生したときからの本質的なものなのか、それとも成長途中で加わった条件によるものなのか、つまり「氏か育ちか」という問題である。「氏」と考える場合、銀河との潮汐相互作用で、星団が形成されるときに大きさが制限される。生まれた星団が大きすぎたら、銀河が星団の外側の星をはぎ取ってしまうのだ。「育ち」とする場合は、星団が銀河円盤を通過することでかき乱され、ガスや塵がはぎ取られる。オリオン大星雲を一部とするような巨大な分子雲に衝突すれば、この作用がいっそう増す。球状星団をことごとくばらばらにしてしまうほどの衝突が過去にあったと研究者は考えている。もしそうなら、今日私たちが目にしているのは、原始にはもっとたくさんあった球状星団のわずかな生き残りということになる。

このような擾乱を除けば、球状星団は恒星が進化するための比較的穏やかな場所だ。球状星団は同一世代に生まれた星の集団だが、星は質量によって運命づけられた生涯を個々にたどる。質量が大きければすぐに爆発してブラックホールか中性子星が残り、平均的な質量なら赤色巨星になり、その後は白色矮星として終わる。そして質量の小さいものが数十億年ものあいだ安定して輝き続ける。球状星団にはもとになる物質がほとんどないため、新しい星ができることはめったにない。超新星がまき散らす破片は材料になるが、脱出速度を上まわる速度で放出されれば、材料になる以前にそこからなくなってしまう。赤色巨星などの老いた星から流出するガスも少しのあいだなら星形成の材料になりうるが、軌道上の星団が銀河面を通過するたびにはがされてしまう。したがって天体物理学では、球状星団を人類学でよろこばれる「自然のままの無垢な種族」のようなものと考えている[11]。すなわち外界からの影響をあまり受けず、文明に毒されていない種族だ。

大型の望遠鏡をもっている球状星団の愛好家は、明るく大きい星団を卒業して小さくかすかな星団を探すのが楽しくなるだろう。ほの暗くかすかな球状星団には、銀河面の塵雲の裏側にあるために光が少なく赤っぽく見えるものがある。バーバラ・ウィルソンは、九十センチ望遠鏡を使ってＵＫＳ１というとびきり暗い球状星団の観測に成功した。天の川銀河で最もかすかな球状星団で、それ以前はケンブリッジ大学の一・二メートルUKシュミットカメラで撮影した感光板の画像でしか識別されていなかった。また、地球から遠く離れているために暗く見える球状星団もある。チェコのアマチュア天文家レオス・オンドラはやまねこ座のNGC２４１９を好み、染みのような十等級の光を「荒涼とした銀河のはずれの前哨」と表現した。太陽から三十万光年ほど離れた辺境の砦を守るこの球状星団は、非常に大きい軌道に乗り、銀河を偵察するのにおよそ三十億光年かけて一周すると考えられている。バーバラ・ウィルソンが「最果てのハロー球状星団」と呼んで好んだAM１とパロマ４は、地球から約四十万光年ほど離れている。

もっと遠くを見たければ、よその銀河の球状星団を探すとよい。系外銀河で最も明るい球状星団は、アンドロメダ銀河にあるG１だ。非常に明るいこの星団はケンタウルス座オメガ星団の二倍の輝きを放ち、最近は隣の天の川銀河から見やすい軌道上の位置にきている。ケプラーは火星から見た地球を、ダ・ヴィンチは月から見た地球を想像したが、レオス・オンドラも視点を逆にして、「アンドロメダ銀河にいる観測者から見て」天の川銀河で最も明るくよく見える球状星団を割り出そうとした[12]。その答えは、驚いたことにあの辺境の砦を守るNGC２４１９だった。地球でもてはやされることのない星団も、アンドロメダ銀河では空を華やかに飾っているようだ。

私たちはいま、銀河間空間の縁にいる。先を急がずに、ここで少し休憩して太陽の近傍を振り返ってみよう。ここまでで天の川銀河を概観したが、ざっと見てきただけでは当然ながら取りこぼしたことも多々ある。そのうちのいくつかに触れておけば、趣味の天文観測の楽しみが増えるだろう。

まず近傍の恒星がある。太陽系付近をざっと見るだけでも、ここまでに注目してきた超巨星の輝きや、星が形成される渦状腕のあるぼんやりした星雲とは違った光景が見える。太陽系近傍の恒星のうち、巨星は全体の一パーセントに満たない。九十パーセントは普通の主系列星で、残りはほの暗い電球のようなものだ。太陽に近いほうから数えて二十番目までの星のうち、望遠鏡なしで見えるのは五個にすぎず、あとはラランデ２１１８５、ロス１５４、ラカーユ９３５２、ロス１２８、グルームブリッジ３４、ルイテン星など、ほとんどがぱっとしない赤色矮星である。チャールズ・ダーウィンは研究から神について何がわかったかとたずねられ、神はことのほか甲虫が好きらしいと答えた。天の川銀河にある数千億の恒星の大多数にも同じことがいえるかもしれない。ことさらに目立とうとせず、ただそれぞれの営みにいそしんでいるのである。できそこないの星もたくさんあるだろう。褐色矮星と呼ばれる恒星は質量が小さくて熱核反応の炉に点火できず、重力による収縮のわずかなエネルギーで光っている。非常に暗いのでその数を調べるのは難しいが、太陽の近くに二個が確認されている。地球から十六光年ほどのところにあるＬＰ９４４－２０とグリーゼ８７６だ。グリーゼ８７６には惑星があるが、これらの惑星については、肌を焼きながらのんびり遊べる砂浜はないらしいということのほかにはほとんど何もわかっていない。太陽系近傍の恒星の七十パーセントは二重連星系もしくは多重連星系に属しているが、このような連星系は距離に比例して割合が大きく減っているから、既存の望遠鏡では連星であることがわからないものもあって数が少なく見積もられていると考えられる。

見わたす範囲を太陽から五十光年のところまで広げると、局所空間に漂うガスと塵の薄いスープである星間物質に泡（空洞）があるのがわかる。この泡は超新星爆発で星間物質が吹き飛ばされてできたと考えられている。泡の内側は通常の状態より十倍も希薄で、普通は一立方センチメートルあたり〇・五原子のところ、〇・〇五原子しかない。泡の多くは銀河円盤の端から端までとどくほど大きく、運よくそのなかにいる観測者は普通の宇宙空間よりもクリアな視界が得られる。現在、太陽は局所泡と呼ばれる泡の中心付近を通過中である。局所泡は幅が二十光年あり、内部はところどころデブリ（「局所ければ」）で汚れているが、全体的にはかなり透明だ。もし現在この状態になかったら、それでも遠く離れた銀河を見ることはできるだろうが、その光は星間塵で赤っぽくなり、短波長の紫外光で視界がかすんでいるだろう。

さらに範囲を倍に伸ばすと、はくちょう座、ペルセウス座、オリオン座、ケンタウルス座にもっと大きい泡が見えてくる。これらをもっと遠くから眺めれば、いずれも羽毛のような雲の一部をなし、近くの渦状腕からカーブを描いて伸びている。さらに二、三千光年離れれば、おもな渦状腕の全体構造が視野に入ってきて、いて腕が太陽系軌道の内側に、オリオン腕とペルセウス腕が外側にあるのが見える。近傍銀河に天文学者がいて、超高性能の望遠鏡でいて腕からオリオン腕までを一度に見られるほどの広視野で天の川銀河のこの部分を眺めているとしたら、この章で見てきたすばらしい天体の多くが見えるだろう。オリオン大星雲、いて座の暗黒星雲や散開星雲、プレアデス星団にヒアデス星団……。だが、その人は――人といえるかどうかわからないが――太陽のようなちっぽけな恒星を識別するのに四苦八苦するだろう。太陽でもそれくらいだから、その惑星となると最大のものさえ見つけられず、まして地球など想像すらできないだろう。

それでも、私たちはここにいる。目と知性と好奇心とをもつ六十億人の乗客を乗せた青い船は、小さいながらも回転花火のように旋回している。さて、そろそろ天の川銀河とお別れして、ここからは銀河の世界を探索しよう。

ブルースの調べ
ジョン・ヘンリーの幽霊との出会い

ジョン・ヘンリーは総長に言った
しょせん人は人でしかない
だがむざむざ蒸気ドリルに倒される前に
俺はこの手のハンマーで命を絶つ
——『ジョン・ヘンリー(伝説)』

俺のハンマーが燃えているぜ
俺のハンマーが燃えている
——ビッグ・ルイジアナ「ハンマーを打ち鳴らせ」

私はジョン・ヘンリーとは違う。天文台のベンチに寝転んで頭のうしろで腕を組み、ぼんやりとペガスス座の四辺形を眺めながら、そんなことを考えた。望遠鏡は着々と仕事を進めている。ジョン・ヘンリーは機械と闘い、機械に挑んで死んだ。私は機械に降伏した。昔は私も超新星を自分の目で探したものだし、いまでもたまにはそうするが、私はもう星探しを望遠鏡に任せていた。黒光りする鏡筒は鼻歌まじりに甲高いうなりを上げ、ぶつぶつとひとり言をいいながら夜空にむかって雄々しく立っていた。赤いランプを点滅させるCCDカメラで数秒ごとに銀河の画像を撮影し、それをコンピューターに保存する。それからクィンクィンという音とともに迷うことなく回転し、リストに載った次の銀河のほうを向いて同じ工程を繰り返す。CCDは私の目よりもずっと淡い星を感受できた。私はその画像を目を皿にして調べる必要さえない。それはコンピューターの仕事だった。過去に撮影された同じ銀河の画像と比較しながら新しい画像を一枚ずつ調べ、恒星爆発かもしれない光の点があったら私に知らせてくれる。まったく不足はなかった。

では、いったい私は何が気に入らなかったのだろう?

きっと星から引き離されてしまったからだ。望遠鏡はアイピースがあった場所にCCDカメラがはめられ、それをのぞいて空を見るのは機械であって私ではない。新しい技術のおかげで、私はその場にいなくても観測できる。妻と目を合わせずとも電話で話せるようなものだ。だが、これは進歩なのだろうか。

数年前のある日の夕方、私はニューメキシコ州のツァンカウィ遺跡の高台《メサ》を見わたす巨石の上で、遠足がてら講義を聴きにくる学生たちを待ちながら考え込んでいた。ここには何世紀も前に現在のプエブロ民族の祖先であるアナサジ族が断崖の上に共同住宅をつくって住んでいた。彼らは居住地の見晴らしのよい高い場所を「宇宙の四角《よすみ》」と呼んだが、私はそれがどういうことかわかった。手前に共同住宅の跡があり、そのむこうに骨のような白色とサボテン色の尾根が続いているにもかかわらず、メサはすっかり孤立している。そこに住むのは小さい彗星か小惑星に入植するようなものだったにちがいない。往時に思いを馳せながら、私は昔の人々の魂にたずねた。「あなたがたのこの古い住処で、あなたがたの記憶を損なうことなく宇宙について語るにはどうすればよいでしょうか」

答えはすぐにやってきた。物言わぬ雷鳴を轟かせて。

「ここにおまえは必要ない」。声は、そう言った。

私はお告げに感謝した。侵入者への不機嫌な音の忠告が宇宙論をどう語るべきかを教えてくれたのだと思えた。学生たちが到着し、私は教えを生かした講義にしようと努め、その後も何度となくそのことを思い出した。だが、その夜天文台で思い返すには寒々しい言葉だった。望遠鏡が観測している。私は必要なかった。

ジョン・ヘンリーは実在したようだ。強靭な肉体をもち、歌とバンジョーが得意で、奴隷のリーダー格だったという。蒸気ドリルが三メートル掘るあいだに五メートル掘り進め、その直後に倒れて死んだと伝えられている。[1]だが、ジョン・ヘンリーの伝説はいまもいろいろに解釈できる。もしも彼がソクラテスのように自身の死にみずから手をくだしたのだと考えるなら、この伝説はすばらしい作品だ。一つの明快な主題しかない単純なものではなくなる。ジョン・ヘンリーは機械に勝ったが、それはなんのためだったのか。どのみちいつかは蒸気ドリルが採用される。ジョン・ヘンリーが命を落としたといわれるチェサピーク・アンド・オハイオ鉄道のビッグ・ベン・トンネルではなくても、その後のトンネル工事で多くの鉄道労働者の命が救われることになるのである。それならハンマーを置き、蒸気ドリルに仕事をさせればよいではないか。ブルースシンガーのミシシッピ・ジョン・ハートがこの物語から導き出した現実的な教えはそれだった。ハートが歌に歌った蒸気機関車の運転手は、分別も勇敢さの一面だと知っていた。

こいつがジョン・ヘンリーを殺したハンマーだ
でも、こいつが俺を殺すことはない(2)

結局、私はジョン・ヘンリーではなくミシシッピ・ジョン・ハートをとった。現在、超新星の発見はほぼすべてコンピューターとＣＣＤがなしている。視力で勝とうとしても望みはない。私は使ってみることにした。

望遠鏡は何かと手をくわえなくてはならなかった。まず半携帯型にするために、ゴムのリムの車輪のついた二輪の手押し車のようなものに望遠鏡を載せて倉庫から引っ張り出すようにした。足場の悪いでこぼこの野原を押していき、あちこち試しながら観測によい場所を探した。観測所のコンクリートのピアに設置してからは何年も問題なく動いていた。ところが移動できるように改造したのが悪さして、性能が低下してしまった。軽量のスケルトン鏡筒と、望遠鏡を空のどこに向けてもアイピースがのぞきやすい位置にくるようにアルミの回転式ノーズアセンブリを取り付けたところ、視準を保てなくなったのだ。それでは調弦していないチェロを弾くようなものだった。おまけに、カメラの視野に銀河を自動的にもってくるためのモーターを架台に取り付けることもできない。改造のときがきたのである。

主鏡を残し、それを使って新しい自動望遠鏡をつくることにした。大勢のエンジニアや機器メーカー、それにアマチュア天文家に相談し、プランができ上がった。カリフォルニア州バーストーの老舗のギアメーカー、エドワード・Ｒ・バイヤーズが一九七二年に製作した古い重厚な架台を使うことにした。この架台には波乱に富んだ過去があり、たとえば所有者がヨーロッパ旅行に出かけているあいだにパーティー客が落としてしまってから、ハリウッドのプールの底に三カ月も沈んでいた。だが、それなら私にも買えた。新品の値段はポルシェよりも高かっただろう。その架台に最新式の制御システムを取り付け、炭素繊維の鏡筒と組み合わせる。炭素繊維は堅く、低温下でも縮みにくく、迷光をよく吸収してくれる。そこに古い主鏡を組み込んで始動させた。

計画の実行は予定よりも一年ほど長くかかった。その間にチームメンバーの懐事情とか、個人的な悩みとか、夫婦の危機のことを思った以上に知ることになったが、彼らは技術面で有能だっただけでなく、仕事にとても熱心で忠実だった。そして、ようやく望遠鏡が稼働した。黒い塗装にクロムと金でめっきした装置はいかにも特注の改造品らしく、自分で動いた。さびれたショッピングセンターの狭苦しい電器屋の奥で私が既製の部品を使って自分でつくったコンピューターに接続し、人の手をかけずに一晩中写真撮影するようにプログラムできた。

その能力は魅力的だったが、コンピューターの前で過ごす時間が増えるほど、空を見上げる時間が減っていった。私は必要なかった。

もちろんこれは、コンピューターが世界を支配する長い物語のなかのほんの短いエピソードにすぎない。パーソナルコンピューターが出まわりはじめたころ、人間はいつか自分たちを支配する人工知能をそうと知らずにつくってしまったとの不安の声が上がったとき、人々は「コンピューターはいつでもコンセントが抜ける」と言ったものだった。そんな声をいま聞くことはない。コンピューターは欠かせないものになり、日に日に数が増えている。二〇〇一年には、世界で一秒に一台のパーソナルコンピューターが売れ、ユーザーは世界規模の頭脳のようなものにせっせと接続していた。先日、私は物理学者のポール・デイヴィスと「将来人間よりも賢いコンピューターができるか」どうかについて話し合った。

「おそろしい話だと思いませんか」と私は言った。

「いいえ」とデイヴィスは答えた。「もしそうなったらとても快適だから、気にする人はいないでしょう」[3]

それでも私は心が休まらなかった。コンピューターが望遠鏡を動かすのを夜空の星の下で見つめながら、行く末を思った。ジョン・フォン・ノイマンとならんでコンピューターの基礎を築いたアラン・チューリングを思い出した。チューリングは青酸を注射したりんごをかじって自殺した。彼の好きな『白雪姫』の場面の再現だ（チューリングは戦時中にナチスの暗号を解読して英雄になってもよかったはずだったが、当時のイギリスで違法とされていた同性愛の罪を問われ、「化学的去勢」の処置を受けた）。毒りんごは遺体のそばのテーブルに一口だけかじられて残っていた。そして、家庭用コンピューターの革命を起こした企業のロゴは？　一口かじったりんごではないか！　これこそ不吉な前兆ではないのか？

冷静になったとき、私は思い直して自分をなだめた。チューリングとフォン・ノイマンが発見したのはたんなるテクノロジーではなく、核融合と同じように基本的な自然の摂理なのである。コンピューターは自然の過程を変換できることを示している。それも最も簡単な数、0と1の二進法の演算に変換する。量子力学は二つの状態のどちらかをとる多くの系を扱う（スピンは上向きと下向き、電荷なら正と負）。その中間はないから、0か1かで表わせる。DNAは遺伝情報を量子化して進化を促している。塩基は四種類あるが、0か1かに近いといえる。人間の思考は何十億ものシナプスの作用で生まれるが、電気的なスイッチであるシナプスは発火するかしないかのどちらかの状態だから、これも0か1だ。CCDカメラのチップを刺激する星の光も画素を発火させるかさせないか、つまり0か1なのである。

ルートヴィヒ・ウィトゲンシュタインは、「世界は事実の総体であり、物の総体ではない」と言った。[4]

コンピューターはそれに賛同し、あらゆる過程を予測し、記録し、制御し、二進法に翻訳してそれを実証している。宇宙はコンピューターだというと嫌な気がするかもしれないが、その本当の意味は、自然は物質でもエネルギーでも空間でもなく、情報をもとにしていると考えると最もよく理解できるということだろう。宇宙について私たちが知りうることは必然的に情報であるのだし、そうであればコンピューターの得意な二進法の数字に変換できる。そう思えば、このやかましくて目障りな黒と金の望遠鏡もいい仕事をしてくれているのかもしれない。コンピューターを使って空を探索するとき、私たちが接触しているのはコンピューターと星だけではない。その二つの根底に眠っている、まだぼんやりとしか理解されていない奥深い原理にも触れているのである。

それでも私は自分の目で見たい。だからその日も、夜を徹して意味もなく星を眺めていた。

第十七章　銀河

夜に通り過ぎる船
闇のなか、信号と遠くから呼ぶ声だけで
すれ違いざまに言葉を交わし合う船
人も人生という海原で、通り過ぎ、声を交わす……
……そしてまた闇がもどり、静寂が訪れる
　　　　　　　　——ロングフェロー

太陽が急いで沈む　その光はあまりに遠い
さまよう人にむかって　広大な家へと手招きする
　　　　　　　　——エマソン

　空気が澄みわたる絶好の夜、山の上でアンドロメダ銀河を見た。小さいが広視野の望遠鏡でとらえた輝く巨大な円盤は、天空を横切るように五度ほど広がっていた。混ざり合う恒星光はくすんだ輝きを放ち、なめらかでありながら、閾値をわずかに下まわるシンチレーションで息づいて、まるで古代ローマ軍団の野営の焚き火を遠く離れた山の上から眺めているようだった。それを見ていると、さまざまな思いがあとからあとから浮かび、分離できないアンドロメダ銀河の星のように交錯し、混ざり合った。銀河を理解するのは難しい。

あらためていうまでもないが、銀河は大きい。仮に太陽を砂粒だとすると、地球の軌道は直径二・五センチメートル、太陽系はビーチボールの大きさ、太陽から一番近い恒星の砂粒までは六・四キロメートル離れている。これだけ縮尺を小さくして考えても、天の川銀河は十六万キロメートルの幅がある。銀河がこれほどまでに大きいので、そのスケールがひとたびつかめれば、宇宙そのものも田舎の山小屋のように身近なものに思えてくる。アンドロメダ銀河と天の川銀河が属している局部銀河群のように集団を形成している大きい銀河は、たがいに直径の数十倍程度しか離れていない。六メートルのダイニングテーブルの両端に置かれた皿くらいの間隔である。恒星、球状星団、水素の雲、暗い外側の円盤からなるハロまで含めれば、銀河はたがいに浸食し合っているようなものだ。同じ縮尺で考えると、おとめ座超銀河団（局部銀河群はその外縁にいる構成メンバー）は、サッカースタジアムよりも小さい領域に一万枚の皿がちりばめられている。そして観測可能な宇宙の半径はたった三十キロメートルほどしかない。銀河のスケールからすれば、宇宙はそれほど大きくないのである。

　ところが困ったことに、人間は銀河のスケールにまで思考を飛躍させるのが得意でない。いや、たぶんできないのだ。銀河を考えるには、空間の概念をとらえるだけでは不充分で、時間も考慮しなくてはならない。地球から見たアンドロメダ銀河は大きく傾いていて、真横から見た幅はわずか十五度しかない。その円盤の見える部分は直径およそ十万光年だから、円盤の遠いほうの縁から私たちの目にとどく恒星光は、同時に見ている近いほうからきた光より十万年も古いことになる[1]。アンドロメダ銀河のむこうの端から恒星光が旅をはじめたとき、最初の人類ホモ・ハビリスはまだいなかった。手前側から光が出発したときには、すでにいた。したがって一つの視野のなかに時間の幅が広がり、そこに私たちの祖先の起源が存命の人の経歴に（一九四四―?）などと書かれているように括弧付きで記されている。すると否が応でも生物種としての人類の行く末が気にかかる。今夜アンドロメダを出発した光は、いまから二百二十五万年ののちに地球にとどく。そのとき誰がここでそれを観測するのだろう？　私たちは普段、アインシュタインの時空を抽象概念だと思っているが、銀河を観測するとそれが物理的な現実として感じられるのである。

● ● ●

銀河の輝きに、多くの冷静沈着な学者も思わず気持ちを高ぶらせる（事典の銀河の項目を執筆したあるプロの天文学者は、解説文をいきなり「荘厳なまでに美しい」とはじめている）(2)。銀河の壮麗さは、まずその外観にある。ほの暗い優美な渦巻の腕、楕円の慎ましい輝きは、えもいえず美しい。だが、それはまたその巨大さと包含する世界の多様さからもきている。銀河は研究対象として無限の未知をはらんでいる。もしアンドロメダ銀河を日々進歩する機器で観測しながら無限の時を過ごせたら、非常に多くのことがわかるだろうが――そうだったらどんなにいいだろう――それでも変化し続けているというだけで未知のことが「つねに」ある。目ぼしい例を一つ挙げれば、過去二百万年のあいだに五万を超える恒星が爆発したと推定されるが、これら超新星の光は現在私たちの望遠鏡にむかって宇宙空間を突き進んでいる。これはアンドロメダの過去と私たちの未来の一部である。銀河は一つの事物というよりも、宇宙の空間と時間を壮大にきらびやかに具現化したものなのだ。

銀河は重力で結ばれた恒星の集団である。球状星団よりもずっと大きく、形状は変化に富んでいる。大きさはわずか数百万個の恒星でできた矮小銀河から、数兆個もの恒星を含む巨大銀河まで幅広い（大きい銀河は矮小銀河よりもかなり数が少ないが、含む恒星の数が多いので、もしもある惑星で偶然に生物種が進化するとしたら、小さい銀河よりも大きい銀河である可能性が高いだろう）。銀河は全体の形状によって、渦巻銀河、楕円銀河、不規則銀河の三つに大きく分類される。空に明るく輝いている銀河のおよそ三分の一は渦巻銀河で、これは中心のバルジと、星の材料になる塵とガスでいっぱいの渦状腕をもつ扁平な系だ。楕円銀河は球状もしくは長円形で、塵とガスは比較的少なく、したがって新しい星もあまりできない。カタログの銀河の三分の二がこの楕円銀河で、非常に小さい矮小銀河と実質的にすべての最大級の巨大銀河がここに含まれている。不規則銀河は既知の銀河の数パーセントにすぎないが、暗くて未発見のものがまだほかにもたくさんあるだろう。不規則銀河はすぐにそれとわかるような特徴的な構造がないが、よく調べるとほかの銀河の潮汐力で崩壊した渦巻銀河や楕円銀河だとわかるものがある。

この分類は銀河研究の初期にエドウィン・ハッブルが考案したものだが、以来、それをもとに改良と細分化が重ねられてきた。たとえば、中心のバルジから綱渡りのバランス棒のような明るい棒が伸び、その端から渦状腕が出ている棒渦巻銀河という分類がある。また、環状銀河は腕が集まって一つの大きな円をつくっている銀河だ。腕のない渦巻銀河（「S0銀河」）は楕円銀河と区別しにくい場合があるし、ひどくつぶれた楕円銀河は真横から見た渦状腕とまちがえやすい。また、「特異」銀河は多種多様でほとんど分類できない。

私たちのすぐ近くには、天の川銀河の伴銀河がある。これを書いている時点では十一個の伴銀河が知られているが、天の川銀河の塵の円盤の陰にもっと隠れているかもしれない。確認されている伴銀河で最も近いのはいて座矮小楕円銀河で、バルジのむこう側の銀河面付近にある。地球からわずか八万光年のところで幅五～十度にわたって空の一画を占めているが、手前のいて座の領域が邪魔になり、一九九四年まではそれが銀河であることさえわからなかった。いて座矮小楕円銀河は恒星ストリームが天の川銀河の重力で引っ張られ、最終的には天の川銀河にそっくり吸収される運命にあるらしい。一方、南半球の不規則銀河で地球からそれぞれ十六万光年と十八万光年離れている大マゼラン雲と小マゼラン雲は、今後数十億年は独立を維持しそうだが、これも最終的には私たちの銀河と合体するだろう。

天の川銀河のそのほかの伴銀河は地球から近い順に、こぐま座、ちょうこくしつ座、りゅう座、ろくぶんぎ座、ろ座にある銀河、さらにそれらに次いで、しし座Ⅰ、しし座Ⅱがある。(3) 最後の銀河は地球から八十三万光年離れている。どれも薄暗い矮小銀河で、最大のものでも直径三千光年しかないため、望遠鏡をのぞいて見つけても少々がっかりしてしまうような景色しか見られない。ちょうこくしつ座矮小銀河は球状星団を平たくしたような形状だが、非常に暗くて目視で観測するのが難しいので「手ごわい天体」といわれている。

局部銀河群はアンドロメダ銀河（M31）と天の川銀河の二つの大きい渦巻銀河が主役で、この二つのまわりにほかの四十一の銀河のほとんどが集まっている。天の川銀河の二倍の質量をもつアンドロメダ銀河は、肉眼で見られる五つの明るい銀河の一つである（あとの四つは、天の川銀河、大マゼラン雲、小マゼラン雲、アンドロメダ銀河の近くにあるM33渦巻銀河）。ペルシアの天文学者アブド・アル＝ラフマーン・アル＝スーフィーは、九六四年にアンドロメダ銀河を「小さい雲」と記述し、一六一一年か一六一二年に望遠鏡でアンドロメダ銀河を観測したドイツの天文学者シモン・マリウス（ジーモン・マイヤー）は、その輝きを「角を透かして光るキャンドルの灯火」に似ていると表現した（当時流行していた雪花石膏のキャンドルを思い浮かべたのだろう）。望遠鏡越しにアンドロメダ銀河を見れば、渦巻銀河の雄大な姿を間近で堪能できる。

アンドロメダ銀河の写真は数多く発表されているが、どれも渦状腕をよく見せようとして中心のバルジが露出超過になっている。望遠鏡で目視すれば、銀河の核が恒星のように明るく輝き、核からバルジの別の部分へ目を移すと急激に光度が減少するのに驚くだろう。もしもそこに銀河円盤がなかったら、バルジは明るく小さい核をもつ楕円銀河に見えるにちがいない。だが、もちろん円盤がある。星形成領域と大質量の若い恒星の集まった渦状腕の広がりに、暗黒星雲の群島が中心からほぼ境界のない外縁まで点在しているのが銀河円盤である。アンドロメダ銀河は一本の暗い腕がバルジの正面に伸び、天の川銀河のいて腕を思わせる。その腕に沿って明るい星形成領域が見え、経験豊富な観測者はアンドロメダの球状星団も見つけられるだろう。

この壮大な銀河の円盤は少し反っているが、原因は二つの大きい伴銀河の重力にあると考えられている。これらの伴銀河は小さい望遠鏡でも簡単に見つけられる。一方のM32は円盤の南の外縁の上に姿をのぞかせ、北にそれよりやや鮮明なNGC205がある。どちらも矮小楕円銀河である。それぞれ三十億と百億の太陽質量をもち、これらだけでもアンドロメダ銀河を曲げるに充分だが、近くのもっと小さい銀河も影響しているようだ。

局部銀河群を外縁にむかっていくと、この銀河群では最後の渦巻銀河である美しいM33がやや暗い円盤を一度の空の領域に蓮の花のように広げている。その見どころは、オリオン大星雲より三十倍も大きい星形成星雲のNGC604である。また、M33はM31の遠く離れた伴銀河かもしれない。それをいうならば、天の川銀河もある意味でアンドロメダ銀河の伴銀河だ。この二つの大きい渦巻銀河は重力で結びつけられており、近年はたがいに近づいている。一部の天文学者は、局部銀河群のすべての銀河は最後には合体して一つの系になるとの説を提唱している。天の川銀河を構成するほぼすべてのものが未来のメガアンドロメダの一部になるのだ。宇宙には驚くほど大きい銀河があちこちにあるが、それらも同胞をのみ込んで大きくなったのかもしれない。

局部銀河群のほかにも銀河の高密度星団はたくさんある。最も近いのは一千万光年離れたちょうこくしつ座銀河群で、天の川銀河の南極がそのあたりにあたることから「銀河南極群」とも呼ばれる。そのなかで最も明るいのは、ウィリアム・ハーシェルの妹でよき協力者だったキャロライン・ハーシェルが一七八三年九月二十三日に発見した「銀貨」銀河である。幅約〇・五度、七等級の明るさをもち、まるで古いコインのような色合いをしている。また、この銀河群には小さいが美しい渦巻銀河NGC300、摂動渦巻銀河と見られる妙に雑然とした感じのNGC55などがある。もう少し遠くには、北のおおぐま座に主要な銀河のM81から名が取られたM81銀河群がある。M81は美しい八等級の渦巻銀河で、多くの天文ファンに愛されている。その伴銀河が九等級のM82だが、この銀河は通常以上に活発に星を生成するという症状に悩まされている。最近のM81との接近遭遇による潮汐相互作用で密度波が生じ、それが爆発的な星形成の花火に火をつけているのだ。

一千二百万光年彼方のNGC5128銀河群へ目を向けると、これまでとはまったく違ったものが見える。この銀河群の名のもとになった中心銀河のNGC5128は、暗黒帯で分割された球状の光を鮮烈に輝かせている。その様子を一八四七年に観測したジョン・ハーシェルは「このうえなくすばらしい天体」だと述べた(4)。強力な電波を放射し、南天のケンタウルス座で最高強度の電波ノイズ源であることからケンタウルスAとも呼ばれる。詳しい調査の結果、球体は大きい楕円銀河、黒い帯は楕円銀河にのまれていく渦巻銀河の塵の円盤であることがわかった。この塵の帯が邪魔になって可視光ではケンタウルスAの中心は見えないが、宇宙X線望遠鏡と電波望遠鏡で探査できる。銀河の進化を研究する者にとって、ケンタウルスAは検事に提出された強盗の現場写真くらい貴重なものだ。巨大楕円銀河は渦巻銀河を食らって太ったと考えられているが、間近で見られる銀河の共食いの例として、ケンタウルスAほど迫力満点なものはないだろう。

銀河が相互に作用する例は、子持ち銀河M51にも見られる。M51は三千七百万光年離れたところで地球に正面を向けている渦巻銀河である。それよりやや小さい伴銀河のNGC5195は、最近M51の近くをぐるりと通過したときにゆがめられ、渦状腕の活動が活発化した。接近遭遇による変形ははなはだしく、それ以前にどんな形をしていたのかまったくわからない。

M51銀河群の近隣には、同じ名の渦巻銀河M101に代表されるM101銀河群がある。ゆるい渦巻が写真映えするM101銀河は幅約〇・五度で、輝く星形成領域が蜘蛛の巣にかかった虫のように目立っている。これらの明るい星雲は一部が腕の先のほうにあって、独立した星雲とまちがえやすい。M101銀河群にはさらに少なくとも三つの渦巻銀河のほか、多彩な不規則銀河と矮小銀河が含まれている。その先も渦巻銀河を中心にした銀河群が続く（銀河群には暗い楕円銀河も潜んでいるかもしれないが、この距離になると見えない）。NGC2841はかすかな腕をもつ大きい渦巻銀河で、ほかの四、五個の渦巻銀河と十数個の矮小銀河を迎えて一家をなしている。五個の渦巻銀河を友にして次の銀河の庵を結ぶのは、腕のないS0銀河のNGC1023である。また、地球から二千五百万光年のところでは、美しい三つ子の渦巻銀河、M66とM65とNGC3628がたがいに重力作用をおよぼしあっている。三つは一度以内の領域に収まっているので、普通の低倍率のアイピースで同一視野に見える。

私たちの近傍の銀河はほとんどが銀河群に属しているが、伴銀河をまったくもたないか、少なくとも暗くて見つかっていない独立した銀河（「散在銀河」という）もある。以前は大半の銀河が独立していると考えられていたが、望遠鏡や検出器の性能が向上して暗い伴銀河が見つかるようになり、純然たる散在銀河はまれであることが明らかになった。Ｍ32とＭ33の中間に見えているＳ０銀河のＮＧＣ４０４は、実際にはこの二つの銀河よりも銀河系から遠く、ぽつんと一つだけ孤立しているように見えても、局部銀河群のはずれにある目立たない仲間であるらしい。他方、しし座のＮＧＣ２９０３、はくちょう座のＮＧＣ６９４６、南天のくじゃく座にあるＮＧＣ６７４４などの棒渦巻銀河は完全に独立しているといわれており、はるか南のレチクル座のＮＧＣ１３１３も同様である。ただし、そのずたずたになった姿と激しい活動から、ＮＧＣ１３１３は何かと相互作用しているのではないか、それは近年裏側に隠れた銀河ではないかと疑われている。

　地球から三千万光年までの宇宙には、ほかにも興味深い近傍銀河が数多くある。しかし、ここで一歩下がって視野を広げてみよう。私たちはいま、おとめ座銀河団まであと半分のところにいる。

　銀河を見わたす私たちの旅もここまでにしたとしたら、宇宙に広がる銀河の種族は渦巻銀河と矮小楕円銀河、それに不規則銀河と数個の大きい楕円銀河だけで、それらが小さい銀河団をつくって四方八方に散らばっているのだと思うところだろう。ところがその印象は、おとめ座に望遠鏡を向けるとがらりと変わる。空の五十度あまりの領域を銀河がぎっしりと埋めつくす、目の覚めるような光景に迎えられるのである。おとめ座銀河団には二千もの銀河があり、そのうち二百はとても明るいのでアマチュアの望遠鏡でもよく見える。そこに見られる銀河は見慣れたものとはまったく違い、初めて見たときには田舎者が都会へ出てきたような気持ちになるだろう。銀河団の中心は二つの大きい楕円銀河Ｍ84とＭ86である。[5] このほかに最低でも三つの銀河が小口径の望遠鏡の視野に現われ、アマチュア天文家アラン・ゴールドスタインの言葉を借りれば、「少なくとも一兆の星の光が集まっている」のが見える。[6] この二つの巨大銀河から東へむかって一本の線を引くと、四つの渦巻銀河と二つの楕円銀河、それにＳ０銀河一つが数珠状につながる。(7) これがアメリカの天文学者ベニク・マルカリアンにちなんで名づけられた「マルカリアンの鎖」である。

そのすぐ近く、おとめ座銀河団の中心核の南東にはおよそ二兆五千億の星をもつと見られる巨大な楕円銀河M87が輝いている。この銀河を長時間露光で撮影すると、球状星団の散らばるハロが満月よりも大きい範囲で空に広がっているのがわかる。M87の中心核から噴き出すプラズマジェットは(第一部で見たとおり、バーバラ・ウィルソンがテキサス・スターパーティーで観測した)、超大質量ブラックホールの周囲で渦を巻く降着円盤から噴出したと考えられている二つのジェットのうちの一つである。遠いほうのジェットは目視で確認されたことがなく、バーバラの「目視不可能な」難物天体リストに載っているが、電波望遠鏡で撮影されている。

おとめ座銀河団の中心核にたくさんの大きい楕円銀河があり、私たちのいる銀河群にはわずかしかないことから、大きい銀河団の銀河の形やふるまいは、所属する銀河団の環境によって決まると推測できる。その根拠は次章で見ていくことにしたい。銀河が高密度で分布する銀河団の中心部で何が起こっているかをもっと詳しく見てみよう。

おとめ座銀河団は天の川銀河の円盤から見て北銀極のあたりにあり、私たちの視界の手前側には邪魔になる星が比較的少ない。おかげで観測時に方角のあたりをつけづらいのが難点だが、銀河間空間の完全な闇を背景に球体と円盤が輝くので、銀河の様子が普通では考えられないほどありのままわかる。ここまで遠い銀河は近傍の銀河団のように明るく大きくは見えないが、数の多さと種類の豊富さは群を抜く。二十世紀前半に活躍した努力家のアマチュア天文家リーランド・S・コープランドの言葉を借りれば、おとめ座銀河団の銀河は「見かけの姿ではなく真の姿にこそ魅力がある。一つ一つが遠い天の川であり、先史時代の人類よりもはるかに古い光によって現われるのだ。それを見る私たちは真実を肌で感じる――私たちも私たちの世界も、ちっぽけなものだと。銀河こそが荘厳な現実だ」[8]

おとめ座銀河団を見てまわるには、よい星図を使い、低倍率のアイピースからはじめよう。まず目印になるおもな銀河を確認し、それから倍率を上げて少しずつ暗いものを探していくとよい。際立って美しい銀河は数多くある。Ｍ90とＭ88は大きい陰鬱な渦巻銀河で、手前にまばらにしか星がない。シャム双生児銀河と呼ばれるＮＧＣ４５６７とＮＧＣ４５６８は、左右対称に並んだ渦巻銀河だ。二つは近接して見えるが、通常なら近接する銀河間の相互作用で生じる分裂の兆候が見られないので、もしかするとこの双子は天の川銀河とアンドロメダ銀河に似た連銀河で、私たちから見てたまたま同じ視線の先に並んでいるだけなのかもしれない。もう一組の興味深い対の銀河は、ＮＧＣ４４３５とＮＧＣ４４３８である。コープランドが「目」と呼んだとおり、二つの長円形の銀河はまるで私たちをじっと見つめているようで、少々不気味だ。銀河団のなかで私たちに近い側にあるＮＧＣ４５６５は、渦巻銀河を真横から見たエッジオン銀河の典型的なもので、ほかの銀河よりも大きく広がり、差しわたしはなんと十六分角にもなる。同じく近い側で私たちの目を楽しませてくれるＭ１０４、別名ソンブレロ銀河は突出したバルジとそれを分断する塵の暗黒帯がよく目立ち、私は明かりのきらびやかなハリウッド大通りの上空低いところに浮かぶのを小さい望遠鏡で見たことがある。Ｍ64は黒眼銀河、または眠れる美女銀河と呼ばれている。星形成の発作が最近二度あった形跡が見られ、かなりの量の材料が主円盤と逆方向に回転している。この異常はＭ64が最近ほかの銀河を共食いしたことを示している。おとめ座銀河団にいるあいだに、Ｍ99とＭ１００も見ておきたい。Ｍ99は九・八等級の明るい銀河で、小さい望遠鏡でも容易に見える。Ｍ１００のほうは口径二十センチ以上の望遠鏡なら渦状腕まで識別できる。

中心部に楕円銀河が、周辺に渦巻銀河が集まっているおとめ座銀河団は、分布形状の不規則な銀河団の典型的な例である。そして、それが何万もの銀河の集まる幅一億五千万光年のおとめ座超銀河団（または局部超銀河団）の中心の質量集中部をなしている。この超銀河団はおとめ座銀河団を除けば、天の川銀河が属している局部銀河群、その近傍のくじゃく－インディアン座銀河群、ろ座銀河団、かじき座銀河群など、おもに小さい銀河の集団で構成されている。

こうしてみると、私たちはまた人間の小ささを思い知らされる。宇宙の中心はコペルニクス以前の時代に信じられていたように地球ではもちろんないし、それどころかコペルニクスの説とも違って太陽でさえないのである。太陽は平均的な（いや、平均よりは大きいが）渦巻銀河の中心から遠いところにあり、その渦巻銀河も普通の銀河群のなかにあり、さらにその銀河群も超銀河団のはずれにあるのだ。仮にこの超銀河団が地球表面くらいの広さだとしたら、私たちの天の川銀河はボストン、アンドロメダ銀河は大きさと距離でニューヨーク、そして宇宙のこのあたりで一番にぎわう繁華街、すなわちおとめ座銀河団の中心部はロサンゼルスといったところだろう。

とはいえ、この先の辺境の地も見るべきものがたくさんある。地球から一億光年の範囲は中型の望遠鏡なら目視できるし、ＣＣＤカメラがあれば小さい望遠鏡でも見える。そこには二千五百個の大きい銀河と二万五千個の矮小銀河からなる百六十の銀河群があり、散らばる星はおよそ五百兆個にものぼる。そのむこうは遠く暗いが、それでも見えないわけではない。

巨大科学
エドガー・O・スミスとの出会い

二〇〇〇年十二月に、私はアリゾナ州トゥーソン郊外にあるキットピーク国立天文台で一夜を過ごし、相互作用する銀河を結ぶ星と輝くガスの橋を一・二メートルのカリプソ望遠鏡で撮影した。カリプソはこの天文台で唯一の個人所有の望遠鏡である。ほかはみな大学と国が管理している。カリプソ望遠鏡の設計と製作を手がけたのは、企業家から天文学者に転身したエドガー・O・スミスで、彼はこの望遠鏡を観測家に貸し出している。「消防車のホースの水のようにデータが取れる」ので、自分の研究に使うのはわずかな時間で充分なのだという。

天文学への情熱が高じ、古代ローマ人の言い方で「星への険しい道」を歩む熱心なアマチュア天文家を私はたくさん知っている。夜は寝ずに観測し、昼間は観測装置の微調整やデータ処理に精を出し、望遠鏡をつくるために借金をしたうえに結婚生活にヒビを入らせ、掩蔽や日食を追いかけてどこまでも遠征する。だが誰よりも険しい道を選び、その道をたくましく歩んだのはエドガー・O・スミスだろう。九年前に私が初めて会ったときのエドガーは、ため息が出るようなワインセラーやすばらしい芸術作品のコレクションを所有する独身の富豪である一方で、寸暇を惜しんでコネティカット州の別荘へ足を運び、裏庭に設置した既製品の三十五センチシュミットカセグレン望遠鏡で天体観測をする、知性豊かな人だった。多くのアマチュア天文家と同様、エドガーはもっと大きい望遠鏡を手に入れて、それを使いこなせるようになるためにより深い天文学の知識を身につけたがっていた。ほかの人と大きく違ったのは、彼の目標の高さだった。新しい望遠鏡はメートル級、それに高度な波面補償光学装置を装備して高い山の上に設置し、地球低軌道よりも下で得られる最高の分解能をもたせたい。そして、それを使いこなせるだけの天文知識を身につけたいから、コロンビア大学大学院で天文物理学の博士の学位を取る。エドガーはそう決めた。五十歳をとうに過ぎ、しかも会社経営者であったにもかかわらず。

私たちはその後も連絡を取り合い、その間エドガーは目標にむかって努力を続けた。私たちは製作途中の望遠鏡を見に一緒に工場を訪れ、天文学と天体物理学の課程のことを話し合った。コロンビア大学の学生たちは自分の倍の年齢のエドガーを迎え入れ、彼を煙たがる教授もほとんどいなかった。エドガーの論文は学位取得を待たずに発表され（いくつかの球状星団とろ座銀河の星の進化についてアストロノミカル・ジャーナル誌に三本の論文が掲載された）、キットピークの望遠鏡も彼がインタビューに応じたおりにお披露目された。私たちはニューヨークのパークアベニューのシーグラムビルにあるE・O・スミス&カンパニー本社の役員室で会った。エドガーは見かけに反して口数が少なく（自信に満ちたいかつい顔立ちにきらりと光る目をした屈強そうな男だった）、つぶやくようなやわらかい口調で話した。

エドガーはワシントンDCに生まれ、ペンシルベニア州ドイルズタウンの酪農場で育った。イギリスの民間航空安全庁のエンジニアだった父親がそこに土地を買って移り住んだ。「父は騒々しく、威圧的で、粗野な人間でした。酒を飲んで暴れ、いつも機嫌が悪かった。私は殴られてばかりでした。人生が変わる瞬間が訪れたのは十三歳のときです。うちの農場で働いている人がボクシングジムに通っていて、私はよくその人と一緒に梱包した牧草でリングをつくってボクシングをしました。ある晩、父がやってきて『おまえら何をやってんだ』と言いながらグローブをよこせと言い出したのです。目に物見せてやろうというわけですが、なにしろこっちには積もり積もった恨みがありますから、ボカボカ殴って気絶させてしまいました。父は二日も頭痛が治りませんでした。

父の暴力はそれで収まったのですが、私はまだ逆らっていて、非行に走りました。高校を三度も退学になり、そのたびに学校の風紀がよくなったとあとで聞かされました。さいわいペンシルベニアには高校生のアメフトチームがあって、ある日ラインコーチが話しかけてきました。『おい、エドガー、あの馬鹿どもとそこらでたむろして煙草をふかしてるようじゃないか。チームに入りたいのに言い出せないからだろう?』とね。頭のいい人でしたよ。私はコーチの挑発にのってチームに入り、別人に生まれ変わりました。煙草を吸ったり、喧嘩をしたり、女の子を追いかけたり、いやもっと悪いこともした手の焼ける問題児だったのが、勉強とスポーツに熱中する模範生になったのです。アメフトのほかに、円盤投げとレスリングもやりました。不良でいるには相当のエネルギーが必要です。そんなエネルギーがあるなら、それをスポーツにむけたほうがいい。そう気づいたのです」

父親は大学出願の費用を出してくれず――「父は私の足を引っ張ろうとしたのです」――エドガーは進学予定のないまま高校を卒業したが、いくつかの大学からフットボールの奨学生の話がきていた。自力でなんとかしようと決め、その夏ペンシルベニア大学の入学事務局長に会って事情を話した。「前期の成績はクラスでも上から三分の一に入っていました。経済学を専攻し、文学の講義をたくさん受講し、二つの優等生協会からキャンパスで最も貢献した学生に選ばれた。アメフトとレスリングとトラック競技で大学からレター表彰を受けました」

「ハーバード・ビジネス・スクールも出願せずに入学しました。このときも入学事務局副局長のジェイムズ・L・レスリー・ロリンズにかけあったのです。あの人も独力でやってきた人で、変わった学生を求めていました。あれもしたい、これもしたい、僕を取るべきだなどと話していると、とうとう副局長は言いました。『もうけっこう！ 君がこれから学ばなくてはならないのは、口を閉じることだ。君は五分前に入学したんだからね』。私はそういうところが好きでした。ハーバードは私を強く後押ししてくれたのです」

ハーバードで経営学修士号を取得し、ニューヨークの金融会社で仕事を覚えたエドガーは、自分で事業を興し、家族経営の小さい製造会社をいくつか買収した。すべり出しは順調だったが、「景気が悪くなって立ち行かなくなってしまった。友人が実績を積んで出世していくころ、私はにっちもさっちも行かなくなり、二十八歳で食いつなぐのがやっとというありさまだった。意気消沈し、鬱々とする毎日でしたが、そんなときにすばらしい女性と出会いました。コロンビア大学の博士課程で芸術史を学んでいたとても聡明な女性でした。その人が『エドガー、あきらめないで』と言ってくれた。私は思い直し、どうしたことか、まもなく大きい仕事で成功して世間に注目されました。その金で初めてナバホ族の織物を買いました。ドイツ表現主義の版画をもっていたのですが、お金が底を突いたときに売ってしまった。何もかも売り払っていました」

天文学をやるようになったきっかけをたずねると、エドガーは行き詰まっていたころの二つの出来事を話してくれた。一つは五歳くらいのときに母親と一緒にワシントンＤＣの海軍天文台へ行った話だった。そこの天文学者は母と子に大きい屈折式望遠鏡を見せ、夜にもう一度くればのぞかせてあげると言ってくれた。だが、二人は行かなかった。「当時の暮らしを考えれば、母が連れて行ってくれただけでも大変なことだったのです」とエドガーは振り返った。その後、一家が農場へ移り住んだころ、父親がアマチュア天文家のアルバート・G・インガルスの古典『アマチュア望遠鏡製作』とアルミニウムの筒を持って帰ってきた。エドガーはわれを忘れるほど興奮したが――「目をまんまるにして、すごい！と思いましたよ」――そのときはそれきりで終わってしまった。「牛を次々と買い足していき、そのうち家族全員が、仕事、仕事の毎日になりました。父が死んでから納屋を片づけていたら、あの筒とインガルスの本が出てきたのです」

何十年も棚に眠っていた天文学がようやく日の目を見るときがきた。エドガーは望遠鏡を別荘に設置して天文学者になろうと思い立った。「なかなかうまくやってきたつもりですが、何か新しいことがしたかった。たとえばサイエンティフィック・アメリカン誌一つ取っても、読むのにひと苦労だったのです。天文学の博士号を取ろうとすれば仕事ができなくなると心配もしましたが、リスクのない挑戦なんてする価値がないと友人に言われましたよ。それでやってみることにしたのです。大学ではがんばりましたよ。早起きして勉強し、週末はいつも仕事、夜も遅くまで仕事。徹夜もめずらしくない。天体物理学は修道院みたいなものです。一人でこつこつと打ち込むしかない。でも、私にはそれが楽しかった。私は自分を奮い立たせ、かなり短期間でやりとげたのです」

新しい望遠鏡の建設はかなりの財産を投じなければならず（「こういう望遠鏡は見積もりの三倍の費用と二倍の時間がかかるもので、これも例外ではありませんでした」）、また暗礁に乗り上げることもたびたびあったことから、エドガーは技術者チームにドン・キホーテと名づけた。望遠鏡の名前をカリプソとしたのは、「ギリシア神話でカリプソがオデュッセウスを七年間島に引きとめた」からだ。「望遠鏡の建設も同じくらいかかりましたし、カリプソはおそろしく目がよかったといいますね」。いくつかの候補を比較してここと決めたキットピーク国立天文台で望遠鏡が稼働しはじめ、エドガーは天体物理学者として新しいスタートを切った。球状星団の中心部に集まっている星をカリプソの鮮明な視野で分離し、明るさと色のデータを取った。「もうほとんどすっからかんですよ」。エドガーは笑いながら言った。「ずっと水を飲まずに砂漠を渡ったような気分です。ようやく楽しくなってきましたが、時間という点ではおそろしくかかりますし、お金の面でもね」

私がカリプソで観測していた真夜中、望遠鏡が急に止まってしまった。フランス人天文学者で天文台管理者のアデリーヌ・コーレに連れられて、屋外のスチール網の階段を三つ上った。望遠鏡はそこで外気にさらされていた。できるだけ周囲の温度に順応させるために、夜はドームスリットを完全に開く。私たちはコンピューターを再起動させるために望遠鏡を定位置に押しもどした。アデリーヌはコントロール室へもどったが、私はしばらくそこに残った。星空と望遠鏡のほかに何もないその高い場所で、わが家でくつろいでいるような気持ちになった。

よい天文台は、どこも一貫した哲学が表われている。この天文台は空気のふるまいに徹底して配慮していた。足元のプラットフォームは空気が充分に循環するようにスチール網でできていた。十メートルの高さがあるのは、望遠鏡が大気境界層よりも上になるようにするためだ。この層より上では空気がよく流れ、下では地面との摩擦で大気が攪拌されている。だからクライド・トンボーが忠告してくれたような「地表の効果」が避けられるのである。望遠鏡を支えるピアは卓越風を割ってまわり込ませるために上にいくにしたがって細くなっていた。そうでないと、風が下にむかって地表付近の空気をかき乱してしまう。空気は巨大な排気システムで望遠鏡から太い白のダクトを通り、はるか下方の風下へ排出される。局所的な空気の乱れと望遠鏡部品の温度上昇による影響をこれで最小限に抑えるのである。とはいっても、望遠鏡は大量の熱を発生させるわけではない。CCDカメラは液体窒素で冷やされているし、架台は熱膨張しにくい素材が使われている。日中はロールオフ式のドームを閉じて空気の流出入を遮断し、空調を効かせているので、望遠鏡は夜間の外気温のなかですぐに始動できる。この天文台には「試験的なエーロフォイル」まで設置されていた。エドガーの論文では、「流入する風を下方へ導くもの」だと説明されていた。

望遠鏡そのものは、火星人が地球に送った宇宙探査ロケットのようだった。スケルトンの黒い鏡筒、つや消しの黒の光軸調整バッフル（適切な場所に孔が開けられ、空気を引き裂かないようになっている）、絶えず変化するシーイングの状態に合わせて毎秒一千回も制御できる補償光学装置。そして性能も、その先端的な外観に負けていなかった。一般にプロの使う望遠鏡はターゲットの十秒角以内に合わせられれば性能が高いとみなされるが、この望遠鏡の指向精度は一秒角である。主鏡精度は全体でナトリウム光の波長の十分の一なら優秀、二十分の一なら最高品質といわれるところ、この望遠鏡の主鏡は五十分の一だった。また、望遠鏡と環境条件を合わせて一秒角の分解能が実現できれば第一級品とみなされる。ところがこの望遠鏡はその四倍、条件のよい夜なら四分の一秒角を分解できた（「でも自然には力不足を思い知らされますよ。だからもし望遠鏡を始動させても、その夜の条件が悪かったら、それでおしまいです」とエドガーはため息まじりに言った）。私のような仕事をしていると、宇宙船、レーシングカー、戦闘機など、技術好きの者にはたまらないものに出合えるが、この望遠鏡はそのどれにも負けずにすばらしかった。

望遠鏡はアデリーヌのコマンドに応答して目を覚まし、観測予定の銀河の座標に合わせて傾いた。暗視ランプのやわらかな赤い光のなかで動くカリプソを見ているうちに、ここまでくるとこれはもうただの科学の産物ではなく、芸術作品なのだと思えてきた。エドガーの住むマンハッタンの部屋の白い壁にかけられたナバホ族のラグが芸術への第一歩なら、これはその現代版だ。エドガーにインタビューしたとき、なぜ科学のほかの分野ではなく天文学だったのかとたずねたら、彼はこう答えた。「私は信仰心の厚い人間ではありません。ですが、天文学には驚きがあった。精神に響くもの、つまり宗教のかわりなのでしょう。私は何につけあたりまえのやり方をしてこなかった。他人がどう思おうとかまうものか。それが私の生き方なのです」

付録 DVD について

付録 DVD には，著者が原著刊行後の 2007 年に原著を原作として制作した科学ドキュメンタリー，SEEING IN THE DARK が収録されています．この作品は同年にアメリカ公共放送サービス（PBS）により TV 放映され，ホームビデオとしても販売されているもので，付録 DVD に収録のバージョンはオリジナル版に日本語字幕を付しています．

■ SEEING IN THE DARK（ドキュメンタリー）

原作・脚本・プロデューサー・語り　ティモシー・フェリス（Timothy Ferris）
監督　ナイジェル・アシュクロフト（Nigel Ashcroft）
撮影　フランシス・ケニー（Francis Kenny）
編集　リサ・デイ（Lisa Day）
アソシエイトプロデューサー　マーク・アンドルーズ（Mark Andrews）
製作　ティモシー・フェリス，キャル・ゼッカ（Cal Zecca）
音楽　マーク・ノップラー（Mark Knopfler），ガイ・フレッチャー（Guy Fletcher）

協力　全米科学財団（National Science Foundation）
　　　公共放送サービス（Public Broadcasting Service）

公式サイト　www.pbs.org/seeinginthedark/

本編再生時間　約 60 分
NTSC・カラー
アスペクト比　4 : 3（レターボックス）
リージョンコード　ALL
音声（英語）5.1 サラウンド
日本語字幕付き

字幕制作　地球映像ネットワーク
字幕翻訳　中川昌美

※チャプターメニューはありませんが，DVD プレイヤーのチャプターボタンでチャプターを移動することができます．レターボックスサイズのため，画面サイズを自動判別するプレイヤーでは画面サイズが正しく認識されない場合があります．

ティモシー・フェリス
スターゲイザー
アマチュア天体観測家が拓く宇宙
桃井緑美子訳
渡部潤一監修

2013年 6月25日　印刷
2013年 7月16日　発行

発行所　株式会社 みすず書房
〒113-0033 東京都文京区本郷5丁目32-21
電話 03-3814-0131(営業) 03-3815-9181(編集)
http://www.msz.co.jp

本文印刷所　萩原印刷
扉・表紙・カバー印刷所　リヒトプランニング
製本所　青木製本所

ISBN 978-4-622-07757-2
[スターゲイザー]

著者略歴

(Timothy Ferris)

1944生まれ．カリフォルニア大学バークレー校 emeritus 教授．作家．おもに宇宙科学や天文をテーマとし，ニューヨーカー誌，ナショナル・ジオグラフィック誌，フォーブズ誌，ニューヨーク・タイムズ誌など，多くの媒体で活躍する．本書のほかに，ピュリッツアー賞候補作となった *Coming of Age in the Milky Way*（1988）〔『銀河の時代——宇宙論博物誌』，野本陽代訳，工作社，1992〕，*The Whole Shebang: A State-of-the-Universe(s) Report*（Simon & Schuster, 1997），スティーヴン・ホーキングらとの共著，*The Future of Spacetime*（W. W. Norton, 2002）〔林一訳『時空の歩き方——時間論宇宙論の最前線』，早川書房，2004〕など，多数の著書がある．また，映像ドキュメンタリーをこれまでに3作品制作し，いずれもアメリカ公共放送サービス（PBS）により放映された．その一つは本書を原作とし，付録 DVD に収められている SEEING IN THE DARK であり，ほかに THE CREATION OF THE UNIVERSE，LIFE BEYOND EARTH（www.pbs.org/lifebeyondearth）がある．アクティブなアマチュア天文家であり，1977年に打ち上げられたボイジャー探査機が搭載する「ゴールデンレコード」をプロデュースした経歴ももつ．

訳者略歴

桃井緑美子〈ももい・るみこ〉翻訳家．訳書に，フランクリン『子犬に脳を盗まれた！——不思議な共生関係の謎』（青土社，2013），ボール『枝分かれ——自然が創り出す美しいパターン』（早川書房，2012），バロウ『美しい科学1——コズミック・イメージ』『美しい科学2——サイエンス・イメージ』（青土社，2010），『太陽系惑星』（河出書房新社，2008），プレイター＝ピニー『「雲」の楽しみ方』（河出書房新社，2007），『ローバー，火星を駆ける』（早川書房，2007）など多数．

監修者略歴

渡部潤一〈わたなべ・じゅんいち〉1960年生まれ．天文学者．国立天文台副台長，教授．専門は惑星科学・太陽系天文学．研究の傍ら，講演・執筆をはじめ各種メディアを通じた幅広い活動に携わる．図鑑や宇宙関連書，絵本の監修も多数手がけている．最近の著書に『面白いほど宇宙がわかる15の言の葉』（小学館，2012），『夜空からはじまる天文学入門』（化学同人，2009），『新しい太陽系』（新潮社，2007）ほか．

索　引

ア

カ

48, 117, 125, 152, 354
コホーテク，ルボシュ　Kohoutek, Lubos　210
コホーテク彗星　210
コマス・ソラ，ホセ　Comas Sola, Jose　273
ゴメスのハンバーガー星雲　44
子持ち銀河　350, 380, 381, 389, 391
→ M51 銀河
コルテス，エルナン　Cortez, Hernando　124
ゴールドスタイン，アラン　Goldstein, Alan　351
コロナ　111-113, 157, 270
コワル（いて座の矮小銀河）　44
コント，オーギュスト　Comte, Auguste　323

サ

彩層　111, 112
サイディング・スプリング天文台　Siding Spring Observatory　378
サーヴィス，ギャレット　Serviss, Garrett　130
さそり座　15, 18, 23, 305, 316, 329
サマーフィールド，ロバート　Summerfiled, "Crazy Bob"　63
サリヴァン，キャサリン　Sullivan, Kathryn　181
サン＝ピエール，ジャック＝アンリ・ベルナルダン・ド　Saint-Pierre, Jacques-Henri Bernardin de　130
さんかく座銀河　91
サンデージ，アラン　Sandage, Allan　47, 59, 107
ザーンレ，ケヴィン　Zahnle, Kevin　231
三裂星雲　73, 313, 321
シーイング　18, 19, 89, 92, 94, 96, 163, 164, 180, 241, 281, 320, 361
シェーファー，ブラッドリー　Schaefer, Bradley E.　213
ジェファソン，トマス　Jefferson, Thomas　224, 225
シェルトン，イアン　Shelton, Ian　382, 383
シェロッド，P・クレイ　Sherrod, P. Clay　111
ジオット探査機　228
指極星　298
視差法　78, 79
しし座　43, 300, 302, 304, 368, 386
しし座 I（銀河）　347
しし座 II（銀河）　347
しし座 R 星　303
しし座流星群　202-204
シダダオ，アントニオ　Cidadão, António　260
自動望遠鏡　339-342　→ロボット望遠鏡
シーハン，ウィリアム　Sheehan, William　117
しぶんぎ座流星群　201
ジャコーニ，リッカルド　Giacconi, Riccardo　254
シャプラン，ジャン　Chapelain, Jean　270
シャプリー，ハーロー　Shapley, Harlow　47, 217
シャボット天文台　Chabot Observatory, Oakland　40-42
ジャンサン，ピエール＝ジュール＝セザール　Janssen, Pierre-Jules-César　51
重力レンズ効果　102, 385, 386
シュミット，マルテン　Schmidt, Maarten　47
シューメーカー，キャロライン　Shoemaker,Carolyn　214, 216, 219, 230
シューメーカー，ユージン　Shoemaker, Eugene　214, 216, 219, 230
シューメーカー・レヴィ第 9 彗星（D/1993 F2）　214, 232, 232, 261
シュメール人　123, 212
シュレーター，ヨハン　Schröter, Johann　127, 151, 154
シュワーツ，マイケル　Schwartz, Michael　375, 379
シュワーベ，ハインリヒ　Schwabe, Heinrich　50
衝突クレーター　132, 137, 229, 276
小マゼラン雲　330, 347
小惑星　196, 221-223, 233, 234, 237
――の発見　60, 100, 198-200, 205-207
地球との衝突の可能性　200, 220-223, 230, 232-236
――による恒星の掩蔽　204-206
――と衛星の形成　255, 283
食連星　50, 77, 303
ジョージ天文台　George Observatory, Brazos bend　99, 100
ショスタック，セス　Shostak, Seth　35
シリウス　43, 295, 297, 305, 306
人種隔離　30
新星　76, 81, 91-92
水星　116, 117, 145, 251
金星による掩蔽　49
太陽面通過　117-119
彗星
――とアマチュア天文家　49, 50, 54, 58-60, 67-69, 230, 231, 208-210, 214-219
――の回帰　49, 62, 67, 210, 211, 227, 228
――の短周期と長周期　196, 197
――の起源　197, 198
――探索（コメットハント）　207-210
――の観測　207, 211
凶兆という見方　212, 222, 226, 228

タ

ドレイパー，ヘンリー　Draper, Henry　51
ドレイヤー，ジョン　Dreyer, John　208
ドレスラー，アラン　Dressler, Alan　385
トンボー，クライド　Tombaugh, Clyde W.　48, 96, 97, 264, 285, 287, 289, 360

ナ

中野主一　231
夏の大三角　300
ニュージェネラルカタログ（NGC）　New General Catalogue　208, 367
ニュートリノ冷却　382
ニュートン，アイザック　Newton, Isaac　56
　── と彗星　227, 228, 237
ニュートン，ジャック　Newton, Jack　84-89, 110
ニュートン式望遠鏡　44, 61, 62, 94, 141, 241, 263
『ニュートン哲学要綱』（ヴォルテール）　*Eléments de la philosophie de Newton*（Voltaire）　229
ニーリー，A・ウィリアム　Neely, William　381
ネイチャー（雑誌）　*Nature*　51
ネス，クリストファー　Ness, Christopher　227
ノース，ジェラルド　North, Gerald　111

ハ

パイオニア探査機　130
　パイオニア3号　24
バイキング探査機　167, 168, 177, 179
　バイキング1号　167, 168, 176, 183
　バイキング2号　176
ハイス，エドゥアルト　Heis, Eduard　312
パーカー，ドン　Parker, Donald C.　179, 180, 239-245, 259
ハギンズ，ウィリアム　Huggins, William　52, 32, 324
はくちょう座　298, 305-307, 310, 312, 335
はくちょう座SS星　79
ハークニス，ウィリアム　Harkness, William　126
パケット，ティム　Puckett, Tim　379, 380
パサコフ，ジェイ　Pasachoff, Jay　68, 69
ハーシェル，ウィリアム　Herschel, William　49, 66, 100, 102, 146, 208, 272
　── と金星　127
　── と月の生物　148
　── と火星　169
　天王星の発見　276, 277, 280, 281
　天王星の衛星の観測　281, 282
　暗黒星雲の観測　311
　惑星状星雲の発見　323
　球状星団の発見　330
ハーシェル，キャロライン　Herschel, Caroline　349
ハーシェル，ジョン　Herschel, John　149, 151, 208, 279, 349
パーソンズ，ウィリアム（ロス卿）　Parsons, William（Lord Rosse）　50, 51, 57, 58, 324
「パーソンズタウンの怪物」（望遠鏡）　The Leviathan of Parsonstown　51, 57
パターソン，ジョゼフ　Patterson, Joseph　75, 76
パック，ヒューズ　Pack, Hughes　198, 199
ハッブル，エドウィン　Hubble, Edwin　47, 52, 54, 346, 369
ハッブル宇宙望遠鏡　45, 63, 108, 178, 211, 240, 244, 265, 284, 327, 376, 384
　アマチュア観測家向けハッブルプログラム　79, 80, 253-255
ハッブル定数　371
ハッブルの法則　369-371, 384
『ハッブル銀河アトラス』　*The Hubble Atlas of Galaxies*　44
バーデ，ヴァルター　Baade, Walter　377
馬頭星雲　328
バーナード，エドワード・エマーソン　Barnard, Edward Emerson　173, 174, 255, 308-313, 327
バーナード，ジョン・D　Bernard, John D.　261, 262
バーナム，シャーバーン・ウェスリー　Burnham, Sherburne Wesley　53
バーナム，ロバート　Burnham, Robert, Jr.　299
ハーバード大学天文台　Harvard College Observatory　52, 54, 201, 216, 217, 286
　── とスティーヴン・オメーラ　64, 65, 67
ハリオット，トマス　Harriot, Thomas　146, 147
パリッチュ，ヨハン・ゲオルク　Palitzsch, Johann Georg　53
パルサー　376
バルジ（銀河の）　307, 312, 330, 346, 348, 353
ハレー彗星　49, 201, 212, 227-229, 238
　── 回帰の確認　62, 67-69
パロマ4星団　333
パロマー小惑星彗星サーベイ　Palomar Planet Crossing Asteroid Survey　216
パロマー山天文台　Palomar Observatory　46, 47, 58, 67, 69, 84, 106, 216, 230
『ハンス・プファールの無類の冒険』（ポー）　*The Unparalleled Adventure of One Hans Pfaall*（Poe）　150

索　引

「ハンズオンユニバース」(教育プログラム)
Hands-On Universe　198, 380
ハンソン，ジーン　Hanson, Gene　77, 78
パンネクーク，アントン　Pannekoek, Antonie
312
ヒアデス星団　19, 297, 335
ビオ，ジャン＝バティスト　Biot, Jean-Baptiste
224
干潟星雲　313, 321
ピーク，バートランド　Peek, Bertrand　14, 127
ピク・デュ・ミディ天文台　Pic du Midi Observatory
127, 247, 256
ピッカリング，ウィリアム・H　Pickering, William
H.　148
ビッグバン　80, 369, 371-373, 386, 387
ビッグベア太陽天文台　Big Bear Solar Observatory
89
ヒッチコック，エドワード　Hitchcock, Edward
163
ヒッパルコス人工衛星　78, 79, 82
ビービ，レタ　Beebe, Reta　254, 264, 265
ヒペリオン（土星の衛星）　52, 272, 276
百武彗星（C/1995 Y1）　209
百武彗星（C/1996 B2）　209
百武裕司　209
ヒューイット＝ホワイト，ケン　Hewitt-White, Ken
367
ヒューエル，ウィリアム　Whewell, William　54
ヒューストン，ウォルター・スコット　Houston,
Walter Scott　326
ヒューメイソン，ミルトン　Humason, Milton
52, 369
ヒーリー，デヴィッド　Healy, David　206
ピール，S・J　Peale, S. J.　253
ビル，クリスチャン　Buil, Christian　384
ファウト，フィリップ　Fauth, Philipp　152
ファーガソン，ジェイムズ　Ferguson, James　49,
148, 311
ファラデー，マイケル　Faraday, Michael　37
フォボス（火星の衛星）　145
ふたご座U星（U gem）　77, 78
フック，ロバート　Hooke, Robert　258
プトレマイオス　158, 330
フラウンホーファー，ヨーゼフ・フォン
Fraunhofer, Joseph　323
ブラーエ，ティコ　Brahe, Tycho　152, 322, 376,
377
プラズマ　45
ブラックドロップ効果　118, 119, 127
ブラックホール　45, 74, 81, 332, 352, 354, 384, 385
ブラッドリー，ジェイムズ　Bradley, James　277
フラマリオン，カミーユ　Flammarion, Camille
129
フランクリン，フレッド　Franklin, Fred　65
フリエールマン，ゾニャ　Vrielmann, Sonja　76
『プリンキピア』（ニュートン）　*Philosophiae Naturalis*
Principia Mathematica（Newton）　227, 237
ブルック，ジム　Brook, Jim　195
プレアデス星団　50, 167, 297, 335
ブレイク，ウィリアム　Blake, William　389, 390
ブレーザー　81
プレセペ星団　297, 329
ブンゼン，ロベルト　Bunsen, Robert　323
ベーア，ヴィルヘルム　Beer, Wilhelm　151
ヘイ，ウィル　Hay, Will　138, 265
ベイリー，フランシス　Baily, Francis　112
ベイリーの数珠　112, 114
ヘヴェリウス，ヨハネス　Hevelius, Johannes
146, 298
ベッセル，フリードリヒ・ヴィルヘルム　Bessel,
Friedrich Wilhelm　50
ベテルギウス　302, 303, 306, 308
ヘナイズ，カール　Henize, Karl　27
ペニーパッカー，カール　Pennypacker, Carl　381
ベネット，ジョン・ケイスター　Bennett, John
Custer　377
ベネラ8号　131
ベネラ計画　130, 131
へびつかい座V2051　76
ヘール，アラン　Hale, Alan　209
ヘール，ジョージ・エラリー　Hale, George Ellery
3, 51, 106, 107
ベール，ピエール　Bayle, Pierre　227
ヘール・ボップ彗星（C/1995 O1）　209, 210
ヘルクレス座銀河団　367
ヘルクレス座超銀河団　364, 367, 368
ペルセウス座銀河団　365, 368
ペルセウス座超銀河団　365
ペルセウス座二重星団　329
ペルセウス座流星群　201
ペルセウス座　303, 329, 335, 365
ヘルビガー，ハンス　Hörbiger, Hans　152
変光星
アマチュア天文家による観測　58, 60, 73, 78,
79, 82, 83, 217, 286, 382, 383
ミラ型──　303
閃光星　59, 303, 318
激変──　75-77, 303

ケフェイド型――　303
脈動――　79, 303
ペンドレー，G・エドワード　Pendray, G. Edward　130
ヘンリー，ジョン　Henry, John　336-342
『ヘンリー四世』（シェイクスピア）　*Henry IV* (Shakespeare)　291
ポー，エドガー・アラン　Poe, Edgar Allan　123, 149-151
ポアソン，シメオン＝ドニ　Poisson, Siméon-Denis　229
ボイジャー探査機　62, 66, 67, 255, 256, 258, 270, 272-274, 281, 283-285, 311
――と音楽　38, 39
ボイジャー1号　42, 66, 67, 253, 273
ボイジャー2号　42, 284
ホイップル，フレッド　Whipple, Fred　196
ホイヘンス，クリスティアーン　Huygens, Christopher　272, 273
ホイヘンス，コンスタンティン　Huygens, Constantyn　272
ポイマンスキー，グジェゴシュ　Pojmanski, Grzegorz　82
ホイーラー，ジョン・アーチボルド　Wheeler, John Archibald　363, 387
望遠鏡　16, 93, 94
観測所の建築　94-98
暴走温室効果　131, 132
ボーク，バルト　Bok, Bart J.　327
ボークグロビュール　327
北斗七星　159, 296-298, 300
ボサム，J・H　Botham, J. H.　265
『星の来る夜』（ペルチャー）　*Starlight Nights: The Adventures of a Star Gazer* (Peltier)　217
星の女王星雲（わし星雲）　321
ボップ，トマス　Bopp, Tom　209, 210
ボーデ，ヨハン　Bode, John　147, 277
ポラック，ジェイムズ　Pollack, James B.　175
ホール，アサフ　Hall, Asaph　178
ポール，フランク・R　Paul, Frank R.　130
ポルックス　297, 304
ホールデン，エドワード　Holden, Edward　256
ボワイエ，シャルル　Boyer, Charles　127-129
ポンゾ錯視　159
ボンド，ウィリアム・クランチ　Bond, William Cranch　52

マ

マイヤー，トビアス　Mayer, Johann Tobias　277
マクスウェル，ジェイムズ・クラーク　Maxwell, James Clerk　270
マクニール，ジェイ　McNeil, Jay　325
マクマス，ロバート　McMath, Robert　52, 53
マーズ・グローバル・サーベイヤー　177, 178
マーズ・パスファインダー　177, 178
マスケリン，ネヴィル　Maskelyne, Nevil　148, 277
マーズデン，ブライアン　Marsden, Brian　210, 233
マゼラン探査機　131, 132
マックロバート，アラン　MacRobert, Alan　154
マッチ，トマス（ティム）　Mutch, Thomas "Tim"　168
マッテイ，ジャネット　Mattei, Janet　77-79
マーディン，ポール　Murdin, Paul　316
マニクアガン・クレーター　229
マリウス，シモン　Marius, Simon　347
マリナー探査機　130, 177-179
マリナー4号　174, 175, 179
マリナー6号　175
マリナー7号　175
マリナー9号　175, 176
マリナー10号　116, 129
マリネリス渓谷（火星）　171, 176, 178, 181
マルカリアンの鎖　352
マルカリニアン，ベニク　Markarian, Benik　352
マルコーニ，グリエルモ　Marconi, Guglielmo　34
マレー，ジョン・B　Murray, John B.　251
マレー，ブルース　Murray, Bruce　174, 176
マレー，マーガレット・リンゼイ　Murray, Margaret Lindsay　324
マレル，スコット　Murrell, Scott　264
ミザール　298
「ミッドナイト・スペシャル」（レッドベリー）　*The Midnight Special* (Leadbelly)　32, 33
ミマス（土星の衛星）　271, 272, 275, 276, 290
宮崎勲　244
ミラ　79, 303
ミラー，ジョン　Miller, John　94, 95, 98
ミラ型変光星　303
ミラーブランク　56
ミランダ（天王星の衛星）　215, 283
ミルドレッド（小惑星）　206
ミンコフスキーの足跡　44

ヤ

ラ

ロウアー，ウィリアム　Lower, William　147
ローエル，パーシヴァル　Lowell, Percival　15, 48, 161-166, 172-174, 176, 177, 180, 286
ローエル天文台　Lowell Observatory　162-166, 285
ろ座銀河団　354
ロジャーズ，ジョン・H　Rogers, John H.　252
ロシュ限界　271
ロッキーヒル　90-98, 211, 363
ロッキャー，ジョゼフ・ノーマン　Lockyer, Joseph Norman　51
「ローデン・クレーター」（タレル）　*Roden Crater* （Turrell）　187-189
ロバートソン，ジョン　Robertson, John　50
ロボット望遠鏡　314-319, 381
ロモノーソフ，ミハイル　Lomonosov, Mikhail　127

ワ

ワイトマン，キングズリー　Wightman, Kingsley　40-42
「惑星」（ホルスト）　*The Planets*（Holst）　284
惑星状星雲　323-325

観測の手引き

天体観測は難しく考える必要はない．バードウォッチングや鱒釣り，カヌーや山登りなどのアウトドアライフと同じように，気軽に楽しんでほしい．ある夜の楽しい思い出にしてもよし，生涯情熱をそそいでもよし，どんなふうに楽しむかはあなたしだいだ．以下はこれから星を観測しようとする人へのアドバイスである．

◪ 肉眼観測

初めの一歩は，おもな星座を覚えることからはじめよう．覚えた星座を子供や友人に教えてあげるのもよいだろう．必要なものは星図と赤色ライト，それに夜空だけだ．星図は初心者ならごく簡単なもので充分だし，赤色ライトはいろいろな種類が市販されている．凝ったものでは明るさを調節できるLEDタイプもあるが，普通の懐中電灯でも少し手をくわえれば使える．レンズに赤いマニキュアを塗るか，赤いフィルムを被せて輪ゴムでとめよう（私は赤い包装フィルムを使っているが，自動車のテールランプの修理用テープが便利だそうだ）．これで星図が読めて，なおかつ暗所での視力を低下させない明るさになる．もしそのライトを使ったあとに暗い星が見えづらくなるようなら，フィルムを増やすかマニキュアを重ね塗りしてもう少し光を暗くしよう．

普通の人は暗闇に目が慣れるのに20分はかかる．せっかく暗がりでものが見えるようになったのに（いったん暗順応すれば，星明かりだけで充分に見える），赤色のフィルターを付けずにライトを使うと台なしになって

しまうので気をつけよう．事前にしっかり準備して，観測中に明るい室内にもどったり車の室内灯をつけたりしなくてすむようにしよう（どうしても明るい光が必要になった場合は，片目をつぶっておけば少なくともその目は順応前の状態にもどらずにすむ）．疲労，不自然な姿勢，煙草と酒は暗所での視力が低下する原因になる（喫煙すると目に供給される血中酸素が減少する．飲酒は瞳孔の開く時間を遅くし，開く幅も狭くする）．血糖値が低いのもよくないので，観測中に空腹にならないようにしよう．

今日では，光害のせいで夜空が真に暗くなる場所が少なくなった．無駄な照明に多額のお金が費やされているのが現代社会で，光害は世界的な問題になっている．これを指して，夜空を隠す鳥の腹とか低空飛行の飛行機だと言う者もいる．アマチュア天文家のレスリー・ペルチャーは何十年も前にこの事態を予測し，『星の来る夜』にこう書いている．「月と星はもう農場にやってこない．農夫は夜も太陽の明るさを手に入れるのと引き換えに，それまでずっとよく見えていた月と星を手放してしまった．農夫の子供たちが恵み豊かな夜の暗さを知ることはない」．だが，よく知られた星座は空が真っ暗でなくても見える．あたりで一番明るい光が直接目に入らないようにすればよい．その照明をつけている犯人が近所の人だったら，フードをつけて見たいものだけを照らすようにすれば，美観がよくなるうえに電気代も節約できると教えてあげよう（消費電力の低い電球を使うだけでも同じ効果が得られる）．また，保安灯はセンサーをつけると効果が上がるとアドバイスしよう（防犯効果を強化し，しかも電気代を削減できる）．ただし，街路灯にはもう少し工夫がいる．コネティカット州の郊外にある自宅の車まわしに望遠鏡を出して天文台クラスのCCD画像を撮影する天体写真家のロバート・ジェンドラーは，観測のたびに街路灯に梯子をかけて黒い布を被せている．熱心なアマチュア天文家には，市当局にかけあって，明るすぎる街灯に覆いかスイッチをつけてもらった人もいる．最善の策は行政が無駄の多い現在の街灯をフードつきの省エネタイプに取り替えることだ．数年前にその一歩を踏み出したのがアリゾナ州トゥーソンで，この町では繁華街の交差点からでも天の川が見える．住民の8割は，以前のまぶしい高圧ナトリウム灯よりも新しいフードつき低圧ナトリウム灯が

気に入っている．光害について詳しく知りたい人は，国際ダークスカイ協会に聞くとよい（http://www.darksky.org/　日本語情報サイト：http://www2a.biglobe.ne.jp/~wakaba/kougai.htm）．

星座を覚えていくうちに，天体観測で使われる空の角度の測り方を知りたくなるだろう．腕を伸ばして掲げた握りこぶしの幅が約10度，北斗七星の二つの指極星は5度離れている．満月の幅は2分の1度（0.5度）だ．角度に慣れたら，次は恒星の色に注目してみよう．星には色があるが，色の感じ方は人によって違うため，同じ星を見ている人同士で何色に見えるかをくらべるとおもしろい．とくに地平線付近にある星は，大気による光の屈折でいつもと色が違って見える．

気軽に星を見るなら暖かい夏の夜が快適だが，見応えがあるのはやはり寒い冬の夜空だ．観測中に気温が下がっても困らないように，暖かい服をこれで充分と思うよりも余分に着よう．冷えてから体を温めるよりも，初めから温かくしておくほうが簡単だ．私が冬に観測するときは，いつも下着を長袖長丈のものにしてウールのズボンと靴下を履き，ネルの綿入りシャツの上にダウンベストを着て，さらに毛糸の帽子を被る．寒さが厳しいときには，その上に毛皮フードつきのパーカーを重ね，マフラーとミトンを足す．とくに帽子は忘れずに．体は煙突のように頭のてっぺんから熱を排出するからである．

満月が輝いているときは明るい恒星しか見えなくなってしまうので，星の観察は月が地平線よりも下にあるときか，月の明るさが半分以下のときにしよう．11世紀の中国の詩人，蘇東坡は，満月の夜に舟の上で友人と一献傾けながら詩を吟じたものだった．時代は変わっても，月明かりの夜はそれが一番の過ごし方だ．

日ごろ見慣れた夜空にも，国際宇宙ステーションなどの大きい人工衛星が見える．空が暗ければよりたくさん見えるだろう．日没後2時間以内か，日の出前の2時間以内がベストだ．空は暗いが，低い軌道に乗った衛星が地球の陰に隠れていない時間帯である．輝く衛星が自分の家の上を通過する時刻をNASAのホームページで調べよう（liftoff.msfc.nasa.gov）．〔国際宇宙ステーションに限れば，日本での観察の予報がJAXAのホームページに

掲載されている.〔http://kibo.tksc.jaxa.jp/)〕

黄道光(太陽光が黄道面に漂う塵粒子にぶつかって散乱した光)は,暗くて条件のよい夜に観測できる.とくに黄道が高い空にある時季に見えやすい.熱帯地方は通年,北半球の高緯度帯なら春の宵か秋の朝が見ごろである.夕方の薄明の消えたあとか早朝に現われる前をねらって,ピラミッド形のやわらかい光を探してみよう.底辺は地平線付近,その20度から30度上(握りこぶし二つか三つ分)に頂点がある.太陽の真反対の空が輝く対日照も,黄道光よりかなり暗いが,条件が非常によければ見えることがある.真夜中に天頂付近に輝く幅10度(こぶし一つ)くらいの楕円の光を探してみよう.

空にオーロラが光るのは,太陽フレアから飛んできた粒子が地球の磁場とぶつかるときである.磁極付近に多く発生するので,南北の極に近い高緯度帯で一番よく見える.アラスカやカナダ北部では年に200回近くオーロラが発生しているが,アメリカ南部では1年にわずか5〜10回,さらに南のカリブ海や南極からはるか遠いペルー北部などでは10年に1,2回しか発生しない.観測できそうな地域に住んでいる人は,http://spaceweather.com/などのウェブサイトで太陽活動をチェックし,オーロラを発生させる大規模な太陽フレアが起こっていないかを確認してみよう.

流星群の期間中は,肉眼での観測会がいっそう盛り上がるにちがいない.

◩ 双眼鏡での天体観測

双眼鏡は倍率と対物レンズ有効径で性能を表わす.たとえば7×35の双眼鏡なら,倍率が7倍,対物レンズの内径が35ミリメートルということだ.天体観測に使うときに重要なのは倍率よりも集光力である.集光力は対物レンズの面積(πr^2)で決まる.レンズ口径が2倍になれば集光力は4倍になるので,50ミリの双眼鏡は35ミリの双眼鏡の2倍の光を集める.私の経験からいうと,7×50が集光力と使い勝手の両方の面から一番よいだろう.ただし光学系は品質も重要だ.私は16歳のときに広視野7×35の双眼鏡を買い,草刈りのアルバイトをして2年のローンを返済

した．この双眼鏡はとても性能がよく，いままでに手に入れたなかでこれの上をいくのはとっておきの7 × 50だけである．

対物レンズが75ミリ以上の双眼鏡は，集光力は高いが重いので，三脚かそれに類するものがないと長時間の観測はつらい．25 × 150のような，コメットハンターが愛用する非常に大きい双眼鏡は架台が必要だが，条件がよければ息をのむような景色が見られる．大きい反射式望遠鏡を二台組み合わせて巨大双眼鏡にしているアマチュア天文家もいて，これも正確に位置を合わせればすばらしい像が見られる．

センターフォーカス式の双眼鏡は左右の焦点を同時に変えられるが，片方ずつ独立してピント合わせができるので，両目の視力に差がある場合にも対応できる．焦点を正しく合わせるには，まず独立して調整できるほうのレンズを手で覆い，中心軸にある調整リングで焦点を合わせる．次にもう一方のレンズを覆い，独立調整のレンズの焦点を合わせる．このとき片目を閉じないようにしよう．目の筋肉が緊張すると理想的な焦点からずれてしまう．左右別々に調整リングのある双眼鏡は値段が安く，天体観測にも使える．どのみち見るのは無限遠のものだからだ．光学系の品質のよいものを選ぶのが賢い買い物だろう．

手で持つタイプの双眼鏡でも，明るい彗星やプレアデスのような大きい星団や天の川を見るには充分に役に立つが，三脚式か手ぶれ補正機能のついた双眼鏡なら月や惑星のすばらしい景色を楽める．よい星図を参照しながら，三脚に固定した双眼鏡で天の川を観測すれば多くのことがわかる．初めはメシエカタログに掲載されている明るい星団や星雲を見てみよう．それから対象を広げて大きい星野と星雲を鑑賞するとよいだろう．

◩ 望遠鏡を使ってみよう

望遠鏡は道具であり，最もよい望遠鏡とは，よく使う場所で見たいものをよく見せてくれるものだ．どの望遠鏡がそういうものかが知りたければ，地元の観測会に参加していろいろな望遠鏡をのぞかせてもらおう．望遠鏡の持ち主に望遠鏡に望むことを聞いてみて，自分の場合はどうかを考えて

みよう．大型のドブソニアン反射望遠鏡は，小型の屈折望遠鏡よりもずっと多くの光を集めるが，小まめに位置合わせしなくてはならないし，屋外へ引きずり出すのも度重なれば億劫になってくる．しょっちゅう使うなら小さい望遠鏡がよい．大きい望遠鏡は押入れで埃を被るだけになりかねない．

大口径の望遠鏡には高倍率のアイピースをつけられるが，望遠鏡の性能は倍率だけで決まるものではない．品質がお粗末だったら，高倍率で見たところでぼやけた染みのような像が拡大されるだけだ．「倍率なんと1000倍！」などといった，倍率を売り文句にした望遠鏡は，望遠鏡のことをよく知らない人に粗悪品を売りつけようとしているだけなので買ってはいけない．どんな望遠鏡でも像を1000倍に拡大できるが，それに見合った口径と質の高さを備えていなければまったく価値がない．

大きい望遠鏡も小さい望遠鏡もシーイングによって見え方が左右される点は同じなので，観測地点の大気の状態がいつも不安定なら，あまり高性能の望遠鏡を使っても意味がない．空が明るい場合も同じで，遠く離れた銀河のような暗い天体をとらえられるかどうかは，望遠鏡よりも空の状態で決まる．経験豊かな人は観測場所の大気の状態を確認するために，大型の望遠鏡の口径を絞っていろいろ試す．たとえば15センチのときと30センチのときとで見え方が同じだったら，その場所での観測には15センチ望遠鏡で事足りるということで，口径よりも品質にお金をかけられる．

よく遠出するなら，持ち運びしやすい小さい望遠鏡が望ましい．私はいつも小型のマクストフを二個のアイピースと小さい三脚と一緒にケースに入れて持ち歩いているが，この望遠鏡で大きい天文台の設備で見るよりも印象深い夜空をたくさん見てきた．繰り返すが，もっていてよかったと思える望遠鏡は頻繁に使う望遠鏡のことなのである．

望遠鏡はステレオと同じように，使われている部品のなかで一番質の低いもので全体の性能が決まってしまうため，半端なアイピースをたくさんもつよりも高品質のものを数個もっているほうがずっとよい．バーローレンズを挿入すれば，手持ちのアイピースの倍率を2倍にできる．よい性能を長く保つために，光学部品は大切に扱おう．使っていないときはアイピ

ースをケースにしまい，望遠鏡にキャップをすること．クリーニングは頻繁にする必要はない．私は専用のクリーニングペーパーと本物の（合成繊維でない）綿を使い，蒸留水で希釈したエタノールでアイピースを拭く．面倒なようだがさほどのことはなく，レンズを傷つけずに磨ける．息を吐きかけてシャツの裾や何かで拭くのはやめよう．対物レンズと主鏡は，正しく扱っていれば数年はクリーニングがいらない．必要なときは洗剤で洗ってから蒸留水で洗い流し，ヘアドライヤーで乾かす．屈折望遠鏡の対物レンズの場合は，星に向ける面をアイピースと同じ方法でクリーニングする．内側の面はほとんど手入れがいらない．鏡とレンズは何度も結露すると汚れてくるので，結露したらヒーターを巻くかドライヤーで乾かそう．

時計駆動装置を装備した赤道儀架台は，地球の自転 ── 100 倍のアイピースで観測すれば 100 倍速く感じられる ── に合わせて位置を補正しながら天体を追尾する．一方，もっと簡便な経緯台は軽量で価格も安いが，追尾機能はないに等しい．銀河や星雲を低倍率で見るなら，経緯台で充分だろう．ドブソニアンには経緯台を使うが，駆動モーターをつければ短時間の追尾ができる．初めて望遠鏡を買うなら，簡便な経緯台に高品質の光学系をそろえるのがよいだろう．必要になればいつでも赤道儀架台に載せかえられる．重要なのは架台がなめらかに動くこと，少々の風があっても安定して望遠鏡を支えられるだけの重量があることの二点である．パトリック・ムーアのアドバイスは，「架台に必要な最大重量を算出し，その 3 倍の重さにすること」だ．

望遠鏡で天体をとらえるときは，まず低倍率の小さいファインダースコープで視野のなかに明るい恒星を見つけ，それから星図を参照しながら暗い天体をたどっていく．これを「スターホッピング」といい，コンピューターで自動導入する望遠鏡を使う場合は必要ないが，周辺の空を知るにはとてもよいやり方である．自分がよく使うアイピースの視野のことを頭に入れておこう．アイピースにはそれぞれ決まった焦点距離と見かけ視野がある．望遠鏡の焦点距離をアイピースの焦点距離で割ったものが倍率なので，アイピースの焦点距離が 25 ミリのとき，望遠鏡の焦点距離が 1000 ミリなら倍率は 40 倍，3000 ミリなら 120 倍になる．アイピースの実視野は

見かけ視野を倍率で割ったものである．見かけ視野 40 度のアイピースを倍率 80 倍で使ったら，実視野は 40 を 80 で割って 0.5 度．同じアイピースをもっと長い望遠鏡に装着して倍率 120 倍で使えば，0.33 になる．最新のコンピューターソフトは実視野を自動計算して画面に表示してくれるので，星図と望遠鏡の視野を簡単に照合できる．

アイピースをのぞくときは，使わないほうの目も閉じずに何かで覆うか，開けたまま意識しないでいよう．そのほうが目が疲れず，敏感にもなる．双眼装置を使えば両目で見られるが，よいものは値段が高いうえ，アイピースを対で用意しなければならない．それに双眼装置を使っても望遠鏡の集光力が上がるわけではない．むしろ光線を分割してレンズを通過させるので，集光力はやや落ちてしまう．それでも双眼装置には，とくに惑星や球状星団や月を見るときには心理的な効果がある．分解能の高い望遠鏡につけて月のクレーターを見れば，宇宙船に乗って月のまわりをまわっているような気分になる．

望遠鏡は楽器に似ていて，使えば使っただけ返してくれる．目視の達人だったウィリアム・ハーシェルは，見ることは「ある意味で身につけるべき技能」であり，自身も「絶えず練習して」上達したと述べている．気長にやろう．惑星や銀河を観察し続ければ，ちょっとのぞいただけよりも記憶に残るすばらしい景色がきっと見られるようになる．目視の限界に近いほど暗い天体を見るときは，その天体からほんの少しだけ離れたところを見よう．目は中心部よりもそのまわりのほうが光に対する感度が高い．まっすぐに天体を見ると，光の感度の弱い中心窩の細胞を使うことになる．そこで視野中心の上か鼻側に天体をもってくるようにする．耳側は盲点があるのでやめよう．そこは神経線維が集まって眼球から脳へつながっていくデータポートなのだ．視野中心からずらしたところを見るテクニックは「そらし目」と呼ばれ，まばたき星雲（NGC6826，はくちょう座）を見ればその効果がよくわかるだろう．この惑星状星雲は，普通はぼんやりした小さい光の球にしか見えないが，少し目をそらすとぐんと大きく見える．

天体観測はわずかな準備で実り多いものになる．星図を参照して観測したいもののリストをつくっておこう．これで実際に天体を見る時間が増え

る．観測をはじめてから望遠鏡を次に向ける場所をいちいち探していては，時間がもったいない．月の位相も考慮しよう．月が明るくて星雲や銀河がよく見えない日は，惑星や連星や月そのものを観測するとよい．見たい天体のことを事前に少し調べておこう．知っていることが多いほど，有意義な観測ができるだろう．

多くのスターゲイザーが観測の日誌や記録をつけている．日付と時間を記入し，観測した天体の様子や大気の状態などを記録する．大気の状態はおもにシーイング（大気の安定度）と透明度の二つで判断される．この二つを10段階で表わす人もいるが，5段階でよいという人もいる．とくにシーイングがそうで，たとえば7か8かの違いを判断するのはかなり難しい．大気の乱れは刻々と変化するし，場所によっても違うからである．経験豊かな人は北極星付近を見て，肉眼で見える一番暗い星の等級を確認することで透明度を判断する．北極星付近にはかならず星があり，水平線からの高さがいつもほぼ同じだからである．

銀河や星雲のような深宇宙の天体は，透明度は高いがシーイングのよくない夜でも見られるが，惑星を見るなら透明度よりもシーイングが重要だ．私が最もすばらしい火星を見たのは，薄い霧がかかって透明度がよくなかったが，大気は安定していた晩だった．赤い惑星の円盤の細かいところまでよく見えた．天頂は地球大気によるゆがみが最小なので，天体が一番よく見えるのは天頂に最も近づくとき，つまり子午線を通過するときであることを覚えておこう．

それからもう一つ，よく心してほしい．フィルターをつけていない望遠鏡で太陽を見てはいけない．

◩ 天体写真を撮ろう

天体写真の撮影は，以前はいまほど複雑でなかった．フィルムや写真乳剤，暗室で使う器材の種類は多くなく，それさえそろえれば，あとはよい望遠鏡を手に入れられるかどうかだけだった．いまは選択の幅がずっと広い．従来の撮影技術は現在も使われているが，写真乳剤は良質になり，撮

影に適した高性能望遠鏡も多数が出まわっている．また，CCD 撮像の技術が発達して身近なものになったし，デジタルカメラとビデオカメラでもすばらしい写真が撮れる．いまほど天体撮影に入門しやすい時代はないが，同時に天体写真撮影についてはいろいろありすぎるということでもあり，ここでは残念ながら紹介しきれない．

ただし，一つだけ言っておこう．天体写真撮影に興味があるなら，手元にある器材か，簡単に借りられる器材ではじめよう．普通のカメラを三脚に載せるだけでも，地球の自転による星の軌跡や流星群のシャワーやオーロラを長時間露出のカラフルな写真に収めることができる．同じカメラを時計駆動の望遠鏡と組み合わせれば，肉眼で見るよりもさまざまな宇宙の姿が見られる．あるいは，月に向けた望遠鏡のアイピースのなかを撮るだけでもなかなかの作品になるだろう．液体窒素で冷やした研究用クラスの高性能 CCD や，大学の授業料よりも高額なレアアースレンズのついた，テレビ放送で使うような高性能ビデオカメラが使えればすばらしいが，そういうものは不可欠ではない．大切なのは撮影する人の才能と熱意，それに撮影の条件である．月食や月と金星の会合をベテランのスターゲイザーが高級な器材で撮影しているからといって，初心者が同じものを撮っても意味がないなどと思わないでほしい．目視観測であなたしか見ていない空があるのと同じで，あなたの撮った一枚が世界のどこにもない写真になるかもしれないのだ．やってみなければわからないではないか．

最後に，どんなやり方で星を観測しても，どうか楽しんでほしい．宇宙は目の前にあり，そこはあなたの住んでいる場所なのだから，怖じ気づくことはない．あなたはこれから家路につこうとしているのである．

日本語版への読書案内

読者の中で，興味を持って，もっと深く知りたい，という人のために，
日本語の参考となる本を紹介しておきます．（渡部潤一）

◩ 定期刊行物

月刊誌としては

・**『天文ガイド』** 誠文堂新光社
・**『星ナビ』** アストロアーツ

があり，どちらも特色ある記事とともに，毎月の天文現象について解説がある．

やや理系の広い分野をカバーする月刊誌には

・**『ニュートン』** ニュートンプレス
・**『子供の科学』** 誠文堂新光社

がある．前者は特集が充実した，イラストや写真も豊富な科学雑誌，後者は硬質な旧来の子供向け科学雑誌で，どちらも宇宙・天文がよく取り上げられ，毎月の星空情報も掲載されている．

1年を通じて天文現象を概観できるものとしては

・**『ASTROGUIDE 星空年鑑』（アスキームック）** アストロアーツ（編），アスキー
・**『天文年鑑』** 天文年鑑編集委員会（編），誠文堂新光社

前者はPCユーザー向けにDVDがついている．後者は，天文専門の年鑑としてロングセラーとなっている．理科系分野全体を広くカバーする年鑑としては

・**『理科年表』** 国立天文台（編），丸善

があり，暦・天文だけでなく，気象，地学（火山や地震），生物などについて紹介がある．デジタル版や文字が大きな大判もある．

◩ 星座について

世界的な星座初心者のためのベストセラーが
- 『**星座を見つけよう**』 H・A・レイ（著，イラスト）・草下英明（訳），福音館書店，1969

やや装丁も内容も古いが，50年を超えるロングセラーとして，いまだに愛されている．

図鑑タイプの星座解説本としては
- 『**星と星座**』（**小学館の図鑑NEO**） 渡部潤一・出雲晶子・牛山俊男（著），小学館，2003
- 『**星・星座**』（**ニューワイド学研の図鑑**） 藤井旭（著・監修），学研，2006
- 『**星と星座**』（**ポプラディア大図鑑WONDA**） 渡部潤一（監修），講談社，2012

などが，どれも低価格で大型本の内容豊富な図鑑である．

もう少し小型版で，手軽に読める入門書としては，
- 『**知識ゼロからの星座入門**』 ネイチャー・プロ編集室（編）・藤井旭（写真）・渡部潤一（監修），幻冬舎，2010
- 『**はじめての星座案内 ―― 見ながら楽しむ星空の物語**』 えびなみつる（著）・藤井旭（写真），誠文堂新光社，2001
- 『**はじめる星座ウォッチング ―― 季節の星座徹底ガイドから天体観測入門まで**』（**サイエンス・アイ新書**） 藤井旭（著），ソフトバンククリエイティブ，2008
- 『**星座の事典 ―― 全88星座とそこに浮かぶ美しい天体**』 沼澤茂美・脇屋奈々代（著），ナツメ社，2007

などがある．いささか変わったところでは
- 『**星座・天文 ―― 萌えて覚える宇宙の基本 Astro girls**』 星座天文萌研究会（編著）・渡部潤一（監修），PHP出版，2009

イラストが現代風キャラクターになった，ちょっと変わった星座解説である．

文庫本にまで内容を凝縮した解説書としては
- 『**3分で読める！ 星と神々の物語 ―― 夜空を彩る全星座88**』（だいわ

文庫） 石崎昌春（監修）・造事務所（編著），大和書房，2009
がある．豊富な写真を使って，満天の星空でなくても星座を探す工夫がなされたユニークな入門書として
・**『都会で星空ウォッチング』** 八板康麿（写真，解説），小学館，2002
がある．
・**『すぐにさがせる！　光る星座図鑑』** えびなみつる（絵と文）・中西昭雄（写真），旬報社，2010
は，写真の上に星座絵をのせたユニークな図鑑である．

◩ 星図

星座観察レベルであれば，星図は前述の図鑑レベルの本には掲載されているが，さらに詳しい観測用の星図になると
・**『標準星図 2000 第２版』** 中野繁（著），地人書館，1998
・**『パソコン全天恒星図 ── Star Atlas 2000.0』** 天文ガイド編集部（編），誠文堂新光社，2005
・**『フィールド版星図』** 西條善弘（著），誠文堂新光社，2009
などがある．標準星図は，手書き時代の最後の星図である．
観賞用にも耐えられ，どちらかといえば読むタイプの本に仕上げられているのが，
・**『星の地図館 Star Atlas New Edition』** 林完次・渡部潤一・牛山俊男・月本佳代美（著），小学館，2005
大判で，星図も写真も装丁もきわめて美しいものである．

◩ 天文ソフト

星図なども，すでに観測者の間では PC 上のソフトを利用して，あるいはインターネットを利用することが多くなった．日本で最もよく利用されているのが，
・**「ステラナビゲータ　Ver.9」** アストロアーツ
であろう．諸外国のソフトとくらべても精度，応用性が抜きんでている．

・「THE SKY」 Software Bisque（開発元）・日立ビジネスソリューション（日本語版），誠文堂新光社

は，世界的ベストセラーソフトの日本版である．

こうしたソフトを購入しなくても，いまやインターネット上で星空を表示させるサイトが多数存在する．

・国立天文台天文情報センター暦計算室の「今日の星空」
http://eco.mtk.nao.ac.jp/koyomi/

は都会で見られるような惑星や一等星を表示させることができる．

また，星座を含めた表示に対応するサイトも多数存在していて，

・つるちゃんのプラネタリウム
http://homepage2.nifty.com/turupura/java/TuruPla.htm

などが，その代表である．

◩ 観察ガイド

初心者向け観察ガイドブックとしては

・『天体観察入門 —— はじめてのスター★ウオッチング』（アスキームック）浅田英夫・アストロアーツ（著），アストロアーツ

少し，深宇宙天体を狙うときには，

・『星雲星団ウォッチング —— エリア別ガイドマップ』 浅田英夫（著），地人書館，1996
・『星雲星団ベストガイド —— 初心者のためのウォッチングブック』 浅田英夫（著），地人書館，2009
・『星雲・星団観察ガイドブック —— いろいろな望遠鏡による見え方がわかる』 大野裕明（著），誠文堂新光社，2009
・『最新 藤井旭の星雲・星団教室』 藤井旭（著），誠文堂新光社，2004

などがある．

◩ 天体写真集

天体写真集は多いが，とくにハッブル宇宙望遠鏡の画像を用いたものは

圧倒される迫力である.

・『HUBBLE ── ハッブル宇宙望遠鏡 時空の旅』 エドワード・J・ワイラー（著）・片神貴子（訳）・縣秀彦（監修），インフォレスト，2010

ハッブル宇宙望遠鏡の成果を新書版に凝縮したのが

・『カラー版　ハッブル望遠鏡が見た宇宙』（岩波新書） 野本陽代（著），1997

・『カラー版　続 ハッブル望遠鏡が見た宇宙』（岩波新書） 野本陽代（著），2000

・『DVD-ROM& 図解　ハッブル望遠鏡で見る宇宙の驚異』（ブルーバックス） ビバマンボ・小野夏子（著），渡部潤一（監修），講談社，2009

とくにブルーバックスはDVDが付いていて，画像をPCで楽しめる.

日本のすばる望遠鏡も負けていない.

・『ビジュアル天文学　宇宙へのまなざし ── すばる望遠鏡天体画像集』 国立天文台（編著），丸善，2009

は，ハワイマウナケアの山頂で活躍するすばる望遠鏡の10年間の成果がまとめられている.

・『都会の星』 石井ゆかり（著）・東山正宜（写真），洋泉社，2012

都会の風景と星空を撮影したデジタルカメラ時代の新しい星景色をロマンあふれる文章と共に紹介した写真集である.

◩ 入門書

素朴な疑問に答える本としては，

・『宇宙のなぜ？　600人の小学生から届いたたくさんのなぜ？』 海部宣男（監修）・ナムーラミチヨ（絵），偕成社，2007

小学生からの質問をまとめた回答集．小学生向けである．また

・『惑星のきほん』 室井恭子・水谷有弘（著），誠文堂新光社，2008

・『星のきほん』 駒井仁南子（著），誠文堂新光社，2007

・『月のきほん』 白尾元理（著），誠文堂新光社，2006

は，星や惑星，月それぞれについての基礎知識をイラスト入りで解説した入門書である．さらに幼児向けの絵本としては，

・『**月のかがく**』 渡部潤一（監修）・えびなみつる（絵と文）・中西昭雄（写真），旬報社，2011
・『**太陽のかがく**』 渡部潤一（監修）・えびなみつる（絵と文）・中西昭雄（写真），旬報社，2012
・『**はじめてのほしぞらえほん**』 てづかあけみ（絵）・村田弘子（ぶん，デザイン）・渡部潤一・斎藤紀男（監修），パイインターナショナル，2011
・『**はじめてのうちゅうえほん**』 てづかあけみ（さく，絵）・的川泰宣（監修），パイインターナショナル，2011

がある．

◩ 望遠鏡の作り方・使い方など

実際に廉価な天体望遠鏡の製作キットは書籍として売られている．

・『**10分で組立！ 組立天体望遠鏡 15倍**』 川村晶（編）・渡部潤一（監修），星の手帖社

は15倍だが，月のクレーターなど小学校低学年向きに最適．土星の環が見たいなら，35倍版もあり，3000円を切る値段である．同じくキットで通販を厭わないなら，

・「**コルキット スピカ**」（**屈折望遠鏡**） オルビィス

が，ほぼ同じ値段で，良質な望遠鏡が組み立てられる．一度は自分の手で組み立ててみたいという子供さんにお薦めである．購入したいという人へのガイドブックとしては，

・『**よくわかる天体望遠鏡ガイド —— 上手な買いかた・使いかた**』 えびなみつる（著），誠文堂新光社，2009
・『**天体望遠鏡の使いかたがわかる本 —— 藤井旭の天体観測入門**』 藤井旭（著），誠文堂新光社，2007
・『**プロセスでわかる天体望遠鏡の使い方 —— 組み立てから天体の見方まで**』 大野裕明（著），誠文堂新光社，2011
・『**誰でも使える天体望遠鏡 —— あなたを星空へいざなう**』 浅田英夫著，地人書館，2011

などがある．日本の天体望遠鏡は，どれもはずれがなくなってきており，

高品質のカメラメーカーの存在とともにとても恵まれた国に住んでいると言えるだろう．天体写真を撮影したいという人には，

・**『デジタル天体写真のための 天体望遠鏡ガイド ── 望遠鏡選び・セッティング・撮影方法がわかる』** 西條善弘（著），誠文堂新光社，2012
・**『天体写真の写しかたがわかる本 ── 藤井旭の天体観測入門』** 藤井旭（著），誠文堂新光社，2007
・**『デジタルカメラによる 星座写真の写し方』** 沼澤茂美（著），誠文堂新光社，2011

など，類書が多数ある．天体写真から天文学がどのように導かれるかについては，

・**『天体写真でひもとく宇宙のふしぎ』（サイエンス・アイ新書）** 渡部潤一（著），ソフトバンククリエイティブ，2009

などがある．

◩ 天文関連の各種団体

各種学会や団体に入って活動すると，さらに楽しみが増す．目的や活動の内容に応じて，自分にあった団体に入るとよいだろう．プロが主体だが，

・**公益社団法人　日本天文学会**　http://www.asj.or.jp/
・**日本惑星科学会**　https://www.wakusei.jp/

には，アマチュアの方も多数所属している．日本天文学会でカバーできないような領域をカバーする全国組織としては

・**東亜天文学会**　http://zetta.jpn.ph/OAA/
・**日本流星研究会**　http://meteor.chicappa.jp/2010NMS/nmsindex.html
・**月・惑星研究会**　http://alpo-j.asahikawa-med.ac.jp/
・**日本変光星研究会**　http://nhk.mirahouse.jp/index.html

同好会は各地にあるが，どこにどんな同好会があるかについては，下記の連絡会が発足しているので参考になるだろう．

・**日本天文愛好者連絡会**　http://c-moon.s3.xrea.com/jaaa/about-jaaa.html

原　注

はじめに

1. George E. Hale, "The Work of Sir William Huggins." *Astrophysical Journal*, April 1913, p. 145.
2. 2001 年 5 月 9 日，解仁江の私信.

第一章　幕開け

1. V. M. Hillyer, *A Child's History of the World*. New York: Century, 1924, p. ix.
2. *Ibid*., p. 5.
3. 地球大気を通して天体観測をするのは水中から陸の景色を眺めるのに似ているとよくいわれる．この表現はあながち大げさではない．ニューハンプシャーのアマチュア天文家のケヴィン・J・マッカーシーには，自宅の深さ 2.5 メートルのプールの底から天体観測するというおもしろい習慣があった．眺めは想像するよりもずっと良好だという．屈折作用によって 180 度の全天がわずか 97 度の幅の円に縮小するが，地上で見えるすべての星が水面下からでも見えた．
4. Booker T. Washington White, "Special Streamline."〔ブッカ・ホワイト「スペシャル・ストリームライン」〕
5. Albert Einstein, *Autobiographical Notes,* in P. A. Schilpp, *Albert Einstein: Philosopher-Scientist*. London: Cambridge University Press, 1969, p. 5.〔アルベルト・アインシュタイン『自伝ノート』，中村誠太郎，五十嵐正敏訳，東京図書〕

第三章　オゾン

1. 南部の大半の地域では，黒人音楽をめぐって対立が激化していた．テネシー州の白人至上主義者グループが配ったビラにはこう書かれていた．「やめさせよ！　アメリカの若者を守ろう……この手の音楽を流すラジオ局のスポンサーに電話して抗議しよう！」．だが，音楽の魅力には勝てなかった．
2. R. H. Blythe, *Zen and Zen Classics*. Tokyo: Hokuseido, 1976, vol. 2, p. 170.

3. 2001年現在，このプロジェクトでは毎秒10兆回（10テラフロップス）の演算速度でデータが処理されている．
4. 1997年に，ジェイムズ・コーデズとT・ジョセフ・ラジオとカール・セーガンは論文（"Scintillation-Induced Intermittency in SETI," astro-ph/9707039）で，星間シンチレーションは「遠い発生源（100パーセクより遠い）からの狭帯域の信号を初めは検出しやすくするが，再検出が難しい」と述べている．言い換えれば，SETIチームは数百光年離れた惑星から異星人が送ってくる信号を短時間なら検出できるが，数分後に再確認してももう見つからないかもしれない．オゾンに似て絶えず変化する星間ガスの雲が信号経路にかかり，電波がひどく弱まってしまうからである．論文では，SETIチームは再確認できずに誤報とされた信号をキャッチした場所をもっと何度も観測するべきだと述べられている．「〔こうした「誤報」が〕ETI〔地球外知的生命体〕からの本物の安定した信号である可能性は排除できない」という．
5. ファラデーに質問したのは英国首相だという説もある（たとえば，John Simmons, *The Scientific 100*. Secaucus, N.J.: Carol Publishing, 1996, p. 62. を参照）．また，まったくのつくり話だという説もある．
6. "Johnny B. Goode," written and performed by Chuck Berry, from *Chuck Berry's Golden Decade*, Chess Records LP 1514D.〔チャック・ベリー「ジョニー・B・グッド」〕

第四章　アマチュア

1. パロマー山の5メートル（200インチ）望遠鏡は数十年ものあいだプロの天文家の使用する望遠鏡の象徴だったが，ビルほどの大きさがあるのに片手でなめらかに動かせる独特の馬蹄式の架台は，アマチュア天文家H・ペイジ・ベイリーの発明だった．歯科医のベイリーは器用で，患者から治療費の代わりに38センチのミラーブランクをもらったのをきっかけに望遠鏡を製作するようになった．1930年に馬蹄式架台——安定した構造なので，望遠鏡を空のどの方向にも簡単に向けられる——を考案して2台製作し，1台は自分が使い，もう1台はカリフォルニア州サンバーナディーノ短期大学で使われた．元北極探検家で挿絵画家でもあるアマチュア望遠鏡製作者のラッセル・ポーターはパロマー山天文台の開発チームの一員になり，ベイリーの架台の設計を見学しにきていた．パロマーで採用された架台はポーター設計のフォーク型ではなくベイリー設計の馬蹄型だったが，ポーターはこれを自分の考案としたようで，「数年前に私がこれと似た巨大望遠鏡用架台を設計していたのは偶然だろうか」と曖昧な記述を回顧録に残している（Russell Williams Porter, *The Arctic Diary of Russell Williams Porter*. Herman Friis, editor. Charlottesville: University Press of Virginia, 1976, p. 168.）．ベイリ

ーが無名のまま1962年に他界したあと，彼が最初に製作した架台は何人かの手をわたったが，最後にはカリフォルニア州レッドランズの機械工場で，ばかでかい錆びたがらくたとして裏の廃品置き場に片づけられていた．1990年代にアマチュア天文家のアラン・グスミラーがそれを修理し，可動型の50センチ・ニュートン式望遠鏡に取り付け，カバーもかけずにトラックの後部につないで高地の観測場所まで運んだ．すれ違う車の運転手たちは，ぎらぎら光る巨大な物体にぎょっとしたが，あの偉大なパロマー山望遠鏡の原型とは知る由もなかった．

2. John Lankford, “Astronomy’s Enduring Resource.” *Sky & Telescope*, November 1988, p. 482.
3. ファーガソンは天文学に興味をもってもらおうとして，信心深い人々にこう訴えた．「この学問で得た知識によって地球の大きさがわかるばかりでなく……われわれの能力もその概念の大きさとともに拡大し，知性は愚民の偏狭な先入観を超えてより磨かれます．神の存在，知恵，力，徳，不変性，支配力が確信でき，それによって理解が深まるのです」．またファーガソンは「それはどんなに大きく，われわれはどんなにちっぽけか」という観点から，当時は斬新だった書き方で科学について説く達人だった．「広大無辺の空間には想像を超える数の太陽とそれに伴う惑星が散らばっているので，われわれの太陽とそれに属する惑星と衛星と彗星がすべて消滅したとしても，全宇宙を見ることのできる目には浜辺の砂が一粒なくなったくらいにしか見えない —— その占める領域は非常に小さく，宇宙に空き地ができたようには見えないのだと〔天文学は〕教えてくれる」(James Ferguson, *Astronomy Explained upon Sir Isaac Newton’s Principles*. Philadelphia: Mathew Carey, 1806, pp. 31, 34.)
4. George W. E. Beekman, "The Farmer Astronomer.” *Sky & Telescope*, May 1990, p. 548.
5. Allan Chapman, *The Victorian Amateur Astronomer*. New York: Wiley, 1998, p. 208.〔アラン・チャップマン『ビクトリア時代のアマチュア天文家 —— 19世紀イギリスの天文趣味と天文研究』，角田玉青，日本ハーシェル協会共訳，産業図書〕
6. Patrick Moore, “The Role of the Amateur.” *Sky & Telescope*, November 1988, p. 545.
7. *Oxford English Dictionary*, second edition.
8. Chapman, *The Victorian Amateur Astronomer*, p. xi.〔チャップマン『ビクトリア時代のアマチュア天文家』〕
9. NGC2261のなかのある恒星は暗すぎて直接見ることはできないが，その光によって，地球から見えるこの扇型の大きい星雲に近くの雲の影が落ちる．雲が動くと影が変化して星雲の明るさが変わる．
10. この話はライス大学のT・R・ウィリアムズが論文「The Director’s Choice: Mellish, Hubble and the Discovery of the Variable Nebula」に書き，2001年1

月7日に開かれた全米天文学会197回学会のセッション1「Boners of the Century」で発表した．ウィリアムズによれば，「メリッシュはその数週間後にも別の彗星を見つけたが，フロストは写真での確認がすむまでしばらくハーバード大学天文台に連絡しなかった」．このことは，アマチュアからプロに転向したヤーキス天文台のジョージ・ヴァン・ビーズブロエクが裏づけている．

11. John Lankford, "Astronomy's Enduring Resource." *Sky & Telescope*, November 1988, p.483.
12. Leif J. Robinson, "Amateurs: A New Dawning." *Sky & Telescope*, November 1988, p. 453.
13. さらにいえば，戦後の産業発展が多くの科学分野でアマチュアが活躍するきっかけになった．私が少年時代に使っていた反射望遠鏡は，1956年当時の平均的なアメリカ人労働者の収入15日分の値段がしたが，1990年にはその5分の1の価格で買えるようになった．
14. Don Moser, "A Salesman for the Heavens Wants to Rope You In: Astronomer John DobSon." *Smithsonian*, April 1989, p. 102.
15. Patrick Moore, *The Astronomy of Birr Castle*. London: Mitchell Beazley, 1971, p. 24.
16. 家庭用ビデオカメラもCCDが使われているので，大気が乱れているときでも非常にクリアな瞬間をとらえられる．通常のビデオカメラは偶数フレームと奇数フレームを合わせて毎秒60フレーム記録し，毎秒30枚の映像フレームができる．この特徴を利用して，惑星や月や人工衛星などの明るいものを記録するときに「シーイング」のとくにクリアな瞬間の画像を得る方法を考え出したアマチュアがいる．その一人であるロン・ダントウィッツは解説員として働くボストン科学館の追尾望遠鏡を使ってビデオ撮影し，最もクリアに写ったフレームの最も鮮明な部分を集めて高解像度の合成写真をつくった．ダントウィッツの制作した軌道周回中のスペースシャトルのスチール写真は非常に細かいところまで写っており，貨物区画ドアが開いているかどうかまでわかる．国家偵察局の役人がダントウィッツを呼び，この技術を利用してスパイ衛星をスパイできるかとたずねると，彼はその場でやってみせた．自分のデータベースから極秘であるスパイ衛星の軌道要素を取り出し，ものの数分で衛星ラクロスを見つけ出して簡潔に説明した．「濃いオレンジ色をしているのでラクロスだとわかります……きっと断熱材のせいでしょう」．見事な技術を見た役人は「顔色ひとつ変えなかった」とダントウィッツは記している（Ron Dantowitz, "Sharper Images Through Video," *Sky & Telescope*, August 1998, p. 54.）．
17. 2000年1月3日，著者によるアラン・サンデージへの電話インタビュー．
18. William Blake, *The Marriage of Heaven and Hell, 9, 7,* in Geoffrey Keynes, ed., *Blake: Complete Writings*. London: Oxford University Press, 1972, p. 152.〔ウィ

リアム・ブレイク『天国と地獄の結婚』，池下幹彦解説・訳，近代文芸社〕

スティーヴン・ジェイムズ・オメーラとの出会い

1. オメーラがアマチュアだからだろうが，彼の発見は教科書や論文でほとんど言及されない．私がネット検索して見つけたいくつかのサイトには次のように書かれていた．「天王星は表面にほとんど特徴がないため，自転周期は地球から測定できなかった」（Monterey Institute of Research in Astronomy），「地上の望遠鏡では解像度が足りないため，天王星の大気の特徴を詳細に観測することは不可能である」（Space Telescope Science Institute），「ボイジャーが到達するまでは……天王星の自転周期はおおよそのところしかわからず，16 時間から 24 時間のあいだと推定されていた」（JPL Voyager Uranus Science Summary）．

第五章　プロフェッショナル

1. Joseph Patterson, "Our Cataclysmic-Variable Network." *Sky & Telescope*, October 1998, pp. 77ff.
2. *Ibid.*
3. ほかにハッブル宇宙望遠鏡を使わせてもらったアマチュア天文家は，太陽系外惑星を探査するアナ・ラーソン，木星の陰から現われたイオの発する原因不明の光を調査するジェイムズ・セコスキー，銀河同士を結ぶ明るい弧を研究するレイモンド・スターナーである．
4. Paul Boltwood, "Experiences With Pro-Am Relations," in John R. Percy and Joseph B. Wilson, eds. , *Amateur-Professional Partnerships in Astronomy*. San Francisco: Astronomical Society of the Pacific, 2000, pp. 193–94.
5. ある研究では天文家を 5 つのグループに分類し，北米にはプロが約 5000 人，「ベテランの」アマチュアが 500 人，「経験のある」アマチュアが 4 万人，初心者が 1 万人，「天体に多少なりとも関心のある」人が 20 万人いると推定している．Andreas Gada, Allan H. Stern, and Thomas R. Williams, "What Motivates Amateur Astronomers?" in Percy and Wilson, eds., *Amateur-Professional Partnerships*, p. 15.
6. もう一つのサーベイ・プログラムに「ザ・アマチュア・スカイ・サーベイ（TASS）」があり，調整不要の簡素な CCD 付き望遠鏡を有志の観測家に配布した．望遠鏡は可動部分がなく，地球の自転に従って毎晩動いていく空の一区画の画像を撮るだけだったが，カメラのレンズと CCD チップのみの TASS 望遠鏡でも，数十台あれば 10 万個の恒星について 1 個につき年間 200 の測定値が出せた．アマチュアが進めたプログラムだが，なかなか楽しいのでプロも参加していた．

今後の計画にはもっと大きい望遠鏡の製作が求められた．TASSを計画したトム・ドロージは「大きい望遠鏡を製作したら，インターネットで知り合った人にも配布します．データを集めて科学に貢献できるプログラムが計画されるのを願っています」と記している．

ジャック・ニュートンとの出会い

1. *Amateur Astronomy*, Winter 2000, p. 3.

第六章　ロッキーヒル

1. Harold Richard Suiter, *Star Testing Astronomical Telescopes: A Manual for Optical Evaluation and Adjustment*. Richmond, Va.: Willmann-Bell, 1994, p. 3.
2. *Ibid*., p. 2.

第七章　太陽の王国

1. Timothy Ferris, *The Red Limit*. New York: Morrow, 1983, p. 95.〔チモシィ・フェリス『宇宙の果て ―― 激突する宇宙論』，斉田博訳，地人書館〕
2. 太陽光フィルターはガラス製かポリエチレンフィルム製のものが正規に認可されている．煤をつけたガラスなど，自作のフィルターは使わないこと．太陽光が減光されるので安全に思えるかもしれないが，赤外線を通すため目を傷めるおそれがある．アイピースそのものにフィルターを装着するのもいけない．太陽熱が一点に集まってフィルターが損傷し，知らないうちに目を傷つけてしまう．
3. P. Clay Sherrod, *A Complete Manual of Amateur Astronomy*. Englewood Cliffs, N.J.: Prentice-Hall, 1981, p. 101.
4. Gerald North, *Advanced Amateur Astronomy*. Cambridge, U.K.: Cambridge University Press, 1997, p. 249.
5. こうした安定性は主系列の太陽型恒星の大半に共通する特徴だと考えられているが，確実なところはわかっていない．まだはじまっていないようだが，数百個の太陽型恒星の明るさをCCDを使って長期的に監視し，それらも太陽のように安定しているかどうかを確かめるプロジェクトをアマチュアが計画している．
6. Michael Maunder and Patrick Moore, *The Sun in Eclipse*. New York: Springer, 1998, p. 54.
7. Herbert Friedman, *Sun and Earth*. New York: Scientific American Books, 1986, p. 70.
8. Terence Dickinson and Alan Dyer, *The Backyard Astronomer's Guide*. Camden

East, Ont.: Camden House, 1991, p. 146.

9. William Sheehan and Thomas Dobbins, "Mesmerized by Mercury." *Sky & Telescope*, June 2000, p. 109.

第八章　明けの明星，宵の明星

1. Eugene O'Connor, "Chasing Venus Around the Sun." Undated report on the Web site of the Astronomical Society of New South Wales.
2. Joseph Ashbrook, *The Astronomical Scrapbook*. Cambridge, Mass.: Sky Publishing, 1984, p. 230.
3. David Harry Grinspoon, *Venus Revealed: A New Look Below the Clouds of Our Mysterious Twin Planet*. Reading, Mass.: Addison-Wesley, 1997, p. 48. 現在，ブラックドロップ効果は観測時の局地的なシーングの状態を含む，いくつかの作用が重なって起こると考えられている．
4. William Sheehan and Thomas Dobbins, "Charles Boyer and the Clouds of Venus." *Sky & Telescope*, June 1999, p. 57.
5. *Ibid*., p. 59.
6. *Ibid*., p. 60.
7. E. C. Krupp, "The Camera-Shy Planet." *Sky & Telescope*, October 1999, p. 94.
8. Grinspoon, *Venus Revealed*, p. 49.
9. Krupp, "The Camera-Shy Planet," p. 95.
10. Thomas A. Dobbins, Donald C. Parker, and Charles F. Capen, *Introduction to Observing and Photographing the Solar System*. Richmond, Va.: Willmann-Bell, 1992, p. 33.
11. 一つ目の文：Mikhail Ya. Marov and David Harry Grinspoon, *The Planet Venus*. New Haven: Yale University Press, 1998, p. 384. 二つ目の文：Mark A. Bullock and David H. Grinspoon, "Global Climate Change on Venus." *Scientific American*, March 1999, p. 57.〔M・A・ブルック，D・H・グリンスプーン「金星を襲った気候激変」『日経サイエンス』1999 年 6 月号〕

第九章　ムーンダンス

1. Joseph Ashbrook, *The Astronomical Scrapbook*. Cambridge, Mass.: Sky Publishing, 1984, p. 233.
2. コロナのことに触れた古代の記録は，プルタルコスの日食――おそらく紀元 71 年 3 月 20 日の日食――についての記述のみである．プルタルコスは皆既日食のときに恒星が見えることを述べた 3 人のうちの 1 人でもある．あとの 2 人は，紀

元前431年の日食を見たトゥキュディデスと，紀元29年のものと思われる日食を見たトラレスのプレゴンである．

3. Galileo Galilei, *Siderius Nuncius*, trans. A. Van Helden. Chicago: University of Chicago Press, 1989, p. 36.〔ガリレオ・ガリレイ『星界の報告』，山田慶児，谷泰訳，岩波書店〕
4. *Ibid*., p. 42.
5. Scott L. Montgomery, *The Moon and the Western Imagination*. Tucson: University of Arizona Press, 1999, p. 112.
6. Michael J. Crowe, T*he Extraterrestrial Life Debate 1750–1900: The Idea of a Plurality of Worlds from Kant to Lowell*. Cambridge, U.K. : Cambridge University Press, 1986, p. 74.〔マイケル・J・クロウ『地球外生命論争1750–1900——カントからロウェルまでの世界の複数性をめぐる思想大全』1・2・3，鼓澄治，山本啓二，吉田修訳，工作舎〕
7. *Ibid*., p. 60.
8. *Ibid*., p. 63. 傍点はハーシェル自身による．
9. *Ibid*.,p. 112.
10. *Ibid*., p. 207.
11. *Ibid*., p. 393.
12. Edgar Allan Poe, "The Unparalleled Adventure of One Hans Pfaall." In Harold Beaver, ed., *The Science Fiction of Edger Allan Poe*. New York: Viking Penguin, 1976, p. 55.〔エドガー・アラン・ポー「ハンスプファールの無類の冒険」松村達雄訳，『世界文学全集第13巻』所収，河出書房新社〕
13. 選集でポー自身が「ハンス・プファールの無類の冒険」に解説を加えている．Beaver, ed., *The Science Fiction of Edgar Allan Poe*, p. 58.
14. ロックが批判しようとした相手は，多元論的宗教観にもとづいて，宇宙ではあらゆるところに生命が存在すると主張したトマス・ディック牧師だったようだ．ロックのこの速報記事が読み上げられたとき，フランス科学アカデミーの会員はそれとわかって苦笑した．
15. Winifred Sawtell Cameron, "Lunar Transient Phenomena." *Sky & Telescope*, March 1991, p. 265.
16. *Ibid*.
17. もちろんUFOの目撃情報と同じで，LTPの報告のすべてを説明できるわけではない以上，それらがまちがいなく起こっているとはいえない．懐疑的な見解として，William Sheehan and Thomas Dobbins, "The TLP Myth: A Brief for the Prosecution." *Sky & Telescope*, September 1999, p. 118. を参照のこと（"TLP"は"LTP"と同義）．この論文では，LTPの報告が月の限られた領域に集中しているのは，観測者が過去にLTPが報告された場所「ばかりを見ようとしてしまうフ

ィードバック効果」によるものだと指摘されている．LTP は「火星の運河に劣らない時代錯誤」だという．

18. Alan MacRobert, “The Moon Shall Rise Again.” *Sky & Telescope*, November 1988, p. 478.
19. ややこしいことに，この現象は観測上の理由から，月の減速と呼ばれている．月は軌道の高度が上がるにつれて背景の恒星に対してゆっくり動くからである．空の高いところを飛ぶ飛行機のほうが近くを飛ぶ飛行機よりも速度が遅く見えるのと同じ原理である．月の見かけの減速の割合は 100 年で 28 度と計算されている．実際に観測された値は 23 度で，理論値と観測値が異なる理由はわかっていない．
20. Maurice Hershenson, ed., *The Moon Illusion*. Hillside, N.J.: Lawrence Erlbaum, 1989, p. 7.
21. *Ibid*., p. 11.
22. 暗い部屋で電球と白い紙を用意できれば，錯視の実験が簡単にできる．電球を数秒見つめてから白い紙に目を移すと，紙の上に電球の「残像」が見える．次に紙をもっと遠くに置くと，残像が大きくなるのだ！　脳は「あのくらいの大きさに見えていたけれど，思ったよりも遠くにあるから，大きさも思ったより大きいにちがいない」と考えるのである．
23. “Maxims and Reflections,” in Douglas Miller, ed. and trans., *Goethe: Scientific Studies*. New York: Suhrkamp, 1988, p. 308.
24. Bob Dylan, “License to kill”. ボブ・ディラン「ライセンス・トゥ・キル」．チャレンジャー号の爆発事故から約 2 週間後の 1986 年 2 月 12 日に，ボブ・ディランはシドニーでの公演でこの曲を演奏する前にこう言った．「いまから歌うのは少し前に書いた宇宙計画の歌だ．あの悲劇のことは知っているね？……あの人たちに宇宙へ行く理由はなかったんだ．地球には問題がたくさんあるのに，それだけじゃ物足りないとでもいうのかい？　だからあれに乗せられてしまった気の毒な人たちにこの歌を捧げたい」．この時代の表現者として最も影響力のあるアーティストのボブ・ディランを私はとても尊敬しているが，このような考え方をすると，最初の肺魚は陸に上がる理由がなく，恐竜は空を飛ぶ理由がなかったことになる．
25. Christopher Dickey, “Summer of Deliverance.” *The New Yorker*, July 13, 1998, p. 40.

第十章　火星

1. William Herschel, “On the Remarkable Appearances at the Polar Regions of the Planet Mars, the Inclination of Its Axis, the Position of Its Poles, and Its Spheroidal Figure, with a Few Hints Relating to Its Real Diameter and

Atmosphere." *Philosophical Transactions of the Royal Society* 81, pt. 1 (1781): 115; 次の文献に引用されている．William Sheehan, *The Planet Mars: A History of Observation & Discovery*. Tucson: University of Arizona Press, 1996, p. 34.
2. これはおおよその日数である．地球の1年は365.26日，火星の1年は696.98日で，衝と衝の間隔は平均779.74日．この期間，すなわち「会合周期」は764日から810日である．
3. Vincenzo Cerulli, "Polemica Newcomb-Lewll-fotografie lunari." *Rivista di astronomia* 2 (1908), p. 13. 次の文献に引用されている．Sheehan, *The Planet Mars*, p. 130.
4. Percival Lowell, *Mars and Its Canals*. New York: Macmillan, 1906, p. 376.
5. Donald E. Osterbrock, "To Climb the Highest Mountain: W. W. Campbell's 1909 Mars Expedition to Mount Whitney." *Journal for the History of Astronomy* 20 (1989), p. 86.
6. *Ibid.*, pp. 78–97.
7. E. E. Barnard, unpublished ms. at Vanderbilt University. 次の文献に引用されている．Sheehan, *The Planet Mars*, p. 116.
8. Bruce Murray, *Journey into Space: The First Three Decades of Space Exploration*. New York: Norton, 1989, p. 43.
9. 1972年，ニューヨーク州イサカにて，筆者によるカール・セーガンへのインタビュー．
10. C. R. Chapman, J. B. Pollack, and C. Sagan, *An Analysis of Mariner 4 Photographs of Mars,* Smithsonian Astrophysical Observatory Special Report 268. Washington, D.C.: The Smithsonian Institution, 1968.
11. その数カ月前に，ローエル天文台のチャールズ・カペンがこの現象の発生を予測していた．カペンは，最大の砂塵嵐は火星が太陽から最も遠いところにあるときに起こることに着目し，「大規模な大気擾乱が……マリナー周回機の初めてのミッションを邪魔するかもしれない」と述べ，実際にそうなった．イギリスのアマチュア天文家アラン・ヒースはこの砂塵嵐を最初に観測した一人である．使っていたのは30センチの反射望遠鏡だった．ヒースの報告をはじめとするいくつかの報告は，マリナーが火星で最初に見る ── あるいは見ない ── かもしれないものを予告していた．
12. Murray, *Journey into Space*, P. 65.
13. 1915年11月に，ヤーキス天文台の1メートルクラーク望遠鏡で火星を調査する許可を得ていたアマチュア天文家のジョン・メリッシュは，この赤い惑星に「たくさんのクレーターと割れ目」が見えたと主張し，友人で恩師のE・E・バーナードが1892年から1893年にリック天文台で作成したスケッチにも同様の「山脈と山頂とクレーター」があったと述べた．メリッシュのスケッチは未発表のまま

火事で消失してしまったため，この主張が証明されることはなかった．サイエンスライターでアマチュア天文家のウィリアム・シーハンがヤーキス天文台の屋根裏部屋でメリッシュが言っていたものと思われるバーナードの古いスケッチを発見した．それにはクレーターに似た地形が描かれ，その一部は山脈だが，実際の火星のクレーターと一致するものはない．William Sheehan, "Did Barnard & Mellish Really See Craters on Mars?" *Sky & Telescope*, July 1992, p. 23 を参照のこと．

14. C. F. Capen, *The Mars 1964–65 Apparition*, JPL Technical Report No. 32–990. Pasadena, Calif.: Jet Propulsion Laboratory, 1966, p. 10.
15. *Ibid*., pp. 62, 66, 75–76, 78, 79.
16. ドン・パーカーの私信．
17. Stephen James O'Meara, "Observing Planets: A Lasting Legacy." *Sky & Telescope* November 1988, p. 475.
18. Donald C. Parker and Richard Berry, "Clear Skies on Mars." *Astronomy*, July 1993, pp. 72ff.
19. 1999 年 3 月 24 日，ワシントン DC にて，筆者によるキャサリン・サリヴァンへのインタビュー．
20. 惑星の自転軸の傾きは，その惑星の軌道面に垂直な直線に対する角度として計算される．惑星が「直立している」（赤道と軌道面が平行）なら自転軸の傾きは 0 度，両極が軌道面に一致して横に寝ている場合は 90 度．
21. 火星の軌道離心率は現在のところ 0.093 だが，過去に 0.13 にまでなったことがある．地球の軌道離心率は現在 0.017 で，0.05 を超えたことはない．
22. David Morrison, *Exploring Planetary Worlds*. New York: Scientific American Library, 1993, p. 141.
23. *Ibid*., p. 143.
24. カールは 1996 年 12 月 20 日に 62 歳で他界した．バイキング以後，20 年ぶりに火星に着陸したマーズパスファンダーの着陸地点であるアレス渓谷は，彼にちなんでカール・セーガン記念基地と名づけられた．

ジェイムズ・タレルとの出会い

1. タレルの誕生日はロサンゼルス空襲事件のおよそ 14 カ月後の 1943 年 5 月 6 日なので計算が合わないが，サミュエル・ジョンソンも言っているとおり，宝石細工のような美しい家族の話をしている男に偽証罪は問えない．
2. James Turrell, "Night Curtain." James Turrell/Roden Crater としてインターネット上で公開されている。彼の著書 *Air Mass*. London: South Bank Centre, 1993 からの抜粋。

3. 2000年12月20日，アリゾナ州フラッグスタッフにて，筆者によるジェイムズ・タレルへのインタビュー.
4. *Ibid.*
5. 2000年11月27日，カリフォルニア大学バークリー校建築学部でのジェイムズ・タレルの講演.
6. 日本のテレビ局がタレルの許可なしで光の点滅をアニメの『ポケットモンスター』に取り入れて放映したところ，数百人の視聴者が体調不良を訴えて病院に搬送された〔いわゆるポケモンショック〕. 医師の所見はさまざまだったが，光過敏性発作の可能性が高い. 32ヘルツ前後で点滅する光がテレビ画面に映るとこの発作が起こるおそれがある. 32ヘルツは目が動画フレームをコマ送りでなくスムーズな動画として感じはじめる周波数に非常に近い. テレビ的な効果を基本にしているタレルの作品では，鑑賞者の視野は「全体野」という知覚状態に置かれる. 視覚の「全体野」とは均一な視野のことで，ピンポン球を二つに割って目にかぶせると体験できる. ただしタレルの作品では，光はもっと遅い安全な速度で点滅している.
7. タレルのバークリー校での講演.
8. Jeffery Hogrefe, “In Pursuit of God’s Light.” *Metropolis*, August 2000.
9. 英語で「行き止まり」は「standstill」というのが普通だが，考古学の論文では，天文学用語として「stillstand」と呼ばれることが多い.

第十一章　空から降る石

1. 隕石による死者や怪我人の記録の概要は以下を参照のこと. John S. Lewis, *Rain of Iron and Ice*. Reading, Mass.: Addison-Wesley, 1996, pp. 176–82.
2. “Meteorites Pound Canada.” *Sky & Telescope*, September 1994, p. 11.
3. Dennis Urquhart, Research Communication of the University of Calgary, May 31, 2000.
4. この言い方はホイップルに関係し，彼もよく使う言葉だが，1996年にハーバード大学天文台で本人に聞いたところでは，ホイップルが「氷の礫岩」と呼んだのを新聞記者が「汚れた雪玉」と言い換えたという.
5. 1998年秋，ヒューズ・パックの私信.
6. ヨルダン天文協会のURLを参照. www.jas.org.jo.
7. Lewis, *Rain of Iron and Ice*, p. 50. 地質学的に最も若い巨大クレーターの一つであるジョルダーノ・ブルーノはこの衝突によって形成されたとする説があるが，賛否が分かれている. 私もそうは思わない.
8. しし座流星群はヨーロッパで極大になった2時間半後に月で見られた. この日の月は地球の公転軌道のうしろをついていき，地球のあとにこの流星体の流れの密

度の高い部分を通り過ぎた．流星群の花火は地球で終わったのちに月ではじまった．

9. Erik Asphaug, "The Small Planets" *Scientific American*, May 2000, p. 50.〔E・アスファウ「解き明かされる小惑星の世界」『日経サイエンス』2000年8月号〕
10. 小惑星の構造と密度—たとえば密で固い岩か岩片の集まりか—がわかっていれば，地球に落ちた場合に，大砲の砲弾のように衝突するか散弾銃のように衝突するかを予測できる．ディオニスス（3671）や1996FG3のような小型の地球近傍小惑星は，変わった形をしていることがわかっている．
11. Denniss di Cicco, "Hunting Asteroids." *CCD Astronomy*, Spring 1996, p. 8.
12. *Ibid.*, p. 11.
13. Joseph Ashbrook, *The Astronomical Scrapbook*. Cambridge, Mass.: Sky Publishing, 1984, p. 73.
14. 彗星の名前は慣習的に，発見者の名，発見年，同年の発見順序がつけられた．IRAS・荒貴・オルコック彗星（1983d）なら，荒貫とオルコックとIRAS（赤外線天文衛星アイラス）が別々に発見した1983年の4番目の彗星ということになる．国際天文連合（IAU）は規約を新しくし，1月が二分割されることになった．1995年1月前半に最初に発見された彗星なら1995A1と命名され，短周期彗星（P）か長周期彗星（C）かの別と，消滅したかかどうか（D），小惑星の可能性があるかどうか（A）が発見年の前にアルファベットで示される．たとえばP/1996A1（ジェディク彗星）は短周期彗星で，1996年1月の前半に最初に発見された．小惑星の場合は，発見年と発見月前半か後半が示され（1982DBならば1982年2月後半に2番目に発見された小惑星ということ），IAUによる登録番号と発見者の選んだ名前が加えられる．友人や親類や恩師の名，さらにはロックスターの名をつけたがる発見者もいる．17059エルヴィス（1999GXS）とか4147レノン（1983AY）といった名の小惑星があるはそういうわけだ．ただしIAUによれば，「ペットの名前は認められない」．
15. David Levy, "Star Trails." *Sky & Telescope*, November 1989, p. 532.
16. Edwin L. Aguirre, "How the Great Comet Was Discovered." *Sky & Telescope*, July 1996, p. 27.
17. Alan Hale, "The Discovery of Comet Hale-Bopp." 1995年9月の次のURLを参照のこと． http://galileo.ivv.nasa.gov/comet/discovery.html.
18. Milton Meltzer, *Mark Twain Himself*. New York: Wings Books, 1993, p. 288.
19. Bradley E. Schaefer, "Meteors That Changed the World." *Sky & Telescope*, December 1998, p.70.

デヴィッド・レヴィとの出会い

1. David Levy, "Untitled Remarks," in William Liller, *The Cambridge Guide to Astronomical Discovery*. Cambridge; U.K. : Cambridge University Press, 1992, p. 95.
2. Robert Reeves, "My Field of Dreams: An Interview with David H. Levy." *Astronomy*, April 1994, p. 13.
3. レヴィがこの著書を装丁し直したのも，ペルチャーをまねたのかもしれない．少年時代から星を観測していたペルチャーは，マーサ・エヴァンズ・マーティンの天体観測書 *The Friendly Stars*（星との出会い）が気に入って何度も図書館で借りたので，のちに司書がその本を濃紺の布で装丁し直してペルチャーにプレゼントしてくれたという．Leslie Peltier, *Starlight Nights: The Adventures of a Star-Gazer*. Cambridge, Mass.: Sky Publishing, 1965, p. 42.〔L・C・ペルチャー『星の来る夜』，鈴木圭子訳，地人書館〕
4. Leslie C. Peltier, *Starlight Nights*, p. 137.〔L・C・ペルチャー『星の来る夜』〕

第十二章　宇宙の厄介者

1. Edwin Emerson, *Comet Lore*. New York: Schilling Press, 1910, p. 89. ディッグスはわけのわからないことを言う迷信家ではなく，数学家であり実験家だった．経緯儀の発明者はディッグスとされている．また，ウィリアム・シェイクスピアと親しかったようだ．
2. 巷説のなかに，ジェファソンが彼らを「ヤンキー教授」と呼んでいるおもしろいものがある．この話を裏づける証拠はないが，ジェファソンの死後およそ50年たった1874年に初めて現われて以来，繰り返し伝えられている．e.g., John F. Fulton and Elizabeth H. Thompson, *Benjamin Silliman: Pathfinder in American Science*. New York: Henry Schuman, 1947, pp. 76–78; Silvio A. Bedini, *Thomas Jefferson: Statesman of Science*. New York: Macmillan, 1990, p. 388.
3. Aristotle, *Meteorology*, Book 1, 5ff.〔アリストテレス「気象学」泉治典訳，『アリストテレス全集5』所収，岩波書店〕 サミュエル・テーラー・コールリッジはおそらく1797年のしし座流星群を見たあとに『老水夫の詩』の次の一節を書き，そのときアリストテレスを思い出していたのではないだろうか．「空の上がにわかに活気づいてきた！／無数の火の旗がきらめき／あちらこちらを飛びまわっている！／そこここで，見えつ隠れつ／青白い星たちはそのあいだで踊る……」
4. ダニエル・サーモンに宛てたトマス・ジェファソンの1808年2月15日の手紙．
5. アンドルー・エリコットに宛てたジェファソンの1805年10月25日の手紙．
6. Roberta J. M. Olson, *Fire and Ice: A History of Comets in Art*. New York:

Walker, 1985, p. 78.

7. Donald K. Yeonans, *Comets: A Chronological History of Observation*, Science, Myth, and Folklore. New York: Wiley, 1991, p. 22.
8. A. Dean Larsen, ed., *Comets and the Rise of Modern Science*. Provo, Utah: Friends of the Brigham Young University Library, 1986, p. 3.
9. 当時の天文家 —— ハレーの友人で，ダンツィヒで醸造所を営むヨハネス・ヘヴェリウスを含む —— は，軌道が双曲線か放物線かによって周期彗星を二分できることを証明していた．軌道が双曲線なら回帰せず，放物線（「閉じている」）なら回帰する．ハレー彗星の放物線状の軌道は冥王星のむこうまで延びていて，周期は木星をはじめとする巨大惑星の重力の影響をおもな要因として 74 年と 79 年のあいだで変わる．
10. Yeonans, *Comets*, p. 119.
11. Voltaire, *The Elements of Sir Isac Newton's Philosophy*, John Hanna, trans. New York: Gryphon, 1995, p. 340.
12. Carl Sagan and Ann Druyan, *Comet*. New York: Ballantine, 1997, p. 279.〔カール・セーガン，アン・ドルーヤン『ハレー彗星』，小尾信弥訳，集英社〕
13. Carolyn S. Shoemaker and Eugene M. Shoemaker, "A Comet Like No Other." in John R. Spencer and Jacqueline Mitton eds., *The Great Comet Crash: The Impact of Comet Shoemaker-Levy 9 on Jupiter*. Cambridge, U.K.: Cambridge University Press, 1995, p. 7.
14. 彗星の分裂はそれまでにも観測されているが，たいていは太陽の近くを通過した際に潮汐力によって分裂したり昇華したりするのが原因である．地球と月で見つかる連鎖クレーターは過去に分裂彗星の破片が衝突した跡である．
15. 1996 年 10 月 24 日，アリゾナ州ツーソンにて，筆者によるポール・チョーダスへのインタビュー．
16. Timothy Ferris, "Is This the End?" *The New Yorker*, January 27, 1997, p. 49.
17. 1996 年 10 月 9 日，NASA エイムズ研究所にて，筆者によるデヴィッド・モリソンへのインタビュー．
18. レン・アンバージーのウエブサイト． http://www.net1plus.com/users/lla/Index.htm.
19. Edwin L. Aguirre, "Sentinel of the Sky." *Sky & Telescope*, March 1999, pp. 76ff.
20. James Woodford, "Outback Amateur Discovers Asteroid Threat to the World." *Sydney Morning Herald*, May 21, 1999.
21. John S. Lewis, *Rain of Iron and Ice*. Reading, Mass.: Addison-Wesley, 1996, p. 222.
22. 惑星が何兆個もの天体を太陽系外縁に放りだすわけがなく，逆に引きつけるはずだと私たちは考えがちだが，じつは惑星はかなり性能のいいピッチングマシーン

だ．仮にあなたが紀元前40億年ごろにカイパーベルト起源の彗星に乗って，うしろから木星に近づいているとしよう．いくら木星が巨大惑星でも，宇宙では標的として小さいため，木星には衝突しないだろう．それよりも急速に加速したあと木星に沿ってカーブし，木星に近づいたときよりもずっと速い速度で宇宙空間に飛ばされるだろう．宇宙飛行ではこれを「重力アシスト」と呼ぶが，「角運動量アシスト」と呼ぶほうがより正確である．このとき木星がほんの少し速度を落とし──木星の運動量がかなり大きいため，ほんの少し──あなたは猛烈に加速して飛んでいく．巨人に手を引っ張られて走っているときに，急に巨人が速度を落として手を離したのですっ飛ばされるようなものだ．木星に対しては近づいたときと同じ速度で離れていくが，軌道速度は途方もなく大きくなり，こうなると軌道運動する天体はより大きな軌道をとるようになる．木星はいとも簡単に五兆個もの彗星をオールトの雲のある非常に遠くの軌道へ送りこんだのかもしれない．実際にこうやってオールトの雲が形成されたかどうかはわかっていない．

第十三章　木星

1. José Olivarez, *Sky & Telescope*, December 1999, p. 120に引用されている．
2. John H. Rogers, *The Giant Planet Jupiter*. Cambridge, U.K.; Cambridge University Press, 1995, p.8.
3. 太陽と同様，木星の自転速度は場所によって異なる．赤道付近の模様は9時間50.5分，極付近の模様は9 時間55.7分で一周する．電波観測によれば，液体の厚い層の部分は9時間55.5分で自転している．
4. 木星の衛星にローマ神ユピテルの愛人の名前をつけるというおもしろい習慣は，ヨハネス・ケプラーがシモン・マリウス（1573-1624年）に提案してからはじまった．ハーシェルは同じ命名法を土星の衛星にも用い，ほかの惑星でも慣例になった．
5. J. B. Murray; "New Observations of Surface Markings on Jupiter's Satellites." *Icarus* 23, 1975, pp. 397-404.
6. Rogers, *The Giant Planet Jupiter*, p. 341.
7. S. J. Peale, P. Cassen, and R. T. Raynolds, "Melting of Io by Tidal Dissipation." *Science*, vol. 203, no. 4383, 1979, pp. 892-94.
8. Stephen James O'Meara, "Hubble's Amateur Hour." *Sky & Telescope*, August 1992, p. 155.
9. James Secosky, "SO_2 Concentration and Brightening Following Eclipses of Io," WFPC1 program 2798, *Icarus* 111, April-June 1992.
10. "Students Receive Unique Science Lesson." *Genesee Country Express*, December 18, 1997.

11. O'Meara, "Hubble's Amateur Hour," p. 155.
12. コリオリの力について書かれたものには（しかも教科書も含めて）まちがいが多いので，ここで詳しく見てみよう．ニューヨークから弾道ミサイルを南にむかって撃ったとする．ミサイルは空高く飛び，20 分後に 1000 キロメートル先の地点に落ちる．地球が自転していなければ何事もなく海に落ちるが，地球は東方向に自転しているので，実際は 5 度西のフロリダに着弾する（弾道学の研究をしていたフランスの数学者ガスパール＝ギュスターヴ・コリオリは，このような誤爆をなくそうとして 1835 年にコリオリの力を発見した）．ミサイルの軌道は直線だが，地上からは不思議な力が働いたかのように西にカーブして見えるだろう．

　このときミサイルが受けるのがコリオリの「力」で，これによって風は北半球では右に，南半球では左にカーブし，それぞれ時計まわりと反時計まわりに回転する巨大な大気のセル，すなわち循環パターンが生じる．ただし，排水口を流れ落ちる水が北半球と南半球で逆まわりになるというのは事実ではない．周囲の影響を完全に遮断した容器を長時間観察した場合でないかぎり，コリオリの力が弱くてそうはならないのである．ケニアの赤道直下の町ナニュキで，ぺてん師が細工した洗面器でこの現象を「実演」して観光客から金をとっていたが，南と北を逆にしてしまったのですぐにインチキだとばれた．

　ハリケーンやサイクロンは，コリオリの力を受けた風に衝突して回転する低気圧である．直観とは裏腹に，コリオリの力の働いているセルとは逆方向に回転する．低気圧帯が空港の手荷物用ベルトコンベアだとして，コリオリの力で右にカーブした風が東西南北のあらゆる方向からそこをかすめていくと想像してほしい．時計まわりの歯車と噛み合った歯車が反時計まわりになるように，低気圧帯も風によって反時計まわりになるのである．一方，高気圧帯はコリオリの力と同じ方向に回転し ── 理由は割愛する ── 北半球では時計まわり，南半球では反時計まわりになる．
13. Gary Seronik, "Above and Beyond." *Sky & Telescope*, May 2001, p. 130.
14. 最も明るい衛星ガニメデは黄色である．次に明るいイオは白いといわれることが多いが，ボイジャーが到達して火山があるとわかったせいか，私には赤みが強く見える．少し暗いエウロパとカリストは白か黄色に見える．おおよその明るさはガニメデが 4.6 等級，イオが 5 等級，エウロパが 5.3 等級，カリストが 5.6 等級．イオは木星を 1.8 日，エウロパは 3.6 日，ガニメデは 7 日で公転する．内側をまわるカリストとイオの公転周期の倍数が約 7 日になるので，3 つの衛星は週に一度おおよそ同じ位置にくる．それよりずっと遠くをまわっているカリストの公転周期は 16.7 日．
15. John D. Bernard, "The Comet Shoemaker-Levy 9 (SL9) Collision: A Project of the Jupiter Space Station," jupiterspacestation.org/jup_sl9.html.

スチュアート・ウィルバーとの出会い

1. 2000年1月5日，筆者によるレタ・ビービへの電話インタビュー．

第十四章　巨大な外惑星

1. Fred W. Price, *The Planet Observer's Handbook*. Cambridge, U.K.: Cambridge University Press, 1994, p. 264.
2. 天体の公転速度はその天体の受ける重力によって決まる．太陽の重力は距離の2乗に反比例するため，外惑星の速度は内惑星よりもずっと遅い．地球は元気よく秒速30キロメートルで公転しているが，太陽までの距離が地球の約10倍ある土星は毎秒10キロメートル以下，30倍の海王星は秒速わずか5.4キロメートルでのろのろ進んでいる（この関係はケプラーの第三法則 $R^3 = P^2$ で表わされる．R は惑星の公転半径，P は公転周期）．
3. これはおそらく環の最も薄い部分である．最も厚い部分は約10キロメートルと考えられている．
4. クレープ環は1850年にウィリアム・ボンドと息子のジョージ・ボンド，およびウィリアム・ドーズが発見したと考えられているが，またしてもあのウィリアム・ハーシェルが観測メモに「五つのベルト」と記しているので，彼はこれを1793年11月11日の夜に発見していたことになる．
5. Albert van Helden, "Saturn Through the Telescope: A Brief Historical Survey," in Tom Gehrels and Mildred Shapley Matthews, eds., *Saturn*. Tucson: University of Arizona Press, 1988, p.32.
6. 1849年にエドゥアール・ロシュが提唱したロシュ限界は，衛星の構造によって異なる．惑星と同じ密度をもち，質量の無視できる流動体の衛星の場合，ロシュ限界は惑星の半径の2.44倍だが，固体で張力がもっと強い衛星では小さくなる．雪玉でできた衛星が地球に近づいたら，すぐにロシェ限界を超えてしまうだろうが，SF映画で見るような，地球の都市の上に浮かぶ異星人の巨大宇宙船は，つくりが頑丈ならロシェ限界を無視しているとはかぎらない．
7. 巨大惑星は無数の小惑星を捕獲しており，その多くが未発見であるため――さらに衝突した衛星が小さい岩片になって惑星を公転しているものもあると考えられる――惑星の確実な衛星数を明らかにすることはできない．私がこの項目の初稿を書いていた月曜日，土星の衛星数は24個だったが，その週末にハワイにある3.6メートルのカナダ・フランス・ハワイ望遠鏡によってさらに4個が発見され，合計で28個になったと発表された．数週間後にはハワイの同望遠鏡とアリゾナ州のホイップル天文台でさらに2個が発見されて30個になり，さらに数カ月後に12個が発見されると，天文学者のほとんどは数を推測するのをやめた．

同じように木星も，私がこの項目の初稿を書いているときは17個の衛星が知られていたが，翌月中旬にそれが28個になり，数カ月後には39個になった．だからこんなことを書いても無駄かもしれないが，天王星の衛星はいまのところ合計21個，海王星は8個である．

8. アマチュア天文家ドナルド・パーカーのグループは，タイタンはたいていの小型望遠鏡で，また双眼鏡でも見えると考えている．一方，レアと西方最大離角のときのイアペトゥスは8センチの屈折望遠鏡が，ディオネとテティスとエンケラドゥスには10センチ，ヒペリオンとミマスには少なくとも20センチの口径が必要だとしている．Thomas A. Dobbins, Donald C. Parker, and Charles F. Capen, *Introduction to Observing and Photographing the Solar System*. Richmond, Va.: Willmann-Bell, 1992, p. 109.
9. そのほかの土星の小さい衛星は最も外側を逆行軌道でまわるフェーベ，レアとディオネのあいだをまわるヘレネ，ディオネとテティスのあいだをまわるカリプソとテレストがある．内側の衛星はヤヌス，エピメテウス，パンドラ，プロメテウス，アトラス，パン．ミマスはE環とG環のあいだをまわり，パンドラとプロメテウスのあいだにF環があり，A環からD環まで（カッシーニの間隙も含む）はパンの軌道の内側にある．
10. A. F. O'D. Alexander, *The Planet Saturn*. New York: Dover, 1962, p. 92.
11. Ibid., p. 238.
12. タイタンの大気の不透明さを示すデータは，さらにボイジャー1号がタイタンを通過したときの無線電波のフェージング現象を分析して得られた．また，1989年7月3日にはアマチュアとプロの天文家がタイタンによるいて座28番星の掩蔽を観測し，雲の裏に沈む28番星の減光量のグラフがぎざぎざになるのを発見した．28番星がタイタンの真うしろにきたとき，大気のレンズ効果で28番星の光が屈折して光景が強まる「閃光」が観測されたため，タイタンの大気は薄くかすんでいるという定説が疑問視された．観測したアマチュア天文家の一人，イギリスのサウスヨークシャーのケヴィン・ディークスはこの観測のもう一つの成果として，「これでタイタンの位置が以前よりはっきりしたので，今後のカッシーニのミッションが土星とタイタンに行くときに，ねらいをより正確に定められる」と述べている．
13. Christopher Wills and Jeffrey Bada, *The Spark of Life: Darwin and the Primeval Soup*. New York: Perseus, 2000. In Tim Flannery, "In the Primordial Soup," *New York Review of Books*, November 2, 2000, p. 56.
14. Cassini, in Alexander, *The Planet Saturn*, p. 113.
15. David Morrison, Torrence Johnson, Eugene Shoemaker, Laurence Soderblom, Peter Thomas, Joseph Veverka, and Bradford Smith, "Satellites of Saturn: Geological Perspective," in Gehrels and Matthews, eds. *Saturn*, p. 616.

16. 「宇宙の構造を知ることが私の観測の変わらぬ究極の目的だ」とハーシェルは記している．(Michael Hoskin, "William Herschel and the Making of Modern Astronomy." *Scientific American*, February 1986, p. 106.〔M・ホスキン「現代天文学の先駆者ハーシェル」『日経サイエンス』1986年6月号〕）しかし，ハーシェルは非常に根気強かったので，探していないものも数多く発見した．観測への熱心な取り組みは多くが認めるところで，ハーシェル自身も次のように述べている．「星の輝く夜は1時間でも無駄にしたくないので，今後は天体観測に専念することにした．いく晩も11時間から12時間続けて観測し，少なくとも400個の天体を1つずつ慎重に調査した……一つの恒星をありとあらゆる倍率で30分も眺めることもたびたびある」(Michael Hoskin, *William Herschel: Pioneer of Sidereal Astronomy*. London: Sheed Ward, 1959, p. 15.)
17. E. C. Krupp, "Managing Expectations." *Sky & Telescope*, August 2000, p. 84.
18. Ibid., p. 85.
19. 海王星より内側の軌道でより速いスピードをもつ天王星が海王星に近づくとき，海王星の引力を受けて加速する．やがて2つが衝の位置 ── 太陽と天王星と海王星が直線上に並ぶ ── を通過したのちは，海王星が天王星の進行を遅らせる．この作用は衝が起こった1822年，海王星発見の目前に報告された．
20. Patrick Moore, *The Discovery of Neptune*. New York: Wiley, 1996, p. 17.
21. Ibid., p. 20.
22. Ibid., p. 22.
23. John Herschel, letter on "Le Verrier's Planet," in Ellis D. Miner, *Uranus: Planet, Rings, and Satellites*. New York: Ellis Horwood, 1990, p. 25.
24. Moore, *The Discovery of Neptune*, p. 23.
25. Ibid., p. 24
26. 次の文献に引用されている．*Atlas of Neptune*, p. 22, by Patrick Moore. ムーアは「ずっと近くて明るい天王星の約170年も前に海王星が発見されていたかもしれないと思うとぞくぞくする」と述べている．ガリレオによる海王星の観測については，S・ドレイク，C・T・コワルが彼の天文日誌から見つけ（S. Drake and C. T. Kowal, *Scientific American*, 243, 1980, p. 74〔S・ドレイク，C・T・コワル「ガリレオは海王星をみていた」『日経サイエンス』1981年2月号〕; *Nature*, 287, 1980, p. 311），E・マイルズ・スタンディッシュとアナ・M・ノビリがさらに調査を進めている (E. Myles Standish and Anna M. Nobili, *Baltic Astronomy*, vol. 6, 1997, pp. 97-104)．スタンディッシュとノビリは，海王星の位置を示したガリレオのスケッチの一枚には不規則なところがあるが，木星の衛星 ── ガリレオが最も注目していた天体 ── の位置は「彼がその位置を示した点の幅以下の……正確さで描かれている！」と述べている．
27. ハーシェルは次のように述べている．「この精緻な自然をさらに探求しようと思

うなら，非常に危険という意味で甲乙つけがたい極端な二つの態度を避けなければならない．とりとめのない空想にふけって自分だけの世界をつくるなら，真実と自然の道から大きくそれてしまっても不思議でもなんでもない．そのような世界は，まもなくより適切な説に道を譲ったデカルトの渦動説のように消えていくだろう．他方，観測を重ねるのみで結論を出さず，推測さえしようとしなければ，観測というものの目的に反することになる」*Philosophical Transactions of the Royal Society*, ci (1785), pp. 213–14.

28. J. L. E. Dreyer, ed., *The Scientific Papers of Sir William Hershel*. London: Royal Society and Royal Astronomical Society, 1912, 1 pp. 312–14.
29. ティタニアの内側をまわる衛星ウンブリエルとアリエルについては発見者を特定しにくい．19 世紀のイギリスのアマチュア天文家ウィリアム・ラッセルが発見者とされることが多いが，ロシアのプロの天文家オットー・ストルーヴェだとする説もある一方，背景の星を天王星の「衛星」だと考えたウィリアム・ハーシェルがウンブリエルを最初に観測したと主張する研究者もいる．五大衛星で最も内側にあるミランダは，ようやく 1948 年にジェラルド・カイパーがテキサス州のマクドナルド天文台の 205 センチ反射望遠鏡で撮影した写真から発見した．海王星には 2 つの明るい衛星がある．2 つは見事な対称性をもつ．大きいほうのトリトンは 1846 年にラッセルが，小さいほうのネレイドは 1949 年にカイパーが発見した．
30. このような極端な傾きのために，奇妙なことが起こる．天王星の自転周期は 18 時間だが，それぞれの半球では昼が 40 年間続き，そのあと夜が 40 年間続く．
31. 金星も 178 度傾いており，天王星と同様，ほかの惑星と逆方向に自転しているが —— 自転方向が逆であることから 90 度以上ひっくり返っていることがわかった —— 天王星の自転周期が 18 時間なのにくらべて，金星の 1 日は地球の 243 日に等しいため，自転方向の反対側からやってきた天体が金星に衝突し，自転速度を停止寸前まで遅くしたと考えられる．月の起源のジャイアントインパクト説を考え合わせると，初期太陽系は惑星の卵がかなりの頻度でたがいに衝突していたことの強力な証拠になる．
32. Clyde W. Tombaugh and Patrick Moore, *Out of The Darkness: The Planet Pluto*. New York: Signet, 1980, pp. 116–17.
33. Alan Stern and Jacqueline Mitton, *Pluto and Charon: Ice Worlds of the Ragged Edge of the Solar System*. New York: Wiley, 1998, p. 19.
34. David Levy, *Clyde Tombaugh: Discovery of Planet Pluto*. Tucson: University of Arizona Press, 1991, pp. 69–70.
35. 惑星 X の名前として，1919 年にフランスの天文家が「プルート」を提案したが，発見されたときには誰もこのことを覚えていなかったようだ —— ましてその年に生まれたバーニーが覚えていないのは当然だった．

36. 冥王星が条件を満たしていないのを知ったトンボーは，さらに13年かけて惑星Xを探し，その過程で3000万個の恒星の写った9000万枚の写真を詳しく調べた．こうした作業によって，カイパーベルト天体がもし存在するとしたら，その位置と規模はかなり限定されることになった．この問題はボイジャーのフライバイによって天王星と海王星の質量がより正確にわかったことで解決した．新しいデータを用いて軌道が計算し直されると，惑星Xによって生じていると思われていた摂動はなくなったのである．
37. 「冥王星が除外されたことに戸惑い，がっかりしてもいる」: Kenneth Chang, "Pluto's Not a Planet? Only in New York." *The New York Times*, January 22, 2001.「惑星から降格」: Ira Flatow, *Talk of the Nation/Science Friday*, NPR, February 11, 2000.「ヘイデンは冥王星を惑星からはずした」: Charles Osgood, CBS News *Sunday Morning*, February 18, 2001.「冥王星が落選した」: "Museum Explains Why Pluto Is Out of Its Orbit," *The Santa Fe New Mexican*, March 3, 2001.「そうすれば太陽系の構造がわかるようになる」: NBC News *Saturday Today*, January 27, 2001.「惑星を数えるのでなく，グループを数えてほしい」,「私たちは冥王星を手放すつもりはありません」: Chang, "Pluto's Not a Planet?"「ほかの宇宙」: "Is Pluto Really a Planet?" *The News of the World*, January 28, 2001.
38. 1987年3月23日，デヴィッド・レヴィによるクライド・トンボーへのインタビュー．

第十五章　夜空

1. David. J. Eicher, "Warning: Globular Clusters Can Change Your Life." *Astronomy*, April 1988,p.82.
2. Robert Henri, *The Art Spirit*. Boulder, Colo.: Westview Press, 1984, p. 79.〔ロバート・ヘンライ『アート・スピリット』野中邦子訳，国書刊行会〕
3. 本書では北半球の星座を紹介し ── 残念ながら紹介しきれなかったものもたくさんあるが ── とくに春の夜空を中心に説明した．
4. 残りの2つはドゥーベとベネトナシュである．ドゥーベは柄杓にある北極星に一番近い星で，ベネトナシュは反対側の端，つまり柄の先端にある．
5. 非常に明るい恒星は古代アラブの天文学者にちなんで命名されているが，ギリシア名のシリウスやローマ名のレグルスのようなものもある．ドイツの天文学者ヨハン・バイエルが1603年の著書『ウラノメトリア』ではじめた慣習にならい，各星座の主要な星はギリシア文字で表わされる．したがっておおいぬ座で最も明るいシリウスは，おおいぬ座α星である．このほかにも，星の命名にはカタログによっていろいろな方式が使われている．複数の命名法があるので，たとえばシ

リウスでいうと，SAO151881，GSC5949:2767，HIP32349，HD48915，B-16 1591，フラムスティード番号でおおいぬ座9番星など，多くの名称がある．88個の星座には，ギリシア語とラテン語の名前がつけられている．公式な星の命名は国際天文学連合（IAU）が管轄している．IAUは星に自分や友人の「名をつける」権利を販売する組織には権威がないので注意するように呼びかけ，「真実の愛など，人生で大切な多くのものと同じように，夜空の美しさは売り物ではなく，誰もが無償で楽しめるものだ」と，科学組織にしてはめずらしく情緒的な言いまわしをしている．

6. Robert Burnham Jr., *Burnham's Celestial Handbook*. New York: Dover, 1978, p. 1940.〔R・バーナム Jr.『星百科大事典』改訂版，斉田博訳，地人書館〕
7. この分類は特定のスペクトル線を基準に定められている．たとえば，O星は電離ヘリウム，B星は中性水素，M星は酸化チタンのスペクトル線が目立つ．各型はさらに細分され，数字が振られている．F5星ならF型の真ん中ということである．また1920年代から1930年代には，I（熱い超巨星）からV（冷たい矮星）の光度階級が加えられた．太陽のスペクトル型はG2 V，つまりG型矮星である．ただし天文物理学では，普通の主系列星はほとんどが矮星である．ここでの矮星とは「非常に小さい」という意味ではない．
8. Burnham, *Burnham's Celestial Handbook*, p. 1285.〔バーナム Jr.『星百科大事典』〕
9. プリンストン大学の物理学者J・リチャード・ゴットが別の方面からの研究で得た見解を拡大すれば，私たちが典型的な大きい銀河にいることは確率からそう見込まれるので至極当然のことだといえる．典型的な銀河とはよくある種類の銀河ということであり，また大きい銀河は小さい銀河よりもたくさんの星があるので，平均的な観測者は大きい銀河にいることになる．小さい都市よりも大きい都市のほうが人口が大きいのと同じことである．極端に大きい銀河は数が少ないため，観測者も比較的少ない．星の少ない小さい銀河も同様である．
10. 天の川銀河などの銀河にも，いわゆるダークマターが多量にある．銀河にダークマターがあることは重力の面から力学的に推論されているが，それを検出するのは本質的に不可能である．現在のところ，ダークマターの組成はわかっておらず，エキゾチック粒子が関わっていることも考えられる．本章で見た暗黒星雲は，この謎の「ダークマター」ではなく，比較的組成がよくわかっているガスと塵でできている．
11. William Sheehan, *The Immortal Fire Within: The Life and Work of Edward Emerson Barnard*. New York: Cambridge University Press, 1995, p. 3.
12. Gerrit L. Verschuur, "Barnard's 'Dark' Dilemma." *Astronomy*, February 1989, p. 32.
13. Sheehan, *Immortal Fire Within*, pp. 9–10.
14. *Ibid*., p. 12.

15. Verschuur, "Barnard's 'Dark' Dilemma." p. 33, and Sheehan, *Immortal Fire Within*, p. 13.
16. Burnham, *Burnham's Celestial Handbook*, p. 1635.〔バーナム Jr.『星百科大事典』〕

第十六章　天の川銀河

1. 当時の観測者を弁護すれば，天の川の近くに星が多いのはさほど目立たなかった．分類の仕方によるが，たとえば3等級よりも明るい173個の恒星のわずか15パーセントから20パーセント増にすぎない．ただし当時のデータでも，少なくとも理論的に導くことはできた．（D. Hoffleit and W. H. Warren Jr., *The Bright Star Catalogue*, 5th revised edition, Astronomical Data Center, NSSDC/ADC, 1991.　変光星などがあるため，詳細な等級づけにはやや不正確なところもあるだろうが，統計上は有意ではなく，結果に影響しない．）
2. Auguste Comte, *Cours de Philosophie Positive*, 1835.
3. この研究の詳細については，筆者の以下の著作を参照のこと．*Coming of Age in the Milky Way*, New York: Morrow, 1988, Chapter 9.〔ティモシー・フェリス『銀河の時代 ── 宇宙論博物誌』，野本陽代訳，工作舎〕
4. Stephen James O'Meara, "The Outer Limits." *Sky & Telescope*, August 1998, p. 87.
5. Walter Scott Houston, *Deep-Sky Wonders*. Selections and commentary by Stephen James O'Meara. Cambridge, Mass.: Sky Publishing, 1999, p. 2.
6. オリオン大星雲の密度は1立方センチメートルあたり約1000原子で，星間空間よりはるかに高密度だが，それでもかなり希薄である．煙の粒ほどの大きさで，質量の1パーセントを占めている塵粒子は一つ一つが平均150メートルも離れている．
7. Houston, *Deep-Sky Wonders*, p. 4.
8. ボークが夜空に熱中するようになったのは，オランダでボーイスカウトのキャンプに参加したときだった．ボークは1918年の著書に，「そのとき天の川と恋に落ちた」と書いている．長じてプロの天文家になったのは，球状星団の距離を測定し，天の川銀河における太陽系の位置を明らかにしたハーロー・シャプリーの影響が大きかった．ボークは非常に真面目で忠誠心の厚い人で，生涯シャプリーに心酔し続けた．1983年にボークが亡くなる数カ月前，私はシャプリーの天の川銀河モデルについて批判的な意見を述べた．すると聴衆のなかにいたボークがすぐさま立ち上がって反論し，亡くなって10年になる友であり師であるシャプリーを擁護した．私と同じ感じを覚えた人も多いことと思うが，温かく機知に富んだボークとの討論は，多くの科学者から賛同を得るよりずっと楽しかったことを思い出す．

9. M42とM43はメシエの時代にもよく知られ，遠く離れた彗星よりもはるかに大きいので，コメットハンターのためにつくったカタログにメシエがこの2つを加えた理由は謎である．M44のプレセペ星団とM45のプレアデス星団と同様，よほどなことがないかぎり彗星とまちがえそうにない天体をリストにくわえたのは，1774年版のカタログに掲載する天体の数を45にするためだったといわれている．ライバルのニコラ・ルイ・ド・ラカイユが1755年に出版した南天のカタログには42個の天体が掲載されていて，それを追い越すのが目的だったのかもしれない．
10. ゆっくりではあるが，オリオン大星雲は着々と生産を続けている．オリオン大星雲のなかには，ローマ帝国が衰亡したころに形成された星が見えるのだ．
11. この簡潔な構図に疵をつけているのが「青色はぐれ星」である．すべての恒星が老齢だと考えられている球状星団のなかに，明らかに若い青色の星が数多く発見されているのである．青色はぐれ星の形成については，これまでに十以上の理論が提唱されており，接近する連星の相互作用から球状星団中心部の星の衝突まで多岐にわたる．だが，恒星の材料が混ざり合って新しい星に見えるようなものをつくっている点ではどれも同じである．
12. Leos Ondra, "Andromeda's Brightest Globular Cluster." *Sky & Telescope*, November 1995, p. 69.

ジョン・ヘンリーの幽霊との出会い

1. ジョン・ヘンリーは，南北戦争後のレコンストラクション時代に鉄道建設の労働者として働いた解放奴隷である．フォークブルース・ミュージシャンのレッドベリー（ハディ・レッドベター）が民族音楽研究家のアラン・ローマックスに話したところによると，ジョン・ヘンリーはバージニア州ニューポートニューズの出身で，シンシナティまでの鉄道建設に携わったらしい．
2. ハートの歌った蒸気機関車の運転士は，仕事で命を落とす危険を冒すよりも逃げ出すことを選んだ．上司との対立を避け（「このハンマーをキャプテンのところへ持っていき，俺はいなくなったと伝えてくれ」），ジョン・ヘンリーの伝説を別の人生を歩むための動機にしたのである．

ジョン・ヘンリーが残したハンマーは
真っ赤に染まっていた
それが俺の去る理由だ
ジョン・ヘンリーは勇ましいやつだった
でも，いなくなっちまった

3. 2000年5月30日，カリフォルニア州サンフランシスコにて，ポール・デイヴィスおよびスティーヴン・ワインバーグと筆者との対談.
4. Ludwig Wittgenstein, *Tractatus Logico-Philosophicus*. C. K. Ogden, trans. London: Routledge, 1988, 1.1.〔ルートヴィヒ・ウィトゲンシュタイン『論理哲学論考』，木村洋平訳，社会評論社〕

第十七章　銀河

1. アンドロメダ銀河の銀河円盤の直径は16万5000から20万光年とされているが，ここでは望遠鏡で容易に見える部分について述べている.
2. Ronald Buta, "Galaxies: Classification," in Paul Murdin, ed., *Encyclopedia of Astronomy and Astrophysics*. London: Nature Publishing Group, 2001, vol. 1, p. 861.
3. これらの近傍銀河に星座から名前をつける習慣が混乱のもとになっている．たとえば，ろくぶんぎ座矮小楕円銀河はろくぶんぎ座A銀河とまちがえられるが，後者はもっと遠くの大きい不規則銀河である．また「ちょうこくしつ座（の銀河）」という場合，1000万光年離れた渦巻銀河のNGC253を指すことが多い.
4. E. J. Schreier, "NGC 5128/Centaurus A: 150 Years of Wonder." *Encyclopedia of Astronomy and Astrophysics*, p. 1831.
5. M84は本当は腕のない渦巻銀河，すなわちS0銀河だとの指摘もある．しかし，ここでは外観にもとづいて従来どおり楕円銀河とした.
6. Alan Goldstein, "Explore the Virgo Cluster." *Astronomy*, March 1991, p. 73.
7. 具体的には，渦巻銀河は潮汐破壊したNGC4438と，ほかにNGC4435, NGC4479, NGC4477の3つ，S0銀河はNGC4461，楕円銀河はNGC4458とNGC4473である.
8. Alan M. MacRobert, "Mastering the Virgo Cluster," *Sky & Telescope*, May 1994, p. 42.　コープランドはスカイ&テレスコープ誌に深宇宙について多くの記事を書いており，1949年には「レンズや鏡が大きければよいというものではない．光をとらえるのと同じくらい大切なのは情熱と辛抱だ」と助言している.

第十八章　闇の時代

1. Harold G. Corwin Jr., "The NGC/IC Project: An Historical Perspective." NGC/IC Project Web site, updated October 12, 1999.
2. Ken Hewitt-White, "Two Galaxy Clusters in Hercules: Observing Abell 2197 and 2199 from the Cascade Mountains." *Sky & Telescope*, June 2000, p. 115.
3. Steve Gottlieb, "On the Edge: The Corona Borealis Galaxy Cluster." *Sky &*

Telescope, May 2000, p. 130.

4. Robert Roy Britt, "'Brane-Storm' Challenges Part of Big Bang Theory." Space.com Web site, April 13, 2001.
5. Robert Burnham Jr., *Burnham's Celestial Handbook*. New York: Dover, 1978, vol. 1, p. 505.〔バーナム Jr.『星百科大事典』〕
6. Kepler, "On the New Star" (*De stella nova*). Prague: KGW, 1606, chapter 22, p. 257, line 23.
7. Reverend Robert Evans, "Visual Supernova Searching with the 40-inch Telescope at Siding Spring Observatory." *Electronic Publications of the Astronomical Society of Australia*, vol. 14, no. 2, February 1997.
8. *Ibid*.
9. 2001年3月16日，著者によるティム・パケットへのインタビュー.
10. *Ibid*.
11. 1680年以降に天の川銀河で超新星が一度も観測されていない理由は，はっきりしない．天の川銀河ほどの大きさの渦巻銀河なら一世紀に二，三回は超新星があってよいはずだが，銀河の星は円盤付近か円盤内に集中しているので，超新星のほとんどはそのあたりで発生すると考えられる．過去二世紀のあいだに数回発生したものは，塵や星の雲に隠されていたのだろう．
12. 1994年5月5日，カリフォルニア州バークリーにて，著者によるカール・ペニーパッカーへのインタビュー.
13. 1993年3月28日の日曜日，ガルシア・ディアスが超新星を発見したあとに続いた出来事は，彼のアマチュア天文グループへの参加とプロへの連絡が功を奏したことを物語っている．ガルシア・ディアスはマドリード天文協会の仲間ホセ・カルバハル・マルティネスに電話して，コンピュータープログラム「アステロイズ・アパルシーズ（小惑星近接）」を使って当該の場所を調べてもらい，その光が小惑星でないことを確認した．ガルシア・ディアスが銀河を観測するためにふたたび外へ出たころ，カルバハル・マルティネスは天文グループのディエゴ・ロドリゲスに電話し，その銀河のCCD画像を撮ってもらって超新星が実際にあるのを確認した．電子星図を2つ使って調べてもその場所には恒星がなかったことから，ロドリゲスは天文学者のエンリケ・ペレスに連絡した．カナリア諸島で2.5メートルのアイザック・ニュートン望遠鏡を使って観測していたペレスは，すぐにその超新星のスペクトルを取ることができ，このデータが恒星の種類を決定する重要な手がかりになった．スペインのアマチュア天文家たちが明け方にAAVSOのジャネット・マッティに連絡したとき，外はまだ暗く，同じころアマチュア天文家ロバート・エヴァンズのいるオーストラリアでは日が暮れようとしていた．その後の数時間，地球の暗い側にいる天文家は，プロとアマチュアとを問わず新しい超新星に望遠鏡を向け，貴重なデータを取得したのである．

14. A. Dressler, "The Evolution of Galaxies in Clusters." *Annual Review of Astronomy and Astrophysics*, 1984, 22:212.
15. Barbara Wilson, in "Who's Afraid of Einstein's Cross," Web site posting under "Adventures in Deep Space: Challenging Observing Projects for Amateur Astronomers."
16. John Archibald Wheeler, *At Home in the Universe*, Woodbury, N.Y.: American Institute of Physics, 1994, p. 128.　この話の詳細については，ウィーラーの巻末の注釈を参照のこと．

夜明けのミネルヴァ

1. Hegel, *Philosophy of Right*, Preface.
2. Northrop Frye, *Fearful Symmetry: A Study of William Blake*. Princeton: Princeton University Press, 1969, p. 123.
3. Blake, *Jerusalem: The Emanation of the Giant Albion*. London: W. Blake, St. Molton St., 1804, p. 152.
4. Ray Monk, *Lutwig Wittgenstein: The Duty of Genius*. New York: Macmillan, 1990, pp. 140–41.〔レイ・モンク『ウィトゲンシュタイン――天才の責務』1・2，岡田雅勝訳，みすず書房〕
5. *Ibid*., p. 572.
6. *Ibid*., p. 143.

するフェリス氏の文章による語りはとても美しく、穏やかななかにも宇宙と美、そして仲間であるスターゲイザーへの愛情が主旋律のように力強く流れています。わたしの拙い訳でどこまでご紹介できているか心配ではありますが、星のあいだを旅しながらの翻訳作業はとても楽しいものでした。一人の人間のさまざまな経験は時とともに溶け合い、一つの小さい宇宙になって心に宿り、フェリス氏のようにそれを表現する術をもつ人の手で外に解き放たれて、わたしたちの心に染み入ってくるようです。

これを書いているいま、東京は桜が満開です。夜桜を見上げ、それから高い梢のずっと先を眺めれば、春の夜空には第十五章で星のたどり方として紹介されているうしかい座のアークトゥルス、おとめ座のスピカ、しし座のレグルス、かに座にあるプレセペ星団、全天で最大の星座であるうみへび座などがこちらを見下ろしているかもしれません。

本書の翻訳にあたり、天文学の専門的な内容については国立天文台教授の渡部潤一先生に貴重なアドバイスをいただきました。また、翻訳を勧めてくださったみすず書房編集部の市原加奈子氏には大変お世話になりました。こうして刊行までこぎつけられたのは、なかなか仕上がらない原稿を辛抱強く待ち、丁寧に原稿に目を通してくださった彼女の忍耐があればこそでした。付録としてフェリス氏制作のドキュメンタリーDVDがついているのも、本書のすばらしさを読者のみなさんによりよく伝えたいという市原氏の熱意からです。この場を借りてお二方に心からお礼申し上げます。ありがとうございました。

二〇一三年三月

桃井緑美子

ような空のことをいうのでしょう。あれを機に天文観測の世界に足を踏み入れていれば、いまごろわたしも大地に足をつけて空に住んでいると言えたのかと思うと、ちょっぴり悔しい気持ちになります。

そんなわたしにも、本書で紹介されているスターゲイザーのなかに知っている名前がありました。その一人が本業の音楽で有名なブライアン・メイ氏です。クィーンのメンバーのなかでも独特のギターの音を響かせるメイ氏のファンだったわたしは、彼が大学で物理学を修めたことや天文好きであることを当時から知っていました。その後は別のバンドに関心が移ってしまいましたが、クィーンを聴かなくなってひさしい二〇〇七年に、メイ氏が六十歳で博士号を授与されたというニュースを耳にしました。音楽活動のために三十年以上も中断したのちに、天体物理学の研究を再開したとのことでした。メイ氏の物事への取り組みの真摯さに、かつてのファンとして感銘すると同時に、天体観測への熱意とはそれほど深く長く人をとらえて離さないものなのかと驚いたものです。本書にメイ氏のことが書かれているのを読んで、わたしはしばし過去に連れもどされた気持ちになりました。降るような星を見たのは、もしかしたらそのころだったかもしれません。

メイ氏はムーア卿の番組に何度か出演し、二人はプライベートでも親交があったようです。そのムーア卿は惜しくも昨年十二月に他界なさいました。一人のホストによる長寿番組の記録は途絶えてしまいましたが、その後任ホストとして一時はメイ氏の名が候補に挙がっていたそうです。番組を通じて少年時代のメイ氏に多大な影響をあたえたムーア卿は、彼にとって父親のような存在だったと聞きます。

本書の著者ティモシー・フェリス氏もやはりムーア卿の本を読んで育ちました。また、音楽と天文を切り離せないのもメイ氏と同じようです。フェリス氏はニューヨーカーやナショナル・ジオグラフィックをはじめとする多くの雑誌や新聞に記事を書いたり、NASAのボイジャーレコードの制作に関わったりする以前は、新聞記者や音楽雑誌のローリング・ストーン誌の編集者をしていたことがありました。文学と音楽を愛

訳者あとがき

なぜだかわからないが、星を眺めていると僕は夢を見ている気持ちになる。
——フィンセント・ファン・ゴッホ

「私は大地に足をつけて空に住んでいるのです」

英国BBC放送の人気天文番組「ザ・スカイ・アット・ナイト」のホストを五十五年の長きにわたって務めたパトリック・ムーア卿の言葉です。ムーア卿のみならず、夜空に魅せられた世界の数多くのスターゲイザーもきっと同じ気持ちなのではないでしょうか。

科学のなかでも最も古くから発達した天文学は、昔からアマチュアが貢献できる分野だといわれています。プロとアマの区別がなかった古代から近代、そして探査機が宇宙へ飛んでいく現代も、無数の人が夜ごと空を見上げてこつこつと観測を続け、少しずつ知識を積み重ねてきました。そのことを思うとき、宇宙が広大無辺であるように、人間の努力と探求心にも果てがないことに心を打たれます。天文家、天体観測家、天文ファン、マニアなど、そのような人々を指す言葉はいろいろありますが、プロもアマも含めて、観測せずにはいられないという彼らの限りない熱情を表わしたくて訳語を「スターゲイザー」としてみました。いうまでもなく、星を見つめる人という意味です。

何歳くらいのころだったか、わたしも子供のころに旅先で夜空を見上げて、満天の星にびっくりした記憶があります。冬のことでした。いまでもそのときの情景を思い出せるほどですが、星が降るというのはあの

この世界について問題になるものを、私たちは世界の意味と呼ぶということ(4)

何年ものちも、ウィトゲンシュタインはまだ考えていた。「私は一つの世界像をもっている。それは真か偽か。何よりもそれが私の探究と主張の基体である」(5)

「問うということはまったく難しい!」。ウィトゲンシュタインはケンブリッジ大学の彼の授業に集まった数人の学生にむかって叫んだ。まったくだと思いながら、私は丘の下にむかって小石を蹴る。難しくなかったら、私たちはこれほど問うことが好きではなかったろう。問うことで、霊長類の知性はこの地球からクエーサーへと伸びていく。もし人間の思考に限界があるのなら、その限界はなぜ見つからないのだろう?「心は永遠の相のもとで事物を考えるかぎり永遠である」とスピノザは言った。(6)しかし、この永遠の心とは誰のものを指しているのだろう?

家に帰ると、暖炉の炭がまだわずかに燃えている。手をかざして温め、ベッドにもぐりこむ。目を閉じた闇のなかに最後に見るのは、青い広がりに浮かぶ、消えることのない子持ち銀河だ。

もし私がブレイクに「あなたは何を信じていますか」とたずねられたら、不本意ながら、よくわからないと答えるだろう。回転する銀河は本当に存在し、想像の産物などではないと私は思っている。私の想像力は銀河を創り出すほどたくましくない。そして、人間と銀河には何らかの関係があると信じている。だが、その二つがどう関係しているのか。言い換えれば、デカルト二元論の残滓がすっかり消えてしまうと、心と物質の本当の関係はわからないままだ。生命の問題は、芸術家と科学者の両方の精神をもち、アインシュタインのいう「無節操な日和見主義者」になって、使えるものは片端から利用して取り組めばよいだろう。ブレイク自身は「私は理由づけも比較もしない。私の仕事は創造だ」と言った。だが、その直前に「私は一つの体系を創り上げなくてはならない。さもなければ誰かの創った体系の奴隷になる」とも言っている。(3) 私は体系を創っただろうか。あるいは、ブレイクがたんなる知識と一蹴した科学体系の奴隷になっているのか。ブレイクは懐疑的な見方を蔑んで科学者を「自然人」と呼び、自然人は「金貨の太陽」を見ていると言った。

本物の太陽が昇ってきた。高貴な朱色のマントをまとい、木々の枝に金粉を振り撒く。私には金貨には見えない。ウィトゲンシュタインは第一次世界大戦中、東部戦線で最も危険な任務に志願し、狙撃される危険に身をさらしながら監視塔に毎日座った。以下は、ウィトゲンシュタインのノートに書かれた言葉である。

私が知っているのはこの世界が存在するということ
私の目が視界のなかにあるように、私がこの世界のなかにあるということ

天文台日誌より
夜明けのミネルヴァ

日光の指先が山頂にとどくころ、私はまだ子持ち銀河に見とれている。明るくなってきた紺色の空に白い渦巻が浮かんでいる。このあたりに棲むミネルヴァという名の梟《ふくろう》が最後にホウとひと鳴きすると、静寂が訪れる。彼女は天文台ができる前からここに棲んでいる。ヘーゲルの格言「ミネルヴァの梟は黄昏とともに飛び立つ」から名を取ったのは私だ。(1) ヘーゲルの言葉で私にとって重要な意味をもつのはこれ一つだろう。ミネルヴァの黙ったのが夜の終わりを告げる合図だと思い、私は望遠鏡を押してもとの位置にもどす。主鏡にキャップをし、冷たく重いアイピースをはずし、屋根を閉め、丘を下る。今夜は超新星を発見できなかったが、何百万もの超新星からの光線が確かにこちらにむかって急いでいる。いつか私もそれを目にする最初の一人になれるかもしれない。帰りが遅くなった蝙蝠《こうもり》が白んだ空を急いで横切り、オークの林へ飛び込んでいく。それを見て私はウィリアム・ブレイクの詩を思い出す。

夜の終わりに飛びまわる蝙蝠は
信じようとしない脳を置き去りにしていった(2)

はできないとわかっていても、追い求めることで成長し続けられると信じているからである。

生命は宇宙と同じように、時間を使いつくしたところで闇に消える。天文学の、そしてそのほかあらゆる分野の人間の探究は、死への思いがその原動力なのかもしれない。人が偉人のそれのようなすばらしい最期の言葉を心にとどめるのは、死と向き合う生命の勇敢さをたたえる気持ちがあるからだ。トマス・ホッブス（「いま私は最後の航海に出かけるために暗闇のなかへ飛び立つ」）、ルートヴィヒ・ウィトゲンシュタイン（「すばらしい人生だったと伝えてくれ」）、蘇東坡（西方浄土へ行こうと努めねばならないと励まされたのに対し、「努めようとするのはまちがいだ」）。よい死に方をする秘訣はすばらしい記憶をたくさんたくわえることだろう。それがすなわちよい生き方でもある。人を愛するよろこびや失う悲しみの記憶、また、明け方の鳥の歌声や荒れ狂う波しぶき、ハリケーンの目の空気に漂う甘い匂い、野の花を飛びまわるミツバチなど、この世界の美しい自然の記憶に、別の世界のなにがしかの記憶もくわえられればもっと望ましい。太陽の縁から立ち昇るプラズマの弧、吹き荒れる火星の黄色い砂塵嵐、木星の陰から姿を現わす怒気はらむ赤いイオ、黄金色に光る土星の環、天王星の緑の点と海王星の青い点、眩しいほどのいて座の領域、相互作用する銀河をつなぐ細い糸、音もなく空に線を描くオーロラと流星。そういうものをもし見たことがあるなら、この世界だけでなく別の世界も見たことがあるなら、その人はたっぷりと生きてきた。

だから生命が私たちに宿り、私たちが生命に宿っているあいだは、しっかり目を開いていよう。

宇宙のどこで観測しても、近傍の宇宙空間に最近の時間が、少し遠くに古代の時間が見え、そのむこうは暗黒時代の真っ黒なカーテンが下りている。さらに先には電波でしか識別できない宇宙マイクロ波背景のやわらかな光がある。ビッグバンそのものの最期の光だ。これが私たちの住む宇宙、複雑に入り混じった時空の卵である。それは最期の縁で輝きを増し、それから暗黒と背景の光に溶けるように消えていく。

数年前、私はテキサス州オースティンに物理学者のジョン・アーチボルド・ホイーラーを訪ねた。そのときホイーラーは簡単な絵を描いてくれた。ビッグバンを表わす小さい点から曲線が太くなりながらU字型を描いて伸び、最後に目が描かれて、その目が最初の出発点を見ている。宇宙における私たちの役割を理解しようとし続けるホイーラーの努力がその絵に表われていた。観測し、思考する私たち人間は宇宙のプロセスの産物だが、そのプロセスから距離を置き、宇宙の外へ出ることはできないにもかかわらず、まるで外から見ているかのように分析できる。ホイーラーは著書のなかで人間の状況をアブラハムと神の有名な対話にたとえている。神に「もし私がいなければ、あなたはいまここにいない」とたしなめられ、アブラハムは答えて言った。「主よ、わかっています。しかし、もし私がいなければ、あなたのことが知られることもなかったでしょう」[16]

「これはまだまったく正しいわけではありませんよ」。ホイーラーは人さし指で絵をとんとんと叩きながら言った。人間の知性と広い宇宙との関係を理解しようとする試みには、すべてこれと同じことがいえるだろうが、なかにはほかよりも有益なものがある。それが人間というものではないだろうか。私たちは観測し、理解しようとし、考えを整理して発展させる。そして自分に正直ならば、その考えが「まだ正しいわけではない」と認めるだろう。それでも私たちは探究し続ける。すべてを明らかにすること

経路の距離の差がわかる。これは難しい観測だが、理論上は手前の銀河とクエーサーの地球までの距離を直接的に算出する幾何学的手法になる。大型望遠鏡を使っているアマチュア天文家は、おおぐま座、しし座、りょうけん座にあるクエーサーの重力レンズ像を目視で観測している。うしかい座にはクローバーリーフ・クエーサーの四重の像が見えるが、非常に狭い一・三六秒角の範囲に四つが収まっているため、分解するのはきわめて困難だ。ペガスス座にあるアインシュタインの十字にも四つの像が見える。そのうち二つは十七・四等級、あとの二つはやや暗く、十八・四等級と十八・七等級である。十字の中心には十四等級の銀河CGCG378－15がある。バーバラ・ウィルソンは、マクドナルド天文台の駐車場に自分で設置した五十センチの望遠鏡で明るいほうの二つと中心の銀河を、残りのかすかな二つを九十センチのドブソニアンで観測した。ねらいの天体から少し視線をそらして目のなかで光の感度が最も高い部分にもってくる「そらし目」を使っても、見えたのは一つか二つのぼやけた像だけで、四つが同時に見えることはなかった。バーバラは言う。「アインシュタインの〝十字〟を見たことがないのよ。四つの像が同時に見えなければ十字を見たことにはならないわ」(15)

さて、さらに遠くには何があるだろう？　プロ用の巨大望遠鏡を使った研究によると、ルックバックタイムが大きくなるとともにクエーサーの密度が高くなっていく。だがそれは、ビッグバンの約十億年後までの話である。そこを越えると、非常に遠くからでも見えるほど明るく輝いていても、クエーサーの数は急減する。銀河や銀河中心部のクエーサーがまだ形成されていなかった原始の暗黒時代までさかのぼっているからだ。だから夜空は暗いのである。もし視線がある星の表面でことごとく止まるなら、空は燃え上がる光の壁のように見えるだろう。実際はそうではなく、百億光年から二百億光年先には闇が下りている。

が二十七億光年離れていることを突き止めた数人のアマチュアの一人である。遠くを見るほど、それだけクエーサーの数が多くなる。ただし限度はあるが。

宇宙の彼方を見るのは、遠くさかのぼった時間を見るのに等しい。この「ルックバックタイム」という現象によって、スターゲイザーは過去を観察する人ということになる。「天文学者は歴史家よりも有利だ。自分自身の歴史ではないにせよ、誰かの歴史を直接観測できる」と述べたのはアメリカの天文学者アラン・ドレスラーである。[14] ルックバックタイムが大きいほどクエーサーが多くなることから、初期の宇宙にはすでにクエーサーがあったと考えられる。若い銀河は核付近にクエーサーのエネルギー源になる星間物質が豊富にあり、クエーサーは数十億年かけてそれを使いつくして衰える。スターゲイザーは、すでに消滅してなくなった星が見えるのかとときどき人に聞かれる。天の川銀河の恒星の場合は、そういうことはないだろう。天の川銀河の光が地球にとどくまでの時間は数百年から数千年程度で、恒星の一生からすればごくわずかな時間だからだ。だが、クエーサーの場合にはありうる。私たちが見ているクエーサーは、光がクエーサーを出発してから経過した数十億年のあいだに輝かなくなっている。

クエーサーは非常に明るい。もしも局部銀河群に活動中のクエーサーがあったら、満月をしのぐ明るさだろう。これだけ地球から離れていても、小さい望遠鏡で十個以上のクエーサーが見える。決して壮大な天体には見えない光の点にすぎないが、遠い遠い輝きであるところに魅力がある。

クエーサーが銀河や銀河団のうしろに位置している場合には、その重力でクエーサーの発散光線が曲がって地球にむかってくるため、クエーサーの像が空に複数浮かび上がる。ほとんどのクエーサーは明るさが変化するので——ブラックホールへ引き込まれる物質の量が一定でないためと考えられている——「重力レンズ」像の光の到着時刻の差を確認すれば、その光が私たちのところへくるまでに通った

世界各国のプロとアマチュアがさまざまな機器を駆使して協力しながら成果を上げる新時代を迎えた。その転換点の日付を選ぶとしたら、一九八七年二月二十三日から二十四日にかけての夜が有力候補にちがいない。

アマチュア天文家が望遠鏡をのぞいて見えるのはどのくらい遠くまでだろう？　その答えは「観測する天体がクエーサーなら数十億光年」である。

銀河には、その銀河内の星が全部束になってもかなわないほど明るく輝く核をもつもの、あるいはもっていたものがある。このような明るい銀河核はクエーサーと呼ばれている。この言葉は準恒星状天体の英語名を縮めたもので、当初は独立した変わり種の恒星に見えたためにこのような名がつけられた。クエーサーは遠すぎて当時の望遠鏡では周囲の状態がわからず、そもそも銀河に属するかどうかについても長いあいだ議論が交わされた。この疑問が完全に解明されたのはハッブル宇宙望遠鏡が打ち上げられてからのことである。その後クエーサーの画像を撮影できるようになり、クエーサーが銀河の中心付近にあることが確実になった。クエーサーのエネルギー源は、大質量ブラックホールに引き込まれて渦を巻きながら発熱して光を放つ物質のようだ。現在では、大半の銀河核に大質量ブラックホールがあるといわれている。

クエーサーのスペクトル線は赤の側に偏っていて、クエーサーが非常に遠くにあることを示している（これがハッブルの法則である。膨張宇宙では遠い天体ほど後退速度が速く、スペクトルが長波長の赤側に遷移する。遠ざかっていく車のクラクションの音が低くなるのと同じ原理）。学者の言うことを黙って鵜呑みにしなくても、アマチュアもこのことを確かめている。フランスのクリスチャン・ビルはクエーサー３Ｃ２７３のスペクトルを独自に取得し、後退速度が毎秒四万五千キロメートル、したがって３Ｃ２７３

れる二時間前に地球にとどくだろう。理論ではそういうことになっていたが、実際に観測した人はまだいなかった。

超新星１９８７Ａが発生したとき、オハイオ州のクリーブランドと日本の岐阜県神岡町にある地下検出装置でニュートリノが観測された。深宇宙からのニュートリノが初めて観測されたこの出来事は、二月二十三日七時三十五分四十一秒世界時に起こった（世界時［ＵＴ］はグリニッジ標準時と同じ）。シェルトンの超新星発見を知り、爆発した恒星からニュートリノがとどいている可能性に気づいた物理学者がほしい情報は、超新星の光が最初に現われた時刻だった。もし理論が正しければ、光が到着するのはニュートリノの到着から二時間後の九時三十五分ＵＴのはずである。その超新星を最初にとらえたロバート・マクノートの写真は、ニュートリノ検出から三時間後よりも少し前の十時三十分ＵＴに撮影されていた。少なくとも二時間は経過していたのだから、これで理論の半分は確認できたが、あとの半分はどうだろう？　光が到着したのは予測の九時三十分ＵＴよりも早くはなかっただろうか。さいわいなことに、目視でタランチュラ星雲を観測していたジョーンズがなんの異常もないことを確認したのはニュージーランドの夜がはじまったころ、ちょうど九時三十分ＵＴだった。シャーロック・ホームズの物語で犬が吠えなかったのが手がかりになったように、ジョーンズが超新星を見なかったことで、ニュートリノの到着から二時間が経過するまで光は到着しなかったことがわかったのである。これで恒星爆発の理論が実証された。それはクリーブランドと神岡町のニュートリノ地下検出装置で実験していた物理学者と、ニュージーランドで変光星を確認していたアマチュア天文家、オーストラリアで空の写真を撮っていたアマチュア天文家、チリで自分の写真を現像してアマチュアからプロになった男の偶然の協力の賜物だった。天文学はプロが単独で望遠鏡を使って観測していた古い時代を終え、情報網で結ばれた

紛れて伝えそびれてしまった。ちょうどそのころ、当時学位を取るためにこの山に住み込んで研究中だったアマチュア天文家のイアン・シェルトンがタランチュラ領域の写真を撮っていた。シェルトンが使っていたのは二十五センチの写真撮影専用の望遠鏡「アストログラフ」だった。風が強くなったので屋根を閉じて店じまいしたシェルトンは、写真乾板を現像して即座にその「新しい」星に気づいた。そこで外へ出て空を確認し、ドームにもどって天文学者に報告したのである。シェルトンは超新星1987Aの発見者として歴史に名を残すことになった。片やドゥアルデはそうなりそこねた。そして同じ超新星をオーストラリアで撮影していながらフィルムを現像していなかったロバート・マクノート、数時間後にニュージーランドで観測したアルバート・ジョーンズもそのチャンスを逃してしまったのである。

五十万以上の変光星を観測したベテランのアマチュア天文家ジョーンズはその晩少し早い時間にもタランチュラ星雲を見ていたが、そのときには普段と違うことは何もなかった。いつもどおりに思えたこの観測が、超新星の「ニュートリノ冷却」という新しい理論を検証するうえできわめて重要な役割を果たすことになった。超新星の原因となる爆発は、死を目前にした恒星内部の深いところで起こる。外層の大気が中心核へむかって落下し、高密度の核にぶつかるのである。天体物理学では、このエネルギーのほとんどが低質量の素粒子ニュートリノの形で放出されると考えられていた。ニュートリノは物質との相互作用が非常に弱く、まるでそこに何もないかのように惑星を突き抜けて飛ぶので——いまこうして本を読んでいるあいだにも五千億ものニュートリノがあなたの体を通過し、さらに地球を突き抜けて地球の裏側の地面から飛び出している——爆発した恒星から出て瞬時に宇宙空間を飛んでいくはずだが、爆発で生じた光はその間まだ恒星表面にむかって進んでいる。計算によると、光が恒星内部に到達して宇宙空間に放出されるのに二時間かかる。そうだとしたら、超新星からのニュートリノは空に光が現わ

台の七十五センチロボット望遠鏡で撮られた画像だった（プログラムの責任者である天体物理学者のカール・ペニーパッカーは「生徒会長から不良や失読症の生徒まで、超新星探しに夢中になる子はいろいろです。彼らがどれくらい学んでいるかはわかりませんが、誰もが何らかのことを学んでいます」と私に話してくれた[12]。タータラは子持ち銀河が「おもしろそうだったから」撮影を依頼したという。急速に光度を増していく段階のごく初期の超新星を写した一枚だった。

超新星を発見した観測者は天文電報中央局にとどけ出て、それ以前に発見されていないかどうかを確認してもらう。結果がわかるまでの不安は想像に難くない。

一九九三年、アマチュア天文家のA・ウィリアム・ニーリーは、ニューメキシコ州シルバーシティで有名なM81銀河のＣＣＤ画像を撮影したが、渦巻腕に明るい超新星が現われていたのを見落としてしまった。そしてその超新星はそれから十五時間もしないうちに、マドリードで二十五センチ望遠鏡を使って目視観測していたアマチュア天文家フランシスコ・ガルシア・ディアスに発見されたのである[13]。ニーリーは、増光中の超新星を撮影したＣＣＤ画像は恒星爆発の等級のデータ点としての価値があると考えて自分を慰めた。

一九八七年二月二十三日、大マゼラン雲にあるタランチュラ星雲の端で十六万八千年前に爆発した恒星からの光が地球にとどいた。望遠鏡なしで見えるほど明るく輝く超新星は、一六〇四年にケプラーが発見して以来の歴史的な出来事だった。チリ・アンデスのラスカンパナス天文台で一メートル望遠鏡のナイトアシスタントをしているオスカー・ドゥアルデはその晩の夜空の透明度を確認するために外へ出て、タランチュラの領域がいつもよりも明るいことに気がついた。ドームにもどって天文学者にそのことを知らせようとしたが、彼らは忙しくしているし、自分も急ぎの仕事を頼まれるしで、慌ただしさに

パケットは続けた。「超新星を探す理由はうまくいえませんが、私はのんびり座って数百もの銀河に見入るのが好きなんです。日々違ったものが見えますからね。ねらった天体を追いかけるのが純粋な科学だとは思いません。科学というからにはスペクトルを取らなくてはいけないし、それには一メートルから三メートルクラスの望遠鏡とスペクトル検出器がいります。それでも科学に貢献できるのはうれしいことです。もちろんエゴもある。こういう探査に携わる人は、何かを発見すれば名誉になるとわかっていますから[10]」

パケットのように大型望遠鏡を利用する手立てのない超新星ハンターは発見率を高めようと、知恵をしぼって作戦を立てているだろう。だが、どんな作戦も痛しかゆしのところがあるものだ。超新星を見つけるには近傍の銀河を見るのが一番簡単だが、たんに楽しむためだけだとしても、同じ銀河を見ている人は大勢いて、第一発見者になれる可能性は小さくなってしまう。一方、楕円銀河や真横を向いた渦巻銀河は、超新星を発見できる確率が低い。楕円銀河には超新星Ⅱ型が現われないし、横向きの渦巻銀河は超新星がたまたま銀河の外縁に現われないかぎり円盤の塵に隠れてしまうからだ[11]。だが、そうと知っているライバルたちは楕円銀河や横向きの渦巻銀河に目もくれないかもしれないので、そこに注目すれば有利だろう。しかしまた……と、きりがない。

パスツールは「チャンスは備えのあるところに訪れる」と言ったが、なんの備えもしていない観測者が超新星を発見した例がある。一九九四年にアマチュア天文家が子持ち銀河に超新星を発見したあとで、それ以前に撮られたCCD画像にその超新星がとらえられていたことがわかった。それはカリフォルニア大学バークリー校が運営する科学教育プログラム「ハンズオンユニバース」に参加していたペンシルベニア州オイルシティ高校のヘザー・タータラとメロディ・スペンスの依頼により、ロイシュナー天文

い。そして完全にコンピューターで制御された望遠鏡に取り付けてやれば、ＣＣＤは「観測者」が眠っている間に大量の銀河を探索してくれるのである。

熱心なアマチュア天文家がＣＣＤを使って超新星探査プロジェクトに取り組み、プロと肩を並べるか、ある意味ではプロをしのぐほどの功績を上げている。マイケル・シュワーツはオレゴン州とアリゾナ州で探査専用の望遠鏡を稼働させている。アリゾナの望遠鏡は共同研究をしているリック天文台のプロが採用した機器よりも集光力の高い、斬新なデザインの八十センチリッチークレチアンである。シュワーツの撮影するＣＣＤ画像は一千四百枚に一枚の割合で超新星が見つかるという。また、土木機器のセールスマンだったティム・パケットは、ジョージア州の山間の町にある自宅の作業場で一万時間を費やし、六十センチのコンピューター制御リッチークレチアンを製作した。パケットは言う。「本当にお金がなくて高価な望遠鏡を買えなかったので、光学系を買う分だけ貯めて、それから長いこと廃棄物回収所に毎月通いました。あのころは再利用されない部分もあったので、大きい鋼板やそういう類のものが見つけられたのです。手に入る部品に合わせて何度も設計を変えました。大変な仕事でしたよ」[9]。続々とでき上がってくるＣＣＤ画像のチェックを友人に手伝ってもらって、パケットはこの望遠鏡で二十四カ月間に三十一個の超新星を発見した。さらにもっと大きい望遠鏡を製作し、その高い集光力を生かして露出時間を短くすることにした。空のもっと遠くを見るためではなく、一晩でより多くの銀河を撮影するためだった。「一つ等級を落とせば二・五倍の星や銀河が見えますから、あるところまできたら、もうたくさんだといわざるをえない。そういうもののスペクトルを取るのが科学にとっては重要なのですが、だいたい十九・五等級よりも暗いとプロもよいスペクトルが得られない。私はたった一分の露出でそれより暗い天体を撮影できます」

観測することがたびたびあった。これだけ効率よく観測できたおかげで、一九八六年から一九九一年半ばまでに自宅の庭で十七個の超新星の発見に成功した。同じ期間にカリフォルニア大学バークリー校のプロチームが自動探査しても、超新星の発見数はわずか二十個にとどまった。しかも彼らの望遠鏡はCCDを装備し、口径もエヴァンズの望遠鏡のほぼ二倍あったのだ。これを知ったエヴァンズは「バークリーと同じくらいの望遠鏡と観測時間があれば、目視でも似たような結果が得られるだろう」と考えた。(7)そこでそれを確かめるためにサイディング・スプリング天文台のプロ用一メートル大型望遠鏡の観測時間を予約した。望遠鏡は制御系の精度が悪く、自分の四十センチ望遠鏡を手でまわすよりも時間がかかったが、それでもエヴァンズはたった一時間で六十近い銀河を観測したのである。発見済みの超新星を見つけるスピードは当時パース天文台で実施されていた自動探査と同等かそれ以上だった。エヴァンズは自分の成果を評価する論文で「目視での探査に価値があることが証明された」と結論した。(8)

目視で超新星を探すときには銀河を見るわけだから、それだけでも充分に報われるにちがいないが、発見者になれる確率は大きく下がる。大きい渦巻銀河では平均して三十年から五十年に一個の超新星が生まれているので、毎晩適当な銀河に三十個から五十個あたるのを一年続ければ、超新星を見るチャンスは充分にある。とはいえ最初の発見者になるには競争に勝たなくてはならないし、しかもライバルは増え続けている。エヴァンズ牧師の名聞を少しも損なうものではないので指摘するが、彼が記録を残した当時、アマチュアの超新星ハンターはサッカーの試合もできないほど少なかった。二〇〇一年にはサッカーリーグができるくらいに数が増え、彼らのほとんどはCCDカメラを使っている。同じ望遠鏡を使った場合、CCDはわずか数秒の露出でも人間の目の感度を上まわるし、露出時間を長くすれば、人間はどんな望遠鏡を使っても太刀打ちできない。目視観測が難しい明るい月夜でも、CCDなら問題な

があるはずはない。私はびっくりして自分の目を疑った」[5]。経験主義者のティコは自分が指さした星が友人にも見えていることを確認し、ようやくその「新しい星」を現実として受け止めたのだった。ヨハネス・ケプラーは一六〇四年にへびつかい座に現われた超新星を研究した。ティコと同様に慎重だったケプラーは、ほかの人が言うようにそれが本当に新しい星である可能性を認めたが、「結論を下す前に、考えうることをすべて試してみなくてはならないと思った」[6]。二人の見た超新星も残骸を残し、現在カタログには電波源3C10および3C358として記載されているが、それぞれティコの超新星残骸とケプラーの超新星残骸という俗称のほうがよく知られている。

大多数の超新星は見つけるのに望遠鏡が必要である。二十世紀のほとんどを通じて、超新星の発見はプロの独壇場に近かった。そのうちの二人、ウィルソン山天文台のヴァルター・バーデとフリッツ・ツヴィッキーが一九三三年に、爆発で一時的に増光する恒星、すなわち新星の特別に明るいものを指して新語の「超新星」をつくった。一方、アマチュア天文家が超新星探しに参加したくても、明るい恒星を見つけたときに参照して「新発見」かどうかを判断できる写真や星図が簡単に手に入らないのが不満だった。星図はとても高価でアマチュア天文家には手がとどかず、銀河の写真を何枚も撮影するのは時間もお金もばかにならなかった。一九六八年になってようやく二十世紀初のアマチュア天文家による発見があった。南アフリカの公務員ジョン・ケイスター・ベネットが彗星を探してM83を調べていたときに、九等級の恒星爆発を見つけたのである。

オーストラリアでは、ニューサウスウェールズ州クーナバラブランの牧師ロバート・エヴァンズが手をつくして星図と写真を収集し、超新星の発見に取り組んだ。並はずれた記憶力をもつエヴァンズは、何百もの銀河の手前に見える星の配置を頭に入れて次から次へと銀河を見ていき、一時間に百個以上も

新星はめったにないからだが、肉眼で見えた超新星の衝撃はその後も長く消えていない。

中国、日本、韓国、ヨーロッパ、アラブには、一〇〇六年に日中でも見えるほど明るい超新星が観測された記録が残っている。およそ半世紀後の一〇五四年にも同じように明るい超新星が中国で観測されている（金星よりもずっと明るく、三日間は真昼でも見えていた。夜に肉眼で見えていた日数は六百五十三日におよぶ）。当時の観測者が空のどこにその天体が現われたのかを正確に記述してくれていたので、超新星１００６の残骸が電波源となって残っていることが確認でき、ＰＫＳ１４５９－４１としてカタログに記載された。また、一〇五四年の超新星が残したのがかに星雲であることもわかった。小さい望遠鏡でも容易に確認できるかに星雲は直径数十光年だが、現在も急速に膨張し続けていて、人間の短い一生のあいだにも直径の伸長が見てとれる（直径の伸長を最初に発見したのはローエル天文台のカール・オットー・ランプランドである。一九二一年にハッブル宇宙望遠鏡で撮影した高解像度画像から、たった数日間で星雲の構造が変化しているのが確認された）。中心部にはパルサーがある。かにパルサーは爆発した恒星の核が高速で回転しているものだ。大きさは一つの都市よりも小さいくらいだが、太陽くらいの質量があり、光と電波のパルスを一秒に三十三回発している。アマチュアの撮影したＣＣＤ画像で見ると十六等級の光の点だが、一秒間に三十枚の画像で画面が組み立てられるテレビ映像よりも速い速度で点滅しているので、通常の恒星のように安定して見える。

ルネサンス期の天文学者は二つの明るい超新星のおかげで、アリストテレスの考えとは逆に空の星が一定不変ではないことに気づいた。一五七二年、夕食後に散歩をしていたティコ・ブラーエはカシオペヤ座のなかに「新しい星」を見つけて足を止めた。「私は子供のころから空に見える星をすっかり覚えていたから、それまでかすかな星さえなかったのはまちがいなかった。ましてあんなに目立つ明るい星

もし二つの距離が近ければ、白色矮星は赤色巨星の外層大気からガスを奪うようになるだろう。この横取りが続いて白色矮星がついにチャンドラセカール限界の一・四太陽質量に達すれば――物理学でいう熱核兵器の「臨界質量」――そこで爆発する。

宇宙論の観点から見てこの過程がありがたいのは、Ⅱ型超新星がさまざまな質量の恒星に起こるのに対し、Ⅰa型はチャンドラセカール限界という臨界質量に達したところで起こることである。したがってⅠa型超新星はだいたい同じ力で爆発し、光度もほぼ同じということになる。実際にはそれほど単純ではないが――物理過程とは決して単純にはなりえない――Ⅰa型超新星に根本的な共通点があるのは確からしい。そうだとすると、Ⅰa型超新星の正確な距離が一つでもわかれば、原則的にほかのすべての超新星の距離を求められる。つまりⅠa型は、その宿主《やどぬし》の銀河までの距離を割り出し、宇宙膨張率を算出するのに役立つ「標準光源」として有用なのである。超新星の実際の明るさがわかっていれば、それを見かけの明るさと比較するだけで距離がわかるのだ。

超新星探しは、銀河を観測して未発見の恒星を探すということである。目視でも写真やCCD検出器でもかまわない。もし視野を横切る小惑星などではない、本物の超新星をあなたが見つけ、それがまだ誰も気づいていないものなら、あなたは宇宙学の重要な発見をした科学の功労者になれるだろう（ただし、その超新星にあなたの名前がつけられることはない。超新星は発生年と発見された順番を表わすアルファベットで表示される。超新星２００１ａは、カリフォルニア大学バークリー校の天文学者とオレゴン州コテージグローブ在住のアマチュア超新星ハンターのマイケル・シュワーツのプロアマ混成チームによって二〇〇一年に最初に発見された。北京天文台で検出された２００１ｂが同年の二番目である）。

望遠鏡が発明される以前は、超新星はほとんど発見されていない。肉眼で見えるほどの輝きを放つ超

まり、また観察に帰っていくのである。それでも理論をまったく無視した観察はありえない。人は何かをよく見ようとするとき、少なくとも自分が何を探しているかを意識している。初めて望遠鏡をのぞく初心者が落胆する理由はここにある。月の起伏や土星の環よりも驚異的なものでないと彼らは感動しない。それ以上のものが見えないのは、何を見ようとしているかがわかっていないからだ。そして何かを「探す」ようになったら、理論を前提にしているということである——あるいは少なくとも何らかの仮定が前提にあるはずだ。その際、理論を理論と認識していない人には、理論がたんなる仮定に思えるものだ。

だが、アマチュア天文家も宇宙論に役立つ観測ができる。よくある方法は他銀河の恒星爆発を見つけることである。遠く離れた銀河の恒星が超新星爆発するとき、光度曲線——急激に立ち上がってからなだらかに下降する——とスペクトルからその銀河までの距離が算出できる場合があり、それが宇宙の大きさと膨張率を決定するためのデータになるのである。

超新星にはいくつかのタイプがあるが、どれも完全には理解されていない。アマチュア天文家に重要なのはⅡ型とⅠa型である。Ⅱ型の超新星は燃料を使いきった巨星が崩壊して爆発したときに発生する（くずれた恒星の外層が鉄からなる密度の高い核にぶつかって、舗装道路にたたきつけたゴムボールのように跳ね返る）。渦巻銀河の星形成領域によく見られるが、たまに不規則銀河にも、そしてごくまれに楕円銀河にもある。Ⅰa型の超新星は渦巻銀河にかぎらずどんな銀河にも見られる。Ⅰa型は大きいが超新星になるほどではない大質量星とそれよりも質量の小さい恒星からなる二連星系に属していると考えられている。大質量の恒星は赤色巨星の段階になるのが速く、外層がはがれ落ちて衰え、白色矮星として隠居生活に入る。質量の小さい伴星のほうはもっとゆっくりと成長するが、最後には赤色巨星になる。

ビッグバンはすでに存在していた宇宙で起こったのではなく、それ自体が無限に小さい点から現在見えているような銀河世界へのあらゆる方向への宇宙膨張なのである。現在もそのはじまりのときと同じように、ビッグバンの場所から近いところも遠いところもない。ここでもあそこでも、あらゆるところで起こったのだ。したがって地球の表面に中心がないように、宇宙にも中心はない。宇宙のどの場所でも同じ景色が見える。マイクロ波の放射を背景に、速度を増しながら遠ざかっていく銀河の景色が。

それでもまだ多くの謎が残っている。ビッグバンの引き金になったのはなんだったのだろうか（ほかの宇宙から泡が核生成されたのだろうか）。何が宇宙の構造の種をまいたのか（量子化によって真空に素粒子がランダムに現われたのか）。そもそも宇宙は何でできているのだろうか（銀河の自転率と銀河団のなかでの軌道運動の速度から計算すると、銀河の物質の九〇〜九九パーセントは光を発していない。この「ダークマター」の正体はいまのところわかっていない）。わかっていないことは山ほどあるが、いずれにせよ、こうした机上の理論は望遠鏡をのぞくスターゲイザーの活動とどんな関わりがあるのだろうか。

たいして関係ないとたいていのアマチュア天文家が答える。天文学をここまで進歩させたのは理論よりも、すぐれた望遠鏡と検出器で観測した観測家だというのである。彼らのなかには理論の話は好かないという人も少なくない。インフレーション理論（宇宙はその初期に現在よりもずっと速い速度で膨張したとする理論）やクインテセンス（亜原子粒子同士を反発させるダークエネルギー）、ひも理論（物質は高次元空間でつくられたひもでできているとする理論）、ブレーン宇宙論（そのひもが麵のように太いと考える理論。物理学者ニール・テュロックは「私たちの現在の宇宙は五次元のバルク空間に埋め込まれた四次元の膜である」と説明している）などはまどろっこしいという。(4)

こうした一部の天文家の言い分にも一理ある。宇宙論にせよ、ほかの科学分野にせよ、観察からはじ

秒に満たない時間が経過したところから時計をスタートさせ、そこから計算する。当然のことながら、現在宇宙に分散しているエネルギーのすべてがそのときにはゴルフボールよりも小さい体積のなかに詰まっていたと考えるなら、物質は亜原子粒子以上に安定した構造をとることのできない、非常に高温の原始のスープの状態にあったことになる。高エネルギー物理学では、このような単純な系が時間の経過とともにどのように進化するかについて、計算結果を粒子加速器による実験結果と銀河の観測結果とに照らし合わせて実証している。

その成果の一つとして、さまざまな元素の相対存在比の問題が解決した。物理学者の計算では、宇宙最初の火の玉が膨張して冷えるにつれて宇宙に存在する水素の約四分の一が核融合を経てヘリウムに変わった。そして実際に、宇宙の元素の約四分の一はヘリウムである。恒星も水素を融合してヘリウムに変えるが、それだけでこれほど大量につくるには時間が足りない。また、恒星がほとんどない銀河間雲にもヘリウムは豊富にある。したがって、ビッグバンでヘリウムが生成されたと考えられるのである。

もう一つの成果は、宇宙マイクロ波背景放射（ＣＭＢ）に関することだ。宇宙にはビッグバンの三十万年後に放たれた光が充満し、その名残りがいまも観測できる。ただし、その後の宇宙の膨張で波長が伸び、現在は長波長のマイクロ波になっている。この背景放射を宇宙から観測するために検出器を乗せた気球が飛ばされ、理論で推測されたとおりの光度とスペクトル特性が確認された。さらに背景放射を地図にしたところ、期待どおりの規模で不均等性が表われた。これが銀河や宇宙の泡が誕生するための種なのである。現在、ビッグバン宇宙論はまさにその予測が実証され――恒星の年齢、ヘリウムの存在比、そしてＣＭＢの存在とスペクトルは宇宙の膨張率と整合する――そこから一貫性のある宇宙の姿が浮かび上がることから有力視されている。

ただこれだけのことなら、宇宙の膨張速度（「ハッブル定数」）の算出はさほど難しい話ではなく、いくつかの近接する銀河の速度と距離を測るだけでよい。ところが、物質の非均質性がこれをぐんと複雑にする。銀河団は、たとえ局部銀河群のようにリッチでないものでも重力で結びついている。その内側は膨張しない。だから局部銀河群内の銀河を調べても、宇宙の膨張速度については何もわからないのである。おとめ座超銀河団は膨張しているが、その速度は内部に張り巡らされた重力の糸に縛られて遅くなっている。この糸にとらえられている局部銀河群とおとめ座銀河団は、そうでない場合よりも遅い速度でたがいに遠ざかっているのである。このような重力の縛りのない宇宙の膨張、すなわち「純粋なハッブル流」を観測するには、もっと遠くの別の超銀河団を見るしかないが、そこまで遠い銀河間の距離を正確に測定するのは難しい。それやこれやで、ハッブル定数の値はいまだに確定できないのである。

これはまったく残念なことだ。なぜなら膨張率から宇宙の年齢が推定できるからである。ケンタウルス座超銀河団からグレートウォール、そしてさらにそのむこうの遙か遠い場所が同じところにあったときから経過した時間の長さが宇宙の年齢である。ゴムひもを速く伸ばすほど、ある長さになるのにかかる時間が短くなる。だからハッブル定数の値が大きければ（つまり宇宙の膨張速度が速ければ）、小さい場合よりも宇宙は若い。宇宙膨張を研究する科学者の多くが宇宙の年齢を百億歳以上、二百億歳未満と見積もっている。これは既知の恒星で最も古いもの、すなわち球状星団にある恒星がおよそ百二十億歳であることと合致する。

膨張宇宙のはじまり、いわゆるビッグバンはある意味ではよく理解されているが、一方で多くの謎を残している。

よく理解されているのは、おもに高エネルギー物理学で研究された部分である。膨張がはじまって一

ッブルの法則が示しているのは、銀河が空間を動いているのではなく——ただしある意味では確かに動いていて、たとえば銀河団の中心を軸に軌道運動している——宇宙空間そのものが銀河を乗せて膨張していることである。したがってハッブルの法則とは、遠く離れた銀河ほど、膨張宇宙に運ばれてより速く遠ざかるということだ。ゴムひもを用意して一センチの等間隔でアルファベットを書いたとしよう。

A　B　C　D

アルファベットはそれぞれ銀河を表わしている。さて、宇宙の膨張を模して、このゴムひもをゆっくりと伸ばす。一分後、隣り合う二点の間隔は二センチになる。

A　　B　　C　　D

銀河Aと銀河Bの距離は一分間で一センチから二センチになったのだから、たがいに対する後退速度は毎分一センチである。しかし、ここで注意してほしいのは、AとCも同じ時間で距離が二倍に、つまり二センチから四センチになり、したがって銀河Aと銀河Cがたがいに後退する速度は毎分二センチと、AとBの場合の二倍であることだ。同様に、Dに対するAの後退速度は毎分三センチである。このように、速度対距離には線形関係がある。二点間の距離が一センチ大きくなるごとに、相対速度は毎分一センチの割合で速くなるのである。銀河B、銀河C、銀河Dから見ても同じ効果が観測される。この一次元のゴムひもの例を三次元空間に置き換えれば、宇宙の膨張ということになる。

という階層構造がわかると、当然泡ももっと大きい天体に属しているのではないかと思うだろう。ところが、そうではないというのがその答えのようだ。つまり泡が最大の構造らしいのである。たくさんの泡を平均すると、宇宙はむらがなく一様に見える。森にたとえて、まず近いところから、次に遠くから見てみよう。森のなかを真っ直ぐに走ろうとすると、環境が均質でないのがよくわかる。木々のあいだを通り抜けたり木にぶつかったりし、たまに草地に出てもまた向かいの木立に飛び込んでいく。だが、軌道から森の写真を撮影し、縦横に線を引いてマスのなかの木の数を数えてみる。このとき取り上げるマスの数は充分でなければならない。さて、そうすると森全体の木の密集度が均一なのがわかるだろう。このモデルで、木は銀河、草地は泡のなかのボイド、そして森は宇宙だ。

この発見に宇宙論研究者は安心した。充分な広さの宇宙空間をサンプルにとれば、宇宙は一様で（銀河が一様に分布している）、等方的である（だからどの方向にも一様性が見られる）ことがわかるはずだと長年推測していたからだ。生命を誕生させたゆらぎ、すなわち惑星や恒星、銀河、銀河団、超銀河団を形成した局所的な物質の集中も、宇宙論の扱う規模で考えればむらのない一様な分布になるのである。

しかし、宇宙全体がむらがないとしたら、塊はどうしてできたのだろう？　これは宇宙論に残された非常に難解な問題の一つである。ここからビッグバンと宇宙の膨張について考えることになる。

エドウィン・ハッブルはウィルソン山天文台で雑役係のミルトン・ヒューメイソンを助手として銀河の写真を撮っていたとき、銀河と銀河がその距離に直接相関した速度で離れていくことを発見した。二人は現在ハッブルの法則として知られているこの「速度と距離の関係」がどこから生まれるのかわからなかったが、アインシュタインの一般相対性理論ですでに予測されていたことを知った。一般相対性理論にもとづけば、宇宙は膨張しているか収縮しているかのどちらかになるはずだった。相対性理論とハ

口径と空の状態と観測者の粘りしだい」だという。[2]

さらに遠くを観測することもできる。かんむり座超銀河団の宝石、かんむり座銀河団は地球から十億光年以上も離れているにもかかわらず、目視観測に挑んだことのある人々がいる。スティーヴ・ゴットリーブはシエラネバダ山脈の標高二千三百メートルの山頂で、「銀河間に隙間を開けるため」だけに高倍率のアイピースを使って六つを見分けることに成功した。「かすかな光の一つ一つに数分ずつかけるとよい。十億年以上前に旅に出た光子を見つけるよろこびにひたることが大切だ」と彼は助言する。[3]

十億光年といえば相当な距離で――観測可能な宇宙の半径の五パーセント以上――そうなると今度は超銀河団が属しているもっと大きい構造に考えがおよぶだろう。地球から十億光年の範囲には約八十の超銀河団があり、それらは十六万の銀河団でできていて、そこに三百万の大きい銀河と三千万の矮小銀河が含まれている。この巨大な規模にパターンを見出すには、無数の銀河の情報を集めて分析しなくてはならない。そんな大事業がここ数十年で現実のものになってきた。ファイバー光学系を備えた掃天望遠鏡のおかげで、多くの銀河の光を同時に解析できるようになったからである。そしてそこから、宇宙は直径およそ二億五千万光年の泡のような構造の集まりで、大質量の超銀河団は複数の泡の壁が交差する高密度な領域からなることがわかった。かみのけ座超銀河団は、グレートウォールと呼ばれるそのような領域の一つである。長さ五億光年におよぶこの壁は、片端を目に近づけて見たときの定規のように、私たちからは斜めに傾いて見え、しし座の方角の三億五千万光年のところからヘルクレス座の方角の五億光年のところまで広がり、そこでヘルクレス座超銀河団につながる。ペルセウス座・うお座超銀河団は別の泡の交差上にあり、壁の側面を私たちのほうへ向けているので簡単に見つけられる。

銀河は集まって銀河団と銀河群になり、銀河団は超銀河団に属し、超銀河団は泡の壁を形成している

には膨大な空間が広がっているのだ。かみのけ座銀河団と私たちのあいだは四億光年も離れているのである。

もっとずっと暗く、目視観測の限界に近いのがヘルクレス座超銀河団である。地球から五億光年の距離にあり、主立った十個の銀河団とそのほか四百個以上の銀河が集まっている。その代表の不規則銀河団のヘルクレス座銀河団（エイベル2151）は、かすかな天体を探すのが好きな観測者にはたまらない。さまざまな楕円銀河と渦巻銀河があり、その多くが相互作用しているのだ。ゴットリーブはこれらを「暗い」「非常に暗い」「きわめて暗い」に分けているが、それほど暗いにもかかわらず、彼には何十もの銀河団が見えるのである。

これだけの距離になると、信頼できるはずの星図やカタログもまちがいだらけで頼りなくなってしまう。そこで実際と記載の不一致を解消しようと計画されたのがNGC／ICプロジェクトである。プロとアマチュアの天文家が協力してニュージェネラルカタログ（NGC）と付属のインデックスカタログ（IC）に掲載されているすべての天体を観測し、正しいものを確認、まちがっているものを訂正する。プロジェクトのご意見番ハロルド・G・コーウィン・ジュニアは「NGCだけでも、わかっているものといないものを合わせて問題が少なくとも一千はあるし、ICにも同じくらい（おそらくそれ以上）あるだろう」と予測する。プロジェクト発足の動機の一つは「混乱を正すこと、そしてそれを楽しむこと」だという。[1] アマチュア天文家のケン・ヒューイット゠ホワイトは暗い空を求めて遠方の地まで四十四センチの望遠鏡を運び、超銀河団の「ヘルクレスハイウェイを見つけたり」明るい銀河団の「横道をうろついたり」するのを趣味としているおかげで、更新された最良のカタログを使ってMCGカタログとUGCカタログのぼんやりした銀河を数多く発見した。本人によれば、「追跡に成功するかどうかは、

かみのけ座銀河団は、宇宙の大規模構造を早くから調査していたアメリカの天文学者ジョージ・エイベルが「リッチ」で「球状」の「規則的な」銀河団と呼んだ銀河団の絶好の例である。エイベルは全天を観測して何百もの銀河団を確認し、それを大きく二つに分類した。かみのけ座銀河団のような規則形銀河団と、おとめ座銀河団のような不規則銀河団である。不規則銀河団はおもに渦巻銀河からなり、見るからに散らばって銀河間に充分なゆとりがある。規則形銀河団はおおよそ球状で、ほぼ完全に楕円銀河とS0銀河で占められ、不規則銀河団よりもずっと密度が高い。かみのけ座銀河団（エイベル1656）は非常に「リッチ」で、局部銀河群のわずか数倍程度の半径のなかに数千もの銀河がぎっしり詰まっている。

今日の天文学者はエイベルの二分類を分類の両端に位置づけ、銀河団の密度が高いほど楕円銀河とS0銀河の割合が大きくなることを原則として重視している。密度の高い銀河団は楕円銀河とS0銀河の数が渦巻銀河よりも三対一の割合で多く、低密度の銀河団は両者がほぼ等しい。この発見から推測できるのは、銀河団の環境がリッチかリッチでないかの違いがそのなかの銀河の進化の仕方を決定することである。球状のリッチな銀河団の渦巻銀河は、銀河団全体の質量から生じる強い重力場によって高速で軌道運動し、宇宙の長い歴史のなかで銀河団の中心核付近を何度か通過している。したがってたがいに衝突したり銀河間物質の雲にぶつかったりしてガスと雲をはぎ取られ、楕円銀河かS0銀河に変わったと考えられる。だが、リッチでない不規則銀河団ににぎやかな銀河の繁華街ができることはごくまれで、外縁部の銀河がそうなることはまずないだろうし、中心付近も相対的にはまばらなため、銀河の多くがもとの渦巻の形態を保っている。繁華街を形成しているかみのけ座銀河団は密度の高い規則形銀河団だと思われがちだが、特徴のない丸い銀河で構成され、渦巻銀河はハロのなかや手前側に見られる。手前

見まちがうほど明るい中心核をもつ活動的な銀河だ。そのほかにもケンタウルス座超銀河団には探しがいのある小さい銀河団がたくさんある。私たちの近傍宇宙のこの超銀河団は南天にあるので、南へ行くほどよく見える。

北天のペルセウス座、そしてそこからもう少し先の三億光年あたりのところに目を移すと、太く長い銀河団の鎖がある。この鎖はペルセウス座超銀河団に属し、空の九十度、距離にして二億光年の宇宙空間を占めている。その中心であるペルセウス座銀河団は、楕円銀河とS0銀河が密集した銀河の群れである。アマチュア天文家のスティーヴ・ゴットリーブは、四十四センチの望遠鏡でそのうちの五十八個を識別できた。旋回して飛ぶ鳥の群れのようなこの銀河団は、中心核の銀河を結びつけている重力場の効果があざやかに見てとれる。実際、天文学ではペルセウス座銀河団を力学的に研究することで、光を発せずに重力源になる物質、すなわち「ダークマター」が銀河団の中心付近に大量に集中していることが突き止められた。ペルセウス座超銀河団には中心にそのほか四つのリッチな銀河団がある。その一つのNGC383は六つの銀河が一列に並び、美しい鎖のような姿が印象的だ。

旅の次の足がかりであるかみのけ座超銀河団はめぼしい銀河団が少ないが、それでもその名が観測家のあいだでよく知られているのは、かみのけ座銀河団があるからだ。ほかのどの銀河団よりも多くの銀河が中心核に集まっているのが一つの視野のなかに見えるのである。私の四十五センチ望遠鏡でも、中心部にむけて低倍率（六十二倍）のアイピースで視野〇・七五度の範囲を見ると、三十個あまりの銀河が確認できる。ただし暗めのものを見るにはもう少し高倍率にしなくてはならない。ゴットリーブはほぼ同口径の望遠鏡で倍率を二百二十倍と二百八十倍にして数日かけて観測し、全部で八十八個の銀河を確認した。

現在、おとめ座超銀河団よりも遠くにあるたくさんの天体を観測するスターゲイザーは多くない。一世紀前は、天の川銀河のむこうを観測する人はほとんどいなかった。だが、いまそれが変わりつつある。目視観測かCCD撮影の腕に覚えのある人のなかには、はるか昔の遠い銀河を見つめて心を満たす人々がいる。この果敢な挑戦者たちが探索するおもな場所は、ケンタウルス座、ペルセウス座、かみのけ座、ヘルクレス座にある四つの近傍の超銀河団である。

超銀河団は一つ以上の大きい銀河団のまわりに密度の高い銀河団や銀河群がたくさん集まっている。おとめ座超銀河団は数万の銀河からなるが、主要な銀河団がおとめ座銀河団だけなので、超銀河団としてはさほど大きいとは考えられていない。それにくらべて、地球から二十五億光年のケンタウルス座超銀河団ははるかに大きい。ケンタウルス座からうみへび座、ポンプ座へと伸び、うみへび座銀河団、ケンタウルス座銀河団、IC4329銀河団の三つの大きい銀河団を抱えている。この三つの銀河団はどれも独特な渋い味わいがある。うみへび座銀河団は遠いわりにはよく見える。空が暗ければ中型の望遠鏡でも、中心に双子の楕円銀河があり、その近くに摂動を受けているらしい渦巻銀河が二、三個、それ以外にも五、六個の銀河がすぐそばにあるのが見えるだろう。ケンタウルス座銀河団は、超銀河団の手前にあるためか、さらによく見えるといえるだろう。中心核にやや暗いが大きい楕円銀河が集まっているのが目につき、そのあいだを縫うように渦巻銀河とS0銀河が点在している。IC4329銀河団は視野一度の範囲内に十個ほどの銀河が見られ、そのなかには開いた牡蠣の殻に似た相互作用する対の銀河NGC5291のようにめずらしいものもある。また、銀河団の名になったIC4329Aは恒星と

第十八章　闇の時代

私は古代の炎が送る信号に気づいた。

——ダンテ

これは私たちの宇宙、美と不思議の博物館、大聖堂である。

——ジョン・アーチボルト・ホイーラー

真夜中をだいぶ過ぎたロッキーヒル。私は手書きの星図を頼りに見つけた小さい光の点を望遠鏡越しにしばらく眺めた。その光は恒星のように見えたが、クエーサーだった。遠い銀河の高エネルギーの核の輝きである。私が見ていた３Ｃ２７３はかなり明るいクエーサーだが——普段は十二・八等級だが、上は十一・七等級、下は十三・二等級までのあいだで変動する——その光は二十億年あまり前、地球にバクテリアが誕生したころから宇宙空間を旅している。Ｈ・Ｇ・ウェルズが描いたようなタイムマシンに乗って、一秒で一世紀というめまいのしそうな高速で過去へさかのぼったとしても、二十億年前にもどるには八カ月かかる。だが、いまこの夜明け前の静けさのなかで私がしなくてはならないのは、空の小さい光の点に望遠鏡を正しく合わせることだけだった。３Ｃ２７３の古い光をしばらく見つめながら私は思った。人類誕生前の過去との待ち合わせは、偶然なのか必然なのかと。